PROYECTO SABER HACER

W0274820

Matemáticas
Enseñanzas académicas

SERIE **RESUELVE**

ESO 3

El libro Matemáticas orientadas a las enseñanzas académicas para 3.er curso de ESO es una obra colectiva concebida, diseñada y creada en el Departamento de Ediciones Educativas de Santillana Educación, S. L., dirigido por **Teresa Grence Ruiz**.

En su elaboración ha participado el siguiente equipo:
César de la Prida Almansa
Ana María Gaztelu Villoria
Augusto González García
Pedro Machín Polaina
Carlos Pérez Saavedra
Domingo Sánchez Figueroa

EDICIÓN
César de la Prida Almansa
Laura Sánchez Fernández

EDITOR EJECUTIVO
Carlos Pérez Saavedra

DIRECCIÓN DEL PROYECTO
Domingo Sánchez Figueroa

Las actividades de este libro no deben ser realizadas en ningún caso en el propio libro. Las tablas, esquemas y otros recursos que se incluyen son modelos para que el alumno los traslade a su cuaderno.

SANTILLANA

Índice

Esquema de la unidad

La estructura de las unidades didácticas es muy sencilla, ya que se trata de facilitar la localización de los contenidos fundamentales, de los ejemplos resueltos y de las actividades propuestas.

A lo largo de toda la unidad marcamos con iconos aquellos contenidos o actividades en los que se trabajan de manera particular las competencias básicas.

- Competencia matemática, científica y tecnológica
- Competencia social y cívica
- Conciencia y expresión artística
- Iniciativa y emprendimiento
- Comunicación lingüística
- Competencia digital
- Aprender a aprender

Introducción a la unidad: dos elementos básicos, una base sólida y una motivación adecuada.

Las **Claves para empezar** te permitirán recordar aquellos contenidos que te serán útiles para la unidad.

Comenzamos la unidad en torno a la historia, utilidades y curiosidades de algún invento.

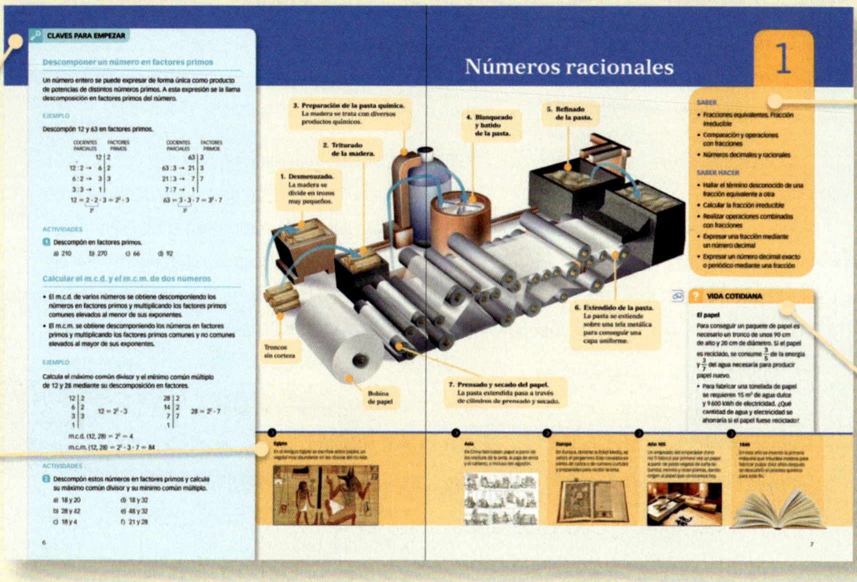

Se especifican los contenidos (**Saber**) y los procedimientos (**Saber hacer**) de la unidad.

La **Vida cotidiana** te propone un ejercicio sencillo, relacionado con la imagen de entrada.

Páginas de contenidos: SABER y SABER HACER como un todo integrado.

Nuestra propuesta para **Saber** son unos textos claros y estructurados. Los **Ejemplos** te ayudarán a afianzar esos saberes.

Junto a los textos encontrarás **informaciones complementarias**. Además, en **Resuelve el reto** pondremos a prueba tus conocimientos y tu razonamiento matemático.

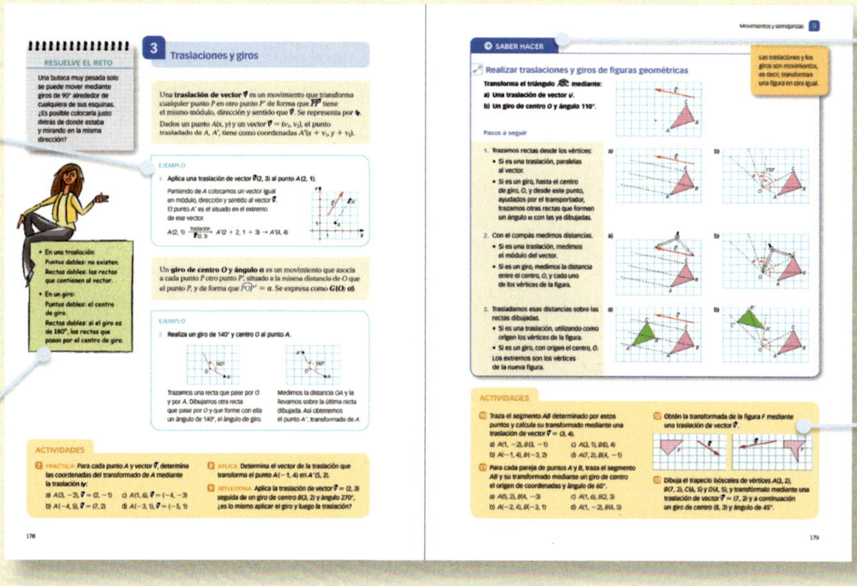

En la parte **Saber hacer** aprenderás, paso a paso, los procedimientos necesarios para tu desarrollo matemático.

Las actividades te ayudarán a **practicar, aplicar y reflexionar** sobre los conocimientos. Las actividades que acompañan a **Saber hacer** tienen como objetivo afianzar y dominar estos procedimientos.

Páginas de actividades finales: una forma práctica de aprender a aprender.

Las actividades finales terminan con una gran cantidad de **Problemas** que te permitirán adaptar tus conocimientos a contextos reales.

Nuestras **Actividades finales** están **secuenciadas** para que aproveches de la mejor forma posible la aplicación de los contenidos estudiados.

Cada actividad te informa de la **dificultad** que tiene.

Los **Saber hacer** te ayudarán a seguir profundizando en los procedimientos.

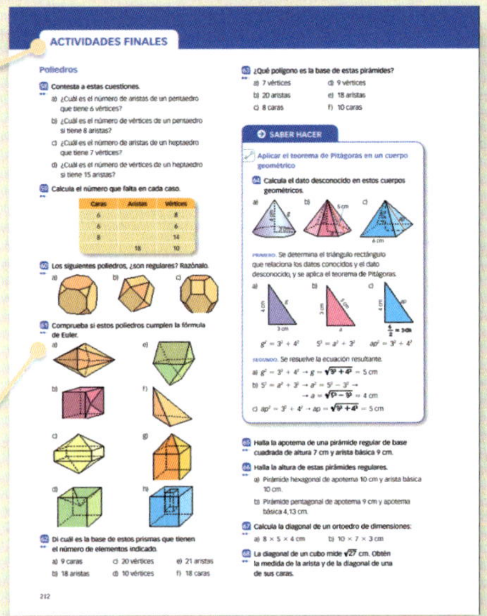

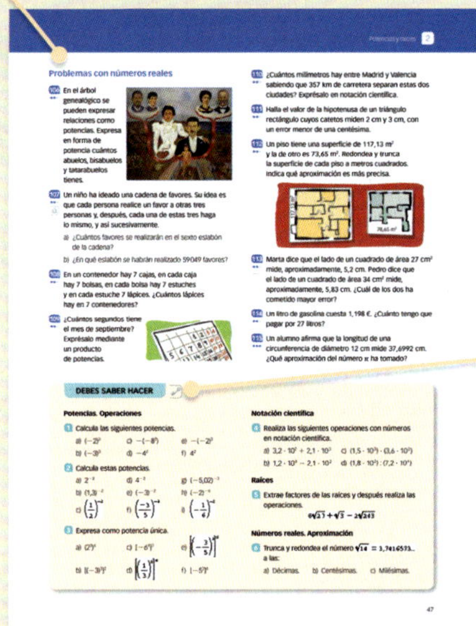

Para finalizar, **Debes saber hacer**. Esta autoevaluación básica te permitirá comprobar si has alcanzado los objetivos mínimos de la unidad.

Páginas de competencia matemática: un paso más en la aplicación de los contenidos aprendidos.

En la vida cotidiana es una actividad relacionada con el invento inicial, donde podrás trabajar con algunos contenidos de la unidad.

Con las **Formas de pensar** pondremos a prueba tu **razonamiento matemático**.

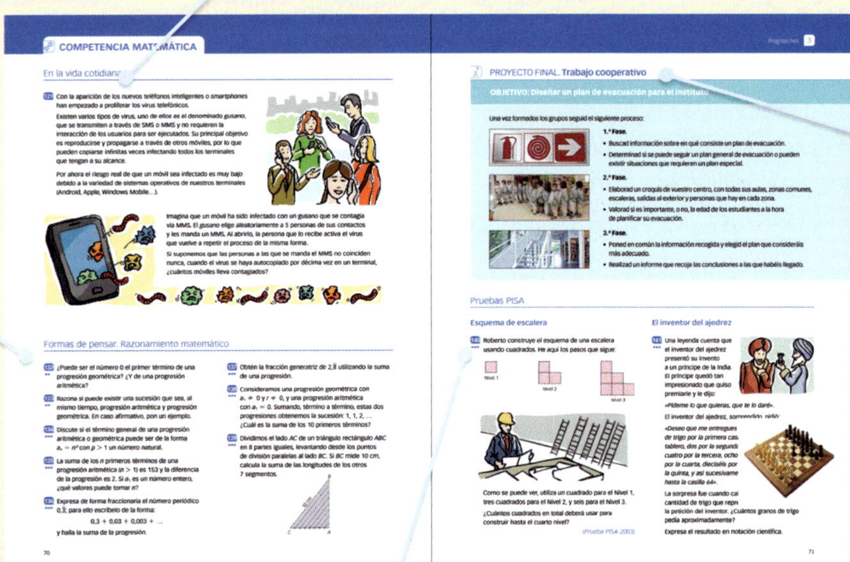

El **Proyecto final** te plantea objetivos que antes o después encontrarás en tu vida diaria. Con él mejorarás tus competencias para el **trabajo cooperativo**.

La unidad finaliza con las **Pruebas PISA**. Estas pruebas internacionales pretenden comprobar tu aprendizaje competencial y conviene que las conozcas.

CLAVES PARA EMPEZAR

Descomponer un número en factores primos

Un número entero se puede expresar de forma única como producto de potencias de distintos números primos. A esta expresión se la llama descomposición en factores primos del número.

EJEMPLO

Descompón 12 y 63 en factores primos.

	COCIENTES PARCIALES	FACTORES PRIMOS
	12	2
$12:2 \rightarrow$	6	2
$6:2 \rightarrow$	3	3
$3:3 \rightarrow$	1	

$$12 = \underbrace{2 \cdot 2}_{2^2} \cdot 3 = 2^2 \cdot 3$$

	COCIENTES PARCIALES	FACTORES PRIMOS
	63	3
$63:3 \rightarrow$	21	3
$21:3 \rightarrow$	7	7
$7:7 \rightarrow$	1	

$$63 = \underbrace{3 \cdot 3}_{3^2} \cdot 7 = 3^2 \cdot 7$$

ACTIVIDADES

1 Descompón en factores primos.

a) 210 b) 270 c) 66 d) 92

Calcular el m.c.d. y el m.c.m. de dos números

- El m.c.d. de varios números se obtiene descomponiendo los números en factores primos y multiplicando los factores primos comunes elevados al menor de sus exponentes.
- El m.c.m. se obtiene descomponiendo los números en factores primos y multiplicando los factores primos comunes y no comunes elevados al mayor de sus exponentes.

EJEMPLO

Calcula el máximo común divisor y el mínimo común múltiplo de 12 y 28 mediante su descomposición en factores.

12	2
6	2
3	3
1	

$12 = 2^2 \cdot 3$

28	2
14	2
7	7
1	

$28 = 2^2 \cdot 7$

m.c.d. $(12, 28) = 2^2 = 4$

m.c.m. $(12, 28) = 2^2 \cdot 3 \cdot 7 = 84$

ACTIVIDADES

2 Descompón estos números en factores primos y calcula su máximo común divisor y su mínimo común múltiplo.

a) 18 y 20 d) 18 y 32

b) 28 y 42 e) 48 y 32

c) 18 y 4 f) 21 y 28

Egipto

En el antiguo Egipto se escribía sobre papiro, un vegetal muy abundante en las riberas del río Nilo.

Números racionales

1

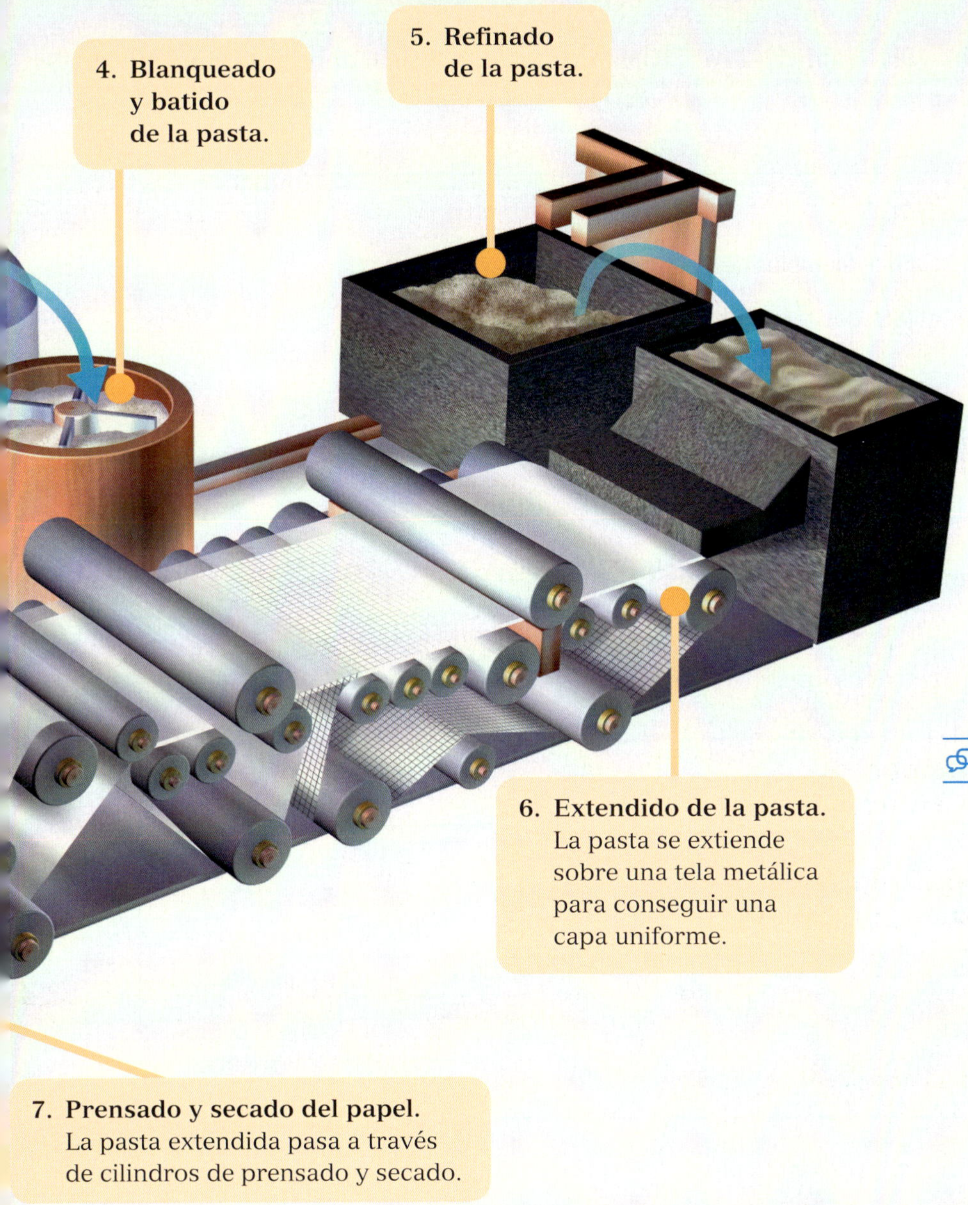

SABER

- Fracciones equivalentes. Fracción irreducible
- Comparación y operaciones con fracciones
- Números decimales y racionales

SABER HACER

- Hallar el término desconocido de una fracción equivalente a otra
- Calcular la fracción irreducible
- Realizar operaciones combinadas con fracciones
- Expresar una fracción mediante un número decimal
- Expresar un número decimal exacto o periódico mediante una fracción

? VIDA COTIDIANA

El papel

Para conseguir un paquete de papel es necesario un tronco de unos 90 cm de alto y 20 cm de diámetro. Si el papel es reciclado, se consume $\frac{3}{5}$ de la energía y $\frac{3}{7}$ del agua necesaria para producir papel nuevo.

- Para fabricar una tonelada de papel se requieren 15 m^3 de agua dulce y 9 600 kWh de electricidad. ¿Qué cantidad de agua y electricidad se ahorraría si el papel fuese reciclado?

Asia

En China fabricaban papel a partir de los residuos de la seda, la paja de arroz y el cáñamo, e incluso del algodón.

Europa

En Europa, durante la Edad Media, se utilizó el pergamino. Este consistía en pieles de cabra o de carnero curtidas y preparadas para recibir la tinta.

Año 105

Un empleado del emperador chino Ho Ti fabricó por primera vez un papel a partir de pasta vegetal de caña de bambú, morera y otras plantas, dando origen al papel que conocemos hoy.

1840

En este año se inventó la primera máquina que trituraba madera para fabricar pulpa. Diez años después se descubrió el proceso químico para este fin.

1 Fracciones

RESUELVE EL RETO

¿Qué fracción del cuadrado está coloreada?

Una **fracción** es una expresión $\frac{a}{b}$, con a y b números enteros y $b \neq 0$. Al número a se le llama **numerador**, y a b, **denominador**.

EJEMPLO

1. Escribe ejemplos de fracciones con:

   a) Sus dos términos positivos. $\frac{2}{3}, \frac{4}{7}, \frac{11}{5}, \dots$

   b) Un término positivo y otro negativo. $\frac{-3}{2}, \frac{6}{-7}, \frac{-9}{4}, \frac{8}{-3}, \dots$

   c) Sus dos términos negativos. $\frac{-5}{-3}, \frac{-2}{-6}, \frac{-12}{-7}, \frac{-18}{-13}, \dots$

Fracciones equivalentes

Todo número entero puede expresarse en forma de fracción.

$3 = \frac{3}{1} = \frac{6}{2} = \frac{9}{3} = \dots$

$-4 = \frac{-4}{1} = \frac{-8}{2} = \frac{-12}{3} = \dots$

Dos **fracciones** $\frac{a}{b}$ y $\frac{c}{d}$ son **equivalentes**, y se escribe $\frac{a}{b} = \frac{c}{d}$, si se cumple que $a \cdot d = b \cdot c$.

EJEMPLO

2. Comprueba si estas fracciones son equivalentes.

   a) $\frac{-2}{3}$ y $\frac{8}{-12}$ $\begin{cases} (-2) \cdot (-12) = 24 \\ 3 \cdot 8 = 24 \end{cases} \rightarrow \frac{-2}{3} = \frac{8}{-12}$. Son equivalentes.

   b) $\frac{4}{-5}$ y $\frac{8}{10}$ $\begin{cases} 4 \cdot 10 = 40 \\ (-5) \cdot 8 = -40 \end{cases} \rightarrow \frac{4}{-5} \neq \frac{8}{10}$. No son equivalentes.

ACTIVIDADES

1 PRACTICA. Escribe, en cada caso, la fracción que cumple estas características.

a) El numerador es 3 y el denominador es 4 unidades menor que el numerador.

b) El numerador es -5 y el denominador es 7 unidades mayor que el numerador.

2 PRACTICA. Determina si estas fracciones son equivalentes.

a) $\frac{8}{7}$ y $\frac{4}{17}$ b) $\frac{-6}{5}$ y $\frac{-18}{15}$

3 APLICA. Indica las fracciones que sean equivalentes.

$\frac{1}{3}, \frac{2}{5}, \frac{3}{5}, \frac{6}{10}, \frac{-5}{15}, \frac{-3}{9}, \frac{6}{15}, \frac{4}{12}, \frac{-24}{-40}$

4 REFLEXIONA. Escribe cuatro fracciones equivalentes a estas.

a) $\frac{4}{3}$ b) $\frac{-4}{3}$ c) $\frac{4}{-3}$ d) $\frac{-4}{-3}$

SABER HACER

Hallar el término desconocido de una fracción equivalente a otra

Calcula el término que falta en cada caso.

a) $\frac{3}{5} = \frac{x}{-20}$ **b)** $\frac{-8}{12} = \frac{16}{x}$

Pasos a seguir

1. Aplicamos la propiedad que deben cumplir las fracciones equivalentes.

a) $\frac{3}{5} = \frac{x}{-20}$

$3 \cdot (-20) = 5 \cdot x$

b) $\frac{-8}{12} = \frac{16}{x}$

$(-8) \cdot x = 12 \cdot 16$

2. Realizamos las operaciones y despejamos el valor desconocido.

a) $-60 = 5 \cdot x$

$x = \frac{-60}{5} = -12$

La fracción equivalente a $\frac{3}{5}$ con denominador -20 es $\frac{-12}{-20} = \frac{12}{20}$.

b) $(-8) \cdot x = 192$

$x = \frac{192}{-8} = -24$

La fracción equivalente a $\frac{-8}{12}$ con numerador 16 es $\frac{16}{-24} = -\frac{16}{24}$.

Las fracciones del tipo $\frac{-a}{b}$ y $\frac{a}{-b}$ se escriben como $-\frac{a}{b}$.

$\frac{-3}{4} = \frac{3}{-4} = -\frac{3}{4}$ se denominan **fracciones negativas**.

Las fracciones del tipo $\frac{-a}{-b}$ se escriben como $\frac{a}{b}$.

$\frac{-7}{-8} = \frac{7}{8}$ se denominan **fracciones positivas**.

ACTIVIDADES

5 Calcula el valor desconocido.

a) $\frac{18}{11} = \frac{72}{x}$ d) $\frac{8}{x} = \frac{72}{9}$

b) $\frac{7}{15} = \frac{x}{60}$ e) $\frac{16}{2} = \frac{32}{x}$

c) $\frac{x}{5} = \frac{12}{15}$ f) $\frac{9}{x} = \frac{45}{25}$

6 Da una fracción equivalente a $\frac{8}{16}$ que tenga:

a) Como denominador 48.

b) Como numerador 32.

c) Como denominador 4.

d) Como numerador 2.

7 Halla el valor desconocido en cada caso y completa en tu cuaderno.

a) $-2 = \frac{\square}{5}$ d) $8 = \frac{48}{\square}$

b) $6 = \frac{\square}{7}$ e) $-11 = \frac{165}{\square}$

c) $-7 = \frac{\square}{10}$ f) $-15 = \frac{225}{\square}$

8 Escribe cinco fracciones equivalentes a 3 y otras cinco equivalentes a -4.

9 Halla el valor de x e y.

a) $\frac{x}{24} = \frac{5}{6} = \frac{y}{30}$

b) $\frac{9}{x} = \frac{-27}{6} = \frac{y}{10}$

c) $\frac{x}{4} = \frac{-21}{28} = \frac{6}{y}$

d) $\frac{40}{x} = \frac{8}{3} = \frac{32}{y}$

10 Determina los valores desconocidos y completa en tu cuaderno.

a) $\frac{5}{3} = \frac{15}{\square} = \frac{\square}{24} = \frac{-30}{\square} = \frac{\square}{12}$

b) $\frac{2}{11} = \frac{\square}{121} = \frac{-18}{\square} = \frac{30}{\square} = \frac{\square}{-77}$

c) $\frac{8}{\square} = \frac{\square}{12} = \frac{-4}{3} = \frac{40}{\square} = \frac{\square}{-45}$

d) $\frac{120}{\square} = \frac{-84}{\square} = \frac{\square}{26} = \frac{-6}{13} = \frac{\square}{78}$

11 Escribe una fracción equivalente a $\frac{2}{5}$ y otra equivalente a $\frac{9}{4}$ tales que tengan el mismo:

a) Denominador. b) Numerador.

2 Fracción irreducible

RESUELVE EL RETO

Quitando una sola cifra de cada una de estas fracciones las conviertes en irreducibles.

19/95, 26/65, 16/64

2.1. Amplificación y simplificación de fracciones

Existen dos métodos para obtener fracciones equivalentes a una fracción dada:

- **Amplificar.** Consiste en multiplicar el numerador y el denominador de la fracción por un mismo número, distinto de cero. $\frac{a}{b} = \frac{a \cdot n}{b \cdot n}$
- **Simplificar.** Consiste en dividir el numerador y el denominador de la fracción entre un divisor común a ambos, distinto de la unidad. $\frac{a}{b} = \frac{a : n}{b : n}$

EJEMPLO

3. Escribe fracciones equivalentes a $\frac{12}{16}$ por amplificación y simplificación.

Amplificación: $\frac{12}{16} = \frac{12 \cdot 3}{16 \cdot 3} = \frac{36}{48}$

Simplificación: $\frac{12}{16} = \frac{12 : 4}{16 : 4} = \frac{3}{4}$

2.2. Fracción irreducible

La **fracción irreducible** de una fracción dada es una fracción equivalente a ella en la que el numerador y el denominador no tienen divisores comunes distintos de la unidad.

Una fracción es irreducible cuando no se puede simplificar.
Cada fracción tiene una única fracción irreducible equivalente a ella.

EJEMPLO

4. Determina si estas fracciones son irreducibles.

a) $\frac{14}{27} \rightarrow \begin{cases} 14 = 2 \cdot 7 \\ 27 = 3^3 \end{cases}$ 27 y 14 no tienen divisores comunes. Es irreducible.

b) $\frac{24}{10} \rightarrow \begin{cases} 24 = 2^3 \cdot 3 \\ 10 = 2 \cdot 5 \end{cases}$ 24 y 10 tienen un divisor común, 2. No es irreducible.

ACTIVIDADES

12 PRACTICA. Obtén dos fracciones equivalentes por amplificación y otras dos por simplificación.

a) $\frac{42}{54}$ b) $\frac{-3}{7}$ c) $\frac{18}{6}$ d) $\frac{100}{-40}$

13 PRACTICA. Comprueba si son irreducibles.

a) $\frac{34}{93}$ b) $\frac{-132}{48}$ c) $\frac{165}{87}$ d) $\frac{15}{83}$

14 APLICA. Obtén fracciones equivalentes a estas que tengan un denominador menor.

a) $\frac{-300}{750}$ b) $\frac{242}{726}$ c) $\frac{32}{80}$

15 REFLEXIONA. Si en una fracción uno de los términos es un número primo, ¿se puede asegurar que es irreducible?

SABER HACER

Calcular la fracción irreducible

Halla la fracción irreducible de estas fracciones.

a) $\frac{16}{40}$ **b)** $-\frac{28}{56}$

La fracción irreducible de una fracción negativa es siempre negativa.

De la misma manera, la fracción irreducible de una fracción positiva es positiva.

Pasos a seguir

1. Calculamos el m.c.d. del numerador y del denominador de la fracción, sin tener en cuenta el signo de esta.

a) $\left.\begin{array}{l} 16 = 2^4 \\ 40 = 2^3 \cdot 5 \end{array}\right\}$ m.c.d. $(16, 40) = 2^3 = 8$

b) $\left.\begin{array}{l} 28 = 2^2 \cdot 7 \\ 56 = 2^3 \cdot 7 \end{array}\right\}$ m.c.d. $(28, 56) = 2^2 \cdot 7 = 28$

2. Dividimos el numerador y el denominador de la fracción entre el m.c.d. que hemos calculado.

a) $\frac{16}{40} = \frac{16:8}{40:8} = \boxed{\frac{2}{5}}$ ← Fracción irreducible

b) $-\frac{28}{56} = -\frac{28:28}{56:28} = \boxed{-\frac{1}{2}}$ ← Fracción irreducible

ACTIVIDADES

16 Obtén la fracción irreducible de estas fracciones.

a) $\frac{50}{60}$ d) $\frac{28}{16}$

b) $\frac{-92}{18}$ e) $\frac{-26}{13}$

c) $\frac{-50}{36}$ f) $\frac{14}{98}$

17 Indica cuáles de las siguientes fracciones no son irreducibles y, en esos casos, calcula la fracción irreducible.

a) $\frac{40}{6}$ d) $\frac{7}{2}$

b) $\frac{28}{15}$ e) $\frac{-25}{16}$

c) $\frac{-9}{18}$ f) $\frac{-50}{3}$

18 Simplifica todo lo que se pueda estas fracciones.

19 ¿De cuál de estas fracciones es $\frac{26}{17}$ la fracción irreducible?

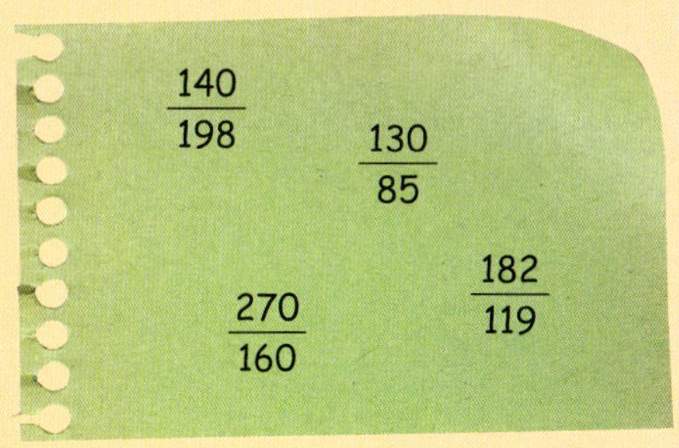

20 Encuentra tres fracciones cuya fracción irreducible sea cada una de las siguientes.

a) $\frac{2}{9}$ d) $\frac{-9}{4}$

b) $\frac{-3}{8}$ e) $\frac{8}{5}$

c) $\frac{7}{6}$ f) $\frac{-2}{3}$

21 Agrupa las fracciones que tengan la misma fracción irreducible.

a) $\frac{50}{75}$ $\frac{12}{18}$ $\frac{15}{10}$ $\frac{18}{27}$ $\frac{36}{24}$ $\frac{90}{60}$ $\frac{30}{20}$ $\frac{10}{15}$ $\frac{45}{30}$

b) $-\frac{42}{24}$ $-\frac{56}{40}$ $-\frac{28}{20}$ $-\frac{45}{36}$ $-\frac{21}{12}$ $-\frac{20}{16}$ $-\frac{15}{12}$ $-\frac{21}{15}$ $-\frac{10}{8}$

3 Comparación de fracciones

3.1. Reducción a común denominador

Reducir a común denominador dos o más fracciones consiste en obtener otras fracciones equivalentes a ellas que tengan todas el mismo denominador.

EJEMPLO

5. Reduce a común denominador las fracciones $\frac{-2}{15}$ y $\frac{3}{10}$.

Hallamos el mínimo común múltiplo de los denominadores:

$\left.\begin{array}{l} 15 = 3 \cdot 5 \\ 10 = 2 \cdot 5 \end{array}\right\}$ m.c.m. (10, 15) $= 2 \cdot 3 \cdot 5 = 30$ será el denominador común.

Para hallar el numerador, dividimos el m.c.m. entre el denominador y el resultado lo multiplicamos por el numerador.

$$\frac{-2}{15} = \frac{(-2) \cdot 2}{30} = \frac{-4}{30} \qquad \frac{3}{10} = \frac{3 \cdot 3}{30} = \frac{9}{30}$$

3.2. Comparación de fracciones

Para **comparar fracciones**, primero las reducimos a común denominador. Será mayor la fracción que tenga mayor numerador.

EJEMPLO

6. Ordena de menor a mayor estas fracciones: $\frac{7}{12}$, $\frac{5}{16}$ y $\frac{3}{8}$.

Reducimos a común denominador: m.c.m. (8, 12, 16) $= 48$

$$\frac{7}{12} = \frac{7 \cdot 4}{48} = \frac{28}{48} \qquad \frac{5}{16} = \frac{5 \cdot 3}{48} = \frac{15}{48} \qquad \frac{3}{8} = \frac{3 \cdot 6}{48} = \frac{18}{48}$$

$$\frac{15}{48} < \frac{18}{48} < \frac{28}{48} \rightarrow \frac{5}{16} < \frac{3}{8} < \frac{7}{12}$$

ACTIVIDADES

22 PRACTICA. Reduce a común denominador estas fracciones y ordena de menor a mayor.

a) $\frac{2}{5}, \frac{5}{4}$ y $\frac{3}{8}$

b) $\frac{1}{2}, \frac{2}{9}$ y $\frac{6}{4}$

c) $\frac{2}{7}, \frac{1}{6}$ y $\frac{3}{5}$

d) $\frac{4}{15}, \frac{6}{8}$ y $\frac{3}{16}$

e) $\frac{4}{9}, \frac{1}{27}$ y $\frac{5}{6}$

f) $\frac{3}{14}, \frac{12}{21}$ y $\frac{1}{7}$

23 APLICA. Ordena de menor a mayor.

$$\frac{4}{5} \quad \frac{-10}{4} \quad \frac{-21}{6} \quad \frac{-15}{9} \quad \frac{1}{3} \quad \frac{7}{9}$$

24 REFLEXIONA. Encuentra un valor de *a* que cumpla estas condiciones.

a) $\frac{6}{5} < \frac{a}{5} < \frac{8}{5}$

b) $\frac{a}{2} > -\frac{1}{2}$

4 Operaciones con fracciones

4.1. Suma de fracciones

Para **sumar fracciones con igual denominador** se suman los numeradores y se deja el mismo denominador.

Para **sumar fracciones con distinto denominador**, primero se reducen las fracciones a común denominador y, después, se suman los numeradores.

EJEMPLO

7. Calcula.

m.c.m. (1, 12) = 12

$$\frac{5}{12} + 2 = \frac{5}{12} + \frac{2}{1} = \frac{5}{12} + \frac{24}{12} = \frac{5+24}{12} = \frac{29}{12}$$

4.2. Resta de fracciones

Para **restar fracciones con igual denominador** se restan los numeradores y se deja el mismo denominador.

Para **restar fracciones con distinto denominador**, primero se reducen las fracciones a común denominador y, después, se restan los numeradores.

EJEMPLO

8. Calcula.

m.c.m. (10, 14) = 70 ... Simplificando

$$\frac{-8}{14} - \frac{6}{10} = \frac{-40}{70} - \frac{42}{70} = \frac{-40-42}{70} = \frac{-82}{70} = \frac{-41}{35} = -\frac{41}{35}$$

! NO OLVIDES

Al operar con fracciones hay que simplificar el resultado hasta obtener la fracción irreducible.

ACTIVIDADES

25 PRACTICA. Realiza estas sumas y restas.

a) $\frac{5}{3} + \frac{4}{18} + \frac{6}{3}$

b) $\frac{18}{5} + \frac{7}{5} + \frac{8}{5}$

c) $\frac{-3}{10} - \frac{9}{10} - \frac{7}{10}$

d) $\frac{23}{6} - \frac{11}{6} - \frac{1}{6}$

26 APLICA. Halla el resultado de estas operaciones.

a) $\frac{5}{9} + \frac{3}{10} - 3$

b) $\frac{-18}{25} - \frac{1}{5} + 2$

c) $\frac{25}{6} - \frac{11}{8} + \frac{1}{3}$

d) $-5 - \frac{1}{9} + \frac{1}{12}$

27 REFLEXIONA. Completa en tu cuaderno.

a) $\frac{7}{\square} = 1 + \frac{3}{4}$

b) $\frac{16}{9} = \square + \frac{1}{6}$

c) $\frac{14}{5} = 2 + \square$

d) $\frac{\square}{3} = 3 + \frac{1}{3}$

e) $\frac{25}{7} = 3 + \frac{\square}{7}$

f) $\frac{25}{8} = 3 + \frac{1}{\square}$

28 REFLEXIONA. Encuentra el error y corrígelo.

a) $\frac{28}{6} = 4 + \frac{1}{6}$

b) $\frac{36}{8} = 4 + \frac{3}{4}$

RESUELVE EL RETO

¿Qué hora del día es si queda del día $\frac{1}{3}$ de las horas que han pasado?

Para operar con fracciones del tipo $-\frac{a}{b}$ es mejor sustituirlas por $\frac{-a}{b}$.

$$-\frac{5}{3} = \frac{-5}{3}$$

4.3. Multiplicación de fracciones

El **producto de dos o más fracciones** es otra fracción que tiene como numerador el producto de los numeradores, y como denominador, el producto de los denominadores.

$$\frac{a}{b} \cdot \frac{c}{d} = \frac{a \cdot c}{b \cdot d}$$

EJEMPLO

9. Calcula.

a) $\frac{-2}{3} \cdot \frac{4}{5} \cdot \frac{6}{10} = \frac{(-2) \cdot 4 \cdot 6}{3 \cdot 5 \cdot 10} = \frac{-48}{150} \overset{\text{Simplificando}}{=} \frac{-8}{25} = -\frac{8}{25}$

b) $\left(-\frac{5}{3}\right) \cdot \frac{4}{7} = \frac{-5}{3} \cdot \frac{4}{7} = \frac{(-5) \cdot 4}{3 \cdot 7} = \frac{-20}{21} = -\frac{20}{21}$

4.4. División de fracciones

Se llama **fracción inversa** de una fracción $\frac{a}{b}$ a la fracción $\frac{b}{a}$.

Para **dividir dos fracciones** se multiplica la primera fracción por la inversa de la segunda.

$$\frac{a}{b} : \frac{c}{d} = \frac{a}{b} \cdot \frac{d}{c} = \frac{a \cdot d}{b \cdot c}$$

EJEMPLO

10. Calcula.

a) $\left(-\frac{4}{5}\right) : \frac{6}{3} = \frac{-4}{5} : \frac{6}{3} = \frac{-4}{5} \cdot \frac{3}{6} = \frac{(-4) \cdot 3}{5 \cdot 6} = \frac{-12}{30} = \frac{-2}{5} = -\frac{2}{5}$

b) $\frac{7}{2} : 3 = \frac{7}{2} : \frac{3}{1} = \frac{7}{2} \cdot \frac{1}{3} = \frac{7 \cdot 1}{2 \cdot 3} = \frac{7}{6}$

ACTIVIDADES

29 PRACTICA. Efectúa estas operaciones.

a) $\frac{-4}{5} \cdot \frac{20}{8}$

b) $\frac{9}{10} : \frac{8}{14}$

c) $\frac{-32}{9} \cdot \frac{18}{16}$

d) $\frac{15}{6} : \frac{2}{4}$

e) $\frac{8}{12} \cdot \left(-\frac{20}{38}\right)$

f) $\frac{6}{17} : \left(-\frac{6}{27}\right)$

g) $\left(-\frac{4}{80}\right) : \left(-\frac{8}{46}\right)$

h) $\left(-\frac{7}{22}\right) \cdot \left(-\frac{33}{42}\right)$

30 APLICA. Calcula y simplifica el resultado.

a) $\frac{9}{12} \cdot \frac{4}{21} \cdot \frac{7}{33}$

b) $\frac{56}{14} \cdot \frac{70}{24} : \left(-\frac{6}{28}\right)$

c) $(-5) \cdot \frac{26}{38}$

d) $\left(-\frac{2}{90}\right) : (-26)$

31 REFLEXIONA. Completa en tu cuaderno.

a) $\left(\frac{5}{6} + \frac{3}{10}\right) \cdot \frac{\square}{\square} = 1$

b) $\left(\frac{3}{5} - \frac{\square}{10}\right) : \frac{10}{3} = 1$

SABER HACER

Realizar operaciones combinadas con fracciones

Realiza esta operación: $-\frac{1}{3}-\left(\frac{2}{5}+\left(-\frac{3}{10}\right)\right):4+\frac{7}{12}$.

Pasos a seguir

1. Transformamos las fracciones negativas en fracciones con el numerador negativo y añadimos el denominador 1 a los números enteros.

$$-\frac{1}{3}-\left(\frac{2}{5}+\left(-\frac{3}{10}\right)\right):4+\frac{7}{12}=$$

$$=\frac{-1}{3}-\left(\frac{2}{5}+\frac{-3}{10}\right):\frac{4}{1}+\frac{7}{12}=$$

m.c.m. (5, 10) = 10

2. Realizamos las operaciones que hay entre paréntesis.

$$=\frac{-1}{3}-\left(\frac{4}{10}+\frac{-3}{10}\right):\frac{4}{1}+\frac{7}{12}=$$

$$=\frac{-1}{3}-\frac{1}{10}:\frac{4}{1}+\frac{7}{12}=$$

3. Calculamos las multiplicaciones y divisiones de izquierda a derecha.

$$=\frac{-1}{3}-\frac{1\cdot 1}{10\cdot 4}+\frac{7}{12}=$$

$$=\frac{-1}{3}-\frac{1}{40}+\frac{7}{12}=$$

m.c.m. (3, 12, 40) = 120

4. Resolvemos las sumas y las restas, también de izquierda a derecha.

$$=\frac{-40}{120}-\frac{3}{120}+\frac{70}{120}=\frac{-40-3+70}{120}=\frac{27}{120}=\frac{9}{40}$$

Recuerda la regla de los signos.

$+\cdot+=+$	$+:+=+$
$-\cdot-=+$	$-:-=+$
$+\cdot-=-$	$+:-=-$
$-\cdot+=-$	$-:+=-$

ACTIVIDADES

32 Realiza estas operaciones.

a) $\frac{3}{2}-\frac{4}{5}\cdot\frac{5}{6}$

b) $\left(\frac{3}{2}-\frac{4}{5}\right)\cdot\frac{5}{6}$

c) $\frac{7}{2}+\frac{1}{5}\cdot\frac{5}{6}$

d) $\left(\frac{7}{2}+\frac{1}{5}\right)\cdot\frac{5}{6}$

e) $\frac{5}{3}:\frac{1}{9}+\frac{1}{6}$

f) $\frac{5}{3}:\left(\frac{1}{9}+\frac{1}{6}\right)$

g) $\frac{2}{7}:\frac{1}{4}-\frac{3}{14}$

h) $\frac{2}{7}:\left(\frac{1}{4}-\frac{3}{14}\right)$

i) $-\frac{4}{7}+\frac{12}{5}-\frac{3}{4}\cdot\left(-\frac{5}{6}\right)$

j) $-\frac{4}{7}+\left(\frac{12}{5}-\frac{3}{4}\right)\cdot\left(-\frac{5}{6}\right)$

k) $\frac{4}{7}+\left(-\frac{12}{5}\right):\left(-\frac{3}{4}\right)$

l) $\left(\frac{4}{7}+\left(-\frac{12}{5}\right)\right):\left(-\frac{3}{4}\right)$

m) $\frac{2}{7}:\left(-\frac{4}{5}\right)+\frac{8}{3}\cdot\left(-\frac{6}{4}\right)$

n) $\frac{2}{7}:\left(\left(-\frac{4}{5}\right)+\frac{8}{3}\right)\cdot\left(-\frac{6}{4}\right)$

ñ) $\frac{3}{5}-\frac{7}{2}-\frac{8}{5}:\left(-\frac{6}{4}\right)$

o) $\frac{3}{5}-\left(\frac{7}{2}-\frac{8}{5}\right):\left(-\frac{6}{4}\right)$

33 Calcula el resultado de las operaciones. Observa los diferentes resultados cuando se modifica la posición de los paréntesis.

a) $2\cdot\frac{9}{5}-\frac{3}{2}:\left(\frac{7}{4}+\frac{5}{6}\right)$

b) $2\cdot\left(\frac{9}{5}-\frac{3}{2}\right):\frac{7}{4}+\frac{5}{6}$

c) $2\cdot\frac{9}{5}-\left(\frac{3}{2}:\frac{7}{4}+\frac{5}{6}\right)$

d) $\left(2\cdot\frac{9}{5}-\frac{3}{2}\right):\frac{7}{4}+\frac{5}{6}$

34 Efectúa estas operaciones.

a) $\frac{11}{6}-\left(\frac{1}{4}+\frac{1}{6}\right)\cdot 6$

b) $\left(\frac{3}{7}+\frac{1}{2}\right)\cdot\frac{6}{5}-2$

c) $\frac{4}{9}:\left(\frac{5}{3}-\frac{1}{6}\right)+\left(\frac{-1}{4}\right)$

d) $\left(2-\frac{1}{2}\right):\left(4+\frac{1}{3}\right)\cdot\left(\frac{-6}{5}\right)$

5 Números decimales

Los números decimales expresan cantidades con unidades incompletas. Un **número decimal** tiene una **parte entera**, situada a la izquierda de la coma, y una **parte decimal**, situada a la derecha.

El arco, ⌒, sobre una cifra o grupo de cifras indica que se repiten indefinidamente.

$2,\widehat{3} = 2,333333...$

$6,54\widehat{7} = 6,547777...$ (54: anteperíodo)

5.1. Tipos de números decimales

- Un **número decimal** es **exacto** si tiene un número limitado de cifras decimales.
- Un **número decimal** es **periódico** si tiene un número ilimitado de cifras decimales y, además, una o varias cifras se repiten indefinidamente. Esas cifras se llaman **período**.

  Si las cifras se repiten indefinidamente a partir de la coma, diremos que es **periódico puro**. En caso contrario, es **periódico mixto** y las cifras que no se repiten forman el **anteperíodo**.
- Un **número decimal** es **no exacto y no periódico** si tiene un número ilimitado de cifras decimales y ninguna de ellas se repite indefinidamente.

RESUELVE EL RETO

El frutero vendió la mitad de los melones que llevaba más medio melón. Después se comió el melón que le quedó. ¿Cuántos melones tenía?

EJEMPLO

11. Escribe varios ejemplos de cada tipo de número decimal.

   a) Decimales exactos: 6,75 9,123456 4,333333

   b) Decimales periódicos puros: $7,\widehat{6}$ $4,\widehat{18}$ $0,\widehat{316}$

   c) Decimales periódicos mixtos: $8,0\widehat{4}$ $5,82\widehat{3}$ $1,234\widehat{5}$

   d) Decimal no exacto ni periódico: 0,123456789101112…

5.2. Expresión de una fracción mediante un número decimal

Para expresar una fracción mediante un número decimal se divide el numerador entre el denominador de la fracción.

Cualquier fracción puede expresarse mediante un número entero, un número decimal exacto o un número decimal periódico.

ACTIVIDADES

35 PRACTICA. Clasifica estos números decimales.

a) 9,090909…
b) 45,7
c) 2,3333…
d) 0,0025
e) 321,03333…
f) 1,121122111222…
g) 5,24678678…
h) −3,65
i) 1,11223344…
j) 3,2458458…

36 APLICA. Indica qué números decimales representan estas fracciones.

a) $\frac{7}{100}$ b) $\frac{13}{990}$ c) $\frac{2}{3}$ d) $\frac{4}{99}$

37 REFLEXIONA. Escribe un número decimal no exacto y no periódico con las cifras 3, 5 y 8.

SABER HACER

Expresar una fracción mediante un número decimal

Determina el tipo de número decimal que corresponde a cada fracción y calcúlalo.

a) $-\frac{28}{7}$ b) $\frac{34}{40}$ c) $-\frac{11}{15}$

Pasos a seguir

1. Si el numerador es múltiplo del denominador, la expresión decimal es un número entero.

a) $\frac{-28}{7} \xrightarrow{-28 \text{ es múltiplo de } 7}$ **Número entero**

$-28 : 7 = -4 \rightarrow -\frac{28}{7} = -4$

Una fracción negativa se expresa mediante un número decimal negativo.

2. En caso contrario, calculamos la fracción irreducible y descomponemos el denominador en factores primos.

b) $\frac{34}{40} = \frac{17}{20} \leftarrow$ Fracción irreducible

$20 = 2^2 \cdot 5$

c) $\frac{-11}{15} \leftarrow$ Fracción irreducible

$15 = 3 \cdot 5$

3. Si solo aparecen los factores 2 y 5, será un decimal exacto.

b) $\frac{34}{40} = \frac{17}{20} \xrightarrow[\text{Solo factores 2 y 5}]{20 = 2^2 \cdot 5}$ **Decimal exacto**

$17 : 20 = 0{,}85 \rightarrow \frac{34}{40} = 0{,}85$

4. Si aparecen otros factores, será un decimal periódico.

c) $\frac{-11}{15} \xrightarrow[\text{Factores distintos de 2 y 5}]{15 = 3 \cdot 5}$ **Decimal periódico**

$-11 : 15 = 0{,}7333... \rightarrow -\frac{11}{15} = 0{,}7\widehat{3}$

ACTIVIDADES

38 Sin realizar la división, clasifica los números decimales que equivalen a estas fracciones.

$\frac{5}{9}$ $\frac{14}{20}$ $\frac{18}{300}$ $\frac{35}{10}$ $\frac{7}{210}$ $\frac{9}{40}$

39 Determina los números decimales que expresan estas fracciones y di cuántas cifras decimales tienen.

a) $\frac{3}{10}$ e) $\frac{1}{20}$

b) $\frac{56}{100}$ f) $\frac{2}{40}$

c) $-\frac{9}{3}$ g) $\frac{16}{55}$

d) $\frac{73}{8}$ h) $\frac{8}{88}$

40 Indica las cifras que forman el período y el anteperíodo, cuando exista, de los números decimales que se expresan con estas fracciones.

a) $\frac{1}{3}$ c) $\frac{13}{6}$ e) $\frac{25}{45}$ g) $\frac{37}{12}$

b) $\frac{1}{45}$ d) $\frac{1}{600}$ f) $\frac{1}{90}$ h) $\frac{49}{18}$

41 Determina el tipo de número decimal que equivale a estas fracciones.

a) $\frac{27}{18}$ c) $\frac{14}{35}$ e) $\frac{2\,600}{1\,800}$ g) $\frac{1050}{1485}$

b) $\frac{2\,100}{3\,000}$ d) $\frac{196}{140}$ f) $\frac{48}{120}$ h) $\frac{240}{4\,800}$

SABER HACER

Expresar un número decimal exacto o periódico mediante una fracción

La **fracción generatriz** de un número decimal es la fracción irreducible tal que, al dividir el numerador entre el denominador, el resultado es ese número decimal.

Expresa estos números decimales mediante una fracción.

a) $4{,}37$ **b)** $6{,}\widehat{1}$ **c)** $2{,}7\widehat{81}$

Pasos a seguir

1. Llamamos *A* al número decimal que queremos expresar como una fracción.

a) $A = 4{,}37$ b) $A = 6{,}\widehat{1}$ c) $A = 2{,}7\widehat{81}$

2. Si es un decimal exacto, multiplicamos la igualdad por la unidad seguida de tantos ceros como cifras decimales tiene. Para obtener la fracción buscada despejamos *A*.

a) $A = 4{,}37 \rightarrow 100 \cdot A = 100 \cdot 4{,}37 \rightarrow 100A = 437$

$$\rightarrow A = \frac{437}{100}$$

3. Si es periódico puro, multiplicamos la igualdad por la unidad seguida de tantos ceros como cifras tiene el período. Después, restamos a esa expresión la expresión inicial y despejamos *A*.

b) $A = 6{,}\widehat{1} \rightarrow 10 \cdot A = 10 \cdot 6{,}\widehat{1} \rightarrow 10A = 61{,}\widehat{1}$

$$\left.\begin{array}{r} 10A = 61{,}\widehat{1} \\ -\ \ A = 6{,}\widehat{1} \end{array}\right\}$$

$$9A = 55 \rightarrow A = \frac{55}{9}$$

4. Si es periódico mixto, multiplicamos la igualdad:

- Por la unidad seguida de tantos ceros como cifras tiene su parte periódica y no periódica.
- Y por la unidad seguida de tantos ceros como tiene el anteperíodo.

Restamos las expresiones y despejamos *A*.

c) $A = 2{,}7\widehat{81} \rightarrow 1\,000 \cdot A = 1\,000 \cdot 2{,}7\widehat{81} \rightarrow 1\,000A = 2\,781{,}\widehat{81}$

$10 \cdot A = 10 \cdot 2{,}7\widehat{81} \rightarrow 10A = 27{,}\widehat{81}$

$$\left.\begin{array}{r} 1\,000A = 2\,781{,}\widehat{81} \\ -\ \ 10A = 27{,}\widehat{81} \end{array}\right\}$$

$$990A = 2\,754 \rightarrow A = \frac{2\,754}{990} = \frac{153}{55}$$

Simplificando

ACTIVIDADES

42 Encuentra la fracción irreducible que corresponde a estos números decimales.

a) 0,6
b) 2,08
c) 12,5
d) 42,06
e) 28,542
f) 5,94
g) 652,5
h) 0,148
i) 100,48
j) 0,0008

43 Los números decimales de cada grupo tienen una característica común. Exprésalos en forma de fracción y determina esa característica.

a) $\{0{,}\widehat{3};\ 0{,}\widehat{6}\}$

b) $\{0{,}\widehat{1};\ 0{,}\widehat{2};\ 0{,}\widehat{3};\ 0{,}\widehat{4};\ 0{,}\widehat{5};\ 0{,}\widehat{6};\ 0{,}\widehat{7};\ 0{,}\widehat{8}\}$

c) $\{0{,}0\widehat{1};\ 0{,}0\widehat{2};\ 0{,}0\widehat{3};\ 0{,}0\widehat{4};\ 0{,}0\widehat{5};\ \ldots\}$

d) $\{0{,}\widehat{01};\ 0{,}\widehat{02};\ 0{,}\widehat{03};\ 0{,}\widehat{04};\ 0{,}\widehat{05};\ \ldots\}$

44 Encuentra la fracción generatriz de estos números decimales.

a) $3{,}4\widehat{5}$
b) $0{,}\widehat{08}$
c) $24{,}\widehat{7}$
d) $0{,}00\widehat{7}$
e) $0{,}\widehat{008}$
f) $1{,}3\widehat{56}$
g) $0{,}12\widehat{58}$
h) $4{,}\widehat{453}$
i) $5{,}\widehat{6005}$
j) $0{,}667\widehat{2}$

45 Escribe, en cada caso, una fracción que cumpla estos requisitos.

a) Representa un número decimal exacto con dos cifras decimales.

b) Representa un número decimal periódico puro con una cifra decimal de período.

c) Representa un número decimal periódico mixto con una cifra en el anteperíodo y dos cifras periódicas.

6 Números racionales

Al conjunto de todos los números que se pueden expresar mediante fracciones se le llama conjunto de los **números racionales** y se representa por $\mathbb{Q}$.

Los números naturales, los enteros, los decimales exactos y los decimales periódicos se pueden expresar mediante fracciones.

Números racionales
- Números enteros
  - Números naturales: 1, 2, 3, …
  - El número cero: 0
  - Enteros negativos: −1, −2, −3, …
- Números decimales
  - Decimales exactos: 1,35; 0,079; …
  - Decimales periódicos: $9{,}\widehat{64}$; $8{,}12\widehat{3}$; …

Los números decimales no exactos y no periódicos no se pueden expresar mediante una fracción y, por tanto, no son racionales. Se denominan **números irracionales**.

EJEMPLO

12. Completa la siguiente tabla con estos números. Ten en cuenta que cada número puede estar colocado en más de una casilla.

$0{,}345\widehat{1}$ 34,02 −2 $-0{,}33\widehat{1}$ $0{,}\widehat{1234}$ 4 2,1020304050…

Número natural	Número entero	Número decimal exacto	Número decimal periódico	Número decimal no exacto y no periódico	Número racional
4	4 −2	34,02	$0{,}345\widehat{1}$ $-0{,}33\widehat{1}$ $0{,}\widehat{1234}$	2,1020304050…	4 −2 34,02 $0{,}345\widehat{1}$ $-0{,}33\widehat{1}$ $0{,}\widehat{1234}$

ACTIVIDADES

46 PRACTICA. Clasifica los siguientes números, indicando todos los grupos a los que pertenecen.

a) −4,562
b) $\dfrac{-4}{9}$
c) $24{,}09\widehat{23}$
d) 1,23223222322223…
e) $5{,}\widehat{875}$
f) $\dfrac{10}{5}$
g) −76,43333333…
h) $4{,}\widehat{9}$

47 APLICA. Escribe, en cada caso, tres números racionales que cumplan estas características.

a) Son mayores que −1 y menores que 1.
b) Su parte entera es 1 y tienen período.
c) Son periódicos mixtos menores que 0.

48 REFLEXIONA. Escribe tres números irracionales comprendidos entre 0 y 1.

ACTIVIDADES FINALES

Fracciones

49 Expresa estos enunciados como una fracción.

a) Ocho de cada quince personas utilizan diariamente el teléfono móvil.

b) Juan pide tres trozos de una pizza de diez raciones.

c) De los treinta alumnos de una clase, diecinueve saben tocar un instrumento musical.

d) Mario ha encestado tres de cada cinco lanzamientos.

e) Javier no ha sabido resolver dos de siete problemas.

f) De los nueve bolígrafos que tengo, dos no tienen tinta.

50 Escribe la fracción que representa la parte coloreada de cada figura.

a) 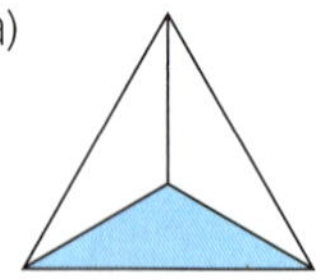

c) 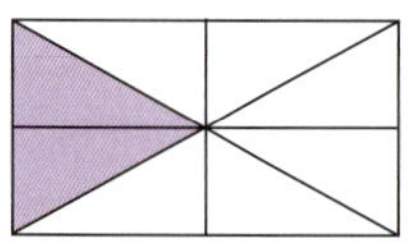

b) 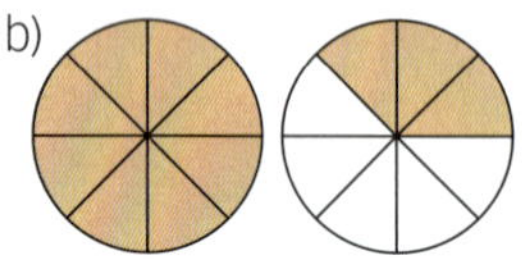

d) 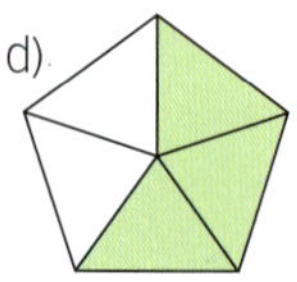

SABER HACER

Representar una fracción en la recta numérica

51 Representa las fracciones. a) $\frac{4}{5}$ b) $\frac{11}{6}$

- Si el numerador es menor que el denominador.

PRIMERO. Se divide el segmento entre 0 y 1 en tantas partes como indique el denominador, 5.

SEGUNDO. Se toman las partes que señale el numerador, 4.

a) 

- Si el numerador es mayor que el denominador.

PRIMERO. Se expresa la fracción como la suma de un número natural más una fracción propia.

$$11 \,\underline{|\,6\,} \qquad \frac{11}{6} = 1 + \frac{5}{6}$$
$$5 \quad 1$$

SEGUNDO. La fracción está comprendida entre el cociente y su número siguiente. En este caso es entre 1 y 2. Se representa en este tramo la fracción que aparece en la suma, $\frac{5}{6}$.

b) 

52 Represeta en la recta numérica estas fracciones.

a) $\frac{3}{5}$ d) $\frac{23}{7}$ g) $-\frac{11}{4}$

b) $\frac{5}{6}$ e) $-\frac{2}{7}$ h) $\frac{25}{6}$

c) $\frac{24}{3}$ f) $\frac{-16}{5}$ i) $\frac{-29}{9}$

53 ¿Qué fracción representa cada letra?

a) 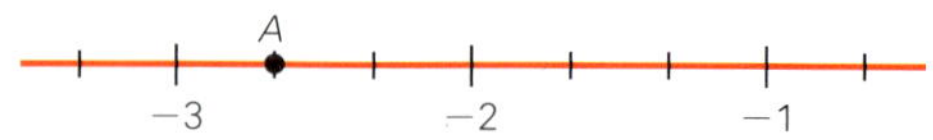

b) 

c) 

54 Indica la fracción que representa cada letra.

Fracciones equivalentes

55 Comprueba si las siguientes fracciones son equivalentes.

a) $\frac{3}{10}$ y $\frac{21}{70}$ e) $\frac{7}{10}$ y $\frac{21}{15}$

b) $\frac{3}{7}$ y $\frac{21}{70}$ f) $\frac{-7}{5}$ y $\frac{-28}{40}$

c) $\frac{3}{8}$ y $\frac{24}{64}$ g) $\frac{-4}{5}$ y $\frac{-20}{10}$

d) $\frac{6}{10}$ y $\frac{3}{5}$ h) $\frac{2}{5}$ y $\frac{8}{15}$

56 Calcula el valor de x para que las fracciones sean equivalentes.

a) $\frac{x}{12} = \frac{6}{9}$ e) $\frac{-4}{x} = \frac{32}{16}$

b) $\frac{9}{x} = \frac{6}{4}$ f) $\frac{-1}{7} = \frac{x}{98}$

c) $\frac{10}{3} = \frac{x}{15}$ g) $\frac{14}{x} = \frac{42}{9}$

d) $\frac{2}{5} = \frac{120}{x}$ h) $\frac{-6}{11} = \frac{90}{x}$

57 Completa en tu cuaderno para que se cumpla la igualdad.

a) $\frac{2}{5} = \frac{6}{\square} = \frac{\square}{40} = \frac{10}{\square} = \frac{\square}{100}$

b) $\frac{-5}{6} = \frac{-75}{\square} = \frac{\square}{42} = \frac{-25}{\square} = \frac{\square}{60}$

58 Obtén, por amplificación, tres fracciones equivalentes a cada una de estas.

a) $\frac{5}{3}$ b) $\frac{6}{5}$ c) $\frac{-2}{9}$ d) $\frac{1}{8}$ e) $\frac{-3}{7}$

59 Calcula, por simplificación, tres fracciones equivalentes a cada una de las siguientes.

a) $\frac{-16}{1000}$ c) $\frac{750}{4500}$ e) $\frac{1400}{3430}$

b) $\frac{540}{72}$ d) $\frac{-270}{900}$ f) $\frac{168}{1008}$

60 Calcula fracciones equivalentes a estas con denominador un número comprendido entre 200 y 300.

a) $\frac{7}{8}$ b) $\frac{2}{11}$ c) $\frac{9}{5}$ d) $\frac{5}{9}$ e) $\frac{-7}{3}$

61 Halla la fracción irreducible.

a) $\frac{20}{8}$ b) $\frac{-4}{48}$ c) $\frac{32}{12}$ d) $\frac{-54}{92}$ e) $\frac{-27}{36}$

SABER HACER

Simplificar una fracción factorizando su numerador y denominador

62 Calcula la fracción irreducible de $\frac{180}{168}$.

PRIMERO. Se descomponen el numerador y el denominador en factores primos.

$$180 = 2^2 \cdot 3^2 \cdot 5 \qquad 168 = 2^3 \cdot 3 \cdot 7$$

SEGUNDO. Se simplifican los factores comunes.

$$\frac{180}{168} = \frac{2^2 \cdot 3^2 \cdot 5}{2^3 \cdot 3 \cdot 7} = \frac{3 \cdot 5}{2 \cdot 7} = \frac{15}{14} \leftarrow \text{Fracción irreducible}$$

63 Calcula la fracción irreducible descomponiendo numerador y denominador en factores primos.

a) $\frac{36}{60}$ b) $\frac{108}{48}$ c) $\frac{-225}{125}$ d) $\frac{252}{441}$

64 Señala cuáles de estas simplificaciones de fracciones están mal hechas y razona por qué.

a) $\frac{22}{13} = \frac{\cancel{11} + 11}{\cancel{11} + 2} = \frac{11}{2}$ c) $\frac{20}{18} = \frac{\cancel{15} + 5}{\cancel{15} + 3} = \frac{5}{3}$

b) $\frac{22}{14} = \frac{\cancel{2} \cdot 11}{\cancel{2} \cdot 7} = \frac{11}{7}$ d) $\frac{40}{80} = \frac{40 : \cancel{20}}{80 : \cancel{20}} = \frac{2}{4}$

65 Escribe una fracción equivalente a $\frac{1}{6}$ y otra a $\frac{4}{7}$ que tengan el mismo denominador.

66 Escribe una fracción equivalente a $\frac{-7}{3}$ y otra a $\frac{-9}{5}$ que tengan el mismo numerador.

Comparación de fracciones

67 Ordena de menor a mayor estas fracciones.

a) $\frac{10}{3}, \frac{4}{3}, \frac{16}{3}, -\frac{5}{3}$ y $-\frac{2}{3}$

b) $\frac{5}{4}, -\frac{3}{4}, -\frac{9}{4}, \frac{7}{4}$ y $\frac{1}{4}$

c) $\frac{12}{5}, \frac{9}{5}, -\frac{8}{5}, -\frac{6}{5}$ y $\frac{7}{5}$

d) $-\frac{5}{6}, \frac{1}{6}, -\frac{1}{6}, \frac{7}{6}$ y $\frac{5}{6}$

68 Ordena de menor a mayor estas fracciones.

a) $\frac{5}{9}, \frac{5}{4}, \frac{5}{3}, \frac{5}{7}$ y $\frac{5}{8}$

b) $\frac{7}{3}, \frac{7}{2}, \frac{7}{5}, \frac{7}{6}$ y $-\frac{7}{9}$

c) $-\frac{2}{9}, -\frac{2}{7}, -\frac{2}{3}, -\frac{2}{15}$ y $-\frac{2}{11}$

d) $-\frac{3}{16}, \frac{3}{4}, -\frac{3}{5}, \frac{3}{7}$ y $-\frac{3}{10}$

SABER HACER

Hallar una fracción comprendida entre otras dos fracciones dadas

69 Escribe una fracción comprendida entre las fracciones $\frac{1}{2}$ y $\frac{1}{3}$.

PRIMERO. Se suman las dos fracciones.

$$\frac{1}{2} + \frac{1}{3} = \frac{3}{6} + \frac{2}{6} = \frac{5}{6}$$

SEGUNDO. Se divide el resultado de la suma entre 2.

$$\frac{5}{6} : 2 = \frac{5}{12}$$

La fracción $\frac{5}{12}$ está comprendida entre $\frac{1}{2}$ y $\frac{1}{3}$.

70 Escribe una fracción comprendida entre:

a) $\frac{4}{5}$ y $\frac{7}{8}$ d) $-\frac{3}{7}$ y $-\frac{2}{5}$

b) $\frac{9}{7}$ y $\frac{11}{9}$ e) $\frac{-1}{6}$ y $\frac{1}{5}$

c) $\frac{7}{6}$ y $\frac{8}{6}$ f) $-\frac{5}{9}$ y $-\frac{6}{9}$

71 Completa en tu cuaderno.

a) $\frac{1}{2} < \frac{\square}{8} < \frac{5}{8}$ b) $\frac{3}{7} < \frac{3}{\square} < \frac{3}{4}$ c) $\frac{5}{6} < \frac{\square}{\square} < \frac{7}{8}$

ACTIVIDADES FINALES

Operaciones con fracciones

72 Efectúa las siguientes operaciones.

a) $\frac{3}{4} - \frac{1}{8} + \frac{5}{2} - 1$

b) $\frac{9}{5} + \frac{3}{10} - \frac{7}{2} - 2$

c) $3 - \frac{8}{3} - \frac{1}{6} + \frac{2}{9}$

d) $5 - \frac{5}{6} + \frac{5}{12} - \frac{5}{3}$

73 Calcula el resultado de estas operaciones.

a) $\left(1 - \frac{1}{3}\right) - \left(4 + \frac{2}{7}\right)$

b) $\frac{5}{2} + \frac{3}{4} - \left(\frac{1}{6} - \frac{1}{10}\right)$

c) $-\frac{3}{7} - \left(4 + \frac{7}{8} - \frac{9}{4}\right)$

d) $\left(9 + \frac{3}{5}\right) + \left(-\frac{1}{3} + \frac{4}{9}\right)$

74 Halla el resultado de estas operaciones.

a) $\frac{5}{9} - \left(\frac{7}{5} - \frac{4}{15}\right) + 2$

b) $-\frac{4}{25} - \left(\frac{9}{2} + 5\right) - 3$

c) $-3 - \left(-\frac{6}{5}\right) - \frac{5}{3}$

d) $\frac{11}{16} - \left(4 - \frac{1}{6}\right) + \left(-\frac{1}{8}\right)$

75 Completa en tu cuaderno.

a) $\frac{1}{3} + \square = \frac{1}{4}$

b) $\frac{3}{7} - \square = -\frac{1}{21}$

c) $\square + \frac{5}{6} = \frac{10}{3}$

d) $\square - \frac{5}{12} = -\frac{2}{3}$

76 Resuelve estas operaciones.

a) $6 - \frac{1}{2} : \left(\frac{4}{5} - \frac{3}{10}\right)$

b) $\frac{6}{7} - 2 \cdot \left(-\frac{5}{4}\right)$

c) $\frac{4}{5} : \left(-\frac{2}{3}\right) + \frac{7}{20}$

d) $\frac{1}{4} + \left(-\frac{2}{3} - \frac{5}{9}\right) : \frac{1}{6}$

e) $\left(-\frac{3}{5} + \frac{7}{6}\right) \cdot \left(3 - \frac{2}{5}\right)$

f) $-\frac{3}{5} \cdot \left(\frac{4}{9} - \frac{1}{6}\right)$

77 Calcula.

a) $\frac{5}{4} - \left[\frac{3}{2} - \frac{1}{4} : \left(-\frac{3}{2}\right)\right]$

b) $\frac{7}{2} : \frac{3}{4} \cdot \left(\frac{9}{2} - \frac{1}{8}\right) - 1$

c) $\left[-\frac{1}{5} + \frac{1}{8} \cdot \left(-\frac{3}{2} + 4\right)\right] : \frac{2}{3}$

d) $\left[\frac{4}{5} - \left(-\frac{3}{10}\right)\right] : \left(\frac{2}{5} - 3\right)$

78 Halla el resultado de estas operaciones entre fracciones.

a) $\left(-\frac{10}{3} + 3\right) \cdot (-3) + \frac{1}{4}$

b) $1 - 2 : \left(\frac{5}{3} - \frac{7}{4}\right) \cdot \frac{1}{3}$

c) $\left(\frac{9}{2} - \frac{1}{6}\right) : \left[8 + \frac{1}{3} : \left(-\frac{1}{2}\right)\right]$

d) $\frac{6}{5} \cdot \left(\frac{2}{3} - \frac{1}{9}\right) : \left(-\frac{3}{2} + \frac{11}{4}\right)$

79 Resuelve estas operaciones.

a) $\left(\frac{2}{5} \cdot \frac{10}{3}\right) - \left(\frac{1}{9} : \frac{4}{3}\right)$

b) $\left(1 + \frac{5}{3}\right) - \left(\frac{2}{5} \cdot \frac{3}{5}\right) - 2$

c) $\frac{7}{2} \cdot \left(\frac{1}{3} - \frac{2}{9}\right) + \left(-\frac{3}{4}\right)$

d) $-\frac{2}{7} - \left(-\frac{3}{10}\right) \cdot \left(\frac{4}{5} - 2\right)$

80 Completa los huecos en tu cuaderno.

a) $\frac{1}{3} \cdot \square = \frac{1}{4}$

b) $\frac{4}{5} : \square = \frac{-4}{6}$

c) $\frac{3}{7} \cdot \frac{3}{8} \cdot \square = \frac{3}{9}$

d) $\frac{1}{4} : \frac{1}{5} : \square = \frac{1}{6}$

e) $(-5) \cdot \square = -\frac{10}{3}$

f) $\frac{4}{5} : \square = -2$

81 Efectúa estas operaciones.

a) $-\frac{1}{6} + \frac{1}{4} : \left(\frac{5}{9} - 3\right) : \frac{3}{2}$

b) $\left(-\frac{1}{6} + \frac{1}{4}\right) : \left(\frac{5}{9} - 3\right) : \frac{3}{2}$

c) $-\frac{1}{6} + \left(\frac{1}{4} : \frac{5}{9} - 3\right) : \frac{3}{2}$

d) $\left(-\frac{1}{6} + \frac{1}{4} : \frac{5}{9}\right) - 3 : \frac{3}{2}$

82 Calcula el resultado de estas operaciones con fracciones.

a) $\left[\frac{5}{2} + \frac{3}{4} \cdot \left(-\frac{2}{9}\right)\right] : \left(4 - \frac{2}{3}\right)$

b) $\left(\frac{5}{2} + \frac{3}{4}\right) \cdot \left(-\frac{2}{9}\right) : 4 - \frac{2}{3}$

c) $\left[\frac{5}{2} + \frac{3}{4} \cdot \left(-\frac{2}{9}\right) : 4\right] - \frac{2}{3}$

d) $\frac{5}{2} + \frac{3}{4} \cdot \left[\left(-\frac{2}{9}\right) : 4 - \frac{2}{3}\right]$

Números decimales

83 Indica la parte entera y la parte decimal de estos números. En el caso de los decimales periódicos, señala su período y su anteperíodo.

a) 1,25
b) $-24,777...$
c) 0,08999...
d) 19,353535...
e) $-5,678678678$
f) 4,8456767...
g) 1,010011000111...
h) $-752,5$

84 Razona qué tipo de número (entero, decimal exacto o periódico) expresan las siguientes fracciones.

a) $\frac{27}{36}$
b) $-\frac{44}{11}$
c) $\frac{4}{24}$
d) $\frac{51}{20}$
e) $\frac{-34}{30}$
f) $\frac{15}{21}$
g) $\frac{22}{-1}$
h) $\frac{21}{420}$
i) $\frac{19}{90}$

85 Clasifica estos números decimales en racionales e irracionales indicando el criterio que utilizas.

a) 4,565656...
b) $-3,123456...$
c) $\frac{5}{9}$
d) 0,040044000...
e) $-1,285$
f) $\frac{-6}{5}$
g) $\frac{53}{90}$
h) $\frac{13}{99}$

86 Expresa en forma decimal estas fracciones.

a) $\frac{1}{30}$
b) $\frac{-2}{9}$
c) $\frac{4}{5}$
d) $\frac{7}{12}$
e) $\frac{-3}{8}$
f) $\frac{25}{99}$
g) $\frac{377}{100}$
h) $\frac{-1}{990}$
i) $\frac{9}{50}$

87 Expresa, mediante una fracción y mediante un número decimal, la parte coloreada de cada una de las figuras.

a)
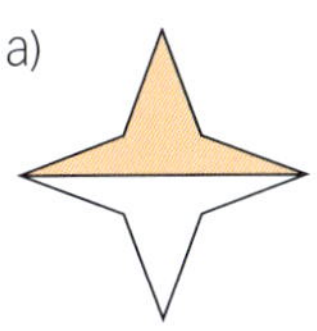
b)
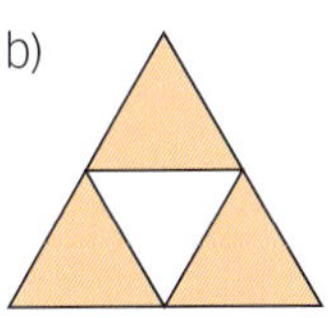
c)
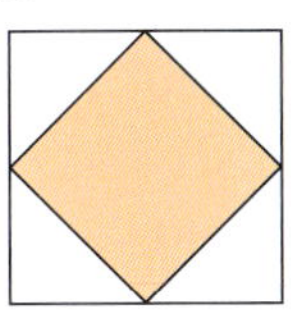
d)
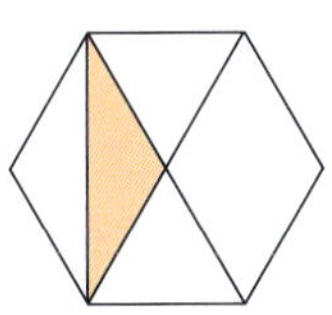

88 Expresa estos números decimales exactos como una fracción irreducible.

a) 8,4 b) 76,53 c) $-9,235$ d) 13,0062

89 Ordena de menor a mayor los números de cada uno de los grupos.

a) $\frac{4}{7}$; $0,\widehat{54}$; $\frac{5}{9}$; $\frac{1}{2}$; $0,5\widehat{54}$ b) $\frac{6}{5}$; $1,\widehat{24}$; $\frac{5}{6}$; $\frac{13}{9}$; $1,2\widehat{34}$

90 Encuentra la fracción que corresponde a estos números decimales.

a) 2,777... b) 5,67878... c) 95,2525... d) 0,076444...

91 Expresa en forma de fracción estos números.

a) -5
b) $8,\hat{7}$
c) $5,6\widehat{34}$
d) 5,84
e) $0,45\hat{6}$
f) $-0,752$
g) 74
h) $2,68\widehat{25}$
i) $0,\widehat{0125}$

SABER HACER

Resolver operaciones con números de infinitas cifras decimales

92 Calcula esta operación: $4,2 \cdot 3,\widehat{06} - 0,8\widehat{67}$

PRIMERO. Se transforman los números decimales en fracciones.

$$4,2 = \frac{42}{10} \qquad 3,\widehat{06} = \frac{303}{99} \qquad 0,8\widehat{67} = \frac{859}{990}$$

SEGUNDO. Se opera con las fracciones.

$$4,2 \cdot 3,\widehat{06} - 0,8\widehat{67} = \frac{42}{10} \cdot \frac{303}{99} - \frac{859}{990} =$$
$$= \frac{12\,726}{990} - \frac{859}{990} = \frac{11\,867}{990}$$

93 Transforma estos números decimales en fracciones y realiza la operación.

a) $5,9 + 8,333...$
b) $2,333... + 56,444...$
c) $34,666... - 7,888...$
d) $9,5777... + 3,75$
e) $4,8999... + 2,565656...$
f) $3,1818... + 0,0606...$

94 Calcula el resultado en forma de fracción.

a) $4,\hat{7} - 2,\widehat{83} \cdot 1,5$
b) $(5,7\widehat{24} + 1,\hat{9}) : 0,\widehat{54}$
c) $12,6\hat{4} + 4,\hat{2} : 0,6$
d) $15,75 - (1,8\hat{6} - 0,\hat{2}) \cdot 3,8$

95 Indica si las siguientes afirmaciones son ciertas o falsas, justificando tu respuesta.

a) Cualquier número decimal puede expresarse en forma de fracción.
b) Un número entero se puede expresar como una fracción.
c) En un número decimal periódico, las cifras decimales se repiten indefinidamente después de la coma.
d) Si un número decimal tiene como período 0, es un número decimal exacto.

ACTIVIDADES FINALES

Problemas con fracciones

96 Alejandro y sus 13 amigos han comido cada uno 2 raciones de tarta. Las tartas se sirven divididas en 10 raciones. Escribe, con una fracción, la cantidad de tartas que han comido.

97 Un profesor propone 5 actividades y asigna un cuarto de hora para realizarlas. Escribe con una fracción el tiempo, en horas, que le corresponde a cada actividad.

SABER HACER

Calcular una parte de un total

98 Un taxista ha llevado hoy a 40 pasajeros. De ellos, $\frac{5}{8}$ eran hombres. ¿Cuántos pasajeros eran mujeres?

PRIMERO. Se calcula la parte del total de pasajeros que eran mujeres.

$$1 - \frac{5}{8} = \frac{8}{8} - \frac{5}{8} = \frac{3}{8} \text{ eran mujeres}$$

SEGUNDO. Se halla lo que representa esa parte.

$$\frac{3}{8} \text{ de } 40 = \frac{3}{8} \cdot 40 = \frac{3 \cdot 40}{8} = \frac{120}{8} = 15$$

Del total de pasajeros, 15 eran mujeres.

99 Según las estadísticas, 7 de cada 12 pacientes mejoran con el primer tratamiento asignado por su médico. Calcula cuántos pacientes no mejorarán con el primer tratamiento si cada médico pasa consulta a 540 enfermos.

100 Cuatro de cada cinco electrodomésticos que se venden son de color blanco, y una décima parte son negros. Calcula cuántos electrodomésticos blancos y cuántos negros ha vendido un establecimiento de un total de 140 aparatos.

101 Unos amigos recorren 105 km en bicicleta. El primer día hacen $\frac{1}{3}$ del camino, y el segundo día, $\frac{4}{15}$, dejando el resto para el tercero. ¿Cuántos kilómetros recorren cada día?

SABER HACER

Calcular el total conociendo una parte

102 Un teatro tiene ocupadas las $\frac{4}{9}$ partes de sus butacas. Si han quedado libres 50, ¿cuántas butacas tiene el teatro en total?

PRIMERO. Se calcula la fracción que representa el dato entero que nos dan.

En este caso se sabe el número de butacas libres.

$$1 - \frac{4}{9} = \frac{9}{9} - \frac{4}{9} = \frac{5}{9} \text{ partes están libres.}$$

SEGUNDO. Se llama x al total y se establece la relación entre la fracción que se ha calculado y el dato entero que da el problema.

$$\frac{5}{9} \text{ de } x = 50 \rightarrow \frac{5 \cdot x}{9} = 50$$

TERCERO. Se despeja x.

$$\frac{5x}{9} = 50 \rightarrow 5x = 50 \cdot 9 \rightarrow x = \frac{50 \cdot 9}{5} = 90$$

El aforo del teatro son 90 butacas.

103 La octava parte del huerto de Pedro está sembrada con tomates. Si la superficie que no lo está es de 982,5 m^2, ¿qué superficie total tiene el huerto?

104 Una piscina que está llena hasta los $\frac{10}{13}$ de su capacidad, necesita 720 litros para estar completamente llena. Calcula la capacidad de la piscina.

105 Un trozo de tela mide 5,4 m y representa las tres séptimas partes del total. ¿Cuál es la longitud total de la tela?

106 Una barrica de 12 000 ℓ de capacidad se vacía hasta que quedan sus tres décimas partes. ¿Cuántos litros se han extraído?

107 Los cinco doceavos del total de los alumnos de un instituto son hijos únicos. Si 322 tienen algún hermano, ¿cuántos son hijos únicos?

108 En la clase de Marcos llevan gafas 16 alumnos, que representan las cuatro novenas partes del total. ¿Cuántos alumnos no llevan gafas?

109 ¿Cuántas botellas de tres cuartos de litro se necesitan para embotellar 600 ℓ de vino?

110 ¿Cuántas botellas de un tercio de litro de refresco hay en 7 ℓ?

111 Si una botella de agua pequeña tiene una capacidad de un quinto de litro, ¿cuántas botellas pequeñas podemos llenar con 12 ℓ de agua?

112 El hijo de Isabel tiene la mitad de la séptima parte de la edad de su madre. Si Isabel tiene 42 años, ¿cuántos años tiene su hijo?

113 Carlos decide hacer un viaje de 210 km en tres etapas. En la primera recorre dos séptimos del total del trayecto, y en la segunda, la tercera parte de lo que queda. ¿Qué distancia recorrerá en la tercera etapa?

114 Héctor gastó en la entrada de cine una tercera parte del dinero con el que salió de casa. Con la cuarta parte del dinero compró una bolsa de palomitas y le quedaron 15 €. ¿Con cuánto dinero salió de casa?

115 En la biblioteca hay 5 000 libros. De ellos, una quinta parte son novelas, y del resto, la mitad son literatura infantil. ¿Cuántos libros de literatura infantil hay?

116 En un almacén de fruta, verdura y conservas se utilizan cinco octavas partes del espacio para almacenar fruta y dos terceras partes para almacenar verdura. Las conservas ocupan todo el espacio restante. ¿Qué fracción del total ocupan?

117 Con la cuarta parte de una botella de 2 ℓ y una sexta parte de otra botella de tres cuartos de litro se llenan cinco sextas partes de una vasija. ¿Cuál es la capacidad de la vasija?

DEBES SABER HACER

Fracciones equivalentes

1 Calcula el valor desconocido para que las fracciones sean equivalentes.

a) $\frac{4}{15} = \frac{x}{60}$ b) $\frac{24}{12} = \frac{8}{x}$ c) $\frac{-3}{10} = \frac{x}{120}$

Fracción irreducible

2 Calcula la fracción irreducible.

a) $\frac{52}{72}$ c) $\frac{105}{126}$

b) $\frac{-165}{90}$ d) $\frac{-132}{68}$

Comparación de fracciones

3 Ordena de mayor a menor.

$\frac{5}{9}$ $-\frac{1}{5}$ $\frac{13}{4}$ $\frac{3}{8}$ $-\frac{8}{3}$ $\frac{13}{5}$

Números decimales

4 Ordena de menor a mayor.

$1{,}6$ $\frac{5}{3}$ $1{,}6\widehat{65}$ $\frac{72}{45}$ $\frac{16}{9}$ $1{,}\widehat{65}$

Operaciones con fracciones

5 Realiza estas operaciones.

a) $\frac{1}{2} - \left(-\frac{2}{5}\right) \cdot \left(\frac{1}{3} - \frac{1}{8}\right)$

b) $\frac{9}{7} - \left[\frac{7}{2} - \left(-\frac{3}{5}\right) \cdot \frac{10}{9}\right]$

6 Un granjero quiere vallar un terreno de 2 275 m de perímetro. El primer día hace los $\frac{3}{7}$ del trabajo, y el segundo día, los $\frac{2}{5}$. ¿Cuántos metros faltan por vallar?

En la vida cotidiana

118 La mayoría del papel comercial que se vende corresponde a unos formatos de tamaño establecidos. Son los tamaños DIN A.

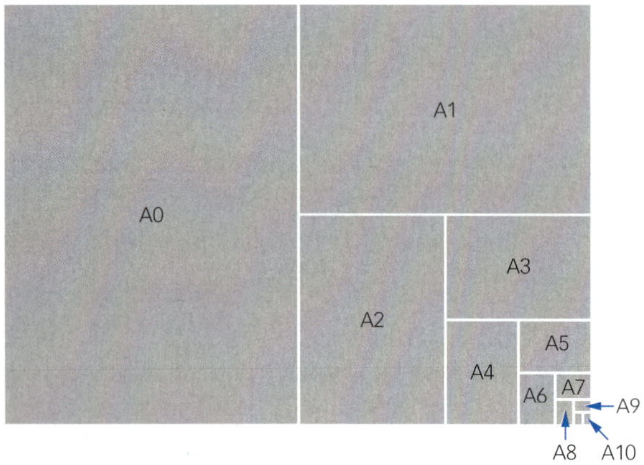

El formato de referencia es el denominado A0, que es una hoja de papel de 84,1 cm de ancho y 118,9 cm de largo, y cuya superficie mide 1 m^2. A partir de esta medida se crean las medidas inferiores.

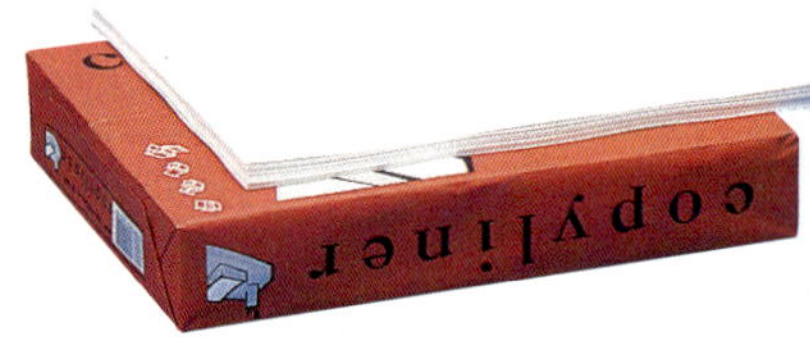

Cada formato debe tener un lado igual a $\frac{1}{2}$ del lado mayor del formato inmediatamente superior y el otro igual al lado menor de este.

a) Completa en tu cuaderno las medidas de todos los tamaños de DIN A.

A0	A1	A2	A3	A4	A5	A6	A7	A8	A9	A10
841 × 1189										

b) En una empresa de publicidad quieren crear carteles con formatos distintos a los DIN A. Para ello han tomado un DIN A2 y lo han cortado como indica la imagen.

Calcula las dimensiones de los formatos M1, M2 y M3 que han creado.

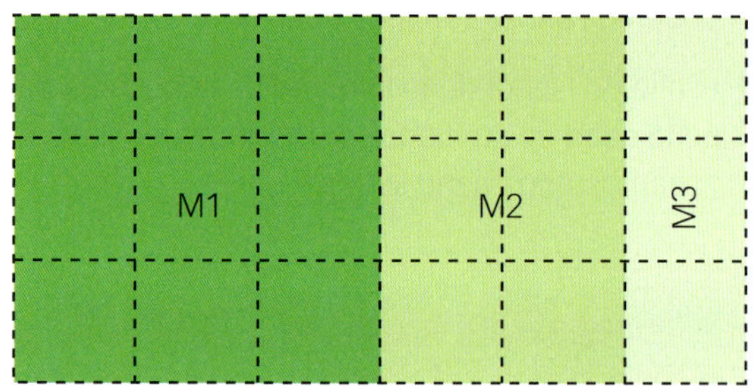

Formas de pensar. Razonamiento matemático

119 Calcula las siguientes diferencias.

$$1-\frac{1}{2} \qquad \frac{1}{2}-\frac{1}{3} \qquad \frac{1}{3}-\frac{1}{4}$$

$$\frac{1}{4}-\frac{1}{5} \qquad \frac{1}{5}-\frac{1}{6}$$

a) Con los resultados, efectúa esta suma.

$$\frac{1}{2}+\frac{1}{6}+\frac{1}{12}+\frac{1}{20}+\frac{1}{30}$$

b) A la vista de lo obtenido, ¿cuál crees que será el resultado de esta suma?

$$\frac{1}{2}+\frac{1}{6}+\frac{1}{12}+\frac{1}{20}+\frac{1}{30}+\frac{1}{42}+\ldots+\frac{1}{1\,001\,000}$$

120 Si vaciamos estos dos recipientes en una jarra, ¿cuál es la proporción de agua y de vinagre en ella?

Mezcla	Mezcla
2 partes de agua 1 parte de vinagre	3 partes de agua 1 parte de vinagre

PROYECTO FINAL. **Trabajo cooperativo**

OBJETIVO: Comprar una bicicleta

Una vez formados los grupos, seguid este proceso:

1.ª Fase.

- Buscad información sobre las características de los distintos tipos de bicicletas que existen: de paseo, de montaña, de carretera, BMX…
- Decidid los accesorios que necesitaríais para la bicicleta.
- Estableced el tipo de actividad para la que utilizaréis la bicicleta.

2.ª Fase.

- Estudiad, a través de Internet o en tiendas deportivas, los precios de las distintas bicicletas y sus accesorios.
- Determinad un presupuesto al que se tendría que ajustar vuestra compra.

3.ª Fase.

- Poned en común la información recogida y acordad el tipo de bicicleta que responde mejor a vuestros intereses.
- Realizad un informe que recoja las conclusiones a las que habéis llegado.

Pruebas PISA

Tiempo de reacción

121 ••• En una carrera de velocidad, el «tiempo de reacción» es el tiempo que transcurre entre el disparo de salida y el instante en que el atleta abandona el taco de salida. El «tiempo final» incluye tanto el tiempo de reacción como el tiempo de carrera.

En la tabla siguiente figura el tiempo de reacción y el tiempo final de 8 corredores en una carrera de velocidad de 100 metros.

Calle	Tiempo de reacción (s)	Tiempo final (s)
1	0,147	10,09
2	0,136	9,99
3	0,197	9,87
4	0,180	No acabó la carrera
5	0,210	10,17
6	0,216	10,04
7	0,174	10,08
8	0,193	10,13

- Identifica a los corredores que ganaron las medallas de oro, plata y bronce en esta carrera. Completa la tabla siguiente.

Medalla	Calle	Tiempo de reacción (s)	Tiempo final (s)
ORO			
PLATA			
BRONCE			

- Hasta la fecha, nadie ha sido capaz de reaccionar al disparo de salida en menos de 0,110 segundos.

  Si el tiempo de reacción registrado para un corredor es inferior a 0,110 segundos, se considera que se ha producido una salida falsa, porque el corredor tiene que haber salido antes de oír la señal.

  Si el tiempo de reacción del corredor que ha ganado la medalla de bronce fuera menor, ¿podría haber ganado la medalla de plata? Justifica tu respuesta.

(Prueba PISA 2003)

CLAVES PARA EMPEZAR

Cómo se calculan potencias de números enteros

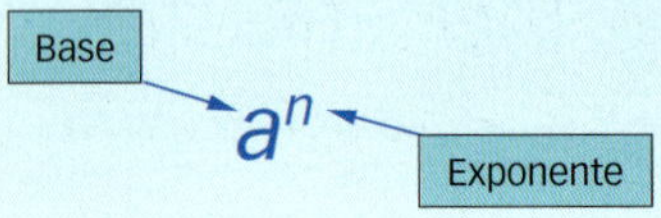

$$2^4 = \underbrace{2 \cdot 2 \cdot 2 \cdot 2}_{\text{4 veces}} \qquad (-2)^5 = \underbrace{(-2) \cdot (-2) \cdot (-2) \cdot (-2) \cdot (-2)}_{\text{5 veces}}$$

EJEMPLO

- Si la base es un número entero positivo, la potencia es siempre positiva.

  $3^4 = 3 \cdot 3 \cdot 3 \cdot 3 = 81$

- Si la base es un número entero negativo, la potencia es positiva si el exponente es par, y negativa si el exponente es impar.

  $(-3)^4 = (-3) \cdot (-3) \cdot (-3) \cdot (-3) = 81$

  $(-3)^5 = (-3) \cdot (-3) \cdot (-3) \cdot (-3) \cdot (-3) = -243$

ACTIVIDADES

1 Calcula las siguientes potencias.

a) $(-5)^3$ c) $(-5)^4$ e) $(-1)^9$

b) 5^3 d) 5^4 f) 1^9

Cómo se calcula la raíz cuadrada de un número racional

El número b es un cuadrado perfecto si existe un número a tal que $a^2 = b$.

La raíz cuadrada de un cuadrado perfecto es una raíz exacta.

La raíz cuadrada de un número que no es un cuadrado perfecto es un número decimal con infinitas cifras decimales no periódicas.

EJEMPLO

Los números 4, 9 y 16,81 son cuadrados perfectos porque:

$2^2 = 4 \qquad 3^2 = 9 \qquad 4{,}1^2 = 16{,}81$

La raíz cuadrada de estos números es exacta:

$\sqrt{4} = 2 \qquad \sqrt{9} = 3 \qquad \sqrt{16{,}81} = 4{,}1$

Los números 2 y 5 no son cuadrados perfectos porque no existe ningún número que al elevarlo al cuadrado nos dé estos números. Sus raíces cuadradas no son exactas:

$\sqrt{2} = 1{,}4142135623730950488016887242097...$

$\sqrt{5} = 2{,}2360679774997896964091736687313...$

ACTIVIDADES

2 Calcula estas raíces cuadradas.

a) $\sqrt{16}$ b) $\sqrt{7}$ c) $\sqrt{36}$ d) $\sqrt{10}$ e) $\sqrt{12}$

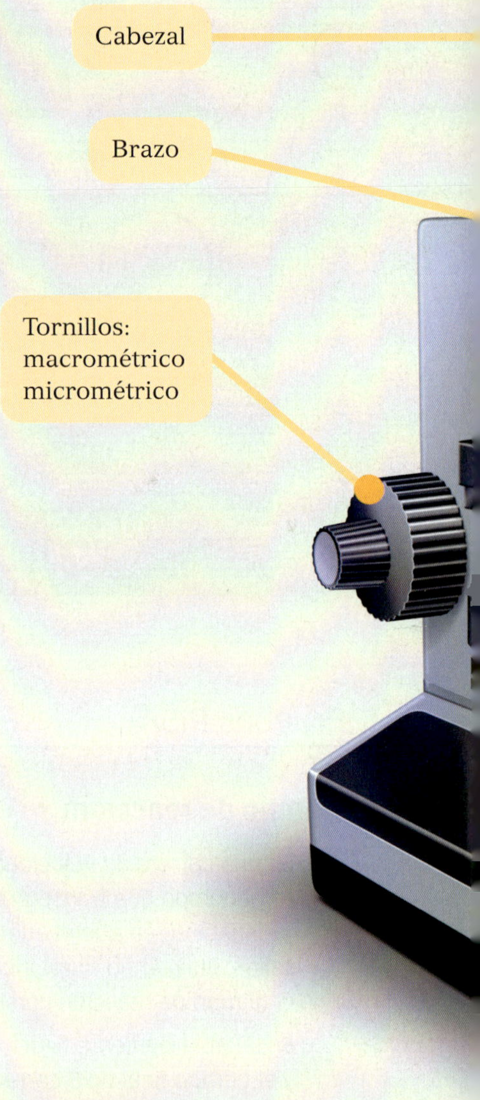

1610
Según los italianos, Galileo, y según los holandeses, Janssen, nacido en Middelburg, inventan el microscopio.

Potencias y raíces

2

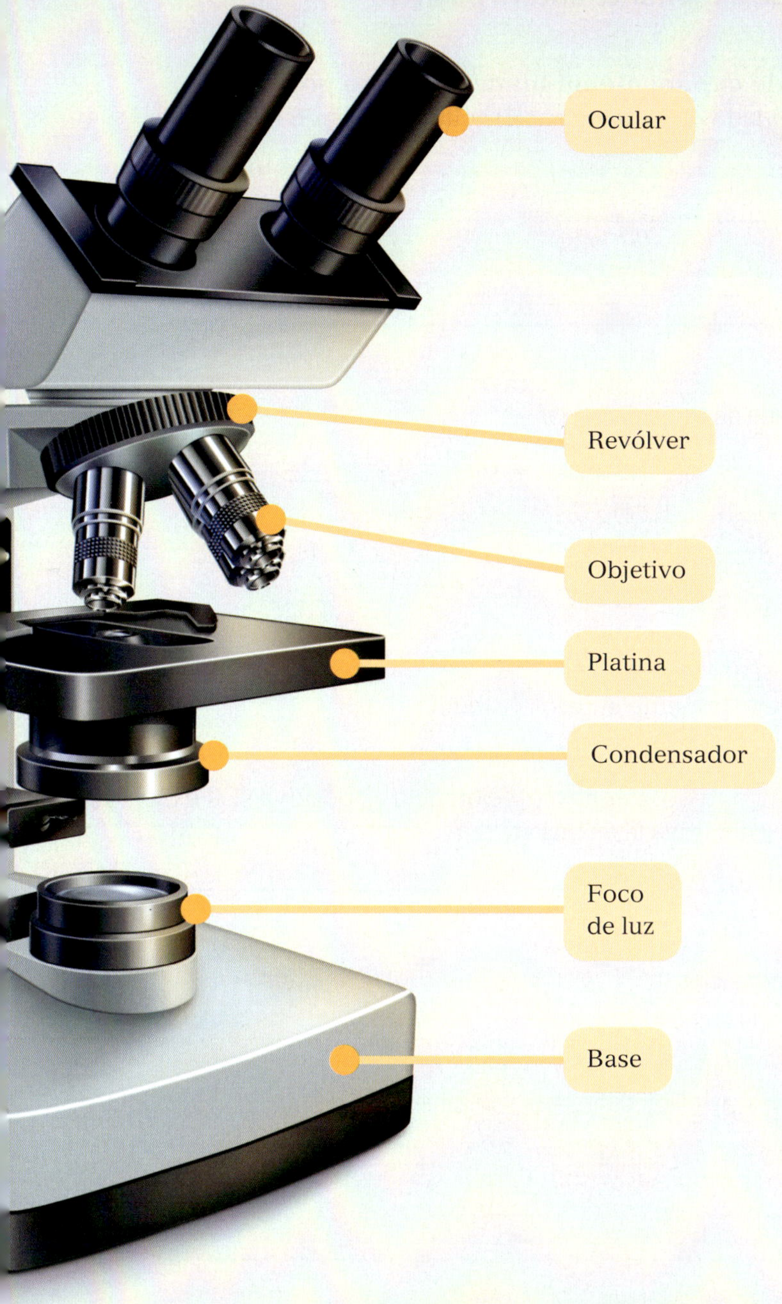

SABER

- Potencias de números racionales
- Operaciones con potencias
- Notación científica. Operaciones
- Raíces
- Números reales
- Aproximaciones y errores
- Intervalos

SABER HACER

- Calcular productos y cocientes de potencias
- Expresar números en notación científica
- Extraer factores de una raíz

? VIDA COTIDIANA

El microscopio

Los microscopios electrónicos nos permiten diferenciar objetos separados tan solo por 0,0002 milímetros, es decir, podemos ver objetos más pequeños que las células.

- Un científico está observando dos células separadas por $3{,}2 \cdot 10^{-7}$ m. ¿Las puede diferenciar si utiliza un microscopio que permite observar objetos separados por 0,0001 mm?

1660 y 1665
Primeras publicaciones importantes en el campo de la microscopía. Malpighi, biólogo italiano, observa los capilares sanguíneos y Hooke, científico inglés, publica su obra *Micrographia*.

Mediados del siglo XVII
Leenwenhoek, comerciante holandés, utilizando microscopios simples de fabricación propia, describe por primera vez los protozoos, bacterias, espermatozoides y glóbulos rojos.

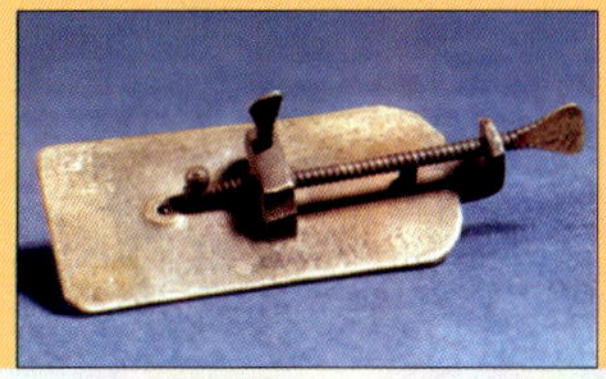

1877
Abbe publica su teoría del microscopio y, por encargo de Carl Zeiss, fundador de una importante compañía de instrumentos ópticos, mejora la microscopía hasta obtener 2000 aumentos.

1931
Se desarrolla el primer microscopio electrónico, consiguiendo 100000 aumentos. Y en 1942 se desarrolla el microscopio electrónico de barrido.

1 Potencias de números racionales

1.1. Potencias de exponente entero positivo

Una **potencia de exponente un número entero positivo** es una forma abreviada de expresar una multiplicación en la que todos los factores son iguales.

$$a^n = \underbrace{a \cdot a \cdot a \ldots \cdot a}_{n \text{ veces}} \qquad \text{si } n > 0$$

CALCULADORA

Para hallar potencias con la calculadora utilizamos la tecla $x^{\blacksquare}$.

Por ejemplo, para calcular $(1,2)^3$ tecleamos:

1 [·] 2 [$x^{\blacksquare}$] 3 [=] [1.728]

EJEMPLO

1. Halla el resultado de estas potencias.

a) $6^2 = \underbrace{6 \cdot 6}_{2 \text{ veces}} = 36$

b) $\left(\frac{5}{3}\right)^4 = \underbrace{\frac{5}{3} \cdot \frac{5}{3} \cdot \frac{5}{3} \cdot \frac{5}{3}}_{4 \text{ veces}} = \frac{625}{81}$

c) $(1,2)^3 = \underbrace{1,2 \cdot 1,2 \cdot 1,2}_{3 \text{ veces}} = 1,728$

d) $\left(-\frac{1}{2}\right)^2 = \underbrace{\left(-\frac{1}{2}\right) \cdot \left(-\frac{1}{2}\right)}_{2 \text{ veces}} = \frac{1}{4}$

En una potencia de exponente entero positivo:

- Si la base es un número positivo, la potencia es siempre positiva.
- Si la base es un número negativo, la potencia es positiva si el exponente es par, y negativa si es impar.

Debes tener en cuenta que:

$(-2)^4 = (-2) \cdot (-2) \cdot (-2) \cdot (-2) =$
$= 16$

y sin embargo:

$-2^4 = -(2 \cdot 2 \cdot 2 \cdot 2) = -16$

EJEMPLO

2. Calcula estas potencias.

a) $\left(-\frac{2}{3}\right)^3 = \left(-\frac{2}{3}\right) \cdot \left(-\frac{2}{3}\right) \cdot \left(-\frac{2}{3}\right) = -\frac{8}{27}$ (Impar)

b) $\left(-\frac{2}{3}\right)^4 = \left(-\frac{2}{3}\right) \cdot \left(-\frac{2}{3}\right) \cdot \left(-\frac{2}{3}\right) \cdot \left(-\frac{2}{3}\right) = \frac{16}{81}$ (Par)

ACTIVIDADES

1 PRACTICA. Escribe en forma de potencia estas multiplicaciones y halla el resultado.

a) $2 \cdot 2 \cdot 2 \cdot 2 \cdot 2 \cdot 2 \cdot 2 \cdot 2 \cdot 2$

b) $(-4) \cdot (-4) \cdot (-4) \cdot (-4) \cdot (-4)$

c) $\left(-\frac{2}{5}\right) \cdot \left(-\frac{2}{5}\right) \cdot \left(-\frac{2}{5}\right)$

2 APLICA. Corrige los errores.

a) $5^4 = 5 + 5 + 5 + 5$

b) $(-5)^3 = (-5) \cdot 3$

c) $\left(\frac{1}{5}\right)^7 = \left(\frac{-1}{5}\right)^7$

d) $-5^2 = (-5) \cdot (-5)$

3 REFLEXIONA. Completa en tu cuaderno.

a) $(\square)^3 = \frac{-125}{8}$

b) $(\square)^8 = 4^{\square} = 256$

1.2. Potencias de exponente entero negativo

Una **potencia de exponente un número entero negativo** es igual al cociente entre la unidad y dicha potencia con el exponente positivo.

$$a^{-n} = \frac{1}{a^n} \qquad \text{si } a \neq 0$$

EJEMPLO

3. Halla estas potencias de exponente negativo.

a) $4^{-3} = \frac{1}{4^3} = \frac{1}{64}$

b) $(-4)^{-3} = \frac{1}{(-4)^3} = \frac{1}{-64}$

c) $(0,4)^{-2} = \frac{1}{(0,4)^2} = \frac{1}{0,16} = 6,25$

d) $\left(\frac{2}{3}\right)^{-4} = \frac{1}{\left(\frac{2}{3}\right)^4} = \frac{1}{\frac{16}{81}} = 1 : \frac{16}{81} = \frac{81}{16}$

CALCULADORA

Para hallar $(1,2)^{-3}$ tecleamos:

1 [·] 2 [$x^{\blacksquare}$] [(−)] 3 [=]

y en la pantalla aparece:

0.578703703

1.3. Potencias de exponente 1, −1 y 0

Para cualquier valor de a ($a \neq 0$) siempre se cumple que:

$$a^0 = 1 \qquad a^1 = a \qquad a^{-1} = \frac{1}{a}$$

EJEMPLO

4. Calcula estas potencias de números racionales.

a) $2^0 = 1$

b) $(-2)^0 = 1$

c) $\left(\frac{1}{2}\right)^0 = 1$

d) $2^1 = 2$

e) $(-2)^1 = -2$

f) $\left(\frac{1}{2}\right)^1 = \frac{1}{2}$

g) $2^{-1} = \frac{1}{2}$

h) $(-2)^{-1} = \frac{1}{-2} = -\frac{1}{2}$

i) $\left(\frac{1}{2}\right)^{-1} = \frac{1}{\frac{1}{2}} = 1 : \frac{1}{2} = 2$

RESUELVE EL RETO

$12^2 = 144$ $\quad 21^2 = 441$

$13^2 = 169$ $\quad 31^2 = 961$

Encuentra otro número de dos cifras que cumpla la misma propiedad.

ACTIVIDADES

4 PRACTICA. Calcula estas potencias.

a) 3^4

b) $(-3)^{-4}$

c) $(-3)^4$

d) $(-3)^0$

e) $(-3)^1$

f) $(0,2)^{-3}$

g) $(0,2)^0$

h) $(0,2)^1$

i) $\left(\frac{2}{3}\right)^{-3}$

j) $\left(-\frac{1}{5}\right)^{-4}$

k) $\left(-\frac{7}{8}\right)^{-1}$

l) $\left(\frac{4}{3}\right)^2$

5 APLICA. Resuelve.

$$\left(-\frac{1}{2}\right)^{-1} + (-0,128)^0 + (-1)^2$$

6 REFLEXIONA. Escribe estas fracciones como potencia de exponente entero negativo.

a) $\frac{1}{49}$

b) $\frac{-27}{8}$

c) $\frac{-1}{243}$

d) $\frac{625}{16}$

RESUELVE EL RETO

Halla un número que al elevarlo al cuadrado y sumarle 2 se convierta en un número al cubo.

Las propiedades:

$a^n \cdot a^m = a^{n+m}$

$a^n : a^m = a^{n-m}$

solo se pueden aplicar cuando las potencias tienen la misma base.

2 Operaciones con potencias

Si a y b son dos números racionales, y m y n son dos números enteros, se cumplen las siguientes propiedades:

- **Producto y cociente de potencias de la misma base**

  $a^n \cdot a^m = a^{n+m}$ $\qquad$ $a^n : a^m = \dfrac{a^n}{a^m} = a^{n-m}$

- **Potencia de un producto y potencia de un cociente**

  $(a \cdot b)^n = a^n \cdot b^n$ $\qquad$ $(a : b)^n = \left(\dfrac{a}{b}\right)^n = \dfrac{a^n}{b^n}$

- **Potencia de una potencia**

  $(a^n)^m = a^{n \cdot m}$

EJEMPLO

5. Realiza las siguientes operaciones con potencias.

a) $(-4)^2 \cdot (-4)^4 = (-4)^{2+4} = (-4)^6 = 4096$

b) $3^4 \cdot 3^{-5} = 3^{4+(-5)} = 3^{4-5} = 3^{-1} = \dfrac{1}{3^1} = \dfrac{1}{3}$

c) $3^{-4} : 3^5 = 3^{-4-5} = 3^{-9} = \dfrac{1}{3^9} = \dfrac{1}{19\,683}$

d) $3^2 : 3^{-3} = 3^{2-(-3)} = 3^{2+3} = 3^5 = 243$

e) $\left(\dfrac{2}{7}\right)^{-3} \cdot \left(\dfrac{2}{7}\right)^2 = \left(\dfrac{2}{7}\right)^{-3+2} = \left(\dfrac{2}{7}\right)^{-1} = \dfrac{1}{\frac{2}{7}} = \dfrac{7}{2}$

f) $\left(\dfrac{3}{5}\right)^{-3} : \left(\dfrac{3}{5}\right)^{-4} = \left(\dfrac{3}{5}\right)^{-3-(-4)} = \left(\dfrac{3}{5}\right)^{-3+4} = \left(\dfrac{3}{5}\right)^1 = \dfrac{3}{5}$

g) $\left[\left(\dfrac{1}{3}\right)^4\right]^{-2} = \left(\dfrac{1}{3}\right)^{4\cdot(-2)} = \left(\dfrac{1}{3}\right)^{-8} = \dfrac{1}{\left(\frac{1}{3}\right)^8} = \dfrac{3^8}{1^8} = 6\,561$

ACTIVIDADES

7 PRACTICA. Resuelve estas operaciones entre potencias.

a) $(-3)^4 \cdot (-3)^5$

b) $5^{-2} \cdot 5^3$

c) $\left(\dfrac{1}{2}\right)^{-1} \cdot \left(\dfrac{1}{2}\right)^{-3}$

d) $\left(\dfrac{3}{4}\right)^{-3} \cdot \left(\dfrac{3}{4}\right)^5$

e) $\left(\dfrac{7}{2}\right)^5 : \left(\dfrac{7}{2}\right)^{-2}$

f) $2^{-8} : 2^{-3}$

g) $5^0 : 5^4$

h) $\left(\dfrac{6}{5}\right)^{-1} : \left(\dfrac{6}{5}\right)^{-1}$

8 APLICA. Halla el resultado.

a) $(-2)^{-3} : (-2)^{-1}$

b) $(-1)^{-2} \cdot (-1)^6$

c) $\left(-\dfrac{2}{3}\right)^3 : \left(-\dfrac{2}{3}\right)^{-1}$

d) $\left(-\dfrac{1}{4}\right)^{-4} \cdot \left(-\dfrac{1}{4}\right)^3$

9 REFLEXIONA. Señala qué desigualdad es cierta.

a) $\left(\dfrac{1}{2}\right)^3 < \dfrac{1}{4}$

b) $[2 \cdot (-1)]^4 < \dfrac{1}{2}$

SABER HACER

Calcular productos y cocientes de potencias

Expresa, si se puede, estos productos y estos cocientes de potencias con una sola potencia.

a) $5^3 \cdot 5^{-4}$ **b)** $5^3 : 5^{-4}$ **c)** $9^5 \cdot (-3)^5$ **d)** $9^5 : (-3)^5$ **e)** $4^3 \cdot 8^{-3}$ **f)** $4^3 : 8^{-3}$

Pasos a seguir

1. Estudiamos si son iguales las bases o los exponentes de las potencias.

a) $5^3 \cdot 5^{-4} \rightarrow$ Misma base

b) $5^3 : 5^{-4} \rightarrow$ Misma base

c) $9^5 \cdot (-3)^5 \rightarrow$ Distinta base y mismo exponente

d) $9^5 : (-3)^5 \rightarrow$ Distinta base y mismo exponente

e) $4^3 \cdot 8^{-3} \rightarrow$ Distinta base y exponente

f) $4^3 : 8^{-3} \rightarrow$ Distinta base y exponente

2. Si las bases son iguales, operamos con los exponentes según las propiedades de potencias.

a) $5^3 \cdot 5^{-4} = 5^{3+(-4)} = 5^{3-4} = 5^{-1}$

b) $5^3 : 5^{-4} = 5^{3-(-4)} = 5^{3+4} = 5^7$

3. Si las bases son distintas pero tienen el mismo exponente, operamos con las bases.

c) $9^5 \cdot (-3)^5 = (9 \cdot (-3))^5 = (-27)^5$

d) $9^5 : (-3)^5 = (9 : (-3))^5 = (-3)^5$

4. Si las bases y los exponentes son distintos, descomponemos las bases en factores primos y resolvemos la nueva operación entre potencias.

e) $4 = 2^2$ $8 = 2^3$

$4^3 \cdot 8^{-3} = (2^2)^3 \cdot (2^3)^{-3} = 2^6 \cdot 2^{-9} = 2^{6+(-9)} = 2^{6-9} = 2^{-3} = \dfrac{1}{2^3}$

f) $4 = 2^2$ $8 = 2^3$

$4^3 : 8^{-3} = (2^2)^3 : (2^3)^{-3} = 2^6 : 2^{-9} = 2^{6-(-9)} = 2^{6+9} = 2^{15}$

Un producto o un cociente de potencias solo se puede expresar mediante una única potencia si los factores tienen las mismas bases o los mismos exponentes.

$3^2 \cdot 5^{-3} \rightarrow$ No se puede expresar con una sola potencia.

$3^5 \cdot 6^{-3} = 3^5 \cdot (2 \cdot 3)^{-3} =$
$= 3^5 \cdot 2^{-3} \cdot 3^{-3} = 3^{5-3} \cdot 2^{-3} =$
$= 3^2 \cdot 2^{-3} \rightarrow$ No se puede expresar con una sola potencia.

ACTIVIDADES

10 Halla el valor de estas potencias.

a) $2^5 \cdot 2^3$ d) $(-4)^9 \cdot (-4)^5 \cdot (-4)$

b) $2^5 : 2^3$ e) $(-4)^9 : (-4)^5 : (-4)$

c) $3^7 \cdot 3^2 \cdot 3^4$ f) $(7 \cdot 4)^0$

11 Simplifica estas expresiones hasta expresarlas como una sola potencia.

a) $7^4 \cdot 2^4$ d) $8^5 : (-2)^5$

b) $8^{-3} : 2^{-3}$ e) $(-3)^{-2} \cdot (-4)^{-2}$

c) $(-5)^6 \cdot 3^6$ f) $(-10)^{-4} : (-5)^{-4}$

12 Expresa como una sola potencia.

a) $11^6 \cdot 11^4$ d) $25^4 : 5^3$ g) $14^5 : 2^5$

b) $25^4 \cdot 5^3$ e) $2^5 \cdot 14^5$ h) $8^7 : 8^{-8}$

c) $11^6 : 11^4$ f) $8^7 \cdot 8^{-8}$ i) $7^0 : 21^3$

13 Expresa el resultado como una sola potencia.

a) $(3^3 \cdot 3^4 \cdot 3^8) : 3^9$

b) $(-2)^4 \cdot (-2)^6 \cdot (-2)^5$

c) $(-7)^8 : (-7)^4 \cdot (-7)^2$

d) $\left(\dfrac{5}{2}\right)^4 \cdot \left(\dfrac{5}{2}\right)^3 : \left(\dfrac{5}{2}\right)^6$

e) $\left[\left(-\dfrac{1}{9}\right)^2 \cdot \left(-\dfrac{1}{9}\right)^3\right] : \left[\left(\dfrac{-1}{9}\right)^4 : \left(\dfrac{-1}{9}\right)\right]$

f) $(-5)^8 : [(-5)^3 : (-5)^3]$

14 Simplifica estos productos de potencias.

a) $5^4 \cdot 25^3$ d) $4^7 \cdot 32$ g) $-72^3 \cdot (-4)^7$

b) $8^4 \cdot 16^2$ e) $-12^3 \cdot 18^5$ h) $32^2 \cdot (-24)^3$

c) $6^3 \cdot 12^5$ f) $(-63)^5 \cdot 21^2$ i) $54^2 \cdot (-18)^4$

3 Notación científica

3.1. Potencias de base 10

- Una **potencia de base 10 y exponente entero positivo** es igual a la unidad seguida de tantos ceros como indique su exponente.
- Una **potencia de base 10 y exponente entero negativo** es igual a la unidad dividida entre dicha potencia con exponente positivo.

Una potencia de base 10 con exponente negativo es igual a un número decimal.

$10^{-2} = 0{,}01$ (2 decimales)

$10^{-5} = 0{,}00001$ (5 decimales)

EJEMPLO

6. Escribe con todas sus cifras estas potencias de 10.

a) $10^3 = 1\,000$ c) $10^5 = 100\,000$ e) $10^7 = 10\,000\,000$

b) $10^{-1} = \dfrac{1}{10} = 0{,}1$ d) $10^{-2} = \dfrac{1}{100} = 0{,}01$ f) $10^{-3} = \dfrac{1}{1\,000} = 0{,}001$

3.2. Expresión de números muy grandes y muy pequeños

La **notación científica** es una forma de expresar números mediante el producto de un número mayor o igual que 1 y menor que 10, multiplicado por una potencia de 10.

Al exponente de la potencia de 10 se le llama **orden de magnitud**.

EJEMPLO

7. Describe con un número escrito en notación científica.

a) La distancia de la Tierra al Sol es 149 000 000 km.

$149\,000\,000 = 1{,}49 \cdot 100\,000\,000 = 1{,}49 \cdot 10^8$

b) El tamaño del virus de la gripe es 0,00012 mm.

$0{,}00012 = \dfrac{1{,}2}{10\,000} = 1{,}2 \cdot \dfrac{1}{10\,000} = 1{,}2 \cdot 10^{-4}$

! NO OLVIDES

Las potencias de 10 se utilizan para expresar números muy grandes y números muy pequeños.

ACTIVIDADES

15 PRACTICA. Escribe en notación científica estos números.

a) 567 000 000
b) 842 300 000 000
c) 493 000 000
d) 315 000 000 000
e) 0,00000000334
f) 0,0000642435
g) 12,00056
h) 253

16 APLICA. Transforma estas operaciones en números escritos en notación científica.

a) $267{,}8 \cdot 10\,000$
b) $0{,}0005 \cdot 10^{-3}$
c) $1\,800 \cdot 10^{-9}$
d) $0{,}00082 \cdot 10^{15}$

17 REFLEXIONA. Escribe en notación científica.

a) $5^8 \cdot 2^{12}$ b) $750 \cdot (5^4 \cdot 2^4)^{-1}$ c) $25^7 : 125^4 : 10^{-6}$

SABER HACER

Expresar números en notación científica

Expresa los siguientes números en notación científica.

a) 71 800 b) −2 333,1 c) 0,000029 d) −0,00104

Pasos a seguir

1. Calculamos el orden de magnitud.
   - Si el número tiene parte entera distinta de 0, su orden de magnitud es positivo y coincide con el número de dígitos de su parte entera menos 1.
   - Si el número tiene nula su parte entera, su orden de magnitud es negativo y coincide con el número de dígitos que hay desde la coma hasta el primer número distinto de 0.

a) $\underbrace{71\,800}_{\text{5 dígitos}} \rightarrow$ Parte entera $\neq 0 \rightarrow$ Orden de magnitud $= 5 - 1 = 4$

b) $\underbrace{-2\,333}_{\text{4 dígitos}},1 \rightarrow$ Parte entera $\neq 0 \rightarrow$ Orden de magnitud $= 4 - 1 = 3$

c) $0,\underbrace{00002}_{\text{5 dígitos}}9 \rightarrow$ Parte entera $= 0 \rightarrow$ Orden de magnitud $= -5$

d) $-0,\underbrace{001}_{\text{3 dígitos}}04 \rightarrow$ Parte entera $= 0 \rightarrow$ Orden de magnitud $= -3$

2. Escribimos la cantidad con una sola cifra entera distinta de cero, y multiplicamos por 10 elevado al orden de magnitud que se ha calculado.

a) $71\,800 = 7,18 \cdot 10^4$

b) $-2\,333,1 = -2,3331 \cdot 10^3$

c) $0,000029 = 2,9 \cdot 10^{-5}$

d) $-0,00104 = -1,04 \cdot 10^{-3}$

Para expresar un número en notación científica con la calculadora se utilizan las teclas [$\times 10^x$] y [(−)].

Para introducir el número $7,352 \cdot 10^9$ tecleamos:

7 [·] 352 [$\times 10^x$] 9

Y para introducir $8,64 \cdot 10^{-3}$ teclearemos:

8 [·] 64 [$\times 10^x$] 3 [(−)]

ACTIVIDADES

18 Expresa estos números en notación científica.

a) 650 000 000

b) 90 000 000 000

c) 44 400 000

d) 12 675 000 000 000

e) 393 000 000 000

f) 1 000 000 000 000

19 Expresa estos números en notación científica.

a) 0,0025

b) 0,0000008

c) 0,000054

d) 0,00000000113

e) 0,000000752

f) 0,000000004

20 Expresa estas cantidades en metros y luego escríbelas en notación científica.

a) 12 000 km

b) 3 820,06 dam

c) 0,0051 mm

d) 28 000 000 000 dm

e) 0,0000000079 hm

f) 31 008 462,5 cm

21 Corrige los errores cometidos al escribir estos números en notación científica.

a) $375\,000 = 375 \cdot 10^3$

b) $375\,000\,000 = 375 \cdot 10^8$

c) $3\,750\,000 = 3 \cdot 10^6$

d) $0,00375 = 375 \cdot 10^{-5}$

e) $0,00000375 = 3,75 \cdot 10^6$

22 Expresa en notación científica.

a) $2^7 \cdot 5^3$

b) $2^6 : 10^8$

c) $7^3 \cdot 10^{-6}$

d) $3^4 : 10^{-5}$

e) $2^{10} \cdot 5^8$

f) $6^6 \cdot 10^4 : 2^5$

23 Completa en tu cuaderno con un número escrito en notación científica.

a) 10,5 millones de € = □ céntimos de €.

b) 45 700 toneladas de tomate = □ kg de tomate.

c) 600 000 huevos = □ docenas de huevos.

4 Operaciones en notación científica

4.1. Suma y resta en notación científica

Para sumar o restar números en notación científica es necesario que el exponente de la potencia de 10 sea igual en todos los sumandos. Cuando esto ocurre, se suman o se restan los números, manteniendo la misma potencia de 10.

Si los sumandos tienen distinta potencia de 10, hay que transformar alguno de ellos para que las potencias sean iguales.

Si el resultado no aparece en notación científica, hay que transformarlo.

EJEMPLO

8. Calcula estas operaciones.

a) $1{,}04 \cdot 10^{-7} - 2{,}6 \cdot 10^{-7} = (1{,}04 - 2{,}6) \cdot 10^{-7} = -1{,}56 \cdot 10^{-7}$

b) $2{,}1 \cdot 10^3 + 3{,}2 \cdot 10^2 \rightarrow$ Distinta potencia de 10

$$3{,}2 \cdot 10^2 = 3{,}2 \cdot 10^2 \cdot \frac{10}{10} = \frac{3{,}2}{10} \cdot 10^3 = 0{,}32 \cdot 10^3$$

$$2{,}1 \cdot 10^3 + 3{,}2 \cdot 10^2 = 2{,}1 \cdot 10^3 + 0{,}32 \cdot 10^3 = 2{,}42 \cdot 10^3$$

4.2. Multiplicación y división en notación científica

Para multiplicar o dividir números en notación científica, se multiplican o se dividen, por un lado, las potencias de 10 y, por otro, los números que las preceden.

EJEMPLO

9. Resuelve estas operaciones.

a) $(5{,}2 \cdot 10^{-5}) \cdot 2 \cdot 10^{-3} = (5{,}2 \cdot 2) \cdot (10^{-5} \cdot 10^{-3}) = \underbrace{10{,}4 \cdot 10^{-8}}_{\text{No está en notación científica}} =$

$= (10{,}4 : 10) \cdot (10^{-8} \cdot 10) = 1{,}04 \cdot 10^{-7}$

b) $(1{,}2 \cdot 10^6) : (2{,}4 \cdot 10^8) = (1{,}2 : 2{,}4) \cdot (10^6 : 10^8) = \underbrace{0{,}5 \cdot 10^{-2}}_{\text{No está en notación científica}} =$

$= (0{,}5 \cdot 10) \cdot (10^{-2} : 10) = 5 \cdot 10^{-3}$

ACTIVIDADES

24 PRACTICA. Halla el resultado de estas operaciones.

a) $7{,}524 \cdot 10^{-4} + 3{,}1 \cdot 10^{-4}$

b) $4{,}6 \cdot 10^4 + 5{,}7 \cdot 10^5$

c) $3{,}9 \cdot 10^{-3} + 1{,}27 \cdot 10^{-2}$

d) $9{,}6 \cdot 10^7 - 7{,}31 \cdot 10^5$

e) $4{,}85 \cdot 10^{10} - 9{,}58 \cdot 10^7$

f) $1{,}8 \cdot 10^{-3} - 4{,}27 \cdot 10^{-4}$

g) $(7{,}2 \cdot 10^9) \cdot (1{,}4 \cdot 10^{-5})$

h) $(5{,}08 \cdot 10^6) \cdot (2{,}7 \cdot 10^4)$

i) $(3{,}25 \cdot 10^{-1}) \cdot (8{,}01 \cdot 10^4)$

j) $(7{,}2 \cdot 10^7) : (2 \cdot 10^5)$

k) $(2{,}1 \cdot 10^{-3}) : (8{,}4 \cdot 10^{-4})$

l) $(1{,}2 \cdot 10^{-2}) : (6 \cdot 10^2)$

25 APLICA. Completa en tu cuaderno.

a) $6 \cdot 10^3 + \square = 9 \cdot 10^4$

b) $3{,}4 \cdot 10^6 - \square = 7{,}6 \cdot 10^5$

c) $6{,}42 \cdot 10^{-4} + \square = 9{,}256 \cdot 10^{-3}$

26 REFLEXIONA. Resuelve esta suma: $7{,}8 \cdot 10^{99} + 5 \cdot 10^{99}$. Luego, utiliza la calculadora para realizarla. ¿Qué ocurre? ¿Por qué crees que sucede esto?

5 Raíces

5.1. Raíz cuadrada de un número racional

La **raíz cuadrada** de un número racional *a* es otro número *b* tal que al elevarlo al cuadrado obtenemos el número *a*.

$$\sqrt{a} = b \text{ si } b^2 = a$$

a es el **radicando**, $\sqrt{\ }$ es el símbolo de la raíz y *b* es la **raíz**.

RESUELVE EL RETO

Un número racional soy
y mi raíz es mayor que yo mismo.
Con premura y sin desvío
señala dónde estoy.

- La raíz cuadrada de un número racional positivo tiene siempre dos resultados, uno positivo y otro negativo.
- La raíz cuadrada de un número racional negativo no existe.

EJEMPLO

10. Calcula.

a) $\left.\begin{array}{l}\sqrt{49} = 7 \text{ porque } 7^2 = 49 \\ \sqrt{49} = -7 \text{ porque } (-7)^2 = 49\end{array}\right\} \rightarrow$ Lo escribimos como $\sqrt{49} = \pm 7$.

b) $\sqrt{-4}$ no existe, porque ningún número elevado al cuadrado es negativo.

5.2. Operaciones con raíces

- Para sumar o restar raíces el radicando tiene que ser el mismo.
- Para multiplicar o dividir raíces multiplicamos o dividimos los radicandos por un lado y sus coeficientes por otro.

EJEMPLO

11. Realiza las siguientes operaciones de raíces.

a) $4\sqrt{3} - \sqrt{3} + \frac{1}{2}\sqrt{3} = \left(4 - 1 + \frac{1}{2}\right)\sqrt{3} = \frac{7}{2}\sqrt{3}$

b) $2\sqrt{6} \cdot 4\sqrt{5} = (2 \cdot 4)\sqrt{6 \cdot 5} = 8\sqrt{30}$

c) $6\sqrt{2} : 3\sqrt{4} = (6 : 3)\frac{\sqrt{2}}{\sqrt{4}} = 2\sqrt{\frac{2}{4}} = 2\sqrt{\frac{1}{2}}$

La raíz cuadrada de una fracción es el cociente de la raíz del numerador entre la raíz del denominador.

$$\sqrt{\frac{a}{b}} = \frac{\sqrt{a}}{\sqrt{b}} = \sqrt{a} : \sqrt{b}$$

ACTIVIDADES

27 PRACTICA. Efectúa estas operaciones con raíces.

a) $3\sqrt{12} - 4\sqrt{12} + 5\sqrt{12} - \sqrt{12}$

b) $-\sqrt{7} - 2\sqrt{7} + 3\sqrt{7} + \sqrt{7}$

c) $4\sqrt{10} \cdot \sqrt{2}$

d) $-4\sqrt{14} : 2\sqrt{2}$

28 APLICA. Calcula.

a) $\sqrt{3} \cdot \sqrt{4} + \sqrt{25} \cdot \sqrt{3}$

b) $\left(\sqrt{3} \cdot \sqrt{2}\right)^2$

29 REFLEXIONA. Efectúa, respetando la jerarquía de las operaciones: $\left(\sqrt{3} - \sqrt{2}\right) \cdot \sqrt{3} + 5\sqrt{6}$.

SABER HACER

Extraer factores de una raíz

Extrae todos los factores posibles de las siguientes raíces.

a) $\sqrt{96}$ **b)** $\sqrt{360}$

Todos los exponentes pares se pueden escribir de la forma $2n$ para cierto número n, y los impares como $2n + 1$.

$\sqrt{5^6} = \sqrt{5^{2\cdot 3}} = \sqrt{(5^3)^2} = 5^3$

$\sqrt{5^7} = \sqrt{5^{2\cdot 3+1}} = \sqrt{5^{2\cdot 3}\cdot 5} = \sqrt{5^{2\cdot 3}}\cdot\sqrt{5} = 5^3\sqrt{5}$

Pasos a seguir

1. Descomponemos el radicando en factores primos.
   a) $96 = 2^5 \cdot 3$
   b) $360 = 2^3 \cdot 3^2 \cdot 5$

2. Escribimos los factores cuyo exponente sea impar como un número par más 1.
   a) $96 = 2^5 \cdot 3 = 2^{4+1} \cdot 3 = 2^4 \cdot 2 \cdot 3$
   b) $360 = 2^3 \cdot 3^2 \cdot 5 = 2^{2+1} \cdot 3^2 \cdot 5 = 2^2 \cdot 2 \cdot 3^2 \cdot 5$

3. De cada factor elevado a un exponente par extraemos fuera de la raíz el factor elevado a la mitad, y los factores que tienen exponente 1 los mantenemos bajo el signo de la raíz.
   a) $\sqrt{96} = \sqrt{2^4 \cdot 2 \cdot 3} = 2^2\sqrt{2 \cdot 3}$
   b) $\sqrt{360} = \sqrt{2^2 \cdot 2 \cdot 3^2 \cdot 5} = 2 \cdot 3 \cdot \sqrt{2 \cdot 5}$

4. Realizamos los productos que hay dentro y fuera de la raíz.
   a) $\sqrt{96} = 2^2\sqrt{2 \cdot 3} = 4\sqrt{6}$
   b) $\sqrt{360} = 2 \cdot 3 \cdot \sqrt{2 \cdot 5} = 6\sqrt{10}$

ACTIVIDADES

30 Extrae los factores que sea posible de las siguientes raíces.

a) $\sqrt{8}$
b) $\sqrt{18}$
c) $\sqrt{24}$
d) $\sqrt{48}$
e) $\sqrt{54}$
f) $\sqrt{72}$
g) $\sqrt{100}$
h) $\sqrt{216}$
i) $\sqrt{350}$
j) $\sqrt{484}$
k) $\sqrt{504}$
l) $\sqrt{540}$
m) $\sqrt{864}$
n) $\sqrt{1800}$
ñ) $\sqrt{2304}$
o) $\sqrt{2450}$
p) $\sqrt{4375}$
q) $\sqrt{9065}$

31 Completa en tu cuaderno.

a) $\sqrt{5^{\square}} = 5$
b) $\sqrt{3^{\square}} = 3^2$
c) $\sqrt{5^{\square}} = 5^3$
d) $\sqrt{7^{\square}} = 7^4$
e) $\sqrt{2^{\square} \cdot 3^{\square}} = 2 \cdot 3^2$
f) $\sqrt{5^{\square} \cdot 7^{\square}} = 5^3 \cdot 7^2$
g) $\sqrt{11^{\square} \cdot 3^{\square}} = 11^5 \cdot 3$
h) $\sqrt{2^{\square} \cdot 7^{\square} \cdot 13^{\square}} = 2 \cdot 7^4 \cdot 13$

32 Completa en tu cuaderno.

a) $\sqrt{2^{\square}} = 2\sqrt{2}$
b) $\sqrt{3^{\square}} = 3^2\sqrt{3}$
c) $\sqrt{5^{\square}} = 5^3\sqrt{5}$
d) $\sqrt{7^{\square} \cdot 5^{\square}} = 7 \cdot 5\sqrt{5}$
e) $\sqrt{5^{\square} \cdot 3^{\square}} = 5^2 \cdot 3\sqrt{5}$
f) $\sqrt{3^{\square} \cdot 7^{\square} \cdot 11^{\square}} = 3^2 \cdot 7\sqrt{11}$
g) $\sqrt{2^{\square} \cdot 5^{\square} \cdot 13^{\square}} = 5\sqrt{2 \cdot 13}$

33 Extrae de la raíz todos los factores que sea posible, sin efectuar las potencias.

a) $\sqrt{25^2}$
b) $\sqrt{4^7}$
c) $\sqrt{16^3}$
d) $\sqrt{36^4}$
e) $\sqrt{7^5}$
f) $\sqrt{3^9}$
g) $\sqrt{5^7}$
h) $\sqrt{18^5}$

34 Resuelve estas operaciones con raíces sacando factores de las raíces.

a) $\sqrt{8} + \sqrt{32} - \sqrt{128}$
b) $2\sqrt{27} - 2\sqrt{243} + \sqrt{2187}$
c) $5\sqrt{6} - 2\sqrt{12} + \sqrt{18} - 8\sqrt{24}$
d) $-\sqrt{125} - 3\sqrt{45} + 6\sqrt{20} - \sqrt{80}$

6 Números reales

6.1. Números irracionales

Los **números irracionales** son los números que no se pueden expresar en forma de fracción. Su expresión decimal tiene un número ilimitado de cifras decimales no periódicas.

Existen infinitos números irracionales, por ejemplo:

- Cualquier raíz no exacta: $\sqrt{5}$, $-\sqrt{7}$, $\sqrt{24}$, ...
- Algunos números *especiales*: π, e, Φ, ...
- Determinados números obtenidos combinando sus cifras decimales, por ejemplo: 0,010010001...; 0,12345678910...; ...

RESUELVE EL RETO

¿Puedes escribir, solo con unos y ceros, un número irracional?

EJEMPLO

12. Clasifica estos números en racionales o irracionales.

$\sqrt{10}$ 1,2020202020... 1,2020020002...

Son irracionales: $\sqrt{10} = 3{,}16227766...$ y 1,2020020002... porque su expresión decimal tiene infinitas cifras decimales no periódicas.

Es racional: $1{,}2020202020... = 1{,}\widehat{20}$ porque es un número decimal periódico y se puede expresar mediante una fracción.

6.2. Números reales

Los **números reales** se representan como $\mathbb{R}$, y son el conjunto formado por los números racionales y los números irracionales.

Números reales $\mathbb{R}$

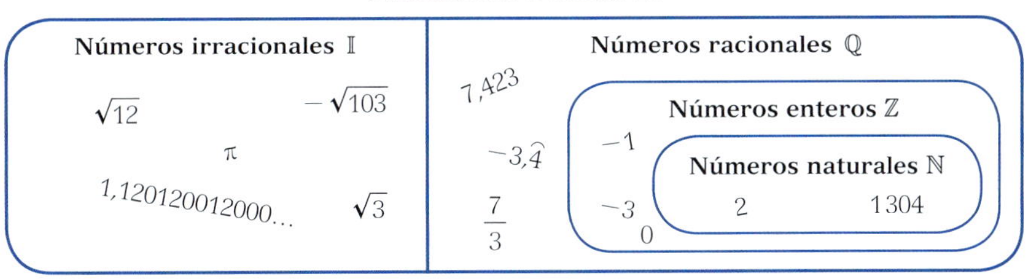

Los números decimales pueden ser racionales o irracionales.

Todos los números decimales son reales.

ACTIVIDADES

35 PRACTICA. Clasifica en racionales o irracionales:

a) $\sqrt{4{,}2}$
b) $0{,}00\widehat{1234}$
c) $-3{,}67$
d) 0
e) $-\sqrt{4}$
f) $2\sqrt{9}$
g) $3\sqrt{7}$
h) $2\sqrt{3}$
i) $(\sqrt{3})^2$
j) $2 + \sqrt{7}$
k) $\frac{1}{4} + \frac{1}{\sqrt{4}}$
l) $\sqrt{20} \cdot \sqrt{5}$

36 APLICA. Con las cifras 1, 2 y 3, escribe un número:

a) Irracional.
b) Decimal exacto.
c) Decimal periódico puro.
d) Decimal periódico mixto.

¿Cuáles de ellos son números reales?

37 REFLEXIONA. ¿Existen números irracionales con un número exacto de cifras decimales?

7 Aproximaciones y errores

Los números irracionales tienen infinitas cifras decimales no periódicas. Por eso, para trabajar con ellos utilizamos aproximaciones.

Al número de cifras resultante de aproximar un número lo llamamos **cifras significativas**.

4,846
↓ Redondeo a la centésima
4,85 → Tres cifras significativas

Se suelen tomar como cifras significativas aquellas de las que estamos seguros de su exactitud o podemos manejar en nuestros cálculos.

7.1. Redondeo y truncamiento

Para **truncar** un número decimal hasta un cierto orden, hay que eliminar las cifras decimales del número siguientes a la cifra que indica ese orden.

Para **redondear** hasta un cierto orden hay que truncar el número, y si la cifra siguiente al orden es mayor o igual que 5, se aumenta una unidad la última cifra decimal. Si es menor que 5, se deja como está.

EJEMPLO

13. Redondea y trunca a las décimas y a las centésimas $\sqrt{10}$.

A las décimas: $\sqrt{10} = 3{,}16227766\ldots \longrightarrow$ TRUNCAMIENTO $= 3{,}1$
$\xrightarrow{6>5}$ REDONDEO $= 3{,}2$

A las centésimas: $\sqrt{10} = 3{,}16227766\ldots \longrightarrow$ TRUNCAMIENTO $= 3{,}16$
$\xrightarrow{2<5}$ REDONDEO $= 3{,}16$

Cuando la aproximación es mayor que el número, decimos que se ha realizado una **aproximación por exceso**. Si la aproximación es menor que el número, se dice que la **aproximación** es **por defecto**.

7.2. Error absoluto y error relativo

- **Error absoluto** (E_a) de una aproximación es el valor absoluto de la diferencia entre el número y su aproximación.
- **Error relativo** (E_r) de una aproximación es el valor absoluto del cociente entre el error absoluto y el número.

RECUERDA

Valor absoluto

$$|a| = \begin{cases} a & \text{si } a \geq 0 \\ -a & \text{si } a < 0 \end{cases}$$

$|3| = 3 \qquad |-3| = 3$

EJEMPLO

14. Halla el error cometido al redondear 1,35774 a las milésimas.

Error absoluto: $E_a = |1{,}35774 - 1{,}358| = 0{,}00026$

Error relativo: $E_r = \left|\dfrac{0{,}00026}{1{,}35774}\right| = 0{,}000191$

ACTIVIDADES

38 PRACTICA. Trunca y redondea estos números a las décimas y a las milésimas.

a) $\dfrac{1}{7}$ e) 4,90238 i) $\dfrac{5}{3}$

b) $0{,}\widehat{62}$ f) 0,012345… j) $\sqrt{8}$

c) $\sqrt{3}$ g) $75{,}\widehat{3}$ k) 1,999

d) $0{,}0\widehat{6}$ h) 31,07921 l) $\sqrt{6}$

39 APLICA. Halla el error absoluto y relativo cometidos al truncar 3,8976 con dos cifras significativas.

40 REFLEXIONA. ¿En cuál de los siguientes casos se comete mayor error?

a) Al aproximar 513,89 kg a 520 kg.

b) Al indicar un peso de 2,57 kg, cuando el objeto pesa realmente 40 g más.

8 Intervalos

Un **intervalo** de extremos a y b está formado por todos los números comprendidos entre a y b.

EJEMPLO

15. Representa los puntos −2 y 3 en una recta numérica. Di algunos números que pertenezcan al intervalo de extremos −2 y 3.

Los números que pertenecen a este intervalo están comprendidos entre −2 y 3, por ejemplo:

−1   0   1   1,1   1,12   2   2,2   2,38…

En general, cualquier número real que sea mayor que −2 y, a la vez, sea menor que 3 pertenece al intervalo.

Tipos de intervalo

Un intervalo puede contener a los dos extremos, a uno o a ninguno.

- Si los dos extremos pertenecen al intervalo, se dice que es **cerrado**.

$[a, b]$

- Si los extremos del intervalo no pertenecen a él, se dice que es **abierto**.

(a, b)

- Si el extremo menor pertenece al intervalo y el mayor no, se dice que es **cerrado por la izquierda** y **abierto por la derecha**.

$[a, b)$

- Si el extremo menor no pertenece al intervalo y el mayor sí, se dice que es **abierto por la izquierda** y **cerrado por la derecha**.

$(a, b]$

SE ESCRIBE ASÍ

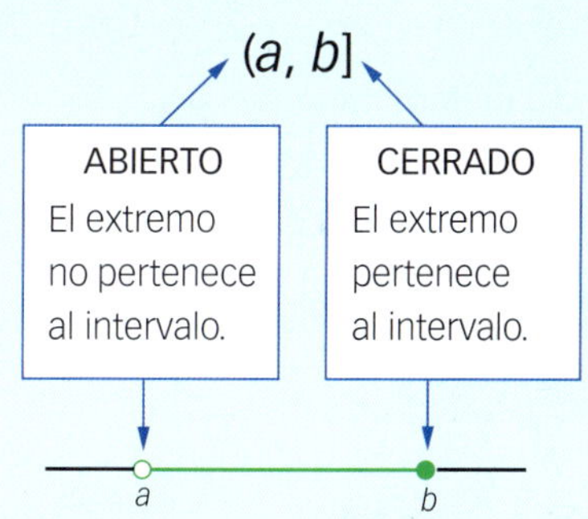

ACTIVIDADES

41 **PRACTICA.** Representa estos intervalos e indica dos números racionales y dos irracionales en cada uno.

a) [2, 5]   c) [−2, 8]

b) (−3, −1)   d) (0, 7]

42 **PRACTICA.** Escribe tres números que pertenezcan a cada uno de estos intervalos.

a) (0, 1)   c) [−2; 0,5)

b) (−3,5; 2]   d) [1; 1,1]

43 **APLICA.** Indica el intervalo que se representa.

a) 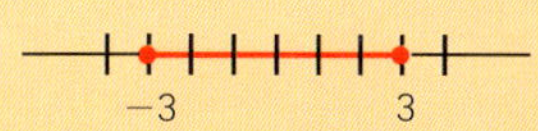

b) 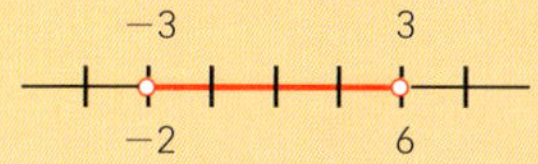

44 **REFLEXIONA.** Representa estos intervalos e indica alguno de sus puntos.

a) [0, 1]   b) [0,1; 0,9]   c) [0,11; 0,12]

¿Cuántos puntos hay en cada intervalo?

ACTIVIDADES FINALES

Potencias

45 Escribe en forma de potencia y calcula el resultado.

a) $3 \cdot 3 \cdot 3 \cdot 3 \cdot 3 \cdot 3 \cdot 3 \cdot 3$

b) $(-2) \cdot (-2) \cdot (-2)$

c) $0,7 \cdot 0,7 \cdot 0,7 \cdot 0,7 \cdot 0,7$

d) $\left(-\frac{1}{3}\right) \cdot \left(-\frac{1}{3}\right) \cdot \left(-\frac{1}{3}\right) \cdot \left(-\frac{1}{3}\right)$

e) $2,6 \cdot 2,6 \cdot 2,6 \cdot 2,6$

46 Escribe en forma de producto y calcula el resultado.

a) $(-5)^3$ d) $\left(\frac{1}{2}\right)^4$ g) 3^6

b) $\left(\frac{4}{3}\right)^2$ e) 2^7 h) $(-0,5)^4$

c) $(0,\widehat{2})^4$ f) $\left(-\frac{3}{4}\right)^3$ i) $0,16^2$

47 Escribe, si es posible, estas expresiones en forma de potencia.

a) $9 \cdot 9 \cdot 9 \cdot 9 \cdot 9$

b) $3 + 3 + 3 + 3 + 3 + 3$

c) $4 \cdot 4 \cdot 4 + 4$

d) $2 \cdot 5 + 2 \cdot 5 + 2 \cdot 5$

e) $(-2) \cdot (-3) \cdot (-2) \cdot (-3) \cdot (-2) \cdot (-3)$

f) $(6 + 6 + 6 + 6) \cdot 6$

g) $23 + 23 + 23 + 23$

h) $5 + 5 \cdot 5 + 5 \cdot 5 \cdot 5 + 5 \cdot 5 \cdot 5 \cdot 5$

48 Expresa cada número como potencia de un número positivo.

a) $\frac{9}{16}$ d) $\frac{27}{64}$ g) $0,25$

b) 64 e) $\frac{4}{9}$ h) $100\,000$

c) 81 f) $\frac{1}{125}$ i) $0,001$

49 Expresa cada número como potencia de un número negativo.

a) -32 d) $\frac{-1}{128}$ g) $0,49$

b) 64 e) $\frac{-125}{8}$ h) $\frac{25}{16}$

c) -27 f) $10\,000$ i) $-\frac{27}{64}$

50 Calcula estas potencias.

a) -2^4 d) $-(-2)^4$ g) $(-2)^{-2}$

b) $(-2)^3$ e) $-(-2)^0$ h) $-(-2)^{-3}$

c) $-(-2)^2$ f) 2^{-2} i) -2^{-4}

51 Halla el valor de *a* en cada caso.

a) $(-2)^a = 64$ d) $5^a = 625$

b) $3^{-a} = 9$ e) $a^4 = 16$

c) $(-3)^a = -243$ f) $(-a)^7 = -128$

52 Calcula estas potencias.

a) $\left(\frac{1}{2}\right)^{-1}$ d) $\left(\frac{1}{3}\right)^{-2}$ g) $(1,\widehat{6})^0$

b) $\left(\frac{2}{5}\right)^{-1}$ e) $0,15^{-2}$ h) $(-1)^{-2}$

c) $\left(-\frac{2}{3}\right)^{-3}$ f) $(-0,1)^{-3}$ i) $\left(\frac{-4}{3}\right)^0$

53 Corrige el error cometido en cada caso.

a) $(-2^2) = (-2) \cdot (-2)$ d) $\left(\frac{-1}{4}\right)^{-1} = -\left(\frac{-1}{4}\right)$

b) $3^{-3} = (-3)^3$ e) $-(-2)^4 = 2^4$

c) $(-5)^3 = (-5) + (-5) + (-5)$ f) $\left(-\frac{3}{2}\right)^2 = \frac{4}{9}$

54 Efectúa estas operaciones.

a) $\left(1 - \frac{1}{2}\right)^2$ d) $1 - \left(\frac{1}{2}\right)^{-1}$

b) $\left(1 + \frac{1}{2}\right)^{-1}$ e) $\left(1 - \frac{1}{2}\right)^{-1}$

c) $\left(1 + \frac{1}{2}\right)^3$ f) $1 - \left(\frac{1}{2}\right)^3$

55 Calcula el resultado de estas operaciones.

a) $\left(\frac{1}{4} - \frac{1}{2}\right)^2$ d) $\frac{1}{3} - \left(\frac{1}{2}\right)^{-1}$

b) $\left(\frac{1}{2} - \frac{1}{4}\right)^{-1}$ e) $\left(\frac{1}{3}\right)^{-2} + \frac{1}{2}$

c) $\left(\frac{1}{2}\right)^{-1} + \left(\frac{1}{4}\right)^{-1}$ f) $\left(\frac{1}{3}\right)^{-2} - \left(\frac{1}{2}\right)^{-2}$

56 Indica el signo del resultado en cada caso.

a) $(-1,5)^{63}$ d) $-5,6^{26}$

b) $3,75^{-100}$ e) $(-0,3)^{-11}$

c) $(-4,222\ldots)^{-25}$ f) $-(-2,4)^5$

57 Determina si estas igualdades son verdaderas o falsas.

a) $(0,2)^3 = 5^{-3}$

b) $(0,\widehat{6})^2 = \frac{25}{81}$

c) $7^2 = 0,7 \cdot \left(\frac{1}{7}\right)^{-3}$

d) $(-4)^{-3} = (-64)^{-1}$

Operaciones con potencias

58 Expresa el resultado con una sola potencia.

a) $2^4 \cdot 2^{-3} \cdot 2^8$

b) $5^{-2} : 5^{-7} : 5^0$

c) $(-3)^{14} : (-3)^8 \cdot (-3)^5$

d) $\left(\frac{1}{2}\right)^4 \cdot \left(\frac{1}{2}\right)^9 : \left(\frac{1}{2}\right)^{-3}$

e) $3^{-3} : 3^{-2} \cdot 3^{-6}$

f) $(-2)^{10} \cdot (-2)^3 \cdot (-2)^{-5}$

g) $\left(\frac{3}{5}\right)^{-1} : \left(\frac{3}{5}\right)^{-4} \cdot \left(\frac{3}{5}\right)^6$

h) $7^7 \cdot 7^{-2} \cdot 7^{-5}$

59 Resuelve estas operaciones.

a) $[(-2)^4 : (-2)^2] \cdot [(-2)^5]^3$

b) $(3^{-2} \cdot 3^{-8})^6$

c) $(-5)^7 \cdot [(-5)^{-2}]^{-2} \cdot (-5)^{-8}$

d) $\left[\left(\frac{1}{3}\right)^{-2} : \left(\frac{1}{3}\right)^4\right]^{-1}$

e) $\left[\left(\frac{-2}{5}\right)^3\right]^{-2} \cdot \left(\frac{-2}{5}\right)^{12} : \left(\frac{-2}{5}\right)^{-3}$

f) $\left(\frac{1}{4}\right)^5 \cdot \left(\frac{1}{4}\right)^{-6} \cdot \left(\frac{1}{4}\right)^2$

60 Efectúa dando el resultado en forma de potencia.

a) $4^3 \cdot (-5)^3$

b) $(-12)^7 : (-3)^7$

c) $\left(\frac{-1}{3}\right)^2 \cdot 7^2$

d) $\left(\frac{5}{4}\right)^4 : \left(\frac{-1}{4}\right)^4$

e) $(-3)^5 \cdot 2^5 \cdot 5^5$

f) $16^4 : (-4)^4 \cdot 3^4$

g) $2^6 \cdot (-8)^6 : 4^6$

h) $18^2 : 3^2 : 2^2$

61 Completa en tu cuaderno.

a) $2^3 \cdot \square = 2^5$

b) $(-4)^5 \cdot \square = (-4)^{10}$

c) $\left(\frac{7}{2}\right)^6 \cdot \square = \left(\frac{7}{2}\right)^7$

d) $(-3)^{12} : \square = (-3)^6$

e) $\square : 5^6 = 5$

f) $\square : \left(-\frac{1}{3}\right)^0 = \left(-\frac{1}{3}\right)^3$

62 Completa estas igualdades en tu cuaderno.

a) $[(-5)^3]^{\square} : (-5)^7 = (-5)^5$

b) $(\square^2)^5 \cdot \square^4 = (-3)^{14}$

c) $(7^3)^5 : 7^{\square} = 1$

d) $11^9 \cdot (11^2)^3 = 11^{\square}$

63 Expresa estas operaciones con una sola potencia.

a) $27^3 : 9^4$

b) $4^4 : 2^5$

c) $(-7)^3 : (49)^2$

d) $16^{-1} \cdot 8^{-2}$

e) $125^2 \cdot 25^{-2}$

f) $2^{-4} : 32^{-1}$

64 Expresa con una sola potencia.

a) $(4^2)^3 \cdot 2^4$

b) $(-3^2)^4 \cdot (-3)^2$

c) $(16^{-2})^4 \cdot 8^3$

d) $25^{-1} : (-5)^{-2}$

e) $(-3^2)^2 : (-3^3)^3$

f) $9^4 : 81^{-1}$

g) $(-16)^{-2} : (-4)^5$

h) $(-4^2)^3 : (-2^3)^3$

65 Resuelve estas operaciones.

a) $(5^{-1})^3 : 2^5$

b) $(16^{-2})^4 \cdot 8^3$

c) $81^{-2} \cdot 27^4$

d) $49^3 : \left(\frac{1}{7}\right)^5$

e) $\left(\frac{1}{2}\right)^3 \cdot 2^{-6}$

f) $\left(\frac{-1}{3}\right)^{-3} \cdot 3^6$

g) $\left(\frac{1}{4}\right)^2 : 4^{-3}$

h) $25^2 : \left(\frac{1}{5}\right)^{-2}$

66 Justifica si son ciertas o no las igualdades.

a) $9^{-1} = -9$

b) $(-2)^{-4} = 2^4$

c) $(-3)^{-6} = 3^{-6}$

d) $(-3)^{-3} = (-3)^{-2} \cdot 3^{-1}$

e) $4^{-3} = (-4)^{-1} \cdot (-4)^4$

f) $(2^{-5})^{-1} = 2^{-6}$

67 Indica y corrige el error cometido en cada caso.

a) $0{,}5^2 + 0{,}4^2 = (0{,}5 + 0{,}4)^2 = 0{,}9^2$

b) $(1 - 2)^2 = 1^2 - 2^2 = 1 - 4$

c) $3^2 + 2^2 + 1^2 = (3 + 2 + 1) \cdot (3 + 2 + 1)$

d) $1^{-1} + 2^{-1} = 3^{-2}$

SABER HACER

Resolver productos de potencias con bases opuestas

68 Expresa como una sola potencia: $(-3)^4 \cdot 3^2$

PRIMERO. Se descompone la base negativa y, después, se aplica la propiedad de potencia de un producto.

$$(-3)^4 \cdot 3^2 = (-1 \cdot 3)^4 \cdot 3^2 = (-1)^4 \cdot 3^4 \cdot 3^2$$

SEGUNDO. Se efectúan las operaciones con potencias de la misma base y se opera.

$$(-1)^4 \cdot 3^4 \cdot 3^2 = (-1)^4 \cdot 3^{4+2} = 1 \cdot 3^6 = 3^6$$

69 Expresa el resultado de cada división como una sola potencia.

a) $3^8 : (-3)^4$

b) $(-9)^{12} : (-9)^4$

c) $(-12)^{15} : 12^3 : 12^5$

d) $31^{40} : (-31)^4 : (-31)$

e) $(-0{,}5)^{30} : (-0{,}5)^5 : (-0{,}5)^3$

SABER HACER

Resolver operaciones con potencias

70 Resuelve: $[(-6)^3 : 4^5]^{-2}$

PRIMERO. Se descomponen las bases de las potencias en factores primos.

$$-6 = (-1) \cdot 2 \cdot 3 \qquad 4 = 2^2$$

SEGUNDO. Se sustituyen las bases por su descomposición y se opera con las potencias resultantes.

$$[(-6)^3 : 4^5]^{-2} = [[(-1) \cdot 2 \cdot 3]^3 : (2^2)^5]^{-2} =$$
$$= [[(-1)^3 \cdot 2^3 \cdot 3^3] : 2^{10}]^{-2} =$$
$$= [(-1)^3 \cdot 2^{3-10} \cdot 3^3]^{-2} =$$
$$= [(-1)^3 \cdot 2^{-7} \cdot 3^3]^{-2} = (-1)^{-6} \cdot 2^{14} \cdot 3^{-6} =$$
$$= \frac{1}{(-1)^6} \cdot 2^{14} \cdot \frac{1}{3^6}$$

TERCERO. Si aparece alguna potencia de -1, se sustituye por 1 si el exponente es par, y por -1, si el exponente es impar.

$$[(-6)^3 : 4^5]^{-2} = \frac{1}{(-1)^6} \cdot 2^{14} \cdot \frac{1}{3^6} = 2^{14} \cdot \frac{1}{3^6} = \frac{2^{14}}{3^6}$$

71 Resuelve estas operaciones.

a) $[(-12)^2 \cdot 6^{-2}]^3$
b) $[18^{-1} \cdot 3^2]^{-1}$
c) $[5^4 : 30^{-2}]^2$
d) $[(-3)^{-4} \cdot 6^3]^4$
e) $[10^{-5} : 2^{-3}]^{-3}$
f) $[14^3 : 7^{-2}]^4$
g) $[(-50)^{-3} \cdot 20^4]^{-1}$
h) $[(-42)^4 : 14^3]^{-2}$
i) $[15^{-4} : 45^{-2}]^{-3}$
j) $[(-1)^9 \cdot 10^{-3}]^5$
k) $[24^{-6} : 6^{-3}]^3$
l) $[16^3 : 4^{-1}]^5$

72 Resuelve.

a) $(-2)^{-4} \cdot [(-2)^2]^3$
b) $3^4 \cdot [(-3)^2]^{-2}$
c) $(-8)^3 \cdot 2^{-4}$
d) $(-2)^{-3} \cdot 2^{-3}$
e) $-2^{-3} \cdot (-2^{-4})$
f) $(-2^6) \cdot (-2^{-6})$
g) $(-3)^4 \cdot (-3^4)$
h) $4^{-3} \cdot 2^{-2}$

73 Expresa el resultado como una sola potencia.

a) $(5^2 \cdot 25^2)^3$
b) $[9^2 : (-27)^4]^4$
c) $[(-2)^{12}]^3 \cdot 8^5$
d) $(6^3 \cdot 36^2)^6$
e) $[3^{12}]^3 \cdot [(-27)^5]^2$
f) $(16^2 : 64^3)^5 \cdot 4^4$

74 Expresa como una única potencia.

a) $3^3 \cdot 9^4 : 27^{-1}$
b) $(2^{-5} \cdot 2^2)^4$
c) $25^{-3} : 5^5 \cdot 125$
d) $(5^{-1} : 5^3)^{-2}$

75 Efectúa las siguientes operaciones entre potencias, simplificando el resultado todo lo que puedas.

a) $40^{12} : [(-4)^6]^{-6}$
b) $(-45)^{15} \cdot [(-15)^3]^{-6}$
c) $(9^2 : 27^4)^{-4} \cdot (6^{-3} \cdot 36^{-2})$
d) $\left[\left(\frac{3}{4} \cdot \frac{4}{3}\right)^{-3} : \left(\frac{3}{2} \cdot (-4)\right)\right]^{-1}$

76 Simplifica y expresa el resultado en forma de potencia.

a) $\dfrac{(-2)^3 \cdot 3^2 \cdot 5^3}{(-3)^4 \cdot 5^4 \cdot 2^2}$
b) $\dfrac{2^8 \cdot 3^4 \cdot (-2)^3}{(-2^3) \cdot 2^7 \cdot 3^5}$
c) $\dfrac{(-3)^5 \cdot 5^2 \cdot 2^7}{(-2)^8 \cdot 5^4 \cdot (-3)^3}$
d) $\dfrac{11^3 \cdot 5^6 \cdot (-3)}{5^4 \cdot 11 \cdot 3^2}$

77 Descompón en factores primos el numerador y el denominador de estas fracciones, y simplifica el resultado.

a) $\dfrac{36 \cdot 25}{(-15) \cdot 8}$
b) $\dfrac{-45 \cdot 27}{81 \cdot 30}$
c) $\dfrac{(-12) \cdot 90}{40 \cdot (-16)}$
d) $\dfrac{108 \cdot 75}{80 \cdot 243}$

Notación científica

78 Expresa como potencia de base 10 el resultado de las siguientes operaciones.

a) 0,000000001 · 1 000 000
b) 0,0000000010 · 10 000 000
c) 0,00000000001 : 1 000 000 000
d) 0,000001 : 1 000

79 Escribe en notación científica.

a) Tres billones y medio.
b) Doscientas milésimas.
c) Diez millonésimas.
d) Cien mil millones y medio.

80 Escribe, con todas sus cifras, estos números escritos en notación científica.

a) $4{,}54 \cdot 10^6$
b) $1{,}7682 \cdot 10^{-5}$
c) $9{,}6 \cdot 10^9$
d) $3{,}005 \cdot 10^{-4}$
e) $2{,}11 \cdot 10^{-8}$
f) $5{,}975 \cdot 10^7$

81 Sin hacer las operaciones previamente, ¿sabrías decir cuál es el orden de magnitud del resultado de estas operaciones?

a) $6{,}3 \cdot 10^2 + 4{,}5 \cdot 10^2$
b) $7{,}7 \cdot 10^4 - 7{,}2 \cdot 10^4$
c) $(2{,}6 \cdot 10^3) \cdot (3{,}1 \cdot 10^4)$
d) $(5 \cdot 10^7) : (2{,}5 \cdot 10^6)$

82 Halla el resultado de estas operaciones.

a) $5{,}2 \cdot 10^{6} + 7{,}9 \cdot 10^{8}$

b) $1{,}4 \cdot 10^{-6} - 8{,}6 \cdot 10^{-7}$

c) $3{,}7 \cdot 10^{-4} - 2 \cdot 10^{-6}$

d) $2{,}9 \cdot 10^{-4} \cdot 3{,}15 \cdot 10^{2}$

e) $4{,}359 \cdot 10^{-5} \cdot 6{,}1 \cdot 10^{-3}$

f) $[5{,}6 \cdot 10^{-3}] : [1{,}6 \cdot 10^{-4}]$

g) $[9{,}6 \cdot 10^{10}] : [4 \cdot 10^{-5}]$

h) $[4{,}5 \cdot 10^{-2}] : [1{,}5 \cdot 10^{2}]$

83 Completa en tu cuaderno.

a) $6 \cdot 10^{3} + \square = 9 \cdot 10^{4}$

b) $3{,}4 \cdot 10^{6} - \square = 7{,}6 \cdot 10^{5}$

c) $6{,}42 \cdot 10^{-4} + \square = 9{,}256 \cdot 10^{-3}$

d) $1{,}85 \cdot 10^{-2} \cdot \square = 5{,}55 \cdot 10^{-6}$

e) $8{,}7 \cdot 10^{5} : \square = 2{,}9 \cdot 10^{2}$

Raíces

SABER HACER

Resolver operaciones combinadas con potencias y raíces

84 Resuelve esta operación.

$$\frac{2}{5} \cdot \frac{1}{3} - 0{,}3 + \sqrt{9{,}61} - 2^{2}$$

PRIMERO. Se calculan las potencias y las raíces.

$$\frac{2}{5} \cdot \frac{1}{3} - 0{,}3 + \sqrt{9{,}61} - 2^{2} = \frac{2}{5} \cdot \frac{1}{3} - 0{,}3 + 3{,}1 - 4$$

SEGUNDO. Se resuelve siguiendo la jerarquía de las operaciones.

$$\frac{2}{5} \cdot \frac{1}{3} - 0{,}3 + 3{,}1 - 4 = \frac{2}{15} - 1{,}2$$

Si hay que operar una fracción con un decimal: si la fracción se puede expresar mediante un decimal exacto, se transforma en decimal. Si no es así, se expresa el número decimal en forma de fracción.

$\frac{2}{15} \rightarrow$ Decimal periódico $\quad \frac{2}{15} - 1{,}2 = \frac{2}{15} - \frac{12}{10} = -\frac{16}{15}$

85 Resuelve estas operaciones.

a) $\frac{1}{2} - \frac{8}{3} + 3^{2} - \sqrt{25}$

b) $1{,}2^{2} + \frac{1}{4} - \sqrt{81} + 3$

c) $\sqrt{4} + \frac{8}{3} - 0{,}4 + \left(\frac{1}{3}\right)^{2}$

d) $\frac{4}{3} \cdot \sqrt{2{,}25} + 0{,}1^{2} : \frac{1}{\sqrt{9}}$

86 Realiza estas operaciones con raíces.

a) $5\sqrt{3} - 2\sqrt{3} + \sqrt{3}$

b) $\sqrt{8} - 4\sqrt{8} + 3\sqrt{8}$

c) $5\sqrt{5} \cdot 2\sqrt{3}$

d) $8\sqrt{6} : 2\sqrt{3}$

87 Extrae de la raíz todos los factores que sea posible.

a) $\sqrt{12}$ d) $\sqrt{45}$

b) $\sqrt{40}$ e) $\sqrt{75}$

c) $\sqrt{50}$ f) $\sqrt{98}$

88 Introduce en la raíz los números que la multiplican.

a) $7\sqrt{3}$ d) $4\sqrt{6}$

b) $5\sqrt{5}$ e) $6\sqrt{21}$

c) $\frac{1}{3}\sqrt{15}$ f) $\frac{3}{5}\sqrt{2}$

89 Extrae los factores que sea posible de las raíces y simplifica las fracciones.

a) $\sqrt{\frac{30}{27}}$ b) $\sqrt{\frac{98}{81}}$ c) $\sqrt{\frac{48}{128}}$ d) $\sqrt{\frac{64}{400}}$

SABER HACER

Sumar y restar raíces sacando factores

90 Resuelve: $3\sqrt{8} + 2\sqrt{32} - \sqrt{128}$

PRIMERO. Se descomponen los radicandos en factores primos.

$$8 = 2^{3} \qquad 32 = 2^{5} \qquad 128 = 2^{7}$$

SEGUNDO. Se sustituyen los radicandos por su descomposición y se extraen los factores de la raíz.

$$3\sqrt{8} + 2\sqrt{32} - \sqrt{128} = 3\sqrt{2^{3}} + 2\sqrt{2^{5}} - \sqrt{2^{7}} =$$
$$= 3 \cdot 2\sqrt{2} + 2 \cdot 2^{2}\sqrt{2} - 2^{3}\sqrt{2} =$$
$$= 6\sqrt{2} + 8\sqrt{2} - 8\sqrt{2}$$

TERCERO. Se resuelve la operación.

$$3\sqrt{8} + 2\sqrt{32} - \sqrt{128} = 6\sqrt{2} + 8\sqrt{2} - 8\sqrt{2} =$$
$$= (6 + 8 - 8)\sqrt{2} = 6\sqrt{2}$$

91 Extrae de las raíces los factores que sea posible y después realiza las operaciones.

a) $3\sqrt{8} - 2\sqrt{18}$ d) $7\sqrt{98} - 2\sqrt{8}$

b) $2\sqrt{27} + 5\sqrt{75}$ e) $9\sqrt{125} + \sqrt{45}$

c) $-\sqrt{32} + 4\sqrt{128}$ f) $-6\sqrt{48} + 8\sqrt{243}$

92 Efectúa estas operaciones.

a) $2\sqrt{3} - \frac{5}{2}\sqrt{27} + \frac{7}{4}\sqrt{48}$

b) $-4\sqrt{27} + 3\sqrt{36} + 5\sqrt{12} - 7\sqrt{64}$

c) $2\sqrt{5} + 3\sqrt{2} - \sqrt{5} + \frac{3}{5}\sqrt{2}$

d) $6\sqrt{2} + 5\sqrt{3} - 8\sqrt{8} - 5\sqrt{27}$

e) $\frac{-1}{3}\sqrt{60} - 4\sqrt{50} + 2\sqrt{32} - \sqrt{15}$

f) $\frac{\sqrt{50}}{3} - \frac{\sqrt{18}}{4} + \frac{\sqrt{32}}{5} - \sqrt{72} + \sqrt{2}$

Números reales. Aproximación

93 Indica, de forma análoga al ejemplo, a cuáles de los conjuntos numéricos pertenecen estos números.

0,52222… → *Real racional decimal periódico mixto positivo*

a) $-5{,}67$

b) 7,999…

c) $\sqrt{5}$

d) $\frac{3}{8}$

e) $-\sqrt{6}$

f) $3{,}1\widehat{48}$

g) 1,232233222333…

h) $\frac{-18}{3}$

94 Clasifica, en racionales o irracionales, estos números.

a) $2 + \sqrt{7}$

b) $4\sqrt{9}$

c) $8\sqrt{4} + \sqrt{2}$

d) $(\sqrt{3})^4$

e) $5\pi - 1$

f) $\sqrt{12 + 12 + 12}$

95 Escribe cuatro números irracionales que estén expresados con una raíz y otros cuatro que no tengan raíz.

96 Indica si son racionales o irracionales.

a) La suma de dos irracionales.

b) La suma de un racional y un irracional.

c) La suma de dos racionales.

97 Ordena de menor a mayor estos números.

$2\sqrt{3} \quad 3\sqrt{2} \quad \sqrt{2+3} \quad \sqrt{2} + \sqrt{3} \quad 3\sqrt{3} - 2$

98 Trunca y redondea con dos cifras significativas.

a) $3{,}0\widehat{6}$

b) 6,935

c) 1,009

d) 0,6785

e) $\sqrt{6} - 1$

f) $4 - \sqrt{3}$

g) $\sqrt{2} + 3$

h) $\sqrt{5} + 2{,}9$

99 ¿Cuáles son los errores absoluto y relativo que se cometen en estas aproximaciones?

a) 0,17 como aproximación de $\frac{1}{6}$.

b) 0,13 como aproximación de $\frac{1}{8}$.

c) 2,7778 como aproximación de $\frac{25}{9}$.

d) 3,14 como aproximación de π.

e) 0,7 como aproximación de $\sqrt{0{,}5}$.

100 Escribe un número tal que:

a) Al redondearlo y truncarlo a las décimas, dé el mismo resultado.

b) Al redondearlo a las centésimas, dé como resultado 5,87.

c) Al redondearlo a las centésimas, dé como resultado 11,56 y el error absoluto cometido sea 0,003.

d) Al truncarlo a las décimas, dé como resultado 0,7 y el error absoluto sea 0,025.

Intervalos

101 Escribe y representa los intervalos que correspondan.

a) Números mayores que -2 y menores o iguales que 4.

b) Números mayores que 3 y menores que 5.

c) Números mayores o iguales que -6 y menores o iguales que 0.

d) Números mayores o iguales que 0 y menores que 2.

102 Escribe dos intervalos que contengan estos números.

a) 3 y $\frac{17}{4}$ b) $2\sqrt{6}$ y $\frac{25}{3}$ c) $-\frac{21}{5}$ y $1{,}\widehat{4}$

103 Indica dos números racionales y otros dos irracionales pertenecientes a estos intervalos.

a) $(0, 8)$ b) $(-3, 4]$ c) $[-1, 2]$ d) $[3, 6)$

104 ¿Qué intervalo tienen en común estas parejas de intervalos?

a) $(-4, 0)$ y $(-2, 1]$

b) $[-3, 2]$ y $[-1, 0)$

c) $(-5, 2]$ y $[-2, 5)$

105 Asocia cada elemento de la columna izquierda con uno de la columna derecha.

a) $-3 < x < -1$ I. $[-3, 1]$

b) $-3 \le x < 1$ II. $(-3, 1]$

c) $-3 \le x \le 1$ III. $(-3, -1)$

d) $-3 < x \le 1$ IV. $[-3, 1)$

Problemas con números reales

106 En el árbol genealógico se pueden expresar relaciones como potencias. Expresa en forma de potencia cuántos abuelos, bisabuelos y tatarabuelos tienes.

107 Un niño ha ideado una cadena de favores. Su idea es que cada persona realice un favor a otras tres personas y, después, cada una de estas tres haga lo mismo, y así sucesivamente.

a) ¿Cuántos favores se realizarán en el sexto eslabón de la cadena?

b) ¿En qué eslabón se habrán realizado 59 049 favores?

108 En un contenedor hay 7 cajas, en cada caja hay 7 bolsas, en cada bolsa hay 7 estuches y en cada estuche 7 lápices. ¿Cuántos lápices hay en 7 contenedores?

109 ¿Cuántos segundos tiene el mes de septiembre? Exprésalo mediante un producto de potencias.

110 ¿Cuántos milímetros hay entre Madrid y Valencia sabiendo que 357 km de carretera separan estas dos ciudades? Exprésalo en notación científica.

111 Halla el valor de la hipotenusa de un triángulo rectángulo cuyos catetos miden 2 cm y 3 cm, con un error menor de una centésima.

112 Un piso tiene una superficie de 117,13 m^2 y la de otro es 73,65 m^2. Redondea y trunca la superficie de cada piso a metros cuadrados. Indica qué aproximación es más precisa.

113 Marta dice que el lado de un cuadrado de área 27 cm^2 mide, aproximadamente, 5,2 cm. Pedro dice que el lado de un cuadrado de área 34 cm^2 mide, aproximadamente, 5,83 cm. ¿Cuál de los dos ha cometido mayor error?

114 Un litro de gasolina cuesta 1,198 €. ¿Cuánto tengo que pagar por 27 litros?

115 Un alumno afirma que la longitud de una circunferencia de diámetro 12 cm mide 37,6992 cm. ¿Qué aproximación del número π ha tomado?

DEBES SABER HACER

Potencias. Operaciones

1 Calcula las siguientes potencias.

a) $(-2)^2$ c) $-(-8^2)$ e) $-(-2)^3$

b) $(-3)^3$ d) -4^2 f) 4^2

2 Calcula estas potencias.

a) 2^{-3} d) 4^{-2} g) $(-5{,}02)^{-3}$

b) $(1{,}3)^{-2}$ e) $(-3)^{-2}$ h) $(-2)^{-4}$

c) $\left(\frac{1}{2}\right)^{-2}$ f) $\left(\frac{-3}{5}\right)^{-3}$ i) $\left(-\frac{1}{6}\right)^{-2}$

3 Expresa como potencia única.

a) $(2^3)^4$ c) $[-6^4]^3$ e) $\left[\left(-\frac{3}{5}\right)^3\right]^5$

b) $[(-3)^3]^2$ d) $\left[\left(\frac{1}{3}\right)^2\right]^4$ f) $[-5^2]^4$

Notación científica

4 Realiza las siguientes operaciones con números en notación científica.

a) $3{,}2 \cdot 10^2 + 2{,}1 \cdot 10^3$ c) $(1{,}5 \cdot 10^3) \cdot (3{,}6 \cdot 10^2)$

b) $1{,}2 \cdot 10^4 - 2{,}1 \cdot 10^3$ d) $(1{,}8 \cdot 10^2) : (7{,}2 \cdot 10^4)$

Raíces

5 Extrae factores de las raíces y después realiza las operaciones.

$$6\sqrt{27} + \sqrt{3} - 2\sqrt{243}$$

Números reales. Aproximación

6 Trunca y redondea el número $\sqrt{14} = 3{,}7416573...$ a las:

a) Décimas. b) Centésimas. c) Milésimas.

En la vida cotidiana

116 La mayoría de las células son microscópicas, es decir, no son observables a simple vista. Con relación a su tamaño, las células se pueden dividir en tres grupos:

- *Células macroscópicas*: se observan a simple vista. Por ejemplo, la yema del huevo de las aves, que puede medir hasta 1 centímetro.
- *Células microscópicas*: se observan únicamente con el microscopio óptico. Por ejemplo, un glóbulo rojo mide aproximadamente $7 \cdot 10^{-6}$ m.
- *Células ultramicroscópicas*: son sumamente pequeñas y solo observables con el microscopio electrónico. Por ejemplo, el virus de la gripe mide $1{,}2 \cdot 10^{-7}$ m.

a) ¿Qué tipo de microscopio se necesita para observar los siguientes tamaños de células?

$6 \cdot 10^{-4}$ $\quad 1{,}2 \cdot 10^{-4}$ $\quad 0{,}5 \cdot 10^{-7}$

$4{,}56 \cdot 10^{-10}$ $\quad 7{,}1 \cdot 10^{-3}$

b) Las células humanas tienen tamaños muy diferentes: desde los glóbulos rojos, que miden $7 \cdot 10^{-6}$ m; o los espermatozoides, de $5{,}3 \cdot 10^{-5}$ m; hasta algunas neuronas, que pueden llegar a medir 1 m.

Si colocamos glóbulos rojos en fila, ¿cuántos se necesitan para llegar a cubrir una neurona de un metro?

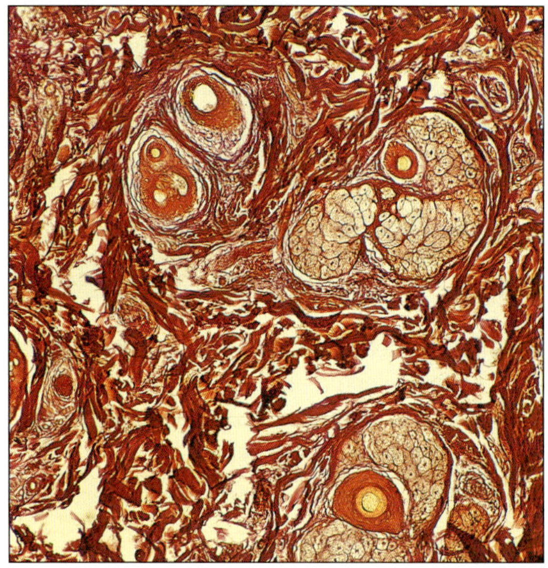

Formas de pensar. Razonamiento matemático

117 Una potencia de exponente entero positivo, ¿es siempre mayor que la base? ¿En qué casos?

118 Sea la serie formada por los números que determinan las superficies de los cuadrados que resultan ser el cuádruple de su anterior, siendo el primero el de superficie S.

a) ¿Cuál es la superficie del cuadrado que ocupa la posición octava en la serie?

b) ¿Cuál es la serie formada por los números que determinan los lados de esos cuadrados?

119 Una potencia de exponente entero negativo, ¿es mayor que la base? ¿Hay algunos valores de la base para los que la potencia sea menor?

120 Reflexiona y responde.

¿En qué casos ocurre que $\sqrt{a} < a$? ¿Y $\sqrt{a} > a$?

121 Utilizando el procedimiento anterior, representa los siguientes números reales.

a) $\sqrt{6}$ $\quad$ b) $\sqrt{8}$ $\quad$ c) $\sqrt{7}$ $\quad$ d) $\sqrt{11}$

122 Explica razonadamente la forma de representar los siguientes números reales.

a) $\frac{\sqrt{2}}{2}$ $\quad$ b) $\sqrt{\frac{3}{2}}$ $\quad$ c) $\frac{\sqrt{3}}{2}$ $\quad$ d) $\frac{\sqrt{5}}{4}$

123 ¿Qué número representa el punto P en cada caso?

a)

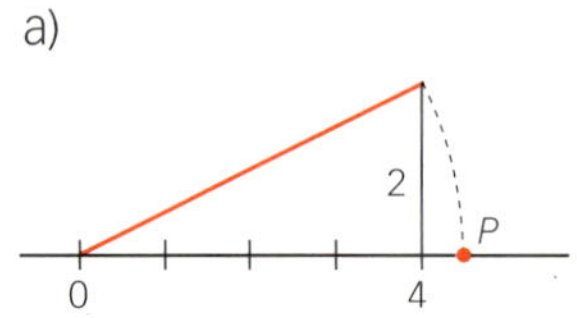

b)

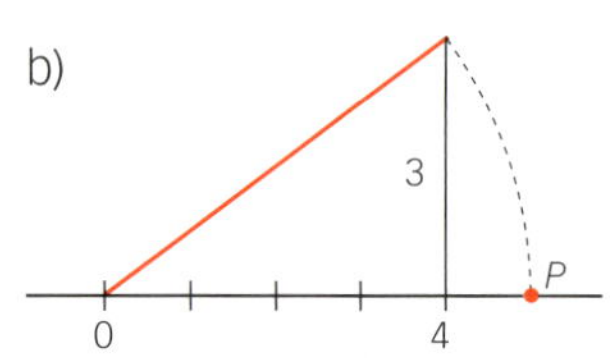

Representa de forma exacta el número $\sqrt{2} + \sqrt{3}$.

PROYECTO FINAL. **Trabajo cooperativo**

OBJETIVO: Realizar un programa de radio por Internet

Una vez formados los grupos, seguid este proceso:

1.ª Fase.

- Buscad información sobre las páginas web en las que se puede alojar un programa de radio y el *software* necesario para realizarlo.
- Valorad las necesidades de *hardware* (micrófonos, auriculares…) para llevar a cabo el proyecto.

2.ª Fase.

- Realizad un presupuesto en el caso en el que necesitéis comprar algún elemento para la realización del programa o si las herramientas *software* que utilizaréis requieren algún pago.
- Haced un estudio de las inquietudes y preferencias de vuestros compañeros para elaborar las distintas secciones de las que se compondrá el programa.

3.ª Fase.

- Poned en común toda la información recogida y decidid qué tipo de programa queréis hacer.
- Realizad un reparto de tareas para que todos podáis participar en la grabación del programa.

Pruebas PISA

La balanza de precisión

124 ●●● La onza troy es una medida de masa que se usa únicamente en joyería. En el mercado del oro, una onza de este metal se paga a 1 550 €.

En una joyería tienen una balanza con precisión de hasta la milésima de gramo.

¿A cuántos euros asciende el error que puede cometer esta balanza?

¿Merece la pena usar esta balanza?

En la misma joyería también trabajan con diamantes. En este caso, la unidad oficial para los diamantes es el quilate, que equivale a $\frac{1}{5}$ de gramo.

Si el precio medio del quilate de diamantes es de unos 25 000 €, ¿tiene sentido utilizar ahora la balanza?

Alquiler de DVD

125 ●●● Jimena trabaja en una tienda que alquila DVD y juegos de ordenador.

En dicha tienda, la cuota anual de socio es de 10 zeds. El precio de alquiler de los DVD para los socios es inferior al precio para los no socios, tal y como se muestra en la siguiente tabla:

Precio de alquiler de un DVD para los no socios	Precio de alquiler de un DVD para los socios
3,20 zeds	2,50 zeds

- El año pasado, Tomás era socio de la tienda de alquiler de DVD. Gastó un total de 52,50 zeds, incluida la cuota de socio. ¿Cuánto habría gastado Tomás si no hubiese sido socio y hubiese alquilado el mismo número de DVD?
- ¿Cuál es el número mínimo de DVD que tiene que alquilar un socio para cubrir el coste de su cuota? Escribe tus cálculos.

(Prueba PISA 2006)

CLAVES PARA EMPEZAR

Cómo se escribe un enunciado mediante expresiones algebraicas

Una expresión algebraica es un conjunto de números y letras unidos por los signos de las operaciones aritméticas.

EJEMPLO

Un número menos 3 unidades ⟶ $n - 3$

El doble de un número ⟶ $2n$

La quinta parte de un número ⟶ $\frac{n}{5}$

Un número par ⟶ $2n$

Un número impar ⟶ $2n + 1$

El siguiente número par ⟶ $2n + 2$

ACTIVIDADES

1 Expresa algebraicamente estas relaciones.

a) El cuádruple de un número.

b) La tercera parte de un número más 1.

c) La quinta parte de un número impar.

d) El cuadrado de la mitad de un número.

Cómo se resuelven operaciones con potencias

- Potencias con base negativa y exponente positivo: $(-a)^n = \begin{cases} a^n & \text{si } n \text{ es par} \\ -a^n & \text{si } n \text{ es impar} \end{cases}$
- Producto de potencias de la misma base: $a^n \cdot a^m = a^{n+m}$
- Cociente de potencias de la misma base: $a^n : a^m = a^{n-m}$
- Potencia de una potencia: $(a^n)^m = a^{n \cdot m}$

EJEMPLO

Base negativa

$(-5)^4 = 625$

$(-5)^3 = -125$

Producto y cociente de potencias de la misma base

$2^7 \cdot 2^4 = 2^{7+4} = 2^{11}$

$5^8 : 5^2 = 5^{8-2} = 5^6$

Potencia de una potencia

$(3^2)^4 = 3^{2 \cdot 4} = 3^8$

$((-3)^2)^4 = (-3)^{2 \cdot 4} = (-3)^8 = 3^8$

ACTIVIDADES

2 Resuelve.

a) $6^5 : 6^3$

b) $(-2)^5$

c) $\left(\frac{3}{4}\right)^7 \cdot \left(\frac{3}{4}\right)^5$

d) $(-2)^6$

e) $\left(\frac{2}{5}\right)^9 : \left(\frac{2}{5}\right)^3$

f) $((-2)^3)^5$

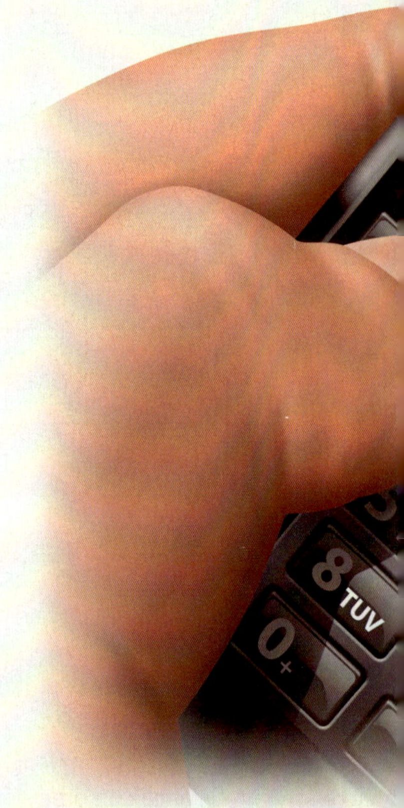

1985

El SMS (Short Message Service) se concibe para enviar mensajes desde la red del operador a los terminales de los usuarios.

El investigador Friedhelm Hillebrand definió la longitud estándar de un mensaje de texto.

Progresiones

3

SABER

- Sucesiones. Término general
- Progresiones aritméticas y geométricas
- Interés compuesto

SABER HACER

- Calcular la diferencia y el término general de una progresión aritmética
- Hallar la suma de los *n* primeros términos de una progresión aritmética
- Calcular la razón y el término general de una progresión geométrica
- Hallar la suma de los *n* primeros términos de una progresión geométrica

? VIDA COTIDIANA

SMS

En 1985, Hillebrand tecleó en su máquina de escribir varias frases comunes. Concluyó que la mayoría tenían menos de 160 caracteres, que finalmente se fijó como la longitud máxima para un SMS.

- Mandamos el SMS: «MAÑANA VOY A LA FIESTA». El destinatario añade: «Y YO», y lo reenvía, repitiéndose este proceso varias veces. ¿Cuántos amigos se añaden a la fiesta hasta lograr la longitud máxima de un SMS?

3 de diciembre de 1992
Se envía el primer SMS desde un ordenador a un teléfono móvil; el mensaje decía: «Feliz Navidad».

1993
Un terminal de Nokia envió el primer mensaje SMS de móvil a móvil en Finlandia.

2012
Durante este año se enviaron en todo el mundo 19 000 millones de mensajes a través de la mensajería instantánea, frente a los 17 600 millones de SMS.

En la actualidad
Los servicios de mensajería instantánea (WhatsApp, Line…) empiezan a relegar a los SMS. Estos servicios ofrecen comunicaciones interactivas aprovechando las conexiones de datos.

1 Sucesiones

Una **sucesión** es un conjunto ordenado de números reales:

$$a_1, a_2, a_3, a_4, a_5, a_6, \dots$$

Cada número que forma la sucesión se llama **término** y se designa por a_i, donde i indica el lugar que ocupa en la sucesión.

En una sucesión sabemos cuál es el primer término, cuál es el segundo...
El conjunto de los números reales no es una sucesión: no sabemos cuál es el término siguiente a cero.

EJEMPLO

1. Determina los términos a_3 y a_5 en estas sucesiones.

   a) 2, 4, 6, 8, 10, 12, 14, ...
   b) 3, 9, 27, 81, 243, 729, ...
   c) 0, −3, −6, −9, −12, −15, −18, ...
   d) 50, 48, 46, 44, 42, 40, 38, ...

   a_3 es el tercer término, y a_5, el quinto.

   a) $a_3 = 6$, $a_5 = 10$
   b) $a_3 = 27$, $a_5 = 243$
   c) $a_3 = -6$, $a_5 = -12$
   d) $a_3 = 46$, $a_5 = 42$

1.1. Regla de formación

Existen sucesiones en las que se pueden determinar sus términos a partir de un cierto criterio; a este criterio se le llama **regla de formación**.

Para determinar la regla de formación, estudiamos la relación entre los términos y la posición que ocupan.

EJEMPLO

2. Determina la regla de formación de cada sucesión.

   a) 20, 18, 16, 14, 12, ... → Cada término es el anterior menos 2.
   b) 1, 3, 9, 27, ... → Cada término es el anterior multiplicado por 3.
   c) 1, 11, 111, 1 111, ... → Cada término tiene tantos 1 como el lugar que ocupa en la sucesión.
   d) 1, 2, 3, 5, 8, 13, 21, ... → El primer término es 1, el segundo 2 y el resto es la suma de los dos términos anteriores.

ACTIVIDADES

1 PRACTICA. Di cuáles son los términos a_1, a_3 y a_6 de las siguientes sucesiones.

a) 6, 7, 8, 9, 10, ...
b) 0, −2, −4, −6, −8, ...
c) 1; 0,1; 0,01; 0,001; 0,0001; ...
d) −1, −1, −1, −1, −1, ...
e) −2, −4, −8, −16, −32, ...

2 APLICA. Escribe la regla de formación y los 6 siguientes términos de cada una de las sucesiones.

a) 3, 6, 12, 24, ...
b) 3, 7, 11, 15, ...
c) 3, −1, −5, −9, ...
d) 3, 4, 7, 11, 18, 29, ...

3 REFLEXIONA. Haz una sucesión con términos $a_1 = 2$, $a_2 = 3$ y $a_3 = 4$, siendo los siguientes términos la suma de los tres anteriores.

1.2. Término general

El **término general** de una sucesión es una expresión algebraica que nos permite calcular cualquier término de la sucesión sabiendo el lugar que ocupa. Se representa por a_n.

EJEMPLO

3. Halla el término general de cada sucesión y calcula a_6 y a_{60}.

a) 3, 6, 9, 12,15, ...

$a_1 = 3 = 3 \cdot 1 \quad a_3 = 9 = 3 \cdot 3$

$a_2 = 6 = 3 \cdot 2 \quad a_4 = 12 = 3 \cdot 4...$ → Cada término es el lugar que ocupa multiplicado por 3

Término general → $a_n = 3n$, siendo n el lugar que ocupa.

$a_n = 3n \xrightarrow{n=6} a_6 = 3 \cdot 6 = 18 \quad a_n = 3n \xrightarrow{n=60} a_{60} = 3 \cdot 60 = 180$

b) 3, 5, 7, 9, 11, ...

$a_1 = 3 = 2 \cdot 1 + 1 \quad a_3 = 7 = 2 \cdot 3 + 1$

$a_2 = 5 = 2 \cdot 2 + 1 \quad a_4 = 9 = 2 \cdot 4 + 1...$ → Cada término es el lugar que ocupa multiplicado por 2 y sumado 1

Término general → $a_n = 2n + 1$, siendo n el lugar que ocupa.

$a_6 = 2 \cdot 6 + 1 = 13 \quad a_{60} = 2 \cdot 60 + 1 = 121$

RESUELVE EL RETO

Construimos pirámides con cubos. Si tenemos una bolsa con 140, ¿hasta qué altura podemos llegar?

1.3. Sucesiones recurrentes

Una **sucesión** es **recurrente** cuando cada término, después de un término dado, se obtiene a partir de los anteriores.

EJEMPLO

4. Halla el término general de esta sucesión y calcula a_7 y a_8.

100, 97, 94, 91, 88, 85, ...

Cada número es igual al anterior menos 3.

Término general → $a_n = a_{n-1} - 3$, para $n > 1$, con $a_1 = 100$

$a_n = a_{n-1} - 3 \xrightarrow{n=7} a_7 = a_6 - 3 = 85 - 3 = 82$

$a_n = a_{n-1} - 3 \xrightarrow{n=8} a_8 = a_7 - 3 = 82 - 3 = 79$

ACTIVIDADES

4 PRACTICA. Escribe los 8 primeros términos de las sucesiones que tienen como término general las siguientes expresiones.

a) $a_n = n + 3$

b) $a_n = n^2 - 9$

c) $a_n = \frac{n}{2}$

d) $a_n = \frac{n+5}{n+2}$

5 APLICA. Obtén los términos tercero, quinto y décimo de estas sucesiones.

a) $a_n = 2 \cdot a_{n-1} + 3$ siendo $a_1 = -3$

b) $a_n = a_{n-1} + 3 \cdot a_{n-2}$ siendo $a_1 = 2$ y $a_2 = 5$

6 REFLEXIONA. Determina el término general de la sucesión 1, 3, 5, 9, 15, 25, 41, ...

2 Progresión aritmética

Una **progresión aritmética** es una sucesión en la que cada término (menos el primero) se obtiene a partir del anterior sumándole un número fijo d, llamado **diferencia** de la progresión.

$a_n = a_1 + (n-1) \cdot d$

En una progresión aritmética se cumple que:

$$a_2 - a_1 = a_3 - a_2 = a_4 - a_3 = \ldots = d$$

EJEMPLO

5. Determina si estas sucesiones son progresiones aritméticas.

a) 6, 11, 16, 21, 26, 31, …

b) 4, 9, 14, 22, 30, …

$a_2 - a_1 = a_3 - a_2 = a_4 - a_3 = a_5 - a_4 = a_6 - a_5 = \ldots = d$

a) $11 - 6 = 16 - 11 = 21 - 16 = 26 - 21 = 31 - 26 = \ldots = 5$

Es una progresión aritmética con diferencia $d = 5$.

b) $9 - 4 = 14 - 9 \neq 22 - 14$ → No es una progresión aritmética.

2.1. Término general de una progresión aritmética

En una progresión aritmética, cada uno de sus términos es igual al anterior más la diferencia.

$a_2 = a_1 + d$

$a_3 = a_2 + d = (a_1 + d) + d = a_1 + 2d$

$a_4 = a_3 + d = (a_1 + 2d) + d = a_1 + 3d$

…

$a_n = a_1 + (n-1)d$ ← Término general

Dos términos de una progresión aritmética siempre están relacionados.

$a_8 = a_5 + (8 - 5)d = a_5 + 3d$

$a_{11} = a_4 + (11 - 4)d = a_4 + 7d$

…

El término general de una progresión aritmética es:
$\boldsymbol{a_n = a_1 + (n-1)d}$, siendo a_1 el primer término y d la diferencia.

Dados dos términos, a_p y a_q, de una progresión aritmética ($p < q$), se cumple que: $a_q = a_p + (q - p)d$.

ACTIVIDADES

7 PRACTICA. Determina si las siguientes sucesiones son progresiones aritméticas.

a) $-10, -20, -40, -80, \ldots$

b) $-4, 0, 4, 8, \ldots$

c) $\frac{1}{3}, \frac{2}{3}, 1, \frac{4}{3}, \frac{5}{3}, \ldots$

d) 6, 9, 15, 24, 39, …

8 APLICA. Obtén la diferencia y el término primero de estas progresiones.

a) $a_n = 5n - 11$

b) $a_n = -3n + 10$

9 REFLEXIONA. Calcula el término general de la progresión aritmética que tiene estos dos términos.

$a_5 = \frac{-17}{4}$ $\quad a_{12} = \frac{-45}{4}$

SABER HACER

> La fórmula:
> $a_n = a_1 + (n-1)d$
> solo es válida si la sucesión es una progresión aritmética.

Calcular la diferencia y el término general de una progresión aritmética

Halla el término general de estas progresiones aritméticas.

a) $d = 5$, $a_{10} = 19$ **b) 8, 11, 14, 17, 20, …** **c) $a_4 = 80$, $a_7 = 68$**

Pasos a seguir

	a)	b)	c)
1. Si no conocemos la diferencia, la calculamos utilizando la fórmula: $a_q = a_p + (q-p)d$	$d = 5$	$a_1 = 8$, $a_2 = 11$ $a_2 = a_1 + (2-1)d$ $11 = 8 + d$ $d = 11 - 8 = 3$	$a_4 = 80$, $a_7 = 68$ $a_7 = a_4 + (7-4)d$ $68 = 80 + 3d$ $d = -4$
2. Si no conocemos a_1, lo calculamos utilizando la misma fórmula.	$a_{10} = a_1 + (10-1)d$ $19 = a_1 + 9 \cdot 5$ $a_1 = -26$	$a_1 = 8$	$a_4 = a_1 + (4-1) \cdot (-4)$ $80 = a_1 - 12$ $a_1 = 92$
3. Hallamos el término general utilizando la fórmula: $a_n = a_1 + (n-1)d$	$a_n = a_1 + (n-1)d$ ↓ $a_1 = -26$, $d = 5$ $a_n = -26 + (n-1) \cdot 5$ $a_n = -26 + 5n - 5$ $a_n = -31 + 5n$	$a_n = a_1 + (n-1)d$ ↓ $a_1 = 8$, $d = 3$ $a_n = 8 + (n-1) \cdot 3$ $a_n = 8 + 3n - 3$ $a_n = 5 + 3n$	$a_n = a_1 + (n-1)d$ ↓ $a_1 = 92$, $d = -4$ $a_n = 92 + (n-1) \cdot (-4)$ $a_n = 92 - 4n + 4$ $a_n = 96 - 4n$

ACTIVIDADES

10 Halla la diferencia de estas progresiones aritméticas.

a) 3, 5, 7, 9, …

b) −1, −6, −11, −16, …

c) $\frac{5}{3}, \frac{7}{3}, 3, \frac{11}{3}, \dots$

11 Averigua la diferencia de las progresiones aritméticas cuyo término general es:

a) $a_n = 4n - 5$

b) $a_n = \frac{n+1}{2}$

c) $a_n = -6n + 1$

d) $a_n = \frac{3-n}{4}$

12 Calcula la diferencia de las progresiones, conocidos dos términos.

a) $\begin{cases} a_4 = 12 \\ a_7 = 21 \end{cases}$ c) $\begin{cases} a_5 = -60 \\ a_{11} = 60 \end{cases}$

b) $\begin{cases} a_6 = -8 \\ a_{13} = 34 \end{cases}$ d) $\begin{cases} a_4 = 3 \\ a_{20} = 83 \end{cases}$

13 En una progresión aritmética, el primer término es 5 y la diferencia es −2. Determina a_n.

14 En una progresión aritmética, el tercer término es 9 y la diferencia es 7. Halla el primer término y el término general.

15 Encuentra el término general de estas progresiones aritméticas.

a) −7, −2, 3, 8, …

b) $\frac{-3}{2}, 0, \frac{3}{2}, 3, \dots$

c) 5, 12, 19, 26, …

d) $\frac{1}{10}, \frac{1}{5}, \frac{3}{10}, \frac{2}{5}, \dots$

e) 50, 40, 30, 20, …

f) $\frac{7}{4}, \frac{7}{2}, \frac{21}{4}, 7, \dots$

16 Escribe el término general para cada una de estas progresiones aritméticas.

RESUELVE EL RETO

Algunos números se pueden expresar como la suma de una sucesión de números consecutivos:

$$3 = 2 + 1$$
$$18 = 3 + 4 + 5 + 6$$

¿Puedes escribir las 5 primeras potencias de 2 de esta forma?

2.2. Suma de los *n* primeros términos de una progresión aritmética

Vamos a buscar una fórmula general para sumar los n primeros términos de una progresión aritmética. Para ello consideramos la suma de los n primeros términos de la progresión y cambiamos el orden:

$$S_n = a_1 + a_2 + \dots + a_{n-1} + a_n \qquad S_n = a_n + a_{n-1} + \dots + a_2 + a_1$$

Sumando ambas expresiones:

$$\begin{array}{rlllll} & S_n = a_1 & + a_2 & + \dots + a_{n-1} & + a_n \\ + & S_n = a_n & + a_{n-1} & + \dots + a_2 & + a_1 \\ \hline & 2S_n = (a_1 + a_n) & + (a_2 + a_{n-1}) & + \dots + (a_{n-1} + a_2) & + (a_n + a_1) \end{array}$$

Además, en una progresión aritmética, se cumple que:

$$a_1 + a_n = a_2 + a_{n-1} = a_3 + a_{n-2} = \dots$$

Como los sumandos son iguales a $(a_1 + a_n)$, tenemos que:

$$2S_n = (a_1 + a_n) \cdot n \rightarrow S_n = \frac{(a_1 + a_n) \cdot n}{2}$$

En la progresión aritmética:

3, 7, 11, 15, 19, 23

se cumple que:

3 7 11 15 19 23

11 + 15 = 26

7 + 19 = 26

3 + 23 = 26

La suma de los n primeros términos de una progresión aritmética, $S_n = a_1 + a_2 + a_3 + a_4 + \dots + a_{n-1} + a_n$, es:

$$S_n = \frac{(a_1 + a_n) \cdot n}{2}$$

EJEMPLO

6. Calcula la suma de los 6 primeros términos de esta progresión aritmética.

$$6, 8, 10, 12, 14, 16, \dots$$

Sumando los seis términos: $6 + 8 + 10 + 12 + 14 + 16 = 66$

Aplicando la fórmula ($a_1 = 6, a_6 = 16$): $S_6 = \frac{(6 + 16) \cdot 6}{2} = 66$

En ambos casos obtenemos el mismo resultado.

Como $a_n = a_1 + (n - 1)d$, la fórmula para calcular la suma de los términos de una progresión aritmética se puede escribir también como:

$$S_n = a_1 \cdot n + \frac{n(n-1) \cdot d}{2}$$

ACTIVIDADES

17 PRACTICA. Calcula la suma de los 25 primeros términos de estas progresiones aritméticas.

a) $2, 6, 10, 14, \dots$

b) $\frac{1}{10}, \frac{1}{5}, \frac{3}{10}, \frac{2}{5}, \dots$

c) $50, 40, 30, 20, \dots$

d) $\frac{5}{3}, \frac{7}{3}, 3, \frac{11}{3}, \dots$

18 APLICA. Halla la suma de los 100 primeros términos de las progresiones aritméticas con estos términos generales.

a) $a_n = 2n - 7$ b) $a_n = \frac{4n + 5}{3}$

19 REFLEXIONA. De una progresión aritmética se sabe que los términos cuarto y quinto suman 28. ¿Cuánto sumarán los 8 primeros términos?

SABER HACER

> Para poder calcular la suma de los n primeros términos de una progresión aritmética, necesitamos saber a_1 y a_n, o bien a_1 y d.

Hallar la suma de los *n* primeros términos de una progresión aritmética

Halla la suma de los 8 primeros términos de estas progresiones aritméticas.

a) $a_2 = 11, d = 5$ **b)** $a_1 = 21, a_4 = 30$ **c)** $a_3 = 40, a_5 = 30$

Pasos a seguir

1. Si no conocemos d, lo calculamos utilizando la fórmula:

$$a_q = a_p + (q - p)d$$

a) $d = 5$

b) $a_1 = 21, a_4 = 30$
$a_4 = a_1 + (4 - 1) \cdot d$
$30 = 21 + 3d$
$d = 3$

c) $a_3 = 40, a_5 = 30$
$a_5 = a_3 + (5 - 3) \cdot d$
$30 = 40 + 2d$
$d = -5$

2. Si no conocemos a_1, lo calculamos utilizando:

$$a_n = a_1 + (n - 1)d$$

a) $a_2 = a_1 + (2 - 1) \cdot 5$
$11 = a_1 + 5$
$a_1 = 6$

b) $a_1 = 21$

c) $a_3 = a_1 + (3 - 1) \cdot (-5)$
$40 = a_1 - 10$
$a_1 = 50$

3. Calculamos la suma utilizando la fórmula:

$$S_n = a_1 \cdot n + \frac{n \cdot (n-1)\, d}{2}$$

a) $S_8 = 6 \cdot 8 + \dfrac{8 \cdot (8-1) \cdot 5}{2}$
$S_8 = 48 + \dfrac{280}{2} = 188$

b) $S_8 = 21 \cdot 8 + \dfrac{8 \cdot (8-1) \cdot 3}{2}$
$S_8 = 168 + \dfrac{168}{2} = 252$

c) $S_8 = 50 \cdot 8 + \dfrac{8 \cdot 7 \cdot (-5)}{2}$
$S_8 = 400 - \dfrac{280}{2} = 260$

ACTIVIDADES

20 Halla la suma de los 20 primeros términos de las siguientes progresiones aritméticas.

a) $\begin{cases} a_1 = 24 \\ d = -3 \end{cases}$

b) $\begin{cases} a_1 = 44 \\ a_3 = 40 \end{cases}$

c) $\begin{cases} a_{24} = 82 \\ a_{31} = 12 \end{cases}$

d) $\begin{cases} a_7 = 2 \\ d = 0{,}5 \end{cases}$

21 Halla la suma de los 18 primeros términos de las siguientes progresiones.

a) $1, 7, 13, 19, \ldots$

b) $\frac{5}{2}, \frac{17}{6}, \frac{19}{6}, \frac{7}{2}, \ldots$

c) $-12, -9, -6, -3, \ldots$

d) $\frac{1}{3}, \frac{2}{3}, 1, \frac{4}{3}, \frac{5}{3}, \ldots$

e) $\frac{-3}{4}, \frac{-7}{4}, \frac{-11}{4}, \frac{-15}{4}, \ldots$

f) $145, 130, 115, 100, \ldots$

22 Dada la progresión aritmética con $a_n = 10 - 5n$, halla la suma de los 25 primeros términos.

23 Halla la suma de los 45 primeros términos de las progresiones cuyos términos generales son los que se indican a continuación.

a) $a_n = 4n - 3$

b) $a_n = \dfrac{n-4}{3}$

c) $a_n = -3n + 5$

d) $a_n = \dfrac{8-n}{5}$

24 Calcula la suma de los 30 primeros términos de una progresión aritmética sabiendo que la suma de los 15 primeros es 240 y $a_1 = -5$.

25 Calcula la suma de los 50 primeros términos de una progresión aritmética sabiendo que la suma de los 20 primeros es −160 y $a_{20} = -27$.

26 Quiero colocar 7 filas de macetas de manera que en la primera fila pondré 3 macetas, y cada una de las siguientes filas tendrá 3 macetas más que la anterior.

¿Cuántas macetas colocaré en total?

3 Progresión geométrica

RESUELVE EL RETO

Una ameba se reproduce cada minuto dividiéndose en dos amebas. Si dos amebas, reproduciéndose, llenan un tubo de ensayo en 2 h, ¿cuánto tardaría una ameba sola?

Una **progresión geométrica** es una sucesión en la que cada término (menos el primero) se obtiene multiplicando el anterior por un número fijo, r, llamado **razón** de la progresión.

En una progresión geométrica se cumple que:

$$\frac{a_2}{a_1} = \frac{a_3}{a_2} = \frac{a_4}{a_3} = \ldots = r$$

EJEMPLO

7. Determina si estas sucesiones son progresiones geométricas.

a) 2, 6, 18, 54, …

b) 4, 8, 16, 20, …

$$\frac{a_2}{a_1} = \frac{a_3}{a_2} = \frac{a_4}{a_3} = \ldots = r$$

a) $\frac{6}{2} = \frac{18}{6} = \frac{54}{18} = \ldots = 3$ Es una progresión geométrica con $r = 3$.

b) $\frac{8}{4} = \frac{16}{8} \neq \frac{20}{16}$ No es una progresión geométrica.

3.1. Término general de una progresión geométrica

En una progresión geométrica, cada uno de sus términos es igual al anterior multiplicado por la razón.

$a_2 = a_1 \cdot r$

$a_3 = a_2 \cdot r = (a_1 r) \cdot r = a_1 r^2$

$a_4 = a_3 \cdot r = (a_1 r^2) \cdot r = a_1 r^3 \ldots$

$a_n = a_1 r^{n-1}$ ← Término general

El término general de una progresión aritmética es: $\boldsymbol{a_n = a_1 \cdot r^{n-1}}$, siendo a_1 el primer término y r la razón.

Dados dos términos, a_p y a_q, de una progresión geométrica ($p < q$), se cumple que: $a_q = a_p \cdot r^{q-p}$.

Dos términos de una progresión geométrica siempre están relacionados.

$a_8 = a_5 \cdot r^{8-5} = a_5 \cdot r^3$

$a_{11} = a_4 \cdot r^{11-4} = a_4 \cdot r^7$

…

ACTIVIDADES

27 PRACTICA. ¿Son progresiones geométricas?

a) 1, 4, 8, 12, …

b) $\frac{-1}{2}, \frac{-5}{4}, \frac{-25}{8}, \frac{-125}{16}, \ldots$

c) 1, −4, 16, −64, …

d) −1, − 3, −9, −12, …

e) $\frac{1}{81}, \frac{1}{27}, \frac{1}{9}, \frac{1}{3}, \ldots$

28 APLICA. Obtén el primer y el tercer término de:

a) $a_n = (-2) \cdot 3^n$

b) $a_n = 5 \cdot 2^{n-1}$

c) $a_n = \frac{1}{5} \cdot \left(\frac{1}{2}\right)^{n+1}$

d) $a_n = 3 \cdot (-1)^{n+2}$

29 REFLEXIONA. Calcula el término general de la progresión geométrica que tiene estos dos términos.

$$a_5 = \frac{8}{5} \qquad a_9 = \frac{128}{5}$$

SABER HACER

Calcular la razón y el término general de una progresión geométrica

Halla el término general de estas progresiones geométricas.

a) $r = 4, a_5 = 256$ **b)** $4, 12, 36, 108, \ldots$ **c)** $a_3 = 5, a_5 = 125$

> La fórmula:
> $a_n = a_1 \cdot r^{n-1}$
> solo es válida si la sucesión es una progresión geométrica.

Pasos a seguir

1. Si no conocemos la razón, la calculamos utilizando la fórmula:

$$a_q = a_p \cdot r^{q-p}$$

a) $r = 4$

b) $a_1 = 4, a_2 = 12$
$a_2 = a_1 \cdot r^{2-1}$
$12 = 4 \cdot r$
$r = 3$

c) $a_3 = 5, a_5 = 125$
$a_5 = a_3 \cdot r^{5-3}$
$125 = 5 \cdot r^2$
$r = 5$

2. Si no conocemos a_1, lo calculamos utilizando la fórmula:

$$a_n = a_1 \cdot r^{n-1}$$

a) $a_5 = a_1 \cdot r^{5-1}$
$256 = a_1 \cdot 4^4$
$a_1 = 1$

b) $a_1 = 4$

c) $a_3 = a_1 \cdot r^{3-1}$
$5 = a_1 \cdot 5^2$
$a_1 = \frac{1}{5}$

3. Hallamos el término general utilizando la fórmula:

$$a_n = a_1 \cdot r^{n-1}$$

a) $a_n = a_1 \cdot r^{n-1} \xrightarrow{a_1 = 1,\ r = 4} a_n = 1 \cdot 4^{n-1} = 4^{n-1}$

b) $a_n = a_1 \cdot r^{n-1} \xrightarrow{a_1 = 4,\ r = 3} a_n = 4 \cdot 3^{n-1}$

c) $a_n = a_1 \cdot r^{n-1} \xrightarrow{a_1 = \frac{1}{5},\ r = 5} a_n = \frac{1}{5} \cdot 5^{n-1} = \frac{5^{n-1}}{5} = 5^{n-2}$

ACTIVIDADES

30 Teniendo en cuenta que son progresiones geométricas, halla el término general y el término a_6.

a) $5, 15, 45, \ldots$ b) $3, 3\sqrt{3}, 9, 9\sqrt{3}, \ldots$

31 En una progresión geométrica, $a_2 = 2$ y $a_4 = \frac{1}{2}$; calcula a_n y a_5.

32 Halla la razón de estas progresiones geométricas.

a) $1, 4, 16, 64, \ldots$

b) $-3, -3\sqrt{2}, -6, -6\sqrt{2}, \ldots$

c) $\frac{-1}{2}, \frac{-3}{2}, \frac{-9}{2}, \frac{-27}{2}, \ldots$

d) $-4, 12, -36, 108, \ldots$

33 Averigua la razón de las progresiones geométricas cuyo término general es el que se da, indicando para cada una de ellas el primer término.

a) $a_n = 4 \cdot (-2)^{n-1}$ c) $a_n = -6 \cdot \left(\frac{1}{3}\right)^{n+1}$

b) $a_n = \frac{1}{7} \cdot 5^n$ d) $a_n = 3 \cdot 2^{n-2}$

34 Calcula la razón de estas progresiones geométricas de las que conocemos:

a) $\begin{cases} a_3 = 2 \\ a_5 = 50 \end{cases}$ c) $\begin{cases} a_5 = -64 \\ a_8 = -1 \end{cases}$

b) $\begin{cases} a_6 = \frac{-4}{9} \\ a_{10} = \frac{-9}{4} \end{cases}$ d) $\begin{cases} a_2 = 48 \\ a_7 = \frac{16}{81} \end{cases}$

35 Encuentra el término general de las siguientes progresiones geométricas.

a) $2, 10, 50, 250, \ldots$ c) $\frac{-1}{8}, \frac{1}{4}, \frac{-1}{2}, 1, \ldots$

b) $\sqrt{5}, 5, 5\sqrt{5}, 25, \ldots$ d) $\frac{3}{4}, \frac{3}{2}, 3, 6, \ldots$

36 Escribe el término general de estas progresiones geométricas de las que conocemos:

a) $\begin{cases} a_2 = -32 \\ a_7 = 1 \end{cases}$ b) $\begin{cases} a_4 = -3 \\ a_6 = -48 \end{cases}$

3.2. Suma de n términos de una progresión geométrica

Vamos a buscar una fórmula general para hallar la suma de n términos de una progresión geométrica:

$$S_n = a_1 + a_2 + \ldots + a_{n-1} + a_n$$

Si multiplicamos ambos miembros por la razón r, obtenemos:

$$S_n \cdot r = \underbrace{a_1 \cdot r}_{a_2} + \underbrace{a_2 \cdot r}_{a_3} + \ldots + \underbrace{a_{n-1} \cdot r}_{a_n} + a_n \cdot r = a_2 + a_3 + \ldots + a_n + a_n \cdot r$$

Restando ambas expresiones:

$$\begin{array}{rl} & S_n \cdot r = \quad \cancel{a_2} + \cancel{a_3} + \ldots + \cancel{a_{n-1}} + \cancel{a_n} + a_n \cdot r \\ - & S_n = a_1 + \cancel{a_2} + \cancel{a_3} + \ldots + \cancel{a_{n-1}} + \cancel{a_n} \\ \hline & S_n \cdot r - S_n = -a_1 \qquad\qquad + a_n \cdot r \end{array}$$

Sacando factor común S_n y despejando:

$$S_n(r - 1) = -a_1 + a_n \cdot r = a_n \cdot r - a_1$$

$$S_n = \frac{a_n r - a_1}{r - 1} = \frac{(a_1 r^{n-1})r - a_1}{r - 1} = \frac{a_1(r^n - 1)}{r - 1}$$

Si conocemos el primer término y el último, para calcular S_n también podemos utilizar esta fórmula:

$$S_n = \frac{a_n r - a_1}{r - 1}$$

La suma, S_n, de n términos de una progresión geométrica de razón r es:

$$S_n = \frac{a_1(r^n - 1)}{r - 1}$$

RESUELVE EL RETO

Si tengo 50 € y cada día gasto la mitad del dinero que tengo, ¿cuándo gastaré mi última moneda?

EJEMPLO

8. Calcula la suma de los 8 primeros términos de la progresión geométrica: $-2, -6, -18, -54, \ldots$

- El primer término es $a_1 = -2$.
- Calculamos la razón: $a_n = a_1 \cdot r^{n-1} \rightarrow a_2 = a_1 \cdot r^{2-1} \rightarrow -6 = -2r \rightarrow r = 3$

$$S_n = \frac{a_1(r^n - 1)}{r - 1} \xrightarrow[n = 8]{a_1 = -2,\, r = 3} S_8 = \frac{(-2)(3^8 - 1)}{3 - 1} = \frac{(-2) \cdot 6\,560}{2} = -6\,560$$

ACTIVIDADES

37 **PRACTICA.** Halla la suma de los 10 primeros términos de estas progresiones geométricas.

a) $3, -12, 48, -192, \ldots$

b) $\sqrt{5}, 5, 5\sqrt{5}, 25, \ldots$

c) $\frac{-1}{8}, \frac{1}{4}, \frac{-1}{2}, 1, \ldots$

d) $\frac{1}{2}, \frac{3}{2}, \frac{9}{2}, \frac{27}{2}, \ldots$

38 **APLICA.** Calcula la suma de los 9 primeros términos de las progresiones con términos generales:

a) $a_n = 7 \cdot \left(\sqrt{5}\right)^{n+1}$

b) $a_n = 4 \cdot (-3)^{n-2}$

39 **REFLEXIONA.** Una carretera se bifurca tras 3 km en línea recta. Cada una de las ramificaciones se vuelve a bifurcar tras otros 3 km, y así sucesivamente hasta un total de 6 veces. ¿Cuántos kilómetros acumulan todas las bifurcaciones?

SABER HACER

Hallar la suma de los *n* primeros términos de una progresión geométrica

Halla la suma de los 8 primeros términos de estas progresiones geométricas.

a) $a_2 = 8, r = 2$ **b)** $a_1 = 1, a_3 = \frac{1}{4}$ **c)** $a_3 = -27, a_5 = -243$

Para poder calcular la suma de los *n* primeros términos de una progresión geométrica necesitamos saber a_1 y a_n, o bien a_1 y r.

Pasos a seguir

1. Si no conocemos *r*, lo calculamos utilizando la fórmula:

$$a_q = a_p \cdot r^{q-p}$$

a) $r = 2$

b) $a_1 = 1, a_3 = \frac{1}{4}$

$a_3 = a_1 \cdot r^{3-1}$

$\frac{1}{4} = 1 \cdot r^2$

$r^2 = \frac{1}{4} \rightarrow r = \frac{1}{2}$

c) $a_3 = -27, a_5 = -243$

$a_5 = a_3 \cdot r^{5-3}$

$-243 = -27 \cdot r^2$

$r = 3$

2. Si no conocemos a_1, lo calculamos utilizando la fórmula:

$$a_n = a_1 \cdot r^{n-1}$$

a) $a_2 = a_1 \cdot r^{2-1}$

$8 = a_1 \cdot 2^1 \rightarrow a_1 = 4$

b) $a_1 = 1$

c) $a_3 = a_1 \cdot r^{3-1}$

$-27 = a_1 \cdot 3^2 \rightarrow a_1 = -3$

3. Calculamos la suma utilizando la fórmula:

$$S_n = \frac{a_1(r^n - 1)}{r - 1}$$

a) $S_8 = \frac{4 \cdot (2^8 - 1)}{2 - 1}$

$S_8 = \frac{4 \cdot 255}{1} = 1\,020$

b) $S_8 = \frac{1 \cdot \left(\left(\frac{1}{2}\right)^8 - 1\right)}{\frac{1}{2} - 1}$

$S_8 = \frac{-\frac{255}{256}}{-\frac{1}{2}} = \frac{255}{128}$

c) $S_8 = \frac{-3 \cdot (3^8 - 1)}{3 - 1}$

$S_8 = \frac{-3 \cdot 6\,560}{2} = -9\,840$

ACTIVIDADES

40 Calcula la suma de los 7 primeros términos de estas progresiones geométricas:

a) $\begin{cases} a_1 = 1 \\ r = \frac{1}{2} \end{cases}$ b) $\begin{cases} a_1 = 0{,}1 \\ a_3 = 0{,}4 \end{cases}$ c) $\begin{cases} a_2 = -3 \\ a_4 = -\frac{1}{3} \end{cases}$

41 Halla la suma de los 6 primeros términos de las siguientes progresiones.

a) $\begin{cases} a_1 = 1 \\ r = 3 \end{cases}$ c) $\begin{cases} a_3 = -2 \\ r = -2 \end{cases}$

b) $\begin{cases} a_3 = 8 \\ r = \frac{1}{2} \end{cases}$ d) $\begin{cases} a_5 = 9 \\ r = \sqrt{3} \end{cases}$

42 Calcula la suma de los 10 primeros términos de una progresión geométrica con $a_n = 2\left(\sqrt{5}\right)^n$.

43 La suma de los *n* términos de una progresión geométrica es 504. Calcula el número de términos sabiendo que $a_8 = 256$ y $a_1 = 8$.

44 El sábado pasado, Paula envió un correo electrónico a tres amigos. Al día siguiente, cada uno de los amigos de Paula que recibieron el correo lo reenvió a otros tres amigos, y así sucesivamente. Si ninguna persona ha recibido el mensaje más de una vez, calcula cuántas personas recibieron el mensaje hasta el sábado siguiente.

3.3. Suma de todos los términos de una progresión geométrica con $|r| < 1$

En las progresiones geométricas en las que la razón, r, está entre los valores $-1 < r < 1$, podemos calcular la suma de todos sus términos.

Sabemos que la suma de n términos de una progresión geométrica es:

$$S_n = \frac{a_1(r^n - 1)}{r - 1}$$

Si $-1 < r < 1$, a medida que el número de términos, n, que tomamos en la suma crece, el valor de r^n es menor, hasta que se convierte prácticamente en 0. Por tanto, tenemos que:

- $r^n - 1$ sería prácticamente igual a -1.
- $r - 1 = -(1 - r)$

Así, la suma de los infinitos términos se podría poner como:

$$S = \frac{a_1 \cdot (-1)}{r - 1} = \frac{-a_1}{-(1 - r)} = \frac{a_1}{1 - r}$$

La suma de todos los términos de una progresión geométrica con razón $-1 < r < 1$ es:

$$S = \frac{a_1}{1 - r}$$

EJEMPLO

9. Halla la suma de todos los términos de la progresión geométrica:

$$1, \frac{1}{2}, \frac{1}{4}, \frac{1}{8}, \frac{1}{16}, \ldots$$

- El primer término es $a_1 = 1$.
- Calculamos la razón: $a_n = a_1 \cdot r^{n-1} \rightarrow a_2 = a_1 \cdot r^{2-1} \rightarrow$
  $\rightarrow \frac{1}{2} = 1 \cdot r \rightarrow r = \frac{1}{2} < 1$
- Como $r < 1$, podemos aplicar la fórmula:

$$S = \frac{a_1}{1 - r} = \frac{1}{1 - \frac{1}{2}} = \frac{1}{\frac{1}{2}} = 2$$

ACTIVIDADES

45 PRACTICA. Halla la suma de todos los términos de estas progresiones geométricas.

a) 100; 25; 6,25; 1,5625; …

b) 10; 1; 0,1; 0,01; …

c) 20; 4; 0,8; 0,16; …

46 PRACTICA. Calcula la suma de todos los términos de una progresión geométrica con $r = 0,2$ y $a_1 = 4$.

47 APLICA. Halla la suma de todos los términos de estas progresiones geométricas.

a) $a_n = \frac{2}{5} \cdot \left(\frac{-1}{2}\right)^n$

b) $a_n = 6 \cdot \left(\frac{2}{3}\right)^{n-1}$

c) $a_n = -8 \cdot \left(\frac{1}{5}\right)^{n+1}$

d) $a_n = \frac{1}{10} \cdot \left(\frac{2}{5}\right)^{n-1}$

48 REFLEXIONA. En una progresión geométrica, $S = 20$ y $a_1 = 5$. ¿Cuánto vale la razón?

4 Interés compuesto

Un **interés compuesto** es cuando depositamos un capital durante un período de tiempo, t, a un rédito, $r\,\%$, y, al finalizar cada período de inversión, los intereses se añaden al capital.

Los capitales, al finalizar cada período de tiempo, forman una progresión geométrica con $a_1 = \text{Capital}_{\text{inicial}}$ y razón, $r = \left(1 + \dfrac{r}{100}\right)$.

EJEMPLO

10. Carlos deposita 5 000 € al 2 % de interés compuesto anual. ¿Cuánto dinero tendrá al cabo de 3 años?

El capital depositado al comienzo es: $\text{Capital}_{\text{inicial}} = 5\,000$ €.

Al finalizar el primer año recibirá el 2 % de ese capital:

$$\text{Capital}_{1.^{\text{er}}\text{ año}} = 5000 + \frac{2}{100}\cdot 5\,000 = 5\,000\left(1 + \frac{2}{100}\right) = 5\,100$$

$$\text{Capital}_{2.^{\text{o}}\text{ año}} = 5\,100 + \frac{2}{100}\cdot 5\,100 = 5\,100\left(1 + \frac{2}{100}\right) = 5\,000\left(1 + \frac{2}{100}\right)^2$$

Por tanto, al final de los 3 años tendrá:

$$\text{Capital}_{3.^{\text{er}}\text{ año}} = 5000\left(1 + \frac{2}{100}\right)^3 = 5\,306{,}04\ €$$

El capital final, C_f, obtenido al invertir a un rédito, $r\,\%$, un capital, C, durante un tiempo, t, a interés compuesto es:

$$C_f = C\cdot\left(1 + \frac{r}{100}\right)^t \qquad (t\text{, tiempo en años})$$

Para aplicar esta fórmula a tiempos en meses y días, basta con sustituir r por el rédito mensual o diario, y t por el número de meses o días de inversión.

EJEMPLO

11. Ana deposita 8 000 € al 3 % de interés compuesto anual. ¿Cuánto dinero tendrá al cabo de 5 años?

$$C_f = C\cdot\left(1 + \frac{r}{100}\right)^t \xrightarrow[r\,=\,3,\ t\,=\,5]{C\,=\,8\,000} C_f = 8\,000\cdot\left(1 + \frac{3}{100}\right)^5 = 9\,274{,}19\ €$$

ACTIVIDADES

49 **PRACTICA.** Calcula el capital final que se obtendrá al invertir, con un interés compuesto, 1 200 €:

a) Al 2 % anual durante 5 años.

b) Al 3 % anual durante 4 años.

c) Al 4,2 % anual durante 8 años.

50 **APLICA.** Calcula el capital que hay que invertir con un interés compuesto del 3,4 % anual durante 6 años, 5 meses y 12 días, para que al final de la inversión se obtengan 1 245 €.

51 **REFLEXIONA.** ¿Qué da mayores beneficios, un depósito de 5 años al 6 % o uno de 10 años al 3 %?

Sucesiones

52 Escribe más términos en estas sucesiones.

a) 4, 7, 10, 13, …
b) $-6, 12, -24, 48, \dots$
c) 3, 4, 6, 9, 13, …
d) 5, 10, 15, 20, …
e) 3, 33, 333, 3333, …
f) $1, -2, 3, -4, 5, \dots$

53 Observa la sucesión: 1, 3, 5, 7, 9, … y responde.

a) ¿Cuáles son los términos a_{11} y a_{17}?
b) ¿Qué posición ocupan los números 11 y 17?
c) ¿Cuántos y qué términos hay entre el número 23 y el número 35?

54 Contesta razonadamente si el número 31 es uno de los términos de las siguientes sucesiones y, si lo es, di qué posición ocupa.

a) 2, 5, 7, 12, 19, …
b) 4, 7, 10, 13, 16, 19, …

55 Copia en tu cuaderno y completa estas sucesiones con el término que falta.

a) 1, 8, 27, □, 125, …
b) $-5, -9, -13,$ □, $-21, \dots$
c) 2, 5, □, 11, 14, …
d) 7, □, 21, 28, 35, …
e) 1, 3, 9, □, 81, …

¿Cuál es su regla de formación?

56 Escribe los 4 primeros términos de estas sucesiones dadas por su regla de formación.

a) Su primer término es -4 y cada término se obtiene sumando 5 al anterior.
b) Su primer término es 7 y cada término se obtiene restando 3 al anterior.
c) Su primer término es 100 y cada término se obtiene dividiendo entre 10 el anterior.
d) Su primer término es -3 y cada término se obtiene elevando al cuadrado el anterior.

57 Siendo $a_1 = 5$, forma las sucesiones tales que cada término es:

a) El doble del anterior.
b) El resultado de sumar 9 al anterior.
c) El resultado de sumar al anterior su cuadrado.

58 Escribe los 7 primeros términos de la sucesión cuyo término general es el que se da.

a) $a_n = 2n + 1$
b) $a_n = 4n - 3$
c) $a_n = 7 - 3n$
d) $a_n = \dfrac{n+1}{2}$
e) $a_n = 5n - 2 \cdot (3 - n)$
f) $a_n = n^2 + n - 2$
g) $a_n = (n - 3)^2$
h) $a_n = \dfrac{1 - 2n}{3}$

59 Obtén los 4 primeros términos de la sucesión cuyo término general es el siguiente.

a) $a_n = (-1) \cdot 2^n$
b) $a_n = \left(\dfrac{1}{2}\right)^{n-1}$
c) $a_n = (-2)^{n+1}$
d) $a_n = (n + 1)^2$
e) $a_n = \left(\dfrac{3}{2}\right)^n$
f) $a_n = 4 \cdot (n - 2)^2$

60 Comprueba si el número 27 es un término de cada una de las siguientes sucesiones y averigua el lugar que ocupa.

a) $a_n = 4n + 3$
b) $a_n = 2n - 1$
c) $a_n = 5n + 7$
d) $a_n = n^2 - n - 3$
e) $a_n = 3(n - 2)^2$
f) $a_n = n^2 + 2n - 8$

61 Escribe los términos que se piden.

a) a_3 y a_4, siendo $a_n = (-1)^{n+1} \cdot 3n$
b) a_2 y a_3, siendo $a_n = \dfrac{1}{n^2} - n$
c) a_4 y a_5, siendo $a_n = n^3 \cdot (-1)^n$
d) a_6 y a_8, siendo $a_n = 2n - n^2 + 3$

62 Determina el cuarto y el quinto término de estas sucesiones, de las que conocemos los tres primeros. ¿Puedes escribir el término general?

a) $a_1 =$ primera cifra decimal del número π.
$a_2 =$ segunda cifra decimal del número π.
$a_3 =$ tercera cifra decimal del número π.

b) $a_1 =$ redondeo a las décimas de $\sqrt{3}$.
$a_2 =$ redondeo a las centésimas de $\sqrt{3}$.
$a_3 =$ redondeo a las milésimas de $\sqrt{3}$.

c) $a_1 =$ longitud de la diagonal de un cuadrado de lado 1 cm.
$a_2 =$ longitud de la diagonal de un cuadrado de lado 2 cm.
$a_3 =$ longitud de la diagonal de un cuadrado de lado 3 cm.

63 Averigua los primeros términos de estas sucesiones definidas de forma recurrente.

a) $a_1 = -3, a_2 = 2$ y $a_n = 2a_{n-1} + 3a_{n-2}$
b) $a_1 = 4, a_2 = 6$ y $a_n = \dfrac{a_{n-1}}{a_{n-2}} - 1$
c) $a_1 = 2, a_2 = 8$ y $a_n = \dfrac{a_{n-1}}{2} + n$

64 Halla el término general de estas sucesiones.

a) 1, 2, 3, 4, 5, …
b) 2, 4, 6, 8, 10, …
c) 1, 3, 5, 7, 9, …
d) $-1, 1, 3, 5, 7, \dots$
e) 6, 8, 10, 12, 14, …
f) $-2, -4, -6, -8, -10, \dots$
g) 2, 4, 8, 16, 32, …
h) $3, -6, 9, -12, 15, \dots$

SABER HACER

Hallar el término general de algunas sucesiones de fracciones

65 Halla el término general de esta sucesión.

$$\frac{2}{5}, \frac{4}{8}, \frac{8}{11}, \frac{16}{14}, \dots$$

PRIMERO. Se busca el criterio de formación de los numeradores y se halla su término general.

$4 : 2 = 8 : 4 = 16 : 8 = 2$

Es una progresión geométrica de razón 2 y $a_1 = 2$.

Término general $\rightarrow 2^n$

SEGUNDO. Se busca el criterio de formación de los denominadores y su término general.

$8 - 5 = 11 - 8 = 14 - 11 = 3$

Es una progresión aritmética con $a_1 = 5$ y $d = 3$.

Término general $\rightarrow 2 + 3n$

TERCERO. El término general de la sucesión es igual al cociente de los términos generales.

Término general $\rightarrow \dfrac{2^n}{2 + 3n}$

66 Halla el término general de las sucesiones.

a) $1, \frac{1}{2}, \frac{1}{3}, \frac{1}{4}, \frac{1}{5}, \dots$

b) $\frac{1}{2}, \frac{1}{3}, \frac{1}{4}, \frac{1}{5}, \dots$

c) $\frac{1}{2}, \frac{1}{4}, \frac{1}{8}, \frac{1}{16}, \frac{1}{32}, \dots$

d) $\frac{1}{3}, \frac{1}{5}, \frac{1}{9}, \frac{1}{17}, \frac{1}{33}, \dots$

e) $4, \frac{5}{2}, \frac{6}{3}, \frac{7}{4}, \frac{8}{5}, \dots$

f) $\frac{1}{2}, \frac{3}{4}, \frac{7}{8}, \frac{15}{16}, \dots$

67 Escribe el término general de la sucesión que se obtiene:

a) Multiplicando por 3 cada término de la sucesión $a_n = 2n - \frac{1}{3}$.

b) Sumando 3 a cada uno de los términos de la sucesión cuyo término general es $a_n = 2n - \frac{1}{3}$.

68 Las siguientes sucesiones están relacionadas con la sucesión de término general $a_n = n^2$. Di cuál es esa relación y, a partir de ella, escribe el término general de las sucesiones.

a) 2, 8, 18, 32, 50, …

b) 4, 9, 16, 25, …

c) 3, 6, 11, 18, 27, …

d) $\frac{16}{3}, \frac{25}{3}, 12, \frac{49}{3}, \dots$

Progresiones aritméticas

69 Comprueba si son progresiones aritméticas y calcula su término general y la diferencia.

a) 3, 6, 9, 12, 15, …

b) 2, −2, 2, −2, 2, …

c) 3, 6, 12, 24, 48, …

d) 3, 0, −3, −6, −9, …

70 Escribe el término general de estas progresiones aritméticas.

a) $a_1 = 7$ y $d = 2$

b) $a_1 = 3$ y $d = -4$

c) $a_1 = -5$ y $d = -2$

d) $a_1 = -1$ y $d = 4$

e) $a_1 = 8$ y $d = -3$

f) $a_1 = -9$ y $d = 3$

71 Calcula la diferencia y el quinto término de las progresiones aritméticas.

a) $a_1 = 3$ y $a_2 = 7$

b) $a_3 = 4$ y $a_7 = -8$

c) $a_3 = 8$ y $a_6 = 23$

d) $a_5 = 0$ y $a_{10} = 5$

72 Encuentra los términos sexto y octavo de estas progresiones aritméticas.

a) $a_4 = -6$ y $a_{12} = -22$

b) $a_2 = 12$ y $a_7 = 42$

c) $a_1 = 7$ y $a_4 = 34$

d) $a_3 = 7$ y $a_7 = 3$

73 Averigua el término general de estas progresiones aritméticas.

a) $a_5 = 3$ y $d = 2$

b) $a_{10} = 70$ y $d = -15$

c) $a_2 = -12$ y $d = 12$

d) $a_3 = 24$ y $a_6 = -3$

e) $a_8 = -6$ y $a_{12} = 18$

f) $a_4 = 8$ y $a_6 = 28$

74 Comprueba que los siguientes términos generales son de progresiones aritméticas, halla su diferencia y los 5 primeros términos.

a) $a_n = 3n - 1$

b) $a_n = 3 - 4n$

c) $a_n = 5n - 5$

d) $a_n = 4n$

75 Calcula el lugar que ocupa el número 24 como término de estas progresiones aritméticas.

a) $a_n = 3n + 6$

b) $a_n = 2n - 10$

c) $a_n = 8 - n$

d) $a_n = 4n + 12$

76 Para las siguientes progresiones aritméticas, calcula a_1, d y a_n.

a) $a_4 = 13$ y $a_{11} = 41 - a_2$

b) $a_3 = -1$ y $a_7 - a_5 = -4$

c) $a_3 = 6$ y $a_8 = 21 - a_1$

d) $a_2 = 2$ y $a_6 = 25 + a_1$

77 Sabiendo que estas sucesiones son progresiones aritméticas, completa en tu cuaderno los términos que faltan.

a) $\square, \frac{1}{2}, \square, \frac{5}{6}, \square, \square$

b) $\square$; 1,5; $\square$; 2,5; $\square$

c) $\square, \frac{1}{4}, \square, \square, \frac{1}{2}, \square$

d) $\square, \square, \square, \frac{5}{3}, \square, \frac{8}{3}$

ACTIVIDADES FINALES

SABER HACER

Añadir números entre dos dados de modo que todos ellos formen una progresión aritmética

78 Añade tres números entre 7 y 23 de modo que todos ellos formen una progresión aritmética.

PRIMERO. Se calculan a_1 y d.

La progresión es 7, a_2, a_3, a_4, 23. $\rightarrow \begin{cases} a_1 = 7 \\ a_5 = 23 \end{cases}$

Como debe ser una progresión aritmética:

$$a_n = a_1 + (n-1)d \rightarrow 23 = 7 + (5-1) \cdot d \rightarrow$$
$$\rightarrow 23 - 7 = 4d \rightarrow d = 4$$

SEGUNDO. Se hallan los términos intermedios.

$$a_2 = a_1 + (2-1)d = 7 + 4 = 11$$
$$a_3 = a_1 + (3-1)d = 7 + 8 = 15$$
$$a_4 = a_1 + (4-1)d = 7 + 12 = 19$$

La progresión es 7, 11, 15, 19, 23.

79 Añade el número de términos indicado para que se forme una progresión aritmética.

a) 3 términos entre 1 y 9.

b) 4 términos entre 3 y 18.

c) 5 términos entre -4 y 20.

d) 6 términos entre 2 y 58.

80 Halla la suma de los 12 y de los 25 primeros términos de la progresión aritmética cuyo término general es $a_n = -4n + 3$.

81 Calcula la suma de los 30 primeros términos para cada progresión aritmética.

a) $a_4 = 8$ y $a_6 = 28$

b) $a_{10} = 70$ y $d = -15$

c) $a_3 = \frac{1}{2}$ y $a_4 = \frac{5}{6}$

d) $d = -3$ y $a_9 = 4a_4$

82 Averigua el término general de la progresión aritmética en cada caso.

a) $S_{16} = -528$ y $a_{16} = -3$

b) $S_{35} = 1960$ y $a_3 = 11$

c) $S_{52} = 6682$ y $a_1 = 1$

d) $S_{13} = 0$ y $a_8 = 8$

83 Utiliza las progresiones aritméticas y suma.

a) Los 50 primeros números naturales.

b) Los números pares menores que 101.

c) Los múltiplos de tres entre 100 y 200.

d) Los números impares menores que 80.

e) ¿Cuántos números pares consecutivos se deben sumar para que el resultado sea 11 130?

f) ¿Cuántos números impares consecutivos a partir de 1 se deben sumar para obtener 2916?

84 Halla 5 términos de una progresión aritmética sabiendo que suman 80 y la diferencia es 4.

85 ¿Cuántos términos de la progresión aritmética 5, 7, 9, … debemos sumar para que el resultado de la suma sea 780?

Progresiones geométricas

86 Escribe los primeros términos de estas progresiones geométricas.

a) $a_1 = 2$ y $r = 3$

b) $a_1 = -1$ y $r = 3$

c) $a_1 = 3$ y $r = 4$

d) $a_2 = -2$ y $r = -2$

SABER HACER

Determinar si una progresión es aritmética o geométrica

87 ¿Son progresiones aritméticas o geométricas?

a) 2, 6, 10, 14, 18, …

b) 4, 9, 13, 22, 35, …

c) 6, 12, 24, 48, 96, …

PRIMERO. Se resta a cada término el anterior y se comprueba si las diferencias son iguales.

a) $6 - 2 = 10 - 6 = 14 - 10 = 18 - 14 = 4$
Es una progresión aritmética.

b) $9 - 4 \neq 13 - 9 \neq 22 - 13 \neq 35 - 22$

c) $12 - 6 \neq 24 - 12 \neq 48 - 24 \neq 96 - 48$
b) y c) no son progresiones aritméticas.

SEGUNDO. Se divide cada término entre el anterior y se comprueba si las razones son iguales.

a) $\frac{6}{2} \neq \frac{10}{6} \neq \frac{14}{10} \neq \frac{18}{14}$
No es una progresión geométrica.

b) $\frac{9}{4} \neq \frac{13}{9} \neq \frac{22}{13} \neq \frac{35}{22}$
No es una progresión geométrica.

c) $\frac{12}{6} = \frac{24}{12} = \frac{48}{24} = \frac{96}{48} = 2$
Es una progresión geométrica.

88 ¿Cuáles de las siguientes sucesiones son progresiones aritméticas y cuáles geométricas? Calcula su diferencia o su razón.

a) 1, 3, 9, 27, …

b) 1, 3, 5, 7, 9, …

c) $2, 1, \frac{1}{2}, \frac{1}{4}, \dots$

d) $-4, 4, -4, 4, \dots$

e) 64, 16, 4, 1, …

f) $\frac{1}{25}, \frac{1}{5}, 1, 5, \dots$

89 Señala las progresiones geométricas.

a) $a_1 = 6$ y $a_n = -2a_{n-1}$

b) $a_1 = -3$ y $a_n = (-1)^n \cdot a_{n-1}$

c) $a_1 = 4$ y $a_n = 5 + a_{n-1}$

d) $a_1 = 5, a_2 = 2$ y $a_n = a_{n-1} + 3a_{n-2}$

e) $a_1 = 256$ y $a_n = \frac{7a_{n-1}}{2}$

90 Halla el término general de estas progresiones geométricas.

a) $a_1 = -1$ y $r = 2$

b) $a_1 = 3$ y $r = -4$

c) $a_1 = 8$ y $r = -\frac{1}{3}$

d) $a_1 = -2$ y $r = -2$

e) $a_1 = 1$ y $r = 4$

f) $a_1 = -9$ y $r = \frac{2}{3}$

91 Di cuál es el término general de estas progresiones geométricas.

a) $a_4 = 270$ y $r = \frac{3}{2}$

b) $a_3 = 5$ y $r = -5$

c) $a_2 = -12$ y $r = \frac{2}{3}$

d) $a_5 = 1$ y $r = 10$

92 Calcula los 5 primeros términos y la razón de estas progresiones geométricas.

a) $a_n = (-3)^n$

b) $a_n = 3 \cdot (-2)^{n+1}$

c) $a_n = 2^{1-n}$

d) $a_n = \frac{a_{n-1}}{7}$ siendo $a_1 = 2401$

93 Encuentra la razón y el cuarto término de estas progresiones geométricas.

a) $a_1 = 3$ y $a_2 = 6$

b) $a_2 = -16$ y $a_3 = 4$

c) $a_3 = 32$ y $a_5 = 2048$

d) $a_5 = 243$ y $a_7 = 2187$

94 Halla los términos tercero y sexto de estas progresiones geométricas.

a) $a_5 = 243$ y $a_7 = 27$

b) $a_1 = \frac{16}{25}$ y $a_2 = \frac{8}{5}$

c) $a_2 = 12$ y $a_4 = 432$

d) $a_4 = -1$ y $a_5 = 1$

95 Calcula el primer término y la razón de estas progresiones geométricas.

a) $a_4 = 12$ y $a_6 = 3$

b) $a_2 = -6$ y $a_3 = 6$

c) $a_6 = 128$ y $a_7 = -512$

d) $a_3 = 0{,}1$ y $a_5 = 0{,}001$

96 Completa en tu cuaderno con los términos que faltan en las siguientes progresiones geométricas.

a) 1; 0,1; □; 0,001; □

b) □, $\frac{1}{2}$, $\frac{1}{6}$, □, $\frac{1}{54}$, □

c) □, $\frac{1}{3}$, □, $\frac{1}{12}$, □

d) □, $\frac{3}{2}$, □, □, $\frac{81}{4}$

97 El tercer término de una progresión geométrica es $\frac{12}{5}$ y la razón es 10. ¿Qué lugar ocupan estos números dentro de la progresión?

a) $\frac{12}{500}$

b) 240000

98 Dos términos consecutivos de una progresión geométrica son 3 y 4. Averigua qué lugar ocupan sabiendo que $a_1 = \frac{27}{16}$.

99 ¿Es 3720087 uno de los términos de la progresión aritmética cuya razón es 3 y cuyo término sexto es 1701?

100 Calcula la suma de los 5, 10 y 15 primeros términos de la progresión geométrica cuyo término general es $a_n = 2 \cdot (-5)^{n-1}$.

101 Obtén la suma de los 7 primeros términos de las progresiones geométricas cuyo término general es el que se da a continuación:

a) $a_n = (-2) \cdot 3^{n+1}$

b) $a_n = 3^{n-2}$

c) $a_n = (-3) \cdot 2^{n+2}$

d) $a_n = (-2)^{n-1}$

102 Halla las siguientes sumas de términos en progresiones geométricas.

a) 6 primeros términos si $a_1 = 7$ y $r = 4$.

b) 10 primeros términos si $a_3 = \frac{4}{9}$ y $r = 3$.

c) 8 primeros términos si $a_1 = 10$ y $r = 0{,}2$.

103 Calcula, si es posible, la suma de todos los términos de estas progresiones geométricas.

a) 10; 2; 0,4; 0,08; ...

b) 16; 12; 9; 6,75; ...

104 Escribe los 5 primeros términos de estas progresiones geométricas.

a) $a_1 = \frac{1}{3}$ y la suma de todos sus términos es $\frac{4}{9}$.

b) $r = \frac{1}{5}$ y la suma de todos sus términos es $\frac{15}{4}$.

105 Halla la suma de los 9 primeros términos de una progresión geométrica sabiendo que $a_5 = 160$ y $a_2 = 20$.

106 La suma de los 5 primeros términos de una progresión geométrica es $\frac{781}{500}$ y $r = \frac{1}{5}$.

a) Escribe los primeros términos de la progresión.

b) Calcula la suma de todos los términos de la progresión y compárala con la dada.

Problemas con progresiones

107 Un árbol de rápido crecimiento multiplica su altura por 1,2 cada año. Si al comenzar el año medía 0,75 m, ¿qué altura tendrá dentro de 10 años? ¿Cuánto crecerá en esos 10 años?

108 Dejamos caer una pelota desde una altura de 1 metro, y en cada uno de los botes que da sube a una altura igual que la mitad del bote anterior. ¿A qué altura llegará en el quinto bote?

109 Lanzamos un balón que da botes a lo largo de un pasillo, como se ve en la figura.

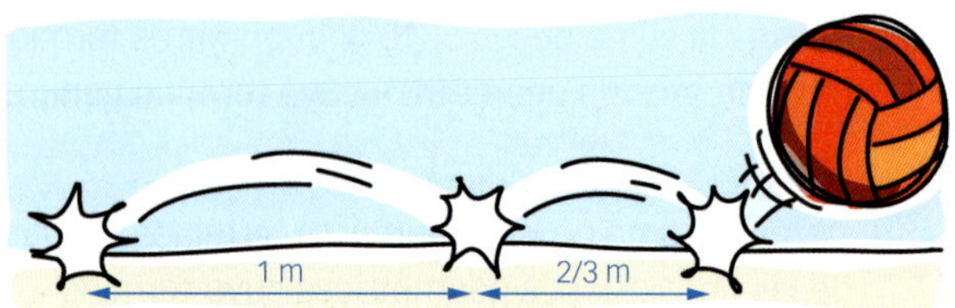

Si al séptimo bote choca con la pared y se para, ¿qué distancia habrá recorrido?

110 Observa las figuras y responde.

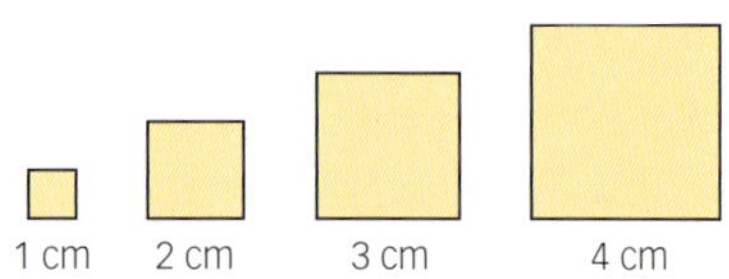

a) ¿Qué tipo de sucesión es la que se forma con los perímetros de los cuadrados?

b) ¿Y con las diagonales de los cuadrados?

c) ¿Y con las áreas de los cuadrados?

111 Fíjate en la figura y describe las sucesiones de las medidas que se piden.

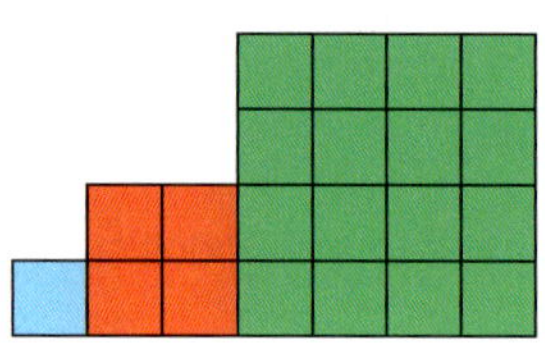

a) Medidas de los lados de los cuadrados.

b) Medidas de las áreas de los cuadrados.

112 Observa estos rectángulos.

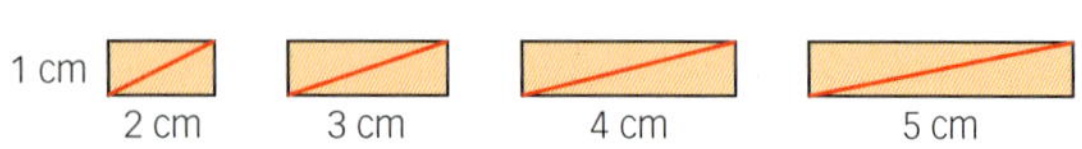

Describe la sucesión de las medidas de las diagonales y halla la del rectángulo que ocupa el duodécimo lugar.

113 La longitud de los lados de un heptágono están en progresión aritmética. Hállalos sabiendo que el menor mide 2 cm y el perímetro es 77 cm.

114 La suma de las edades de tres hermanos es la tercera parte de la edad de su abuelo. Halla sus edades sabiendo que están en progresión geométrica con $r = 3$ y su abuelo tiene 78 años.

115 Durante los cuatro primeros meses de vida, un bebé ha ido ganando cada mes un 20 % de peso. Si al nacer pesaba 2 900 gramos, ¿cuál ha sido su peso al final del cuarto mes?

116 Una escalera tiene todos los peldaños iguales menos el primero, que mide 20 cm. Al subir 100 escalones, la altura ascendida es de 1 505 cm. ¿Qué altura tiene cada peldaño?

117 Un montañero planifica la subida a la cima de una montaña de la siguiente manera: el primer tramo será de 625 m, el segundo de 500 m, el tercero de 400 m, el cuarto de 320 m… Si alcanza la cima el octavo día, ¿cuántos metros mide la montaña?

118 Una rana está en el borde de una charca circular de 9 m de radio. Quiere llegar al centro dando saltos. Comprueba si llegaría de alguna de las siguientes formas.

a) El primer salto es de 3 m, y luego avanza dando saltos cuya medida es la mitad de la medida del salto anterior.

b) El primer salto es de 4 m, y luego avanza dando saltos cuya medida es la mitad de la medida del salto anterior.

c) El primer salto es de 3 m, y después avanza dando saltos cuya medida es dos tercios de la medida del salto anterior.

d) El primer salto es de 2 m, y después avanza dando saltos cuya medida es tres cuartos de la medida del salto anterior.

119 Quique recorre en bici 1 500 m su primer día de entrenamiento. Cada día aumenta en $\frac{1}{3}$ lo que recorre el día anterior. Su objetivo es llegar a recorrer 100 km en total en un mes, entrenando todos los días. ¿Podrá conseguirlo a ese ritmo?

120 El primer metro de excavación de un pozo cuesta 20 €, el segundo 5 € más que el primero, el tercero 5 € más que el segundo y así sucesivamente.

a) ¿Qué profundidad se alcanzará con 1 350 €?

b) ¿Cuánto costaría excavar un pozo de 300 m?

c) Utiliza las progresiones y expresa el gasto de la excavación en función del número de metros de profundidad.

121 Durante 2015, una empresa de autobuses transportó 500 000 pasajeros. Las previsiones para los próximos 6 años son incrementar en un 4 % anual el número de pasajeros. Si se cumplen las previsiones, ¿cuántas personas transportará la empresa entre 2015 y 2020?

122 Una empresa de coches tuvo una producción en el mes de enero del año pasado de 25 000 unidades de los modelos que fabrica.

A partir de febrero, cada mes, la producción fue un 15 % más alta que el mes anterior. Determina la cantidad total de coches que esta compañía produjo el año pasado.

123 La población de una ciudad es de 20 000 habitantes. Si esta población crece a un ritmo de un 2 % al año, ¿cuántos habitantes tendrá dentro de 10 años?

124 La población de un país es de aproximadamente 100 millones de habitantes y se estima que dentro de 20 años será de 144 millones de personas. Calcula su tasa de crecimiento anual (tanto por ciento del crecimiento de población) en ese período.

125 Si depositamos 5 000 € al 4 % anual el 31 de diciembre, ¿qué capital final tendremos al acabar cada año tras cada uno de los siguientes períodos de tiempo?

a) Tres años. b) Cinco años. c) Seis años.

126 Calcula el capital que a un interés compuesto del 4,5 % produce en cuatro años un capital de 59 626 €.

127 En una situación de interés compuesto, un capital de 10 000 € se convierte en 10 527 € al cabo de dos años. ¿Cuál es el interés al que se invirtió el capital inicial?

128 Calcula el capital inicial que hay que invertir con un interés compuesto del 3 % mensual para obtener finalmente 2 100 € después de 4 años.

129 Halla el capital que, con un interés compuesto del 10 % anual, produce 133,10 € en 3 años.

130 Si un capital de 5 000 € se convierte en 6 000 € en una situación de interés compuesto al cabo de 2 años, ¿cuál es el interés al que ha estado invertido el capital inicial?

DEBES SABER HACER

Sucesiones

1 Escribe los 5 primeros términos para:

a) Una sucesión en la que el primer término es 5 y cada término se obtiene sumando 2 al anterior.

b) Una sucesión en la que el primer término es 2, el segundo es $2 \cdot 0{,}5 = 1$; el tercero es $1 \cdot 0{,}5 = 0{,}5$.

2 Obtén los 5 primeros términos de las siguientes sucesiones.

a) $a_1 = 1, a_2 = 3, a_n = a_{n-2} - a_{n-1}$

b) $b_1 = 2, b_2 = 4, b_n = \dfrac{b_{n-1}}{b_{n-2}}$

Progresiones aritméticas y geométricas

3 En estas progresiones aritméticas:

a) $a_1 = 13$ y $a_2 = 5$, calcula d, a_8 y a_n.

b) $b_1 = 4{,}5$ y $b_2 = 6$, calcula d, b_{10} y b_n.

4 En una progresión aritmética $a_1 = 8$ y $d = 5$. ¿Qué número de término es el 133? Halla la suma de todos los términos hasta él.

5 En una progresión geométrica $a_2 = 60$ y $a_4 = 3840$. Calcula:

a) La razón y el término general.

b) La suma y el producto de los 8 primeros términos.

6 En un aparcamiento cobran 0,25 € por la primera hora de estacionamiento, y por cada hora siguiente, el doble de lo cobrado en la hora anterior. ¿Cuánto se pagará por 8 horas?

Interés compuesto

7 Calcula el capital que, invertido a un interés compuesto del 5 %, produce en 4 años un capital final de 1 500 €.

COMPETENCIA MATEMÁTICA

En la vida cotidiana

131 Con la aparición de los nuevos teléfonos inteligentes o *smartphones* han empezado a proliferar los virus telefónicos.

Existen varios tipos de virus, uno de ellos es el denominado *gusano*, que se transmite a través de SMS o MMS y no requiere la interacción de los usuarios para ser ejecutado. Su principal objetivo es reproducirse y propagarse a través de otros móviles, por lo que puede copiarse infinitas veces infectando todos los terminales que tenga a su alcance.

Por ahora el riesgo real de que un móvil sea infectado es muy bajo debido a la variedad de sistemas operativos de nuestros terminales (Android, Apple, Windows Mobile…).

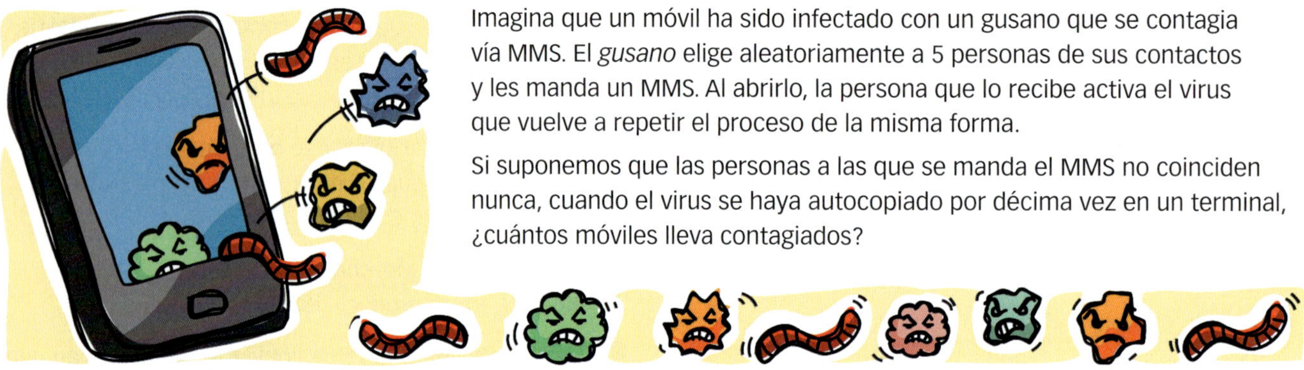

Imagina que un móvil ha sido infectado con un gusano que se contagia vía MMS. El *gusano* elige aleatoriamente a 5 personas de sus contactos y les manda un MMS. Al abrirlo, la persona que lo recibe activa el virus que vuelve a repetir el proceso de la misma forma.

Si suponemos que las personas a las que se manda el MMS no coinciden nunca, cuando el virus se haya autocopiado por décima vez en un terminal, ¿cuántos móviles lleva contagiados?

Formas de pensar. Razonamiento matemático

132 ¿Puede ser el número 0 el primer término de una progresión geométrica? ¿Y de una progresión aritmética?

133 Razona si puede existir una sucesión que sea, al mismo tiempo, progresión aritmética y progresión geométrica. En caso afirmativo, pon un ejemplo.

134 Discute si el término general de una progresión aritmética o geométrica puede ser de la forma $a_n = n^p$, con $p > 1$ un número natural.

135 La suma de los n primeros términos de una progresión aritmética ($n > 1$) es 153 y la diferencia de la progresión es 2. Si a_1 es un número entero, ¿qué valores puede tomar n?

136 Expresa de forma fraccionaria el número periódico $0,\widehat{3}$; para ello escríbelo de la forma:

$$0,3 + 0,03 + 0,003 + \dots$$

y halla la suma de la progresión.

137 Obtén la fracción generatriz de $2,\widehat{8}$ utilizando la suma de una progresión.

138 Consideramos una progresión geométrica con $a_1 \neq 0$ y $r \neq 0$, y una progresión aritmética con $a_1 = 0$. Sumando, término a término, estas dos progresiones obtenemos la sucesión: 1, 1, 2, … ¿Cuál es la suma de los 10 primeros términos?

139 Dividimos el lado AC de un triángulo rectángulo ABC en 8 partes iguales, levantando desde los puntos de división paralelas al lado BC. Si BC mide 10 cm, calcula la suma de las longitudes de los otros 7 segmentos.

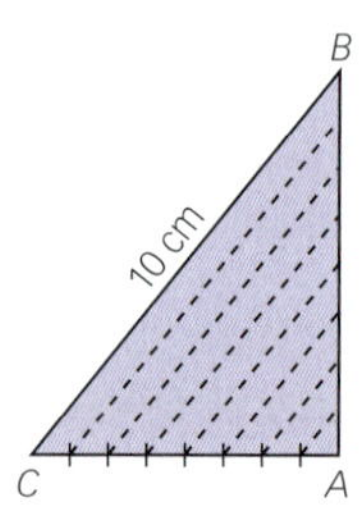

PROYECTO FINAL. **Trabajo cooperativo**

OBJETIVO: Diseñar un plan de evacuación para el instituto

Una vez formados los grupos seguid este proceso:

1.ª Fase.

- Buscad información sobre en qué consiste un plan de evacuación.
- Determinad si se puede seguir un plan general de evacuación o pueden existir situaciones que requieren un plan especial.

2.ª Fase.

- Elaborad un croquis de vuestro centro, con todas sus aulas, zonas comunes, escaleras, salidas al exterior y personas que hay en cada zona.
- Valorad si es importante, o no, la edad de los estudiantes a la hora de planificar su evacuación.

3.ª Fase.

- Poned en común la información recogida y elegid el plan que consideráis más adecuado.
- Realizad un informe que recoja las conclusiones a las que habéis llegado.

Pruebas PISA

Esquema de escalera

140 Roberto construye el esquema de una escalera usando cuadrados. He aquí los pasos que sigue:

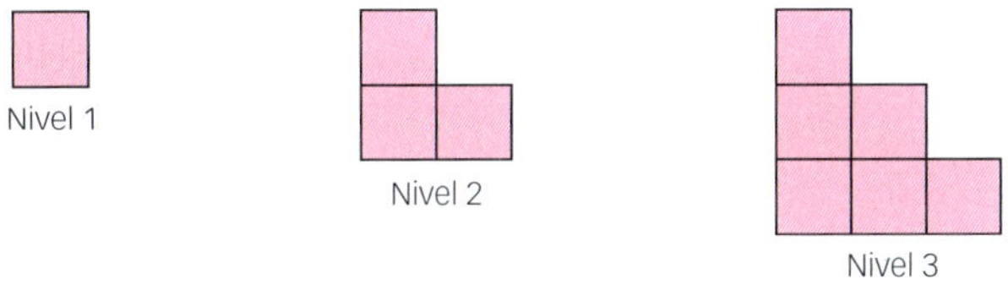

Como se puede ver, utiliza un cuadrado para el Nivel 1, tres cuadrados para el Nivel 2, y seis para el Nivel 3.

¿Cuántos cuadrados en total deberá usar para construir hasta el cuarto nivel?

(Prueba PISA 2003)

El inventor del ajedrez

141 Una leyenda cuenta que el inventor del ajedrez presentó su invento a un príncipe de la India. El príncipe quedó tan impresionado que quiso premiarle y le dijo:

«Pídeme lo que quieras, que te lo daré».

El inventor del ajedrez, sorprendido, pidió:

«Deseo que me entregues un grano de trigo por la primera casilla del tablero, dos por la segunda, cuatro por la tercera, ocho por la cuarta, dieciséis por la quinta, y así sucesivamente hasta la casilla 64».

La sorpresa fue cuando calcularon la cantidad de trigo que representaba la petición del inventor. ¿Cuántos granos de trigo pedía aproximadamente?

Expresa el resultado en notación científica.

CLAVES PARA EMPEZAR

Qué es una razón y una proporción

Una **razón** entre dos números, a y b, es el cociente $\frac{a}{b}$.

Una **proporción** es la igualdad entre dos razones: $\frac{a}{b} = \frac{c}{d}$

La igualdad entre razones se cumple si $a \cdot d = b \cdot c$.

EJEMPLO

Para hacer 4 tartas necesito 2 kg de harina. Entonces, para hacer 8 tartas necesito 4 kg de harina.

Razón: $\frac{4}{2}$ Razón: $\frac{8}{4}$ Proporción: $\frac{4}{2} = \frac{8}{4}$

Las razones $\frac{4}{2}$ y $\frac{8}{4}$ forman una proporción.

ACTIVIDADES

1 Averigua qué razones de cada grupo forman proporción.

a) $\frac{4}{5}, \frac{6}{7}, \frac{12}{15}, \frac{20}{25}$ y $\frac{18}{21}$

b) $\frac{2}{3}, \frac{4}{5}, \frac{5}{6}, \frac{28}{35}, \frac{10}{12}$ y $\frac{10}{15}$

2 Calcula el término que falta en cada proporción.

a) $\frac{3}{5} = \frac{x}{40}$

b) $\frac{8{,}5}{2} = \frac{51}{x}$

c) $\frac{x}{10} = \frac{8{,}4}{12}$

d) $\frac{x}{2} = \frac{8}{x}$

Cómo se calculan porcentajes

Para calcular el **porcentaje** de una cantidad, multiplicamos esa cantidad por el tanto por ciento y lo dividimos entre 100.

$$p\,\%\text{ de }C = \frac{p \cdot C}{100}$$

EJEMPLO

$$35\,\%\text{ de }20 = \frac{35 \cdot 20}{100} = 0{,}35 \cdot 20 = 7$$

$$4{,}2\,\%\text{ de }9{,}5 = \frac{4{,}2 \cdot 9{,}5}{100} = 0{,}042 \cdot 9{,}5 = 0{,}399$$

ACTIVIDADES

3 Calcula.

a) 30 % de 28

b) 28 % de 30

c) 8,5 % de 400

d) 25 % de 8,4

e) 7,5 % de 1,2

f) 4,5 % de 4,5

Comienzos del siglo XX
La Western Union emite la primera tarjeta de crédito. Se otorgaban a los clientes preferentes y les ofrecían servicios como el pago diferido libre de cargo.

Proporcionalidad numérica

4

SABER

- Proporcionalidad directa e inversa
- Repartos proporcionales
- Proporcionalidad compuesta
- Porcentajes

SABER HACER

- Resolver problemas mediante una regla de tres simple directa
- Resolver problemas mediante una regla de tres simple inversa
- Realizar repartos directa o inversamente proporcionales
- Resolver problemas mediante una regla de tres compuesta

VIDA COTIDIANA

Las tarjetas bancarias

Al sacar dinero en un cajero con una tarjeta de crédito, si lo hacemos en un cajero de nuestra entidad no suele tener comisiones. Pero si la operación la realizamos en un cajero de otra entidad, la comisión que nos cobran suele oscilar entre el 4,5 % y el 5 % del dinero que saquemos del cajero, con un mínimo de entre 3 € y 4 €.

- ¿Cuánto es el mínimo y el máximo que nos cobrarían de comisión por sacar 450 € en un cajero que no sea de nuestra entidad?

1939. Máquina para transacciones
Luther George Simjian plantea un prototipo que realiza transacciones bancarias. Citicorp probó su invento pero se cerró por ser poco utilizado.

1965. Cajeros automáticos
En 1965 John Sheperd-Barron inventa el considerado como precursor de los cajeros actuales.

Década de 1970. Datáfono
Se instalan los primeros cajeros en los establecimientos comerciales para que se puedan realizar transacciones electrónicas con las tarjetas de crédito de los bancos.

1971. Primera tarjeta bancaria en España
Permitía el pago total a fin de mes o el aplazamiento de un 10 % del saldo dispuesto con un límite máximo de crédito de 25 000 pesetas.

1 Proporcionalidad directa

Magnitudes directamente proporcionales

Magnitud M	a	b	c
Magnitud M'	a'	b'	c'

$$\frac{a}{a'} = \frac{b}{b'} = \frac{c}{c'} = k$$

$k \rightarrow$ Constante de proporcionalidad directa.

Dos magnitudes son **directamente proporcionales** cuando el cociente entre dos cantidades correspondientes es constante:

$$\frac{a}{b} = k$$

k es la **constante o razón de proporcionalidad directa**.

EJEMPLO

1. Una máquina produce 20 piezas en 1 hora.

   a) ¿Cuántas piezas producirá en 3 horas?

   El número de piezas producidas y el tiempo en horas son magnitudes directamente proporcionales. Al multiplicar (o dividir) cada una por un número, la otra queda multiplicada (o dividida) por ese número.

Piezas	20	40	60	80	100	120
Horas	1	2	3	4	5	6

$\cdot 4$ $: 2$

   En 3 horas produce 60 piezas.

   b) ¿Cuánto tiempo necesita para producir 250 piezas?

$$\begin{matrix} \text{PIEZAS} \rightarrow \\ \text{HORAS} \rightarrow \end{matrix} \frac{20}{1} = \frac{250}{x} \rightarrow x = \frac{1 \cdot 250}{20} = 12{,}5$$

   Para hacer 250 piezas necesitará 12 horas y media.

RESUELVE EL RETO

Si 2 conejos se comen diariamente 3 lechugas, ¿cuántos conejos se comerían 90 lechugas en 30 días?

Regla de tres simple directa

La **regla de tres simple directa** es una técnica que nos permite calcular, en magnitudes directamente proporcionales, el valor de una cantidad, conociendo otras tres cantidades relacionadas.

ACTIVIDADES

1 PRACTICA. Comprueba si las magnitudes A y B son directamente proporcionales.

Magnitud A	5	25	45
Magnitud B	15	50	90

Magnitud A	4	5	6
Magnitud B	7	8,75	10,5

2 APLICA. Completa en tu cuaderno, sabiendo que las magnitudes A y B son directamente proporcionales con constante de proporcionalidad $k = 3{,}2$.

Magnitud A		14,4	19,2	32
Magnitud B	2,6			

3 REFLEXIONA. Indica dos magnitudes directamente proporcionales y haz su tabla de proporcionalidad.

SABER HACER

Resolver problemas mediante una regla de tres simple directa

Dos kilos de harina cuestan 2,40 €.

a) ¿Cuánto cuestan 7 kg de harina?

b) ¿Cuántos kilos de harina puedo comprar con 6 €?

En general, para resolver una regla de tres simple directa:

$$\left.\begin{array}{l} a \longrightarrow b \\ c \longrightarrow x \end{array}\right\} \rightarrow \frac{a}{c} = \frac{b}{x} \rightarrow x = \frac{c \cdot b}{a}$$

$$\left.\begin{array}{l} a \longrightarrow b \\ x \longrightarrow d \end{array}\right\} \rightarrow \frac{a}{x} = \frac{b}{d} \rightarrow x = \frac{a \cdot d}{b}$$

Pasos a seguir

1. Determinamos las magnitudes y comprobamos que son directamente proporcionales.

Magnitudes: *Kilos de harina – Precio*

- Si compramos el doble de harina, el precio será el doble.
- Si compramos la mitad de harina, el precio será la mitad.

…

Son magnitudes directamente proporcionales.

2. Planteamos la regla de tres con los datos del problema.

a) **Kilos** – **Precio**

$$\left.\begin{array}{l} 2\text{ kg} \xrightarrow{\text{cuestan}} 2{,}40\text{ €} \\ 7\text{ kg} \xrightarrow{\text{costarán}} x\text{ €} \end{array}\right\}$$

b) **Kilos** – **Precio**

$$\left.\begin{array}{l} 2\text{ kg} \xrightarrow{\text{cuestan}} 2{,}40\text{ €} \\ x\text{ kg} \xrightarrow{\text{costarán}} 6\text{ €} \end{array}\right\}$$

3. Establecemos la igualdad entre las razones.

a) $\frac{2}{7} = \frac{2{,}40}{x}$

b) $\frac{2}{x} = \frac{2{,}40}{6}$

4. Despejamos la x.

a) $x = \frac{7 \cdot 2{,}40}{2} = 8{,}4$

7 kg de harina cuestan 8,40 €.

b) $x = \frac{2 \cdot 6}{2{,}40} = 5$

Con 6 € podemos comprar 5 kg de harina.

ACTIVIDADES

4 Luisa utiliza 6 kg de harina para hacer 5 empanadas iguales.

a) ¿Cuántas empanadas podrá hacer con 18 kg de harina?

b) ¿Cuántos kilos de harina necesitará para hacer 20 empanadas?

5 Mateo utiliza medio kilo de pasta para hacer macarrones para 5 personas.

a) ¿Cuántas personas pueden comer con 4,5 kg de pasta?

b) ¿Cuánta pasta se necesita para 12 personas?

6 En un mapa, 14 cm representan 238 km en la realidad.

a) ¿Por qué longitud vienen representados 306 km?

b) Una longitud de 10 cm en el mapa, ¿qué longitud real representa?

7 El coche de Pedro consume, por término medio, 5,4 ℓ de gasoil cada 100 km. Si 1 litro de gasoil cuesta 1,44 €, calcula.

a) El gasto en combustible en un viaje de 245 km.

b) Los kilómetros que puede recorrer con los 56 ℓ de gasoil que caben en el depósito.

c) Los kilómetros que puede recorrer con 120,60 €.

8 En un restaurante, el precio de un menú degustación es tres veces y media el del menú del día.

a) ¿Cuántos menús del día se pueden consumir por el precio de 14 menús degustación?

b) ¿Cuántos menús degustación se pueden consumir por el precio de 21 menús del día?

2 Proporcionalidad inversa

Magnitudes inversamente proporcionales

Magnitud M	a	b	c
Magnitud M'	a'	b'	c'

$a \cdot a' = b \cdot b' = c \cdot c' = k$

$k \rightarrow$ Constante de proporcionalidad inversa.

Dos magnitudes son **inversamente proporcionales** cuando el producto de dos cantidades correspondientes es constante:

$$a \cdot b = k$$

k es la **constante o razón de proporcionalidad inversa**.

EJEMPLO

2. Un grifo que arroja 10 ℓ de agua por minuto tarda 4 h en llenar un depósito.

   a) ¿Cuánto tardaría si arrojase 8 ℓ por minuto?

   El número de litros y el tiempo son magnitudes inversamente proporcionales. Al multiplicar (o dividir) cada una por un número, la otra queda dividida (o multiplicada) por ese mismo número.

   Esta relación se puede reflejar en una tabla a la que llamamos **tabla de proporcionalidad inversa**.

Litros	10	20	40	5	1	8
Horas	4	2	1	8	40	5

   (Litros: 10 → 5 : 2; 1 → 8 · 8. Horas: 4 → 8 · 2; 40 → 5 : 8)

   Si el grifo arroja 8 ℓ por minuto, tardará 5 h en llenar el depósito.

   b) ¿Cuántos litros arroja si tarda 20 h en llenar el depósito?

   $10 \cdot 4 = x \cdot 20 \rightarrow x = \dfrac{10 \cdot 4}{20} = 2$ Arroja 2 ℓ por minuto.

RESUELVE EL RETO

Trece náufragos tienen agua para 13 días bebiendo 1 ℓ diario por persona. El quinto día uno de ellos se marcha y se lleva una cantimplora llena. El agua duró exactamente lo que se esperaba. ¿Cuánta agua se llevó?

Regla de tres simple inversa

La **regla de tres simple inversa** es una técnica que nos permite calcular, en magnitudes inversamente proporcionales, el valor de una cantidad, conociendo otras tres cantidades relacionadas.

ACTIVIDADES

9 PRACTICA. Comprueba si las magnitudes A y B son inversamente proporcionales.

Magnitud A	2	6	3
Magnitud B	6	2	4

Magnitud A	5	6	7
Magnitud B	15	14	13

10 APLICA. Completa en tu cuaderno, sabiendo que las magnitudes A y B son inversamente proporcionales con constante de proporcionalidad $k = 24$.

Magnitud A		6		8
Magnitud B			6	

11 REFLEXIONA. Indica dos magnitudes inversamente proporcionales y haz su tabla de proporcionalidad.

SABER HACER

Resolver problemas mediante una regla de tres simple inversa

Para ir al instituto utilizo la bicicleta. Si voy a una velocidad media de 12 km/h, tardo 20 minutos en llegar.

a) Si fuesen 10 km/h, ¿cuánto tardaría?

b) Si hoy he tardado 30 minutos, ¿cuál ha sido mi velocidad media?

El planteamiento de la regla de tres simple inversa es similar al de la regla de tres simple directa:

$$\left.\begin{matrix} a \longrightarrow b \\ c \longrightarrow x \end{matrix}\right\}$$

Sin embargo, en la resolución en vez de la segunda fracción, consideramos su inversa:

$$\frac{a}{c} = \frac{x}{b} \rightarrow x = \frac{a \cdot b}{c}$$

Pasos a seguir

1. Determinamos las magnitudes y comprobamos que son inversamente proporcionales.

Magnitudes: *Velocidad media – Tiempo que tardo*

- Si fuese al doble de velocidad, tardaría la mitad de tiempo.
- Si fuese a la mitad de velocidad, tardaría el doble de tiempo.

…

Son magnitudes inversamente proporcionales.

2. Planteamos la regla de tres con los datos del problema.

a) **Velocidad** — **Tiempo**

$$\left.\begin{matrix} 12 \text{ km/h} \xrightarrow{\text{tardo}} 20 \text{ min} \\ 10 \text{ km/h} \xrightarrow{\text{tardaré}} x \text{ min} \end{matrix}\right\}$$

b) **Velocidad** — **Tiempo**

$$\left.\begin{matrix} 12 \text{ km/h} \xrightarrow{\text{tardo}} 20 \text{ min} \\ x \text{ km/h} \xrightarrow{\text{tardaré}} 30 \text{ min} \end{matrix}\right\}$$

3. Establecemos la igualdad entre las razones.

a) $\frac{12}{10} = \frac{x}{20}$

b) $\frac{12}{x} = \frac{30}{20}$

4. Despejamos la x.

a) $x = \frac{12 \cdot 20}{10} = 24$

A 10 km/h tardaré 24 minutos.

b) $x = \frac{12 \cdot 20}{30} = 8$

Si tardo 30 minutos, mi velocidad es 8 km/h.

ACTIVIDADES

12 Para construir un edificio, 28 obreros trabajaron durante 120 días.

a) ¿Cuántos obreros habrían hecho falta para terminar el edificio en 90 días?

b) ¿Cuántos días tardarían 40 obreros?

13 Un grupo de 6 montañeros ha comenzado una escalada por los Pirineos. Van provistos de comida para 15 días.

a) Si fuesen 10 montañeros, ¿para cuántos días tendrían comida?

b) Para que la comida les durase 18 días, ¿cuántos montañeros deberían ir?

14 Un grifo que arroja 3 ℓ de agua por minuto tarda 8 horas en llenar un depósito.

a) ¿Cuánto se tardaría en llenar el depósito si el grifo vertiera 4 ℓ por minuto?

b) ¿Cuántos litros debe arrojar por minuto para llenar el depósito en 6 horas?

15 Hay que pintar un edificio de 8 pisos. Se contrata a 12 pintores para esta labor. Tardan 15 días en acabar el trabajo.

a) ¿Cuántos días tardarían 20 pintores?

b) ¿Cuántos trabajadores se habrían necesitado si se hubiese tenido que terminar de pintar el edificio en 10 días?

c) ¿Cuánto habrían tardado los 12 pintores si el edificio hubiera tenido 6 pisos de altura?

3 Repartos proporcionales

3.1. Repartos directamente proporcionales

En un reparto directamente proporcional a a, b y c se cumple que $\frac{P_1}{a} = \frac{P_2}{b} = \frac{P_3}{c} = \frac{N}{a+b+c}$, donde $N = P_1 + P_2 + P_3$.

EJEMPLO

3. En una cuenta bancaria, Juan deposita 400 €, y Damián, 600 €. Tras varios años, tienen 124 € de intereses. ¿Cómo los reparten proporcionalmente?

El reparto de intereses debería ser directamente proporcional al dinero que cada uno depositó en la cuenta.

La constante de proporcionalidad será: $\frac{N}{a+b} = \frac{124}{400+600} = 0{,}124$

Sean *parte 1* el dinero que corresponde a Juan, y *parte 2*, el de Damián

$$\begin{matrix}\text{PARTE DE LOS INTERESES} \rightarrow \\ \text{DINERO DEPOSITADO} \longrightarrow\end{matrix} \frac{parte\ 1}{400} = \frac{parte\ 2}{600} = \frac{124}{400+600} \begin{matrix}\leftarrow \text{TOTAL INTERESES} \\ \leftarrow \text{TOTAL DEPOSITADO}\end{matrix}$$

3.2. Repartos inversamente proporcionales

En un reparto inversamente proporcional a a, b y c se cumple que $P_1 \cdot a = P_2 \cdot b = P_3 \cdot c = \frac{N}{\frac{1}{a}+\frac{1}{b}+\frac{1}{c}}$, donde $N = P_1 + P_2 + P_3$.

EJEMPLO

4. Tengo dos árboles de 1,2 m y 0,8 m. Quiero repartir 500 g de abono de modo que el más bajo reciba más abono. ¿Cómo lo puedo hacer?

El reparto de abono debería ser inversamente proporcional a su altura.

La constante de proporcionalidad será: $\frac{N}{\frac{1}{a}+\frac{1}{b}} = \frac{500}{\frac{1}{1{,}2}+\frac{1}{0{,}8}} = 240$

Sean $abono_1$ el abono del primer árbol, y $abono_2$, el del segundo.

$1{,}2 \cdot abono_1 = 0{,}8 \cdot abono_2 = 240 \rightarrow$ Constante de proporcionalidad

RESUELVE EL RETO

Encuentra dos números tales que al repartirles 100 € de forma directa o inversamente proporcional, las cantidades sean iguales.

Repartir una cantidad de manera inversamente proporcional a a, b y c es igual a repartirla de manera directamente proporcional a $\frac{1}{a}$, $\frac{1}{b}$ y $\frac{1}{c}$.

ACTIVIDADES

16 PRACTICA. Establece la proporción correspondiente al repartir 100 € entre 8 y 14.

a) De forma directamente proporcional.

b) De forma inversamente proporcional.

17 APLICA. Escribe dos situaciones de reparto directamente proporcional.

18 REFLEXIONA. Si en un reparto proporcional todas las partes son iguales, ¿cómo son las cantidades iniciales?

SABER HACER

Realizar repartos directa o inversamente proporcionales

Realiza los siguientes repartos proporcionales:

a) 120 en partes directamente proporcionales a 12, 8 y 10.

b) 62 en partes inversamente proporcionales a 2, 3 y 5.

Para dividir un número entero entre una fracción, se expresa el número en forma de fracción poniendo como denominador 1.

$$\frac{62}{\frac{31}{30}} = 62 : \frac{31}{30} = \frac{62}{1} : \frac{31}{30} = \frac{62 \cdot 30}{1 \cdot 31} = 60$$

Pasos a seguir

1. Calculamos la constante de proporcionalidad.

- Si el reparto es directamente proporcional, dividimos el total a repartir entre la suma de las cantidades.
- Si el reparto es inversamente proporcional, dividimos el total a repartir entre la suma de los inversos de las cantidades.

a) Constante de proporcionalidad directa:

$$k = \frac{N}{a+b+c} \rightarrow \frac{120}{12+8+10} = \frac{120}{30} = 4$$

b) Constante de proporcionalidad inversa:

$$k = \frac{N}{\frac{1}{a}+\frac{1}{b}+\frac{1}{c}} \rightarrow \frac{62}{\frac{1}{2}+\frac{1}{3}+\frac{1}{5}} = \frac{62}{\frac{31}{30}} = 60$$

2. Calculamos lo que le corresponde a cada cantidad.

- Si el reparto es directamente proporcional, multiplicamos la constante de proporcionalidad por cada una de las cantidades.
- Si el reparto es inversamente proporcional, dividimos la constante de proporcionalidad por cada una de las cantidades.

a) Reparto directamente proporcional:

$$\frac{P_1}{12} = \frac{P_2}{8} = \frac{P_3}{10} = k = 4$$

$12 \cdot k = 12 \cdot 4 = 48$ $\quad 8 \cdot k = 8 \cdot 4 = 32$ $\quad 10 \cdot k = 10 \cdot 4 = 40$

A cada parte le corresponderá 48, 32 y 40, respectivamente.

b) Reparto inversamente proporcional:

$P_1 \cdot 2 = P_2 \cdot 3 = P_3 \cdot 5 = k = 60$

$k : 2 = 60 : 2 = 30$ $\quad k : 3 = 60 : 3 = 20$ $\quad k : 5 = 60 : 5 = 12$

A cada parte le corresponderá 30, 20 y 12, respectivamente.

ACTIVIDADES

19 Reparte 150 en partes directamente proporcionales a estas cantidades.

a) 2 y 4 c) 1, 2 y 3 e) 7, 8 y 10

b) 7 y 8 d) 4, 5 y 6 f) 8, 10 y 12

20 Reparte 70 de forma inversamente proporcional a:

a) 3 y 4 c) 4 y 10 e) 4, 10 y 20

b) 2 y 5 d) 6 y 15 f) 2, 5 y 10

21 Reparte 70 en partes directamente proporcionales a:

a) 3 y 4 b) 6 y 8 c) 9 y 12

Observa los resultados y obtén una conclusión.

22 Se han repartido 300 € en partes inversamente proporcionales a $\frac{1}{3}$, $\frac{1}{5}$ y $\frac{1}{7}$. ¿Cuál es la parte correspondiente a $\frac{1}{5}$?

23 Con 600 m^3 de agua, un agricultor debe regar cuatro parcelas de forma directamente proporcional a sus superficies, que son 4, 5, 8 y 13 hectáreas, respectivamente. ¿Qué cantidad de agua destinará a cada parcela?

24 César quiere repartir 8 100 € entre sus tres sobrinos de forma inversamente proporcional a sus edades, que son 1, 4 y 10 años. ¿Cuánto le dará a cada uno?

25 Doña Alfonsa reparte sus tierras entre sus nietos en partes directamente proporcionales a sus edades: 8, 12 y 15 años. Si al menor le corresponden 12 hectáreas, averigua las hectáreas repartidas.

26 Si reparto 1 200 proporcionalmente a 5 y 6, y le doy 500 a 6 y 700 a 5, ¿ha sido un reparto inversamente proporcional?

4 Proporcionalidad compuesta

En una situación con más de dos magnitudes relacionadas de forma proporcional, diremos que existe **proporcionalidad compuesta**.

EJEMPLOS

5. En una fábrica, 7 máquinas producen en 3 horas 4 200 piezas de metal. ¿Qué relación hay entre esas magnitudes?

En esta situación encontramos tres magnitudes:

Número de máquinas – Tiempo en horas – Número de piezas

Vamos a estudiar si existe relación de proporcionalidad entre ellas:

- A doble número de máquinas, mitad de tiempo.
  Número de máquinas – Tiempo → Proporcionalidad inversa
- A doble número de máquinas, doble número de piezas.
  Número de máquinas – Piezas → Proporcionalidad directa

Directa (Máquinas → Piezas)
Inversa (Máquinas → Tiempo)

Máquinas	Tiempo	Piezas
7	3	4 200

Por tanto, es una situación de proporcionalidad compuesta.

6. Diez litros de aceite de oliva pesan 9,2 kg y cuestan 35 €. ¿Qué relación hay entre estas magnitudes?

Es también una situación de proporcionalidad compuesta:

- A doble número de litros, doble peso.
  Litros de aceite – Peso → Proporcionalidad directa
- A doble número de litros, doble precio.
  Litros de aceite – Precio → Proporcionalidad directa

Directa (Litros → Precio)
Directa (Litros → Peso)

Litros	Peso	Precio
10	9,2	35

ACTIVIDADES

27 PRACTICA. Estudia la relación entre estas magnitudes.

a) En 2 semanas, 3 camiones han transportado 1 200 toneladas de patatas.

b) Cinco personas consumen 7 kg de comida durante 6 días.

c) Ocho días de vacaciones para 4 personas cuestan 1 460 €.

28 APLICA. El alquiler de 2 coches durante 9 días cuesta 675 €. Calcula cuánto costará el alquiler de 3 coches durante 7 días.

29 REFLEXIONA. Dos máquinas funcionando 6 horas diarias consumen 1 500 kWh al día. Razona, sin hacer los cálculos, cuál es el consumo del doble de máquinas funcionando la mitad de horas diarias.

SABER HACER

> Siempre se analiza la relación de proporcionalidad entre la magnitud de la incógnita y las demás magnitudes.

Resolver problemas mediante una regla de tres compuesta

Doce excavadoras trabajando 10 días han excavado 360 m³ de tierra.
¿Cuántos días tardarán 8 excavadoras en excavar 620 m³ de tierra?

Pasos a seguir

1. Identificamos las magnitudes.

Número de excavadoras – Días – Metros cúbicos excavados

2. Averiguamos el tipo de proporcionalidad que existe entre la magnitud de la incógnita y las demás magnitudes.

Magnitud de la incógnita: Días que trabajan las excavadoras

- Doble de días excavando suponen la mitad de máquinas necesarias para excavar la misma cantidad de tierra.
  Días – Máquinas → Proporcionalidad inversa
- Doble de días excavando, con el mismo número de excavadoras, suponen doble de metros cúbicos.
  Días – Metros cúbicos → Proporcionalidad directa

Inversa (Días → Máquinas) — Directa (Días → Metros cúbicos)

Máquinas	Días	Metros cúbicos
12	10	360
8	x	620

3. Resolvemos el problema con una regla de tres compuesta: multiplicamos los cocientes de las cantidades de las magnitudes conocidas (poniendo sus inversos si es proporcionalidad inversa), e igualamos al cociente de las cantidades de la incógnita.

Regla de tres compuesta: $\underset{\text{INVERSA}}{\dfrac{8}{12}} \cdot \underset{\text{DIRECTA}}{\dfrac{360}{620}} = \dfrac{10}{x}$

O se puede resolver individualmente cada regla de tres: Primero se calcula cuántos días tardan 8 máquinas si los m³ son los mismos, y se obtienen 15 días. Con 8 máquinas en 15 días se excavan 360 m³, ¿cuántos días se necesitan para 620 m³?

4. Despejamos la x.

$$\frac{8 \cdot 360}{12 \cdot 620} = \frac{10}{x} \rightarrow \frac{2\,880}{7\,440} = \frac{10}{x} \rightarrow x = \frac{7\,440 \cdot 10}{2\,880} = 25{,}83$$

Ocho máquinas tardarán casi 26 días en excavar 620 m³.

ACTIVIDADES

30 Dos máquinas hacen 2,1 ℓ de zumo en 42 minutos.

a) ¿Qué cantidad harán 6 máquinas en 20 minutos?

b) ¿Cuánto tardarán 3 máquinas en hacer 5 ℓ?

c) ¿Cuántas máquinas son necesarias para hacer 3 ℓ de zumo en 35 minutos?

31 Dieciocho operarios, trabajando 6 horas diarias, han tardado 6 días en tender 300 m de cable. ¿Cuántas horas diarias tendrán que trabajar 24 operarios durante 14 días para tender 700 m de cable?

32 En el comedor de un colegio, el año pasado tenían un presupuesto de 34 000 € mensuales para alimentar a 262 alumnos. Si este año hay 22 alumnos más pero el presupuesto solo ha aumentado 1 200 € mensuales, ¿para cuántos días les llegará el presupuesto?

33 Nueve ordenadores encendidos durante 10 horas diarias producen un gasto de 2 340 € anuales. ¿Cuál sería el gasto si se encendieran 6 ordenadores más durante una hora menos al día?

5 Porcentajes

5.1. Cálculo de porcentajes

Un **porcentaje o tanto por ciento** expresa la cantidad de una magnitud que corresponde a 100 unidades de otra magnitud. Se indica con el signo %.

EJEMPLOS

7. El 30 % de los 260 alumnos de mi instituto está en 3.º de ESO. ¿Cuántos alumnos hay en 3.º de ESO en mi instituto?

$$\left.\begin{array}{r}\text{Si de cada 100 alumnos} \xrightarrow{\text{en 3.º de ESO hay}} \text{30 alumnos en 3.º de ESO}\\ \text{de 260 alumnos} \xrightarrow{\text{en 3.º de ESO habrá}} x \text{ alumnos en 3.º de ESO}\end{array}\right\}$$

$$\frac{100}{260} = \frac{30}{x} \rightarrow x = \frac{260 \cdot 30}{100} = 78 \text{ alumnos hay en 3.º de ESO.}$$

8. De los 260 alumnos de mi instituto, 65 están en 1.º de ESO. ¿Qué porcentaje de los alumnos del instituto están en 1.º de ESO?

$$\left.\begin{array}{r}\text{Si de 260} \xrightarrow{\text{en 1.º de ESO hay}} \text{65 alumnos}\\ \text{de 100} \xrightarrow{\text{en 1.º de ESO habrá}} x \text{ alumnos}\end{array}\right\} \frac{260}{100} = \frac{65}{x} \rightarrow x = 25\,\%$$

5.2. Aumentos y disminuciones porcentuales

CALCULADORA

Para hallar porcentajes usamos la tecla %.

28 % de 35

35 [×] 28 [SHIFT] [%] [=] 9.8

Aumentar un t % equivale a calcular el $(100 + t)$ % de esa cantidad.
Disminuir un t % equivale a calcular el $(100 - t)$ % de esa cantidad.

EJEMPLO

9. Un disco duro de 180 € está rebajado un 25 %. ¿Cuánto cuesta ahora?

Si el precio inicial es el 100 %, el precio rebajado será: $100 - 25 = 75\,\%$

$75\,\%$ de $180 = 180 \cdot \frac{75}{100} = 135$ El precio rebajado será 135 €.

ACTIVIDADES

34 PRACTICA. Calcula el porcentaje de los alumnos que realizan las siguientes actividades extraescolares si en el centro hay un total de 432 alumnos.

a) 54 alumnos juegan al baloncesto.
b) 144 alumnos tocan un instrumento musical.
c) 62 alumnos participan en el club de lectura.

35 APLICA. Calcula el precio de un televisor que valía 360 € si se ha aumentado su precio un 5,8 %.

36 REFLEXIONA. Inés cosecha 70 toneladas de cereal, que vende a 100 € la tonelada de grano y a 20 € la tonelada de paja. Si la paja supone el 25 % del peso total del cereal, calcula el dinero que obtiene.

5.3. Porcentajes encadenados

Los porcentajes encadenados surgen al aplicar aumentos y disminuciones porcentuales consecutivos.

Los **porcentajes encadenados**, $t_1, t_2, t_3, \ldots, t_n$, de una cantidad equivalen a calcular el $t_1 \% \cdot t_2 \% \cdot t_3 \% \cdot \ldots \cdot t_n \%$ de esa cantidad.

EJEMPLO

10. Un ordenador portátil costaba 650 €. Primero aumentaron el precio un 20%, y después lo rebajaron un 12%. ¿Cuál es su precio ahora?

Precio tras el aumento: $100 + 20 = 120\%$ del precio inicial

Precio tras la rebaja: $100 - 12 = 88\%$ del precio aumentado

Por tanto, el precio del ordenador será:

$$88\% \text{ del } 120\% \text{ de } 650 = \underbrace{0{,}88 \cdot 1{,}2}_{\text{Porcentajes encadenados}} \cdot 650 = \underbrace{1{,}056}_{\text{Porcentaje final}} \cdot 650 = 686{,}40 \text{ €}$$

El precio del ordenador es 686,40 €; el 105,6% del precio inicial.

RESUELVE EL RETO

Si un bollo cuesta un 25% menos que una napolitana, ¿qué tanto por ciento cuesta más una napolitana que un bollo?

5.4. Interés simple

El **interés simple**, ***I***, es el beneficio que origina una cantidad de dinero, llamada **capital**, ***C***, en un **tiempo**, ***t***, a un **rédito** anual, ***r*** %.

Tiempo en años	Tiempo en meses	Tiempo en días
$I = \dfrac{C \cdot r \cdot t}{100}$	$I = \dfrac{C \cdot r \cdot t}{12 \cdot 100}$	$I = \dfrac{C \cdot r \cdot t}{360 \cdot 100}$

Al decir comúnmente:

El 2 % de interés

nos estamos refiriendo a un 2 % de rédito.

El rédito es un porcentaje, el interés es un número.

EJEMPLO

11. Juan ingresó 5 000 € en un depósito con un rédito del 1,5% anual. ¿Qué interés obtuvo si lo sacó a los 2 años? ¿Y en los primeros 9 meses?

$$I = \frac{C \cdot r \cdot t}{100} \xrightarrow{C\,=\,5000,\ r\,=\,1{,}5,\ t\,=\,2 \text{ años}} I = \frac{5\,000 \cdot 1{,}5 \cdot 2}{100} = 150 \text{ €}$$

$$I = \frac{C \cdot r \cdot t}{12 \cdot 100} \xrightarrow{C\,=\,5000,\ r\,=\,1{,}5,\ t\,=\,9 \text{ meses}} I = \frac{5\,000 \cdot 1{,}5 \cdot 9}{1\,200} = 56{,}25 \text{ €}$$

ACTIVIDADES

37 PRACTICA. Calcula la cantidad que se obtiene al aplicar a 462 €:

a) Un aumento del 8% y otro del 12%.

b) Dos disminuciones del 20%.

38 PRACTICA. Calcula el interés que se obtiene por 2 000 € durante 3 años con un rédito del 2,8% anual.

39 APLICA. Al aumentar el precio de un producto un 28% y después rebajarlo un 12% obtenemos un precio final de 527,85 €. ¿Cuál era el precio inicial?

40 REFLEXIONA. Si el precio inicial de un producto se aumenta un 15% y después, sobre ese precio aumentado, se disminuye un 15%, ¿obtenemos el precio inicial?

ACTIVIDADES FINALES

Proporcionalidad directa

41 Di las magnitudes directamente proporcionales.

a) Litros de gasolina y precio que cuestan.

b) Número de horas de estudio y la nota en el examen.

c) Cantidad de cada uno de los ingredientes al preparar una receta y número de comensales.

d) Número de plazas de un sofá y precio del sofá.

42 Escribe la fórmula que relaciona las siguientes magnitudes, haz una tabla con valores para cada una y di si son directamente proporcionales.

a) Perímetro del cuadrado de lado *l*.

b) Longitud de la circunferencia de radio *r*.

c) Área del rectángulo de base 5 cm y altura *a*.

d) Perímetro del rectángulo cuya base *b* es doble de la altura *a*.

43 Copia y completa en tu cuaderno sabiendo que *A* y *B* son directamente proporcionales y calcula la constante de proporcionalidad.

A	200	400		5 000	
B	5		8		40

A	0,5	10		100	
B		4	1		0,1

44 Elabora una tabla con dos magnitudes de proporcionalidad directa en la que la constante de proporcionalidad sea:

a) 3 b) 5 c) 1,85 d) 2,5 e) 4 f) 3,2

45 ¿A cuántas horas equivalen estas cantidades?

a) 72 000 segundos

b) 4 800 minutos

c) 52 cuartos de hora

d) 4 días

46 Sabiendo que una pulgada mide 2,54 cm, y un pie, 0,3048 m, responde:

a) ¿Cuántos pies hay en 45 720 cm?

b) ¿Cuántas pulgadas hay en 1,905 m?

c) ¿Cuántas pulgadas hay en 90 pies?

d) ¿Cuántos pies son 696 pulgadas?

47 Una caja de galletas contiene 8 paquetes de 200 g cada uno.

a) ¿Cuántos paquetes hay en 64 cajas?

b) ¿Cuántas cajas de galletas se completan con 216 paquetes?

c) ¿Cuánto pesarán 48 paquetes?

48 Una rueda recorre 565,5 cm en tres giros completos. ¿Cuántos metros recorrerá tras 18 giros? ¿Cuántos giros completos ha dado si ha recorrido 384,54 m?

49 Para elaborar una pizza de 20 cm de diámetro se usan 200 g de harina y 60 g de queso. Halla la cantidad de harina y de queso necesaria para hacer una pizza de 25 cm de diámetro.

50 Si un kilo de carne cuesta 12,95 €, calcula el precio que habrá que pagar por estas cantidades.

a) 200 gramos

b) Medio kilo

c) Tres cuartos de kilo

d) Un cuarto de kilo

Proporcionalidad inversa

51 Indica cuáles de los siguientes pares de magnitudes son inversamente proporcionales:

a) Velocidad a la que circula un coche y tiempo que emplea en realizar un trayecto.

b) Número de latas de refresco y su precio.

c) Litros de gasolina que gasta un coche y distancia recorrida.

d) Altura de los árboles en un momento dado y longitud de la sombra que producen.

52 Calcula el valor de *x* en cada caso para que las magnitudes *A* y *B* sean inversamente proporcionales:

Magnitud *A*	18	3
Magnitud *B*	6	*x*

Magnitud *A*	4	*x*
Magnitud *B*	1,2	3

Magnitud *A*	25	15
Magnitud *B*	*x*	10

53 Elabora una tabla con dos magnitudes de proporcionalidad inversa en la que la constante de proporcionalidad sea:

a) 32 b) 18 c) 48 d) 64 e) 54

54 Tenemos pienso para alimentar a 76 vacas durante 30 días. ¿Cuántos días se podrá alimentar a una cuarta parte más de vacas con la misma cantidad de pienso?

55 Un grupo de 15 personas realizan un trabajo en cuatro semanas.

a) ¿Cuánto tardarían 14 personas? ¿Y 20?

b) Si se quiere acabar en 12 días, ¿cuántas personas se necesitarían?

56 Ana, a 105 km/h, tarda 5 h en recorrer lo mismo que Pedro en 7,5 h. ¿Qué velocidad lleva Pedro?

57 Con un consumo de 4 horas diarias, un depósito de gas dura 24 días. ¿Cuánto duraría con estos consumos?

a) 6 horas al día
b) 2,5 horas al día
c) 3 horas al día
d) 8 horas al día

Repartos proporcionales

58 El dueño de una empresa reparte 6 000 € entre sus 3 empleados de forma directamente proporcional a los años que llevan trabajando para él: 3, 5 y 7. ¿Cuánto recibe cada uno?

59 Entre 3 obreros realizan un trabajo: el primero le dedica 58 h; el segundo, 35 h, y el tercero, 17 h. ¿Cuánto cobrará cada uno si les pagan 7 150 €?

60 Ramón quiere repartir una cantidad C de forma directamente proporcional a x, y, z. Responde razonadamente:

a) ¿Cuál es la constante de proporcionalidad?
b) ¿Qué parte le corresponde a x?
c) Si repartiera el doble de C, ¿qué parte le correspondería a x?
d) Si el reparto de C se hiciera de forma directamente proporcional a $2x$, $2y$, $2z$, ¿qué correspondería a $2x$?

SABER HACER

Calcular la cantidad repartida conociendo una parte directamente proporcional

61 Teresa reparte su colección de sellos de forma directamente proporcional a las edades de sus hijos, que son 4, 6 y 10 años. Si el menor recibe 516 sellos, ¿cuántos sellos tiene la colección?

PRIMERO. Se halla la constante de proporcionalidad.

$$k = \frac{516}{4} = 129$$

SEGUNDO. Se calcula el total.

$$(4 + 6 + 10) \cdot 129 = 2580$$

La colección de Teresa tiene 2 580 sellos.

62 Carlos, Javier y Mario compraron un décimo de lotería de Navidad. Carlos puso 12 €; Javier, 5 €, y Mario, 3 €. El décimo fue premiado, y en el reparto, a Javier le tocaron 20 000 €. Calcula cuánto le correspondió a los otros dos y la cuantía del premio.

63 Una madre reparte unos caramelos entre sus hijos de forma directamente proporcional a sus edades, que son 2, 3, 8 y 12 años. Si al mayor le han correspondido 36, calcula cuántos caramelos ha repartido esta madre entre sus hijos.

64 Tres amigos jugaron un décimo de lotería, que costó 20 €, y resultó premiado con 40 000 €. ¿Cuánto recibió cada uno si el primero puso la mitad del dinero que el segundo y el tercero la quinta parte del primero?

65 Villapedrosa quiere premiar a los 3 mejores conductores de su parque móvil. Repartirá 2 800 € en vales de forma inversamente proporcional al número de multas recibidas. José, Marta y Rubén son los tres afortunados: José, 1 multa; Marta, 2 multas, y Rubén, 4 multas. ¿Cuánto dinero recibirá cada uno?

SABER HACER

Calcular la cantidad repartida conociendo una parte inversamente proporcional

66 Entre los tres primeros atletas en llegar a meta, se ha repartido una cantidad de dinero como premio. El atleta en tercera posición tardó 15 minutos en completar el recorrido y recibió 300 €. Si el ganador tardó 9 minutos, y el segundo, 12 minutos, ¿qué cantidad se ha repartido en premios?

PRIMERO. Se calcula la constante de proporcionalidad.

$$k = 300 \cdot 15 = 4500$$

SEGUNDO. Se halla el total.

$$k = \frac{\text{Premio}}{\frac{1}{9} + \frac{1}{12} + \frac{1}{15}}$$

$$4500\left(\frac{1}{9} + \frac{1}{12} + \frac{1}{15}\right) = 1175\ €$$

Se han repartido 1 175 €.

67 Al repartir una cantidad en partes inversamente proporcionales a 2, 5 y 10, la cantidad que le corresponde a 10 es 1 250. Calcula la cantidad que se ha repartido y la que les corresponde a 2 y 5.

68 Si repartes una cantidad en partes inversamente proporcionales a 10, 7 y 3, la cantidad que le corresponde a 3 es 50. ¿Qué cantidad les corresponde a 10 y 7?

69 De acuerdo con un testamento, se reparten 359 568 € entre tres personas en partes inversamente proporcionales a su sueldo mensual. Calcula lo que le corresponderá a cada uno si el sueldo menor es $\frac{2}{3}$ del sueldo intermedio, y este es $\frac{3}{4}$ del mayor.

Proporcionalidad compuesta

70 Cuatro fotocopiadoras realizan 30 000 copias trabajando 3 horas diarias. ¿Cuántas copias se podrían realizar con 5 fotocopiadoras trabajando durante 2 horas diarias?

71 Una familia de 6 miembros consume 2 kilogramos de pan en 5 días. ¿Cuántos días le durarían 3 kilogramos de pan a una familia de 8 miembros con un consumo similar?

72 En un comedor reparten comida durante 12 días a 480 personas dándoles una ración diaria de 630 g. Si durante 15 días tuvieran que repartir la misma comida entre 540 personas, ¿qué cantidad tendría la ración?

73 En una localidad durante 100 días, en invierno, se encienden 50 farolas cada día 15 horas. Se paga en total una factura de 22 500 €. El alcalde, con la intención de rebajar este gasto, hace dos propuestas: encender 40 farolas durante 13 horas y 95 días o encender 45 farolas solo durante 12 horas y 90 días. ¿Con cuál de las dos propuestas se conseguirá rebajar más el gasto?

74 Para transportar 40 toneladas de mercancías en ocho días se necesitan 24 camiones. ¿Cuántos camiones harán falta para transportar el doble de mercancías en seis días?

75 Una barra de metal de 10 m de largo y 2 cm^2 de sección pesa 8,45 kg. ¿Cuánto pesará una barra del mismo material de 5 m de largo y 7 cm^2 de sección?

Porcentajes

76 Calcula.

a) 15 % de 220
b) 38,6 % de 1 245
c) 0,5 % de 78
d) 9,5 % de 48
e) 17 % de 349
f) 72 % de 980

77 Halla estos porcentajes encadenados.

a) 20 % del 6 % de 300
b) 8,2 % del 2,8 % de 180
c) 46 % del 17 % de 2 600
d) 35 % del 25 % de 400

78 Razona si es verdadero o falso.

a) El 25 % de 200 equivale al 50 % de 100.
b) El 40 % de 48 coincide con el 20 % de 24.
c) El 20 % de 50 es lo mismo que el 50 % de 20.
d) El 20 % de 7 más el 30 % de 7 es el 50 % de 14.

79 Indica qué tanto por ciento representa 45 con respecto a cada una de estas cantidades.

a) 90
b) 450
c) 180
d) 270
e) 225
f) 4 500

80 Indica qué tanto por ciento representan.

a) 9 de 45
b) 3 de 4
c) 50 de 80
d) 12 de 15
e) 2 de 20
f) 0,02 de 1

81 Halla el aumento o disminución porcentual al pasar de una cantidad a otra.

a) De 50 a 55
b) De 35 a 40
c) De 55 a 50
d) De 40 a 35
e) De 15 a 20
f) De 400 a 450
g) De 20 a 15
h) De 450 a 400

82 ¿Cuál es la cantidad que se obtiene en cada caso partiendo de una cantidad inicial de 180?

a) Un aumento del 2,3 %
b) Un descenso del 15 %
c) Un aumento del 4 %
d) Un descenso del 25,5 %

SABER HACER

Calcular el precio inicial conociendo el precio aumentado o rebajado

83 Calcula el precio inicial de un producto que vale 16 € después de haber aumentado su precio de venta en un 15 %.

PRIMERO. Tomando el precio inicial como el 100 %, se calcula el porcentaje que representa el precio final.

Si el precio inicial se ha aumentado un 15 %:

Precio final = 100 + 15 = 115 %

SEGUNDO. Se aplica una regla de tres para resolver el problema.

$$\left.\begin{array}{l}\text{Si el } 115\,\% \xrightarrow{\text{es}} 16\,€ \\ \text{el } 100\,\% \xrightarrow{\text{será}} x\,€\end{array}\right\} \rightarrow \frac{115}{100} = \frac{16}{x}$$

$$x = \frac{100 \cdot 16}{115} = 13{,}91\,€$$

El precio inicial era 13,91 €.

84 Calcula el precio inicial de un producto que vale 32 € después de haber aumentado su precio un 25 %.

85 Halla el precio inicial de un producto que vale 130 € después de aplicarle una rebaja del 10 %.

86 ¿Cuál es la cantidad inicial de la que se ha partido en cada caso si la cantidad final es 240?

a) Un aumento del 32 %

b) Un descenso del 2,4 %

c) Un aumento del 16,9 %

d) Un descenso del 8 %

87 Ernesto compra un ordenador de 670 €. A la hora de pagar hay que añadir un 21 % de IVA, pero le aplican un descuento del 25 % porque está en promoción. ¿Cuánto pagará por el ordenador? ¿Qué porcentaje resulta de aplicar el IVA y la promoción?

SABER HACER

Calcular el precio inicial conociendo el precio final tras varios aumentos y disminuciones

88 Calcula el precio inicial de un producto que vale 22 € tras haber sido rebajado un 10 %, y después, aumentado un 12 %.

PRIMERO. Tomando el precio inicial como el 100 %, se calcula el porcentaje que representa el precio final.

Se rebaja un 10 % → 100 − 10 = 90 %

Se aumenta un 12 % → 100 + 12 = 112 %

Precio final = 0,9 · 1,12 = 100,8 %

SEGUNDO. Se aplica una regla de tres para resolver el problema.

$$\left.\begin{array}{l}\text{Si el } 100{,}8\,\% \xrightarrow{\text{es}} 22\text{ €}\\ \text{el } 100\,\% \xrightarrow{\text{será}} x\text{ €}\end{array}\right\} \rightarrow \frac{100{,}8}{100} = \frac{22}{x}$$

$$x = \frac{100 \cdot 22}{100{,}8} = 21{,}83\text{ €}$$

El precio inicial era 21,83 €.

89 Calcula el precio inicial de un producto que vale 108,90 € después de haber sido rebajado un 10 %, y luego, aumentado un 21 % por el IVA.

90 Halla el precio de compra de un ordenador que un intermediario vende a 756,25 €, tras fijarle una ganancia del 25 % y el IVA del 21 %.

91 En una encuesta en la que las respuestas son «sí», «no» y «ns/nc» han participado 600 personas. Sabiendo que 356 han contestado «sí» y 95 han respondido «no», ¿qué porcentaje corresponde a la opción «ns/nc»?

92 Un bar ha subido 5 céntimos los precios de los refrescos de naranja y cola, de forma que ahora el refresco de naranja cuesta 1,05 € y el refresco de cola cuesta 1,15 €. ¿Ha sido un aumento proporcional?

93 Un supermercado vende un producto a 12,80 € cada unidad. También se vende en paquetes de seis unidades a 72 € el paquete. ¿Qué tanto por ciento de descuento se experimenta en el precio de cada unidad del producto al comprarlo en un paquete en lugar de individualmente?

94 ¿Qué tanto por ciento aumenta el área de un cuadrado de lado 6 cm al crecer el lado 1 cm?

95 Aumentando el lado de un cuadrado un 40 %, ¿en qué porcentaje queda aumentada su área?

96 ¿A qué cantidad se llega tras aplicar a 560 un aumento del 15 % seguido de un descenso del 12 %? ¿Se llega al mismo resultado aplicando primero el descenso y después el aumento?

97 Contesta razonadamente si aplicar a una cantidad dos aumentos del 18 %, uno tras otro, es lo mismo que aplicar un aumento del 18 % al doble de la cantidad.

98 ¿Aplicar consecutivamente dos aumentos del 10 % es lo mismo que aplicar un aumento del 20 %?

99 ¿Al aplicar consecutivamente dos disminuciones del 5 % se obtiene el mismo resultado que al aplicar una del 10 %?

100 Si a una cantidad se le aplica un 8 % de aumento, ¿qué porcentaje de disminución hay que aplicar para obtener la cantidad de partida?

101 A Carlos le aumentaron el sueldo un 8 % el año pasado, pero este año le descontarán un 6 % y para el próximo año estiman que tendrán que quitarle otro 2 %. ¿Cómo quedará su sueldo después del aumento y los dos descensos?

Interés simple

102 Calcula los beneficios que se obtienen al depositar 3 000 € durante 4 años con cada uno de estos réditos anuales.

a) 2 % b) 1,4 % c) 4 % d) 3,6 %

103 Calcula los beneficios que se obtienen al depositar 50 000 € al 1,8 % durante estos tiempos.

a) 2 años b) 7 años c) 12 años d) 25 años

104 Copia la tabla y complétala en tu cuaderno.

Interés	Capital	Rédito	Tiempo
	4 800 €	2,6 %	5 años
300 €	12 000 €		20 meses
140 €		3 %	4 años y 8 meses
40 €	30 000 €		15 días

105 Calcula el interés que se obtendrá después de invertir 1 600 € al 3,4 % durante estos tiempos:

a) 3 meses
b) 6 días
c) 48 días
d) 5 años y 18 días
e) 8 meses y 12 días
f) 2 años, 5 meses y 9 días

106 Calcula durante cuánto tiempo se deben invertir 2 000 € al 2,5 % de rédito para obtener un interés de 200 €.

107 Ruth invirtió 500 € durante cuatro meses y obtuvo unos beneficios de 2,5 €. Su amigo Javier invirtió 800 € durante tres meses y consiguió con ello unos beneficios de 2,80 €. ¿En cuál de las inversiones fue mayor el rédito?

108 ¿Qué inversión da mayores beneficios: 4 000 € al 2,8 % durante 500 días o 5 000 € al 2,5 % durante 480 días?

Problemas de proporcionalidad

109 Se cree que para construir la pirámide de Keops trabajaron 20 000 personas durante 10 horas diarias y tardaron 20 años en acabarla.

a) ¿Cuánto tardarían si fuesen 10 000 personas más?

b) ¿Y si hubiesen trabajado 8 horas diarias?

110 Un grupo de 7 personas planta 35 árboles en 2 horas. ¿Cuántos árboles plantarán 12 personas en 3 horas?

111 Un ganadero compra 2 000 kg de pienso, a 31,77 céntimos de euro cada kilo.

a) ¿Cuánto le cuesta el pienso?

b) ¿Cuánto pienso podrá comprar con 800 €?

112 En casa de Gonzalo emplean 600 g de arroz, cada jueves, para comer cuatro personas. El jueves próximo tiene dos invitados a comer.

a) Si conocen anticipadamente que tienen dos invitados, ¿qué cantidad de arroz extra deben emplear para que todos tengan la misma ración que cada jueves?

b) Si los dos invitados llegan cuando ya está cocinado el arroz (empleando la misma cantidad que cada jueves), ¿qué ración de arroz recibe cada comensal?

113 Se decide construir un puente cuyo coste, de un millón de euros, han de pagar entre tres localidades en partes inversamente proporcionales a la distancia de cada localidad al puente. Alameda está a 6 km, Buenasaguas está a 8 km, y Cabestreros, a 10 km. Calcula cuánto ha de pagar cada localidad.

114 En el escaparate de una tienda se leen estas promociones para dos artículos distintos: «Antes 45 €, ahora 35 €» y «Antes 230 €, ahora 170 €». ¿Se han rebajado los dos artículos aplicando el mismo porcentaje?

115 Un coche a 90 km/h tarda 6 horas en recorrer cierta distancia. ¿Cuánto tardará si aumenta su velocidad un 9 %? Si recorre esa misma distancia en 5 horas, ¿a qué velocidad ha viajado?

116 En el escaparate de un establecimiento se anunciaron las primeras rebajas con un descuento del 30 % sobre el precio original. Después se anunciaron las segundas rebajas con un descuento del 40 % sobre el precio ya rebajado. ¿Cuál de las siguientes afirmaciones es verdadera y equivalente a la situación anterior?

a) Aplican al precio inicial un 30 % de descuento durante una temporada y otra temporada aplican un 40 %. Dependiendo de la temporada, así es la rebaja.

b) Aplican un 30 % de descuento y luego hacen un 40 %, con lo que realmente hacen un 70 % de rebaja.

c) Aplican un 30 % durante una temporada y luego rebajan los precios ya rebajados un 40 %, con lo que comprando durante las segundas rebajas los artículos están rebajados un 58 %.

SABER HACER

Resolver problemas de mezclas

117 Se mezclan dos tipos de aceite, *A* y *B*, de precios 2,70 €/ℓ y 3,50 €/ℓ en la proporción de 10 litros de tipo *A* y 6 litros de tipo *B*. ¿A qué precio se venderá el litro de la mezcla?

PRIMERO. Se calcula el precio y la cantidad total.

Total de aceite = 10 + 6 = 16 litros

Precio total = 10 · 2,7 + 6 · 3,5 = 48 €

SEGUNDO. Se reduce a la unidad.

Precio de la mezcla = 48 : 16 = 3 €/ℓ

118 Se mezclan dos tipos de vino, *A* y *B*, de precios 0,71 €/ℓ y 1,15 €/ℓ en la proporción de 4 litros de tipo *A* y 3 litros de tipo *B*. ¿A qué precio sale el litro de la mezcla?

119 ¿En qué proporción hay que mezclar dos tipos de carne, *A* y *B*, para hamburguesas, cuyos precios son 5 €/kg y 8 €/kg para que resulte una mezcla que se pueda vender por 7,25 €/kg?

120 Mezclamos 18 kg de café de 3,45 €/kg con 16 kg de café de 2,70 €/kg. ¿A cuánto hay que vender el kilo de la mezcla para ganar un 16 %?

121 Un lingote de 200 g de plata de ley del 90 % (de pureza) se funde con otro de 300 g de 80 % de ley. ¿Cuál es la ley del nuevo lingote?

122 Realiza un estudio comparativo: ¿cuál de las siguientes ofertas es la más beneficiosa para el consumidor?

- «3 × 2»
- «2.ª unidad al 70 %»
- «30 % de descuento»
- «5 € de descuento por compras de más de 40 €»
- «20 % más de producto gratis»

DEBES SABER HACER

Proporcionalidad directa, inversa y compuesta

1 Determina si existe proporcionalidad entre estas magnitudes y calcula su constante.

Magnitud *A*	1	2	3	4
Magnitud *B*	5	10	15	20

Magnitud *A*	1	2	3	4
Magnitud *B*	36	18	12	9

2 Sabiendo que dos pasos de Marcos equivalen a 95 cm:

a) ¿Cuánto miden cinco pasos?

b) ¿Y 30 pasos?

3 El agua de un aljibe se saca en 340 veces empleando un cubo de 18 litros de capacidad. Si utilizamos un cubo de 12 litros, ¿cuántas veces necesitaremos introducir el cubo para vaciar el aljibe?

4 Ocho amigos se van de vacaciones 10 días por 3 500 €. ¿Cuánto les costarían unas vacaciones similares a las anteriores pero de 6 días de duración a 5 amigos?

Repartos proporcionales

5 Un abuelo reparte 10 350 € entre sus tres nietos de forma directamente proporcional a sus edades. Si los dos hermanos menores tienen 22 años y 23 años, calcula.

a) La edad del hermano mayor, sabiendo que le correspondieron 3 600 €.

b) Las cantidades de los otros hermanos.

6 Ramiro tiene una colección de 4 554 monedas que quiere repartir entre sus hijos de forma inversamente proporcional a sus edades: 3, 5, 6 y 8 años. ¿Cuántas monedas recibirá cada uno?

Porcentajes e intereses

7 Lucía reparte el 60 % de su bolsa de caramelos entre sus amigas. Si le quedan 18 caramelos, ¿cuántos ha repartido?

8 Si a cierta cantidad *C* se le aplica un descuento del 15 % y un aumento del 30 %, resulta 2 210 €. ¿Cuál es la cantidad *C*? ¿Qué porcentaje total se le ha aplicado?

9 Enrique invierte sus ahorros durante cinco años al 3,4 %. Le informan de que durante ese tiempo ganará 1 360 €. ¿Qué cantidad invirtió Enrique?

En la vida cotidiana

123 La mayoría de las tarjetas de crédito permiten aplazar los pagos en cuotas mensuales, aunque este aplazamiento trae asociados intereses. Por ejemplo, si compramos un televisor de 500 €, podemos aplazar el pago abonando 100 € durante 5 meses, a lo que habría que añadir los intereses que nos cobra el banco por aplazar esa deuda.

El método más empleado para calcular estos intereses es el que se basa en el *saldo promedio diario*. Para calcularlo, se utiliza el siguiente proceso:

1. Se multiplica cada uno de los saldos que hubo ese mes por el número de días que se ha mantenido.
2. Se suman todos los productos resultantes y se dividen por el número de días del mes.

Por ejemplo, si tenemos una tarjeta de crédito con un tipo de interés del 1,5 % mensual, un pago fijo mensual de 400 € y con un saldo final del mes anterior de 1 700 €, el interés que hay que pagar se calcula de la siguiente forma:

Fecha	Concepto	Movimiento	Saldo
01/01/2014	Saldo inicial		− 1 700,00
05/01/2014	Compra	− 250,00	− 1 950,00
07/01/2014	Cuota mensual	+ 400,00	− 1 550,00
25/01/2014	Compra	− 75,00	− 1 625,00
01/02/2014			− 1 625,00

1700 € x 4 días = 6 800
1950 € x 2 días = 3 900
1550 € x 18 días = 27 900
1625 € x 7 días = 11 375
49 975

(49 975 : 31 días) · 1,5 % = 24,18 €

Los intereses que tendría que pagar el dueño de esta tarjeta de crédito, durante este mes, serían 24,18 €.

- A la derecha están los movimientos de la tarjeta de crédito de los padres de María durante el mes de junio del año 2014. ¿Cuánto pagarán de intereses los padres de María por esta tarjeta de crédito? Si no realizasen la compra del día 25, ¿cuánto pagarían?

Fecha	Concepto	Movimiento	Saldo
01/06/14	Saldo inicial		− 400
03/06/14	Cuota mensual	+ 350	− 50
12/06/14	Compra	− 240	− 290
25/06/14	Compra	− 120	− 410
01/07/14			− 410

Formas de pensar. Razonamiento matemático

124 Si una magnitud *A* es directamente proporcional a otra *B*, y esta es inversamente proporcional a *C*, ¿cómo son *A* y *C*?

125 Reparte un número *k* en dos partes directamente proporcionales a dos números cualesquiera, *m* y *n*, y después, haz el reparto inversamente proporcional a los mismos valores. ¿Qué relación hay entre las partes obtenidas en cada reparto? ¿Ocurre siempre lo mismo?

126 Si una cierta cantidad la disminuimos en un 10 %, ¿en qué porcentaje debemos incrementarla para obtener la misma cantidad?

127 Deduce qué porcentaje representa una cantidad *C* con respecto a estas otras.

a) 2*C*
b) 3*C*
c) 10*C*
d) 20*C*
e) 4*C*
f) 5*C*
g) 50*C*
h) 100*C*

128 Una lámina de cristal absorbe el 20 % de la luz roja que le llega, es decir, deja pasar el 80 %. ¿Cuántas láminas hacen falta como mínimo, una encima de otra, para que pase como máximo la mitad de la luz roja que le llegue?

PROYECTO FINAL. **Trabajo cooperativo**

OBJETIVO: Crear una asociación en el instituto

Una vez formados los grupos, seguid este proceso:

1.ª Fase.

- Estableced una lista de las posibles asociaciones que podéis formar en el centro, haciendo un estudio entre los estudiantes.
- Estudiad qué asociaciones hay en vuestro barrio para tratar de no solapar vuestro trabajo con el suyo.

2.ª Fase.

- Buscad información sobre los trámites administrativos que son necesarios para crear una asociación y estableced contacto con otras asociaciones del barrio.
- Preparad un presupuesto con los posibles gastos que tendréis en la asociación y estudiad la forma de conseguir ingresos: cuotas de los asociados, subvenciones municipales…

3.ª Fase.

- Poned en común toda la información recogida y decidid qué tipo de asociación queréis formar.
- Escribid los estatutos de la asociación.

Pruebas PISA

Pingüinos

129 ●●● El fotógrafo de animales Jean Baptiste realizó una expedición de un año de duración y sacó numerosas fotos de pingüinos y sus polluelos.

Se interesó especialmente por el aumento de tamaño de distintas colonias de pingüinos.

- Jean se pregunta cómo evolucionará en los próximos años el tamaño de una colonia de pingüinos. Para determinarlo elabora las siguientes hipótesis:
  - A comienzos de año, la colonia consta de 10000 pingüinos (5000 parejas).
  - Cada pareja de pingüinos cría un polluelo todos los años por primavera.
  - A finales de año, el 20 % de los pingüinos (adultos y polluelos) morirá.

Al final del primer año, ¿cuántos pingüinos (adultos y polluelos) hay en la colonia?

- Jean establece la hipótesis de que la colonia seguirá creciendo de la siguiente manera:
  - Al comienzo de cada año, la colonia consta del mismo número de pingüinos machos y hembras que forman parejas.
  - Cada pareja de pingüinos cría un polluelo todos los años por primavera.
  - Al final de cada año, el 20 % de los pingüinos (adultos y polluelos) morirá.
  - Los pingüinos de un año de edad también criarán polluelos.

Según las anteriores hipótesis, ¿cuál de las siguientes fórmulas expresa el número total de pingüinos, P, después de 7 años?

a) $P = 10000 \times (1,5 \times 0,2)^7$

b) $P = 10000 \times (1,5 \times 0,8)^7$

c) $P = 10000 \times (1,2 \times 0,2)^7$

d) $P = 10000 \times (1,2 \times 0,8)^7$

(Prueba PISA 2006)

CLAVES PARA EMPEZAR

Cómo se expresa información en lenguaje algebraico

El lenguaje algebraico expresa la información matemática con números y letras.

Una **expresión algebraica** es un conjunto de números y letras que se combinan con los signos de las operaciones matemáticas.

EJEMPLO

Lenguaje usual	Lenguaje algebraico
La suma de dos números	$a + b$
Un número aumentado en 3 unidades	$y + 3$
El cuadrado de un número	x^2
El triple de un número	$3 \cdot x$
La mitad de un número es igual a 3	$\frac{c}{2} = 3$

ACTIVIDADES

1 Expresa en lenguaje algebraico los siguientes enunciados.

a) El triple de un número.

b) La cuarta parte de un número.

c) La mitad de un número.

d) El cuadrado de un número menos tres unidades.

2 Relaciona cada expresión escrita con su correspondiente expresión algebraica.

a) La tercera parte de un número más otro número.

b) La tercera parte de la suma de dos números.

c) El doble del cuadrado de un número.

i) $2x^2$ ii) $\frac{x+y}{3}$ iii) $\frac{x}{3} + y$

Cómo se aplica la propiedad distributiva

Propiedad distributiva de la suma

$$a \cdot (b + c) = a \cdot b + a \cdot c$$

Propiedad distributiva de la resta

$$a \cdot (b - c) = a \cdot b - a \cdot c$$

EJEMPLO

$2 \cdot (3 + 1) = 2 \cdot 3 + 2 \cdot 1 = 6 + 2 = 8$

$5 \cdot (6 - 3) = 5 \cdot 6 - 5 \cdot 3 = 30 - 15 = 15$

ACTIVIDADES

3 Aplica la propiedad distributiva en las siguientes expresiones.

a) $7 \cdot (4 + 2)$ c) $9x \cdot (x - 4)$

b) $3 \cdot (x - 5)$ d) $(-2x) \cdot (3x^2 - 4x + 7)$

593
En China se usa una especie de imprenta que utilizan los monjes budistas para imprimir mediante tallas de colores sobre seda o papel de trapos.

Polinomios

5

SABER

- Monomios. Operaciones con monomios
- Polinomios. Operaciones con polinomios
- Factor común
- Igualdades notables
- Factorización de polinomios

SABER HACER

- Dividir polinomios
- Dividir un polinomio entre $(x - a)$ (regla de Ruffini)
- Expresar un polinomio mediante una igualdad notable
- Factorizar un polinomio

? VIDA COTIDIANA

La imprenta

El mayor logro de Gutenberg con la imprenta fue el desarrollo de un método que permitió fundir letras con dimensiones precisas. Este avance contribuyó de forma decisiva a la aceptación del libro impreso.

- Existen imprentas que solo pueden imprimir sobre páginas que sean el doble de ancho que de largas. ¿Cuál es la expresión algebraica que nos da el área y el perímetro de esas hojas?

1446
Gutenberg idea un modo de impresión basado en tipos móviles. Hasta ese momento se imprimía con páginas enteras talladas en madera.

1796
El austriaco Alois Senefelder inventa la técnica de impresión denominada litografía; es el primer proceso de impresión en plano.

1878
El austriaco Karl Klietsch mejora las técnicas de impresión mediante la aplicación de cilindros. Esto permite la reproducción masiva, rápida y barata.

1904
Aparece el offset, que revoluciona la industria y es de gran utilización en la actualidad.

1 Monomios

SE ESCRIBE ASÍ

- El signo del producto de números y letras no se suele escribir.

  $5 \cdot x^2 \cdot y^3 = 5x^2y^3$

- El exponente 1 no se escribe.

  $a^1b^1 = ab$

- Cuando un monomio está formado solo por letras, su coeficiente es 1.

  $x^3 = 1 \cdot x^3 \rightarrow$ coeficiente 1

Un **monomio** es una expresión algebraica formada por el producto de un número, llamado **coeficiente**, y una o varias letras elevadas a un número natural, que forman la **parte literal** del monomio.

Las letras de la parte literal se llaman **variables**.

El **grado** de un monomio es el exponente de la letra que forma la parte literal si solo hay una, o la suma de los exponentes, si hay más de una.

EJEMPLO

1. Indica los elementos para cada monomio.

Monomio	Coeficiente	Parte literal	Variables	Grado
$-15x^3$	-15	x^3	x	3
$2xy^2$	2	xy^2	x, y	$1 + 2 = 3$
$3xyz$	3	xyz	x, y, z	$1 + 1 + 1 = 3$

Dos **monomios** son **semejantes** si tienen la misma parte literal.

Decimos que dos **monomios** son **opuestos** cuando son semejantes y tienen sus coeficientes opuestos.

EJEMPLO

2. Agrupa los monomios semejantes y señala los que sean opuestos.

$$x^2 \qquad -3x^3 \qquad 9x^2 \qquad \frac{2}{3}x^3 \qquad -\frac{1}{4}x^2 \qquad -x^2 \qquad \frac{3}{2}x^3 \qquad \frac{1}{4}x^2$$

Parte literal x^2 → Semejantes: $x^2 \quad 9x^2 \quad -\frac{1}{4}x^2 \quad -x^2 \quad \frac{1}{4}x^2$

→ Opuestos: x^2 y $-x^2$ $\quad -\frac{1}{4}x^2$ y $\frac{1}{4}x^2$

Parte literal x^3 → Semejantes: $-3x^3 \quad \frac{2}{3}x^3 \quad \frac{3}{2}x^3$

ACTIVIDADES

1 PRACTICA. Razona cuáles de las siguientes expresiones son monomios y, para las que lo sean, escribe el opuesto.

$$\frac{3}{2}x \qquad -5yz^2 \qquad 4 + x \qquad x - x^3 \qquad 4x^2y^3$$

2 APLICA. Escribe tres monomios semejantes a $-a^2b$. ¿Cuántos monomios opuestos puedes escribir?

3 REFLEXIONA. ¿Existe un monomio semejante a xy de grado 3 con coeficiente -5?

2 Operaciones con monomios

2.1. Suma y resta de monomios

La **suma** (o **resta**) de dos o más monomios solo se puede realizar si son semejantes; en caso contrario, se deja indicada.

El resultado de la suma (o resta) de dos o más monomios semejantes es otro monomio que tiene por coeficiente la suma (o resta) de los coeficientes y la misma parte literal.

EJEMPLO

3. Realiza las siguientes operaciones de monomios.

a) $2x - 7x = (2 - 7)x = -5x$

b) $x^3 - \frac{1}{4}x^3 + \frac{2}{3}x^3 = \left(1 - \frac{1}{4} + \frac{2}{3}\right)x^3 = \left(\frac{12}{12} - \frac{3}{12} + \frac{8}{12}\right)x^3 = \frac{17}{12}x^3$

c) $3x^2y + 5x^2y - 9x^2y = (3 + 5 - 9)x^2y = -x^2y$

2.2. Multiplicación y división de monomios

El **producto** de dos monomios es otro monomio que tiene por coeficiente el producto de los coeficientes, y por parte literal, el producto de las partes literales de ambos monomios.

El **cociente** de dos monomios tiene por coeficiente el cociente de los coeficientes, y por parte literal, el cociente de las partes literales de ambos monomios.

EJEMPLO

4. Efectúa los siguientes productos y divisiones de monomios.

a) $3x \cdot 4x^3 = (3 \cdot 4) \cdot (x \cdot x^3) = 12x^{1+3} = 12x^4$

b) $-2x \cdot 3x^4 \cdot 3x = (-2 \cdot 3 \cdot 3) \cdot (x \cdot x^4 \cdot x) = -18x^{1+4+1} = -18x^6$

c) $3x^4 : 2x = (3 : 2) \cdot (x^4 : x) = \frac{3}{2}x^{4-1} = \frac{3}{2}x^3$

d) $4xy^3 : y^2 = (4 : 1) \cdot (xy^3 : y^2) = 4(xy^{3-2}) = 4xy$

El grado del producto de monomios es la suma de los grados de sus factores.

El grado del cociente de dos monomios es la diferencia de los grados del dividendo y el divisor.

RESUELVE EL RETO

Si nos juntas nos anulas, si nos multiplicas nos transformas y si nos divides nos conviertes en -1.
¿Qué monomios somos?

ACTIVIDADES

4 PRACTICA. Efectúa estas operaciones.

a) $-7x^3 + 6x^3$

b) $3y^2 + 9y^2 - 2y^2$

c) $-5x^4 \cdot 8y$

d) $3x^2 \cdot 4y^3$

e) $15xyz : 3xy$

f) $16x^3y^4 : 2x^2y$

5 APLICA. Realiza estas operaciones.

a) $6x^3 - 2x + 3x^2 - 8x + x^2$

b) $4xy^2 + 7x^3y^2 - (6xy^2 + 3x^3y^2)$

6 REFLEXIONA. Calcula $-x^4 + 3x^2 - 7x$.

3 Polinomios

Un **polinomio** es una expresión algebraica formada por la suma o la resta de dos o más monomios no semejantes.

Al trabajar con un polinomio, conviene agrupar los monomios semejantes. Esta operación se denomina reducir el polinomio. Un **polinomio** es **reducido** cuando no tiene monomios semejantes.

EJEMPLO

5. ¿Es $3x^2 + 2x - 3 + x^2 - 2x$ un polinomio? Redúcelo.

Es polinomio porque tiene al menos dos monomios no semejantes ($3x^2$ y $2x$ no son semejantes).

Polinomio → $3x^2 + 2x - 3 + x^2 - 2x = 4x^2 - 3$ → Polinomio reducido

Cada monomio (y su signo) que forma un polinomio se denomina **término**, y el que no tiene parte literal, **término independiente**.

Al mayor de los grados de los términos de un polinomio reducido se le llama **grado** del polinomio.

EJEMPLO

6. Reduce este polinomio y señala los términos y el grado del polinomio.

Términos

$P(x) = 9x^3 + 2x^3 - x + 3x - 1 = 11x^3 + 2x - 1$ → Grado = 3

Término independiente

El **polinomio opuesto** de $P(x)$, que designamos como $-P(x)$, se obtiene cambiando de signo los coeficientes de todos los términos de $P(x)$.

EJEMPLO

7. Calcula el polinomio opuesto de este.

$P(x) = -2x^3 - 3x + 2x - 2 = -2x^3 - x - 2$ → $-P(x) = 2x^3 + x + 2$

Los polinomios se designan con letras mayúsculas, indicando entre paréntesis las variables que intervienen.

- $P(x) = 6x^5 - 3x^4 - 9x + 7$

  Polinomio de una variable, x.
- $P(x, y) = 2x^2y - 7x - 2y$

  Polinomio de dos variables, x e y.

ACTIVIDADES

7 PRACTICA. Indica los términos y el grado de estos polinomios.

a) $P(x) = -x^2 + 3x^2 - 2x + 4x - 6$

b) $P(y) = y^3 + 2y - 3y^3 + y - 3$

c) $P(x, y) = 5x^3y - 2x + 3y^2 + 8x^2 + 4$

8 APLICA. Calcula el polinomio opuesto.

$P(x, y) = 3x^3y - 4x^3y - 5x + 4x - 1$

9 REFLEXIONA. Escribe un polinomio reducido de dos variables, de grado 6 y con término independiente -7.

3.1. Valor numérico de un polinomio

El **valor numérico** de un polinomio es el resultado que se obtiene al sustituir las variables por números determinados y operar después.

SE ESCRIBE ASÍ

El valor numérico de un polinomio $P(x)$, para un valor $x = a$, lo expresamos como $P(a)$.

Dado $P(x) = 4x^2 - 7$, su valor numérico para $x = 1$ es:

$$P(1) = 4 \cdot 1^2 - 7 = -3$$

EJEMPLO

8. Calcula el valor numérico de los polinomios para los valores de la variable que se indican.

a) $P(x) = 5x^2 - 3x + 2$ para $x = -1$.

$$P(x) = 5x^2 - 3x + 2 \xrightarrow{x=-1} P(-1) = 5(-1)^2 - 3(-1) + 2 = 5 + 3 + 2 = 10$$

El valor numérico de $P(x)$ para $x = -1$ es $P(-1) = 10$.

b) $P(x, y) = x^2y - 3xy^2 - 1$ para $x = 2, y = 1$.

$$P(x, y) = x^2y - 3xy^2 - 1 \xrightarrow{x=2,\, y=1} P(2, 1) = 2^2 \cdot 1 - 3 \cdot 2 \cdot 1^2 - 1 = 4 - 6 - 1 = -3$$

El valor numérico de $P(x, y)$ para $x = 2, y = 1$ es $P(2, 1) = -3$.

3.2. Raíces de un polinomio

Un número es **raíz de un polinomio** (cero de un polinomio) cuando el valor numérico del polinomio para dicho número es cero.

EJEMPLO

9. Comprueba si $x = -1$ y $x = 2$ son raíces del polinomio $P(x) = x^3 + x^2 - 2x - 2$.

$$P(x) = x^3 + x^2 - 2x - 2 \xrightarrow{x=-1} P(-1) = (-1)^3 + (-1)^2 - 2 \cdot (-1) - 2 = 0$$

$$\xrightarrow{x=2} P(2) = 2^3 + 2^2 - 2 \cdot 2 - 2 = 6$$

$x = -1$ es raíz del polinomio porque su valor numérico es igual a 0.

$x = 2$ no es raíz del polinomio porque su valor numérico es distinto de 0.

ACTIVIDADES

10 PRACTICA. Calcula el valor numérico del polinomio $P(x) = 2x^4 - x^3 + 8x - 3$ para $x = -5$, $x = -1$ y $x = 0$.

11 PRACTICA. Calcula $P(2, 1)$, $P(0, -2)$, $P(-1, 3)$ y $P(-1, -4)$ en los siguientes polinomios.

a) $P(x, y) = x^2y - 7xy + xy^2 + 4x^2 - y^3$

b) $P(x, y) = -2x^3 + y^2 - xy + 4x + 1$

12 APLICA. Comprueba para cuáles de los siguientes polinomios $x = 2$ es una raíz del polinomio.

a) $P(x) = x^2 + x - 2$

b) $Q(x) = x^2 - x - 2$

c) $R(x) = x^2 - 5x + 6$

d) $S(x) = x^2 - 3x + 4$

13 REFLEXIONA. Calcula el valor de a para que el polinomio $P(x) = x^2 - ax - 2$ tenga una raíz en $x = 2$.

4 Operaciones con polinomios

4.1. Suma y resta de polinomios

Para **sumar** (o **restar**) polinomios se agrupan los monomios semejantes y se suman (o restan) sus coeficientes.

Recuerda que cuando hay un signo – delante de un paréntesis, cambian de signo todos los elementos de su interior.

$2x^3 - (x^2 - 1) = 2x^3 - x^2 + 1$

EJEMPLO

10. Suma y resta estos polinomios.

$$P(x) = 3x^2 - 4x + 1 \qquad Q(x) = 2x + 5$$

$$P(x) + Q(x) = (3x^2 - 4x + 1) + (2x + 5) = 3x^2 - 4x + 1 + 2x + 5 =$$
$$= 3x^2 + (-4 + 2)x + (1 + 5) = 3x^2 - 2x + 6$$

$$P(x) - Q(x) = (3x^2 - 4x + 1) - (2x + 5) = 3x^2 - 4x + 1 - 2x - 5 =$$
$$= 3x^2 + (-4 - 2)x + (1 - 5) = 3x^2 - 6x - 4$$

4.2. Multiplicación y división de polinomios

Para **multiplicar** dos polinomios se multiplica cada monomio de uno de ellos por todos los monomios del otro y, después, se suman los polinomios obtenidos.

RESUELVE EL RETO

$A \cdot B = 6$	$B \cdot D = 24$
$A \cdot C = 12$	$C \cdot D = 36$

¿Cuánto vale $A \cdot B \cdot C \cdot D$?

EJEMPLO

11. Resuelve este producto entre polinomios.

$$(2x^2 - x + 5)(x^2 - 1) = 2x^2 \cdot x^2 + 2x^2 \cdot (-1) - x \cdot x^2 - x \cdot (-1) +$$
$$+ 5 \cdot x^2 + 5 \cdot (-1) =$$
$$= 2x^4 - 2x^2 - x^3 + x + 5x^2 - 5 = 2x^4 - x^3 + 3x^2 + x - 5$$

Dados dos polinomios, $P(x)$ y $Q(x)$, al **dividirlos** obtenemos otros dos polinomios, $C(x)$ y $R(x)$, que cumplen:

$$P(x) = Q(x) \cdot C(x) + R(x)$$
$$\text{grado de } R(x) < \text{grado de } Q(x)$$

A los polinomios $P(x)$, $Q(x)$, $C(x)$ y $R(x)$ se les denomina polinomio **dividendo**, **divisor**, **cociente** y **resto** de la división, respectivamente.

ACTIVIDADES

14 **PRACTICA.** Calcula la suma, la resta y el producto de cada par de polinomios.

a) $P(x) = 4x^2 - x$ y $Q(x) = x^3 - 5x^2 + 2x + 8$

b) $P(x) = -5x^2 + 9x - 3$ y $Q(x) = -x^2 + 6x$

15 **APLICA.** Dados los polinomios $P(x) = 2x^2 - 3x + 1$ y $Q(x) = x + 4$, calcula $-P(x) + Q(x) - 3 \cdot Q(x)$.

16 **REFLEXIONA.** Averigua el valor de a para que $(3x - 4) \cdot (x - a) = 3x^2 + 2x - 8$.

SABER HACER

Dividir polinomios

Realiza la siguiente división entre polinomios.

$$(2x^2 - 7x + 3) : (x - 1)$$

$$\begin{array}{r|l} P(x) & Q(x) \\ \hline R(x) & C(x) \end{array}$$

Para comprobar que la división está bien hecha se multiplica el cociente, $C(x)$, por el divisor, $Q(x)$, se le suma el resto, $R(x)$, y el resultado tiene que ser el dividendo, $P(x)$.

Pasos a seguir

1. Calculamos el cociente del monomio de mayor grado del dividendo entre el monomio de mayor grado del divisor.

$$2x^2 : x = \mathbf{2x} \rightarrow \begin{array}{r|l} 2x^2 - 7x + 3 & x - 1 \\ \cline{2-2} & \mathbf{2x} \end{array}$$

2. Multiplicamos el monomio obtenido por el divisor y restamos el resultado al dividendo.

$$2x \cdot (x - 1) = 2x^2 - 2x \xrightarrow{\text{Se resta}} \begin{array}{r|l} 2x^2 - 7x + 3 & x - 1 \\ \cline{2-2} -2x^2 + 2x \phantom{{}+3} & 2x \\ \hline -5x + 3 & \end{array}$$

3. Repetimos la operación hasta obtener en el resto un polinomio de grado menor que el divisor.

$$-5x : x = \mathbf{-5} \longrightarrow \quad -5 \cdot (x - 1) = -5x + 5 \xrightarrow{\text{Se resta}} \begin{array}{r|l} 2x^2 - 7x + 3 & x - 1 \\ \cline{2-2} -2x^2 + 2x \phantom{{}+3} & 2x - \mathbf{5} \ (\text{Cociente}) \\ \hline -5x + 3 & \\ 5x - 5 & \\ \hline -2 \ (\text{Resto}) & \end{array}$$

Luego el cociente es $C(x) = 2x - 5$ y el resto, $R(x) = -2$.

4. Comprobamos si la división está bien realizada.

$$P(x) = Q(x) \cdot C(x) + R(x)$$

$$\begin{aligned} Q(x) \cdot C(x) + R(x) &= (x - 1)(2x - 5) + (-2) = \\ &= 2x^2 - 5x - 2x + 5 - 2 = \\ &= 2x^2 - 7x + 3 = P(x) \end{aligned}$$

ACTIVIDADES

17 Realiza las siguientes divisiones.

a) $(x^4 + x^3 + 8x^2 - x) : x$

b) $(x^4 + 6x^3 - 5x^2) : x^2$

c) $(4x^5 - x^4 + 2x^3) : x^3$

d) $(6x^4 + 8x^3 - 4x^2) : 2x^2$

e) $(12x^6 + 9x^5 - 15x^4 - 6x^3) : 3x^3$

f) $(4x^8 + 40x^6 + 18x^4 - 16x^2) : 4x^2$

18 Indica el cociente y el resto de estas divisiones.

a) $(x^3 - x^2) : (x + 1)$

b) $(7x^4 + 2x^3) : (x - 2)$

c) $(6x^3 - 2x^2 - 8) : (2x + 3)$

d) $(-x^3 + 3x^2 - 8x - 11) : (x - 3)$

e) $(9x^4 - 15x^3 + x - 7) : (3x - 2)$

f) $(10x^6 + 8x^4 - 6x^2) : (x + 4)$

19 Efectúa las divisiones.

a) $(x^4 + 3x^3 + 4x^2 - x - 1) : (x^2 + 1)$

b) $(x^5 + 7x^4 + 2x^3 - x^2 + 3) : (x^2 - 3)$

c) $(x^4 + x^3 + 8x^2 - x) : (x^2 - 1)$

20 Halla el dividendo de estas divisiones, siendo $Q(x)$ el divisor, $C(x)$ el cociente y $R(x)$ el resto.

a) $Q(x) = x - 3$ $\quad C(x) = x^2 + 2$ $\quad R(x) = -7$

b) $Q(x) = 2x + 1$ $\quad C(x) = 3x^2 - x + 2$ $\quad R(x) = 1$

c) $Q(x) = -x - 2$ $\quad C(x) = -2x^2 + 4$ $\quad R(x) = -1$

d) $Q(x) = x^2 - x$ $\quad C(x) = 4x + 2$ $\quad R(x) = 2x + 1$

21 Calcula el resto de esta división sin realizarla.

Dividendo $\rightarrow P(x) = x^5 + x^3 - x^2 + 5x - 3$

Divisor $\rightarrow Q(x) = x^3 + x - 1$

Cociente $\rightarrow C(x) = x^2$

SABER HACER

Dividir un polinomio entre $(x - a)$ (regla de Ruffini)

Realiza esta división de polinomios: $(x^3 + 2x - 1) : (x - 2)$

Pasos a seguir

1. Escribimos los coeficientes de todos los términos del dividendo, desde el de mayor grado al término independiente, añadiendo un cero en el lugar de cada término que falte.

$x^3 + 2x - 1 = 1x^3 + 0x^2 + 2x - 1 \rightarrow$

	1	0	2	−1

2. A la izquierda colocamos el término independiente del divisor, cambiado de signo, y bajamos el primer coeficiente del dividendo.

Término independiente del divisor: −2 —Cambiado de signo, 2→

	1	0	2	−1
2	↓			
	1			

3. Multiplicamos el primer coeficiente por el término independiente del divisor cambiado de signo, y sumamos al siguiente coeficiente.

	1	0	2	−1
2	·2	2		
	1	2 ← 0 + 2		

4. Repetimos este proceso hasta llegar al último coeficiente.

	1	0	2	−1
2		2 ·2	4	
	1	2	6 ← 2 + 4	

	1	0	2	−1
2		2	4 ·2	12
	1	2	6	11 ← −1 + 12

5. Los primeros números que aparecen en la última fila corresponden a los coeficientes del polinomio cociente (que es siempre un grado menor que el dividendo) y el último número es el resto.

	1	0	2	−1
2		2	4	12
	1	2	6	11 → RESTO

1 2 6 → COCIENTE

$(x - 2)(x^2 + 2x + 6) + 11 = x^3 + 2x - 1$

Este procedimiento solo se puede utilizar cuando el divisor es un polinomio de grado 1 y tiene término independiente, es decir, es del tipo $(x - a)$ o $(x + a)$.

Si el divisor es $(x - a)$, se coloca a la izquierda $+a$, y si es $(x + a)$, se coloca a la izquierda $-a$.

ACTIVIDADES

22 Realiza estas divisiones utilizando la regla de Ruffini.

a) $(x^4 + 4x^3 + x^2 - x - 1) : (x - 1)$

b) $(x^4 - x^3 + 3x^2 - 8x - 11) : (x - 1)$

c) $(x^5 + x^4 + 2x^3 - x^2 + 3x + 1) : (x - 2)$

d) $(x^4 - x^3 + x^2 + x + 5) : (x - 2)$

e) $(x^4 + 2x^3 + 3x^2 - 6x + 2) : (x - 3)$

f) $(x^5 + x^4 - 5x^3 + x^2 + 3x - 4) : (x + 2)$

g) $(x^5 - 6x^4 + 4x^3 + 3x^2 - x + 2) : (x + 1)$

23 Indica el cociente y el resto de estas divisiones.

a) $(x^8 - x^6 + x^4 - x^2 + 2) : (x + 1)$

b) $(x^4 - 9x^2 - 6x + 7) : (x - 2)$

c) $(3x^5 - x^4 + x^3 - x^2 + 8) : (x + 3)$

24 Completa en tu cuaderno e indica para cada división el dividendo, el divisor, el cociente y el resto.

	1	−3	3	5	2	1
?						
		0				

	1	2	−1	3	?
−2					
					0

5 Factor común

Sacar factor común consiste en transformar una expresión de suma o resta en producto.

$$a \cdot b + a \cdot c \underset{\text{Propiedad distributiva}}{\overset{\text{Factor común}}{=}} a \cdot (b + c) \qquad a \cdot b - a \cdot c \underset{\text{Propiedad distributiva}}{\overset{\text{Factor común}}{=}} a \cdot (b - c)$$

EJEMPLO

12. Extrae factor común en los siguientes polinomios.

a) $2x + 2y$

Tenemos que encontrar los factores que se repiten en todos los términos. En este caso, las letras no se repiten pero sí el número 2.

$$2x + 2y = 2(x + y)$$

b) $4x - 6y + 8z$

A veces no se repite un número pero todos los coeficientes de los términos son múltiplos de un número.

En este caso, los coeficientes 4, -6 y 8 son múltiplos de 2. Cuando esto ocurre, para sacar factor común calculamos el m.c.d. de los términos: m.c.d. $(4, 6, 8) = 2$.

$$4x - 6y + 8z = 2 \cdot 2x - 2 \cdot 3y + 2 \cdot 4z = 2(2x - 3y + 4z)$$

c) $x^5 + 3x^4 - 8x^3 + 2x^2$

En este caso, es la variable x la que se repite en todos los términos. Entonces, tomamos la x que aparece con menor grado. En este caso, x^2.

$$x^5 + 3x^4 - 8x^3 + 2x^2 = x^2 \cdot x^3 + x^2 \cdot 3x^2 - x^2 \cdot 8x + 2x^2 = \\ = x^2(x^3 + 3x^2 - 8x + 2)$$

d) $3x^3 - 6x^2 + 12x$

Para determinar si un número es factor común, se halla el m.c.d. de los términos: m.c.d. $(3, 6, 12) = 3$.

Después, se observa si se repite alguna letra; si se repite, tomamos la de menor exponente. En este caso, se repite x.

Factor común $= 3x \rightarrow 3x^3 - 6x^2 + 12x = 3x(x^2 - 2x + 4)$

Cuando el factor común coincide con cualquiera de los sumandos, en su lugar queda la unidad.

$a + ab + ac = a \cdot (1 + b + c)$

RESUELVE EL RETO

$ab + bc = 6 \qquad \dfrac{1}{a} + \dfrac{1}{c} = 1$

Si a, b y c no son 0, ¿cuánto vale $a \cdot b \cdot c$?

ACTIVIDADES

25 PRACTICA. Extrae factor común.

a) $x^4 + x^3$

b) $x^4 - 5x^2$

c) $2x^3 + 6x$

d) $3x^2 - 12x^4$

e) $6x^6 - x^3$

f) $2x^4 + 3x^3 - x^2$

g) $10x^4 + 4x^3 - 8x^2$

h) $7x^4 + 14x^3 - 21x^2 + 49x$

i) $7x^4 + 14x^3 - 21x^2 + 49x + 35$

j) $7x^4 + 14x^3 - 21x^2 + 49$

26 APLICA. Completa en tu cuaderno.

a) $x^6 - 2x^3 = \square \cdot (x^3 - \square)$

b) $\square + 3x^3 - \square = 3x \cdot (3x^3 + \square - 2)$

c) $25x^3y^2 + \square - \square = 5xy \cdot (\square + 2x - 1)$

27 REFLEXIONA. Calcula a, b y c para que el factor común de $x^4y^5z^3 + x^ay^bz^c$ sea x^3y^2z.

6 Igualdades notables

6.1. Cuadrado de una suma

El **cuadrado de una suma** de monomios es igual al cuadrado del primero más el doble del producto del primero por el segundo más el cuadrado del segundo.

$$\mathbf{(a+b)^2} = (a+b)\cdot(a+b) = a\cdot a + a\cdot b + b\cdot a + b\cdot b = \mathbf{a^2 + 2ab + b^2}$$

6.2. Cuadrado de una diferencia

El **cuadrado de una diferencia** de monomios es igual al cuadrado del primero menos el doble del producto del primero por el segundo más el cuadrado del segundo.

$$\mathbf{(a-b)^2} = (a-b)\cdot(a-b) = a\cdot a - a\cdot b - b\cdot a + b\cdot b = \mathbf{a^2 - 2ab + b^2}$$

6.3. Suma por diferencia

El **producto de una suma de monomios por su diferencia** es igual a la diferencia de sus cuadrados.

$$\mathbf{(a+b)\cdot(a-b)} = a\cdot a - a\cdot b + b\cdot a - b\cdot b = \mathbf{a^2 - b^2}$$

! NO OLVIDES

En las expresiones $(a+b)^2$, $(a-b)^2$ y $(a+b)(a-b)$, las letras a y b representan monomios.

EJEMPLO

13. Aplica las igualdades notables a estas expresiones.

a) $(x+2y)^2 \rightarrow a = x, b = 2y$ Cuadrado de una suma

$(x+2y)^2 = x^2 + 2\cdot x\cdot 2y + (2y)^2 = x^2 + 4xy + 4y^2$

b) $(x-2y)^2 \rightarrow a = x, b = 2y$ Cuadrado de una diferencia

$(x-2y)^2 = x^2 - 2\cdot x\cdot 2y + (2y)^2 = x^2 - 4xy + 4y^2$

c) $(x+2y)(x-2y) \rightarrow a = x, b = 2y$ Suma por diferencia

$(x+2y)(x-2y) = x^2 - (2y)^2 = x^2 - 4y^2$

RESUELVE EL RETO

Sin efectuar operaciones, halla el valor de A.

$A = 83\,683\,470^2 - (83\,683\,469 \cdot 83\,683\,471)$

ACTIVIDADES

28 PRACTICA. Aplica las igualdades notables.

a) $(3x+2)^2$

b) $(2x-3y)^2$

c) $(x+4y)\cdot(x-4y)$

29 APLICA. Calcula $(3x^2+4)^2 + (x-2)^2$.

30 REFLEXIONA. Completa en tu cuaderno.

a) $(x + \square)^2 = \square + 4y^2 + \square$

b) $(\square - y^2)^2 = x^4 + \square - \square$

SABER HACER

Expresar un polinomio mediante una igualdad notable

Expresa como un cuadrado o una suma por diferencia estos polinomios.

a) $31x^6 + 20x^3 - 6x^6 + 4$ **b)** $4x^2 - 4x + 9 - 3x^2 - 2x$ **c)** $9x^4 - 4$ **d)** $9x^4 + 4$

Pasos a seguir

1. Reducimos el polinomio, si es necesario, y contamos el número de términos.
   - Si el número de términos es 2, uno positivo y el otro negativo, puede ser suma por diferencia.
   - Si el número de términos es 3, puede ser el cuadrado de una suma o de una diferencia.
   - En otros casos, no corresponde a una igualdad notable.

a) $31x^6 + 20x^3 - 6x^6 + 4 = 25x^6 + 20x^3 + 4 \rightarrow$ Tres términos
Puede ser el cuadrado de una suma o de una diferencia.

b) $4x^2 - 4x + 9 - 3x^2 - 2x = x^2 - 6x + 9 \rightarrow$ Tres términos
Puede ser el cuadrado de una suma o de una diferencia.

c) $9x^4 - 4 \rightarrow$ Dos términos, uno positivo y otro negativo.
Puede ser suma por diferencia.

d) $9x^4 + 4 \rightarrow$ Dos términos, los dos positivos.
No es una igualdad notable.

Si el polinomio tiene 3 términos.

2. Determinamos a y b.
   - El término de mayor grado es a^2.
   - El de menor grado es b^2.

a) Término de mayor grado es $25x^6 \xrightarrow{a^2 = 25x^6} a = 5x^3$
Término de menor grado es $4 \xrightarrow{b^2 = 4} b = 2$

b) Término de mayor grado es $x^2 \xrightarrow{a^2 = x^2} a = x$
Término de menor grado es $9 \xrightarrow{b^2 = 9} b = 3$

3. Comprobamos si el término que falta corresponde a $2ab$.
   Si el término $2ab$ es positivo, corresponde al cuadrado de una suma, $(a + b)^2$, y si es negativo, al cuadrado de una diferencia, $(a - b)^2$.

a) Término que falta es $20x^3 \xrightarrow{a = 5x^3,\, b = 2} 2ab = 2 \cdot 5x^3 \cdot 2 = 20x^3$
El término $2ab = 20x^3$ tiene signo $+ \rightarrow$ Suma de cuadrados
$$25x^6 + 20x^3 + 4 = (5x^3 + 2)^2$$

b) Término que falta es $6x \xrightarrow{a = x,\, b = 3} 2ab = 2 \cdot x \cdot 3 = 6x$
El término $2ab = 6x$ tiene signo $- \rightarrow$ Diferencia de cuadrados
$$x^2 - 6x + 9 = (x - 3)^2$$

Si el polinomio tiene 2 términos.

2. Determinamos a y b.
   - El término positivo es a^2.
   - El término negativo es b^2.
3. Expresamos como suma por diferencia, $(a + b) \cdot (a - b)$.

c) Término positivo es $9x^4 \xrightarrow{a^2 = 9x^4} a = 3x^2$
Término negativo es $4 \xrightarrow{b^2 = 4} b = 2$
Es una suma por diferencia.
$$9x^4 - 4 = (3x^2 + 2)(3x^2 - 2)$$

Un polinomio solo se puede expresar como una igualdad notable si tiene 3 términos, o tiene 2 términos con signos contrarios.

ACTIVIDADES

31 Expresa estos polinomios como el cuadrado de una suma o de una resta, cuando sea posible.

a) $9x^2 + 30xy + 25y^2$
b) $16y^2 - 24xy + 9x$
c) $49x^2 + 28xy + 4y^2$
d) $16 - 24x + 9x^2$
e) $x^4 + y^2 + x^2y$
f) $x^4 + y^2 - 2x^2y$

32 Expresa estos polinomios como el producto de una suma por una diferencia, cuando sea posible.

a) $9x^2 - 25y^2$
b) $16y^2 - 9x^4$
c) $49x^2 - 4y^2$
d) $16 - 9x^2$
e) $x^4 - y^2$
f) $64x^4 - 81y^6$

7 Factorización de un polinomio

7.1. Divisores de un polinomio

Un polinomio, $Q(x)$, es **divisor** de otro polinomio, $P(x)$, cuando la división $P(x) : Q(x)$ tiene como resto 0.

Si un polinomio, $P(x)$, se puede expresar como el producto de otros dos polinomios, $Q(x)$ y $R(x)$:

$$P(x) = Q(x) \cdot R(x)$$

Los polinomios $Q(x)$ y $R(x)$ son divisores de $P(x)$.

EJEMPLO

14. Comprueba si $(x - 3)$ es divisor de estos polinomios.

a) $2x^3 + x^2 - 11x + 12$

Dividimos el polinomio entre $(x - 3)$ y comprobamos si el resto es cero.

$(2x^3 + x^2 - 11x + 12) : (x - 3)$

	2	1	−11	12
3		6	21	30
	2	7	10	42 → Resto

Cociente: 2, 7, 10

$2x^3 + x^2 - 11x + 12 = (x - 3) \cdot (2x^2 + 7x + 10) + 42$

Resto $\neq 0 \rightarrow (x - 3)$ no es divisor de $2x^3 + x^2 - 11x + 12$.

b) $2x^3 - 11x^2 + 19x - 12$

$(2x^3 - 11x^2 + 19x - 12) : (x - 3)$

	2	−11	19	−12
3		6	−15	12
	2	−5	4	0 → Resto

Cociente: 2, −5, 4

$2x^3 - 11x^2 + 19x - 12 = (x - 3)(2x^2 - 5x + 4)$

Resto $= 0 \rightarrow x - 3$ es divisor de $2x^3 - 11x^2 + 19x - 12$.

$2x^2 - 5x + 4$ es divisor de $2x^3 - 11x^2 + 19x - 12$.

7.2. Factorización de polinomios

Factorizar un polinomio consiste en escribirlo como producto de sus polinomios divisores de menor grado.

Para factorizar un polinomio utilizamos técnicas como sacar factor común (cuando todos los términos tienen un divisor común), las igualdades notables y la regla de Ruffini.

ACTIVIDADES

33 PRACTICA. Comprueba si $(x + 2)$ es divisor de estos polinomios.

a) $P(x) = x^3 + 6x^2 + 11x + 6$

b) $Q(x) = x^3 + 3x^2 - 4$

34 APLICA. Calcula a para que $(x - 1)$ sea divisor de $2x^3 - x^2 + 3x + a$.

35 REFLEXIONA. Calcula los divisores de $P(x) = x(x + 1)(x - 5)$.

SABER HACER

- Si el polinomio no tiene término independiente, se puede sacar factor común.
- Si el m.c.d. de los coeficientes de los términos es 1, el factor común tiene coeficiente 1.

Factorizar un polinomio

Factoriza el polinomio $P(x) = 4x^5 + 8x^4 + 5x^3 + x^2$.

Pasos a seguir

1. Sacamos factor común, si es posible.

Hallamos el m.c.d. de los términos.

m.c.d. (4, 8, 5, 1) = 1 → El factor común tiene coeficiente 1.

En todos los términos se repite x.

Tomamos la de menor exponente: x^2 → Factor común $= x^2$

$P(x) = 4x^5 + 8x^4 + 5x^3 + x^2 = x^2(4x^3 + 8x^2 + 5x + 1)$

2. Usamos la regla de Ruffini para encontrar factores del tipo $(x - a)$, donde a siempre tiene que ser un número divisor del término independiente del polinomio.

$4x^3 + 8x^2 + 5x + 1$ → Término independiente 1.

$\text{Div}(1) = \{+1, -1\}$ ⟶ Utilizamos la regla de Ruffini para determinar si alguno de ellos hace el resto 0.

	4	8	5	1
1		4	12	17
	4	12	17	18 ≠ 0

	4	8	5	1
−1		−4	−4	−1
	4	4	1	0

COCIENTE ⟶ $4x^2 + 4x + 1$

Por tanto: $4x^3 + 8x^2 + 5x + 1 = (x + 1)(4x^2 + 4x + 1)$

3. Comprobamos si se pueden aplicar las igualdades notables.

$4x^2 + 4x + 1$ → Tres términos.

Término de mayor grado es $4x^2 \xrightarrow{a^2 = 4x^2} a = 2x$

Término de menor grado es $1 \xrightarrow{b^2 = 1} b = 1$

Término que falta es $4x \xrightarrow{a = 2x,\, b = 1} 2ab = 2 \cdot 2x \cdot 1 = 4x$

El término $2ab = 4x$ tiene signo + → Suma de cuadrados

$4x^2 + 4x + 1 = (2x + 1)^2$

4. Escribimos el polinomio inicial como el producto de todos los polinomios que hemos calculado.

$$P(x) = 4x^5 + 8x^4 + 5x^3 + x^2 = x^2(4x^3 + 8x^2 + 5x + 1) =$$
$$= x^2(x + 1)\,(4x^2 + 4x + 1) =$$
$$= x^2(x + 1)\,(2x + 1)^2$$

ACTIVIDADES

36 Factoriza estos polinomios.

a) $A(x) = x^2 + 3x + 2$

b) $B(x) = x^2 - x - 2$

c) $C(x) = x^2 + x - 2$

d) $D(x) = x^2 - 3x + 2$

e) $E(x) = x^2 + 2x + 1$

f) $F(x) = x^2 + 8x + 16$

g) $G(x) = x^2 - 6x + 9$

h) $H(x) = x^2 - 4x$

37 Encuentra la descomposición factorial de estos polinomios.

a) $K(x) = x^3 + 8x^2 + 21x + 18$

b) $L(x) = x^3 + 3x^2 - 9x - 27$

c) $M(x) = x^4 - 5x^2 + 4$

d) $N(x) = x^4 - x$

e) $O(x) = x^5 - 25x^3$

f) $P(x) = x^4 - 6x^3 + 9x^2$

g) $Q(x) = (5x^3 + 4x)^3$

Monomios

38 Indica la parte literal, el coeficiente, las variables y el grado de estos monomios. Después, escribe el monomio opuesto a ellos y dos monomios semejantes.

a) $5x^3y$

b) $-8xy^2z^3$

c) $3y^4z^4$

d) $\frac{4}{3}x^2$

39 Escribe un monomio con cada una de estas características.

a) La parte literal tiene tres variables y su grado es 5.

b) El coeficiente es 3 y la parte literal es xy^4.

c) El coeficiente es -6, tiene una única variable y su grado es 3.

d) Es semejante a $4x^3y$ y su coeficiente es un número fraccionario.

40 ¿Es posible escribir un monomio de grado 7 semejante a $7x^4y^2$? ¿Y un monomio opuesto a $2x^2z$ con parte literal xyz?

41 Realiza las siguientes operaciones entre monomios.

a) $4xyz - 2xy + 6xyz - 9xy$

b) $7x^2 - xy^3 + 6xy + 3xy^3 - 8x^2$

c) $-5x^2z + 2xz - xz + 9xz^2 + x^2z$

d) $4y^2z^3 + 7z^2y^2 - 8yz^3 + y^2z^3$

e) $-2xyz^2 + 11xz - 5xy^2z + 3xzy^2$

f) $6x^3y^2 + 4xz^2 - 2x^3y^2 + xz - 5xz^2$

42 Resuelve estas operaciones entre monomios.

a) $2x \cdot 5x^2 \cdot 3y$

b) $-3xy^3 \cdot 6x^3y \cdot y^4$

c) $7yz^2 \cdot (-4xz) \cdot x^5$

d) $8xyz^3 \cdot 7x^3z^2 \cdot (-6xy^2z)$

e) $5x^2y^4 \cdot 9xz^3 \cdot (-x^3yz^4)$

f) $-9y^3z \cdot 3x^4z \cdot (-7xyz^2)$

43 Efectúa las siguientes divisiones.

a) $20x^5y^4 : 5x^2$

b) $-32x^6y^3 : 6x^3y$

c) $27xyz^2 : (-3xz)$

d) $63x^3yz^3 : 7x^3z^2$

e) $(-5x^3y^2z^4) : (-xy^2z)$

f) $45x^2y^4z^5 : 9xz^3$

g) $-9xy^3z^4 : (-3xyz^2)$

h) $35y^2z^4 : (-5yz^4)$

44 Obtén el resultado de estas operaciones con monomios.

a) $7x^2 + 4x \cdot (x + y) - 5y^2$

b) $2x^2y + (5x - y) \cdot xy - 8xy^2$

c) $-6xy + 3y \cdot (x - x^2) + 4x^2y$

d) $2x \cdot (3x + 5y) - 7x^2 - 8xy$

e) $(2x^2 - x) \cdot 3y + 5xy - x^2y$

45 Calcula y escribe el resultado de estas operaciones.

a) $5x \cdot (x - y^2 - z) - 3y \cdot (x + y - z^2) + x \cdot (x - y)$

b) $(-x + y - z^2) \cdot (-2yz) - (x + y - z) \cdot xy + (x^2 - z^3)$

46 Razona si estas igualdades son verdaderas o falsas.

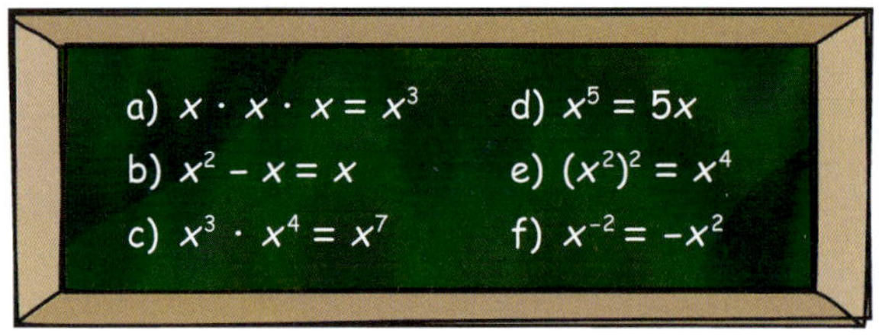

Polinomios

47 Determina el grado, las variables y el término independiente de estos polinomios.

a) $P(x) = -x^3 + x^2 - 7x - 2$

b) $Q(x) = -x^2 + 2x + 6$

c) $P(x, y) = -2x^5 - x^2y^2 + 5x^3 - 1 + 3x^3 + 3$

d) $Q(x, y) = x^2 + 4x^3 - x - 9 + 4x^4y^3$

e) $P(x, y, z) = 7x^2yz - 3xy^2z + 8xyz^2$

48 Escribe, en cada caso, dos polinomios que cumplan las siguientes características.

a) Es de grado 3, tiene tres términos y sus variables son x e y.

b) Es de grado 5, su término independiente es -1, el coeficiente del término de mayor grado es 2 y sus variables son x, y, z.

c) Tiene dos términos con coeficientes 4 y -3, una única variable, x, y es de grado 4.

49 Razona si son verdaderas o falsas estas afirmaciones.

a) Todos los polinomios tienen término independiente.

b) Los coeficientes de un polinomio son siempre números naturales.

c) Solo existe un polinomio opuesto a un polinomio.

d) No existe ningún polinomio con tres términos que sea de grado 1.

e) Los polinomios con tres términos tienen siempre grado 3.

50 Calcula el valor numérico de cada polinomio para los valores indicados.

a) $A(x) = x + 1$, para $x = 1$.

b) $B(x) = \frac{1}{2}x^4 + 3$, para $x = 2$.

c) $C(x) = 4x^5 - x^2 + 3$, para $x = -1$.

d) $D(x) = -9x^4 + 7x^2 + 5$, para $x = 1$.

e) $E(x) = x^3 + x^2 + x + 2$, para $x = -2$.

f) $F(x) = x^4 + x^4 - x^3 + x^2 - 7x - 2$, para $x = 0$.

g) $G(x) = -14$, para $x = -2$.

51 Halla los valores numéricos para el polinomio:

$$P(x, y) = 2x^2y + xy^2 - 3xy + 5x - 6y + 9$$

a) $P(0, 0)$
b) $P(1, 1)$
c) $P(-1, 1)$
d) $P(1, -1)$
e) $P(1, 2)$
f) $P(2, 1)$

52 ¿Puede un polinomio $P(x)$ tener distintos valores numéricos para un mismo valor de la variable x? ¿Y el mismo valor numérico para distintos valores de la variable? Justifica tu respuesta.

53 Dados los polinomios:

$$P(x) = x^2 - 4x + 3 \qquad Q(x) = 1 - x^2$$

calcula.

a) $[P(-1) + Q(3)] \cdot (-5)$
b) $\frac{4}{3} - 4 \cdot P(0)$

SABER HACER

Calcular un coeficiente de un polinomio conociendo uno de sus valores numéricos

54 Calcula el valor de a en el polinomio:

$$P(x) = x^2 + 3x + a$$

sabiendo que $P(-1) = 4$.

PRIMERO. Se sustituye, en el polinomio, la variable por su valor.

$$P(-1) = (-1)^2 + 3(-1) + a = 1 - 3 + a = -2 + a$$

SEGUNDO. Se iguala al valor numérico que nos da el enunciado.

$$\left.\begin{array}{l} P(-1) = -2 + a \\ P(-1) = 4 \end{array}\right\} \rightarrow -2 + a = 4$$

TERCERO. Se despeja la incógnita de la ecuación resultante.

$$-2 + a = 4 \rightarrow a = 4 + 2 \rightarrow a = 6$$

Por tanto, el polinomio es $P(x) = x^2 + 3x + 6$.

55 Calcula el valor de k en cada polinomio, sabiendo que $P(1) = 6$.

a) $P(x) = kx^7 + x^3 + 3x + 1$

b) $P(x) = kx^4 + kx^3 + 4$

c) $P(x) = 9x^5 + kx^2 + kx - k$

d) $P(x) = kx^6 - kx^3 + kx + k$

e) $P(x) = k$

56 Calcula el valor de a en el polinomio $P(x, y) = x^4y + 4x - ay$ si su valor numérico en $x = 1$ e $y = 0$ es 4.

57 Determina cuáles de los siguientes polinomios tienen como raíz $x = -1$.

a) $P(x) = x^2 + 5x + 4$

b) $Q(x) = x^2 + 2x - 3$

c) $R(x) = x^3 + 7x^2 + 14x + 8$

d) $S(x) = x^4 - 10x^2 + 9$

e) $T(x) = x^4 - 3x^3 + 4x^2 + 3x - 5$

f) $U(x) = 2x^3 + 9x^2 + 12x + 5$

58 Determina el valor de m para que $x = -2$ sea raíz de estos polinomios.

a) $P(x) = x^3 - mx^2 + mx - 10$

b) $P(x) = x^3 - mx^2 - 2mx + 8$

c) $P(x) = x^3 + mx^2 + 11x + m$

d) $P(x) = x^4 - (m + 1)x^2 + m$

Operaciones con polinomios

59 Dados los polinomios:

$P(x) = 2x^5 - 3x^4 + 7x^3 - 2x^2 + 3x - 6$

$Q(x) = 3x^4 - 2x^3 + 5x^2 - 7x - 1$

$R(x) = 3x^2 - x + 1$

$S(x) = 2x + 3$

calcula.

a) $P(x) + Q(x) + R(x) + S(x)$

b) $P(x) - R(x) + S(x) - Q(x)$

c) $[P(x) + Q(x)] - [R(x) + Q(x)]$

d) $[P(x) - Q(x)] - [R(x) - Q(x)]$

60 Halla cuál es el polinomio $Q(x)$ que hay que sumar a $P(x) = x^2 + 2x - 1$ para obtener como resultado $R(x)$.

a) $R(x) = x - 1$
b) $R(x) = 2x^2 - x - 6$
c) $R(x) = 5x^2 - x + 1$
d) $R(x) = -7x^2 - 3x$
e) $R(x) = x^3 - x$
f) $R(x) = x^3 - x^2$

61 Dados los polinomios:

$P(x) = 2x^5 - 3x^4 + 7x^3 - 2x^2 + 3x - 6$

$Q(x) = 3x^4 - 2x^3 + 5x^2 - 7x - 1$

$R(x) = 3x^2 - x + 1 \qquad S(x) = 2x + 3$

calcula.

a) $[P(x) - Q(x)] \cdot S(x)$
b) $[R(x) - Q(x)] \cdot S(x)$
c) $[P(x) + Q(x) + R(x)] \cdot S(x)$
d) $[P(x) + Q(x) - R(x)] \cdot S(x)$

62 Expresa el área de cada figura mediante un polinomio. Simplifica su expresión.

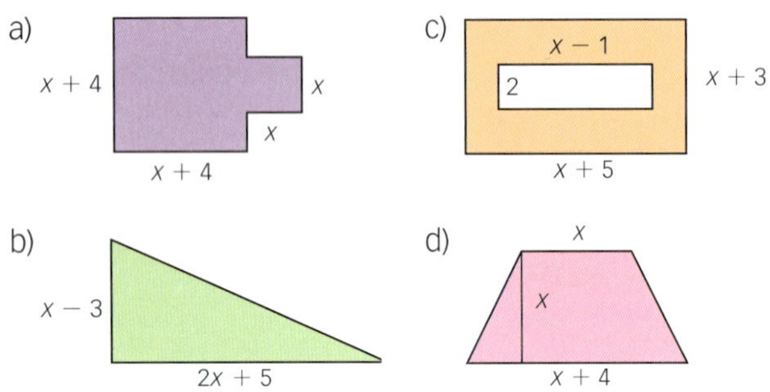

63 Divide.

a) $(4x^4 + 3x^3 - 5x^2 + x + 7) : (x - 1)$
b) $(4x^4 - 2x^3 + 3x^2 - 2x + 5) : (x + 1)$
c) $(7x^5 + 4x^4 + 3x^3 - 5x^2 + 2x - 1) : (x^2 + x)$

64 Utiliza la regla de Ruffini para realizar estas divisiones.

a) $(x^4 - 3x^3 + x^2 + 3x - 5) : (x + 2)$
b) $(x^3 - 8x + 12) : (x + 1)$
c) $(x^4 - x^3 + 4x^2 - 3) : (x - 2)$
d) $(2x^3 + x^2 - 3x + 5) : (x - 1)$
e) $(x^4 + 4x^3 + 5x^2 - x - 5) : (x + 1)$
f) $(x^3 - x^2 + 7) : (x - 1)$

65 Halla el valor de m para que la división $P(x) : A(x)$ tenga resto 0.

a) $\begin{cases} P(x) = x^2 + mx + 3 \\ A(x) = x + 3 \end{cases}$

b) $\begin{cases} P(x) = x^3 + 4x^2 + mx - 6 \\ A(x) = x - 1 \end{cases}$

c) $\begin{cases} P(x) = x^3 + 2x^2 + mx + 2m \\ A(x) = x - 2 \end{cases}$

d) $\begin{cases} P(x) = x^4 + mx^2 - m - 1 \\ A(x) = x + 2 \end{cases}$

66 Calcula el valor de a para que se cumplan las igualdades.

a) $(ax^2 + 2) \cdot (x - a) = -3x^3 - 9x^2 + 2x + 6$
b) $(x^2 + ax - 4) \cdot (-3a + 1) = 4x^2 - 4x - 3$
c) $(x^4 - x^2 + a) \cdot \left(x + \frac{a}{2}\right) = x^5 + x^4 - x^3 - x^2 + 2x + 2$

Factor común. Igualdades notables

67 Extrae factor común.

a) $3x^2yz + 6xz - 9yz$
b) $15xy + 18xy^3z - 9xy$
c) $2x^2 - 8xy^2 + 12xy$
d) $4y^3z + 20yz - 26yz^2$
e) $-2x^4y^3z + 2x^3yz - 6x^5y$
f) $8x^2yz^4 + 16x^2yz^3 - 18x^3y^2z^2$

68 Extrae factor común a estos polinomios.

a) $-15x^2y^5z^3 + 9xy^2 - 12x^3y^2 + 21x^4y^3$
b) $32a^2b^3 + 18a^4b^2 - 28a^3b^3 - 10a^2b^2c$
c) $-30x^4z^3 + 20x^2yz^3 - 40x^4z^2 + 50x^3y^2z^2$
d) $-11y^5z^3 + 33xy^2z - 66y^2z^3 + 44x^4y^3z^4$

69 Desarrolla estos cuadrados.

a) $(6x + 5)^2$
b) $(-3x + 2)^2$
c) $(2x - 7)^2$
d) $(-3 - 2x)^2$
e) $(3 - x)^2$
f) $(-5 + 2x)^2$

70 Calcula.

a) $(2x - 3) \cdot (2x + 3)$
b) $(4x + 5) \cdot (4x - 5)$
c) $(x^2 - x) \cdot (x^2 + x)$
d) $(2x - 9) \cdot (2x + 9)$

71 Completa las siguientes igualdades en tu cuaderno.

a) $(2x + 3)^2 = \square + 12x + \square$
b) $(5 - 3x)^2 = 25 - \square + \square x^2$
c) $(\square + \square)^2 = x^4 + 2x^3 + x^2$

72 Completa en tu cuaderno las siguientes igualdades.

a) $(3x^2y + \square)^2 = \square + 12x^2y^4 + \square$
b) $(\square - \square)^2 = 4x + 9y - \square$
c) $(\square - \square)^2 = x^4 - 2x^3 + x^2$

73 Realiza.

a) $(2y - 5)^2 + (3 + y)^2$
b) $(3x + 2)^2 - (4 - x)^2$
c) $(y^2 - 5y)^2 + (1 - 3y)^2$
d) $(x - 4x^2)^2 - (7x^2 + 2)^2$

74 Expresa estos polinomios como el cuadrado de una suma o una diferencia.

a) $9x^2 + 18x + 9$
b) $16x^2 - 16x + 4$
c) $x^2 + 16x + 64$
d) $4x^2 + 4x + 1$

75 Expresa estos polinomios como el cuadrado de una suma o una diferencia.

a) $x^2 + 4xy + 4y^2$
b) $9x^2 - 6x^3 + x^4$
c) $x^2 - 2x^2y + x^2y^2$
d) $x^6 - 2x^3y + y^2$

Factorización de un polinomio

76 Indica cuáles de estos polinomios son divisores del polinomio $P(x) = x^4 - 10x^2 + 9$.

a) $x + 2$
b) $2x + 1$
c) $x + 1$
d) $x - 2$
e) $x - 3$
f) $x + 3$

77 Comprueba si $x + 3$ es divisor de estos polinomios y, en caso de que lo sea, encuentra el cociente.

a) $P(x) = x^3 + 3x^2 - 5x - 15$
b) $P(x) = x^3 - 3x^2 + 2x - 6$
c) $P(x) = x^3 + 4x^2 - 3x - 18$
d) $P(x) = x^3 - 7x + 6$

78 Sin hacer cálculos, razona cuáles de estos polinomios tienen como divisor a x y cuáles a x^2.

a) $P(x) = x^3 + x^2 + 6x$
b) $P(x) = 2x^4 + 5x^3 - 9x^2$
c) $P(x) = (x^3 - x^2) \cdot (x + 4)$
d) $P(x) = 2x^2 - x^3$
e) $P(x) = (x - x^2) \cdot (x - 5)$
f) $P(x) = (x^2 - x)^3$

79 Factoriza estos polinomios.

a) $x^2 - 3x$
b) $x^4 + 5x^3$
c) $x - x^2$
d) $x - x^3$
e) $x^4 - 4x^2$
f) $x^2 - 25x$
g) $x^3 - 2x^2 + x$
h) $x^3 - 6x^2 + 9x$

80 Encuentra tres divisores de estos polinomios y escribe su descomposición factorial.

a) $x^3 - x^2 - 10x - 8$
b) $x^3 + 2x^2 - 5x - 6$
c) $x^3 + 3x^2 - 6x - 8$
d) $x^3 - 2x^2 - 5x + 6$
e) $x^3 - 7x^2 + 14x - 8$
f) $x^3 + 3x^2 + 3x + 1$

81 Obtén la descomposición factorial.

a) $x^4 - 13x^2 + 36$
b) $x^4 - 20x^2 + 64$
c) $x^4 - 25x^2 + 144$
d) $x^4 - 17x^2 + 16$
e) $x^4 - 11x^2 + 18$
f) $x^4 - 29x^2 + 100$

82 Termina la descomposición factorial.

a) $(x - x^2) \cdot (x^2 - 25)$
b) $(x^3 - x^2) \cdot (x^2 - 1)$
c) $(x^2 - 4) \cdot (x^2 - 64)$
d) $(4x^2 - 2x) \cdot (x^2 + 4x + 4)$
e) $(x^2 - 2x + 1) \cdot (x^2 - 4x + 4)$
f) $(3x - 9x^2) \cdot (3x^2 + 6x)$

83 Descompón factorialmente.

a) $-2x^3 + 3x^2 + 8x - 12$
b) $-8x^3 - 6x^2 + 29x - 15$
c) $24x^3 + 46x^2 - 6x - 4$
d) $2x^3 + 9x^2 + 12x + 5$
e) $6x^3 + 5x^2 - 6x$
f) $9x^3 - 3x^2 - 2x$

DEBES SABER HACER

Monomios

1 Realiza las operaciones e indica el grado del monomio resultante.

a) $2x^2 + 3x^2 - 7x^2 + 8x^2 - x^2$
b) $5xy^3 - 2xy^3 + 7xy^3 - 3xy^3 + 12xy^3$
c) $5xz - 3xz + 15xz - 11xz + 8xz - 3xz$
d) $(6ac^3) \cdot (-2a^2c^3) \cdot (-3ac) \cdot (-4a^3c^2)$
e) $(21x^2y^3) : (7xy^2)$

Polinomios

2 Halla el valor numérico del polinomio $P(x) = -x^4 + 5x^3 - 7x^2 + 8x - 4$ para:

a) $x = 0$
b) $x = -\frac{1}{2}$
c) $x = -2$
d) $x = -3$

Operaciones con polinomios

3 Calcula el resultado de las operaciones.

a) $(2 - 3x) \cdot (2 + 3x) - (4 + 5x) \cdot (4 - 5x)$
b) $(x^2 - 1)^2 + (6x^2 + 1) \cdot (1 - 6x^2)$

4 Halla el cociente y el resto de estas divisiones.

a) $(x^4 + x^3 - 8x^2 + 4) : (x - 1)$
b) $(x^4 - 5x^3 + 3x^2 - 6x - 15) : (x + 1)$

Factorización de polinomios

5 Factoriza estos polinomios.

a) $P(x) = x^3 + x^2 - x - 1$
b) $Q(x) = x^4 - 2x^2 + 1$
c) $R(x) = 4x^5 - 8x^4 - 4x^3 + 8x^2$

En la vida cotidiana

84 El término *formato de un libro* se refiere a la forma y dimensiones de este.

Hoy en día, el formato de un libro se basa en intentar transmitir al lector una sensación de equilibrio en la página. Una de las proporciones más utilizadas es que el largo sea $\frac{3}{5}$ del ancho.

Además, para dar una mayor sensación de claridad se dejan los márgenes, espacios en blanco que quedan a cada uno de los cuatro lados de la hoja impresa.

Este es el formato que ha diseñado una editorial para la nueva colección que lanzará al mercado.

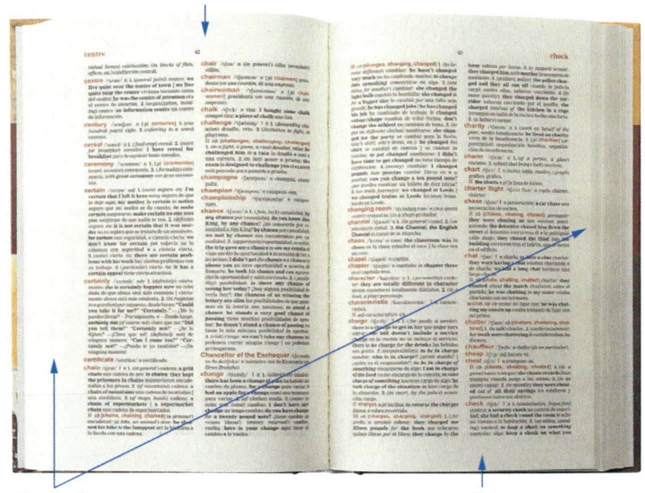

- Largo: $\frac{3}{5}$ del ancho.
- Cabeza y pie: iguales, y tienen que ser $\frac{1}{10}$ del alto de la hoja.
- Costados: el derecho será de 2 cm, el izquierdo tiene que ser el doble que el derecho.

Si llamamos x al ancho de la hoja:

a) ¿Cuál es la expresión del área de una página de este formato?

b) ¿Cuál es la expresión del área de la zona impresa?

Formas de pensar. Razonamiento matemático

85 Escribe, en cada caso, un polinomio de grado 5 que tenga estos polinomios como divisores.

a) $P(x, y) = x - y \quad Q(x, y) = 2x + 5y$

b) $P(x, y) = xy + 2 \quad Q(x, y) = x \quad R(x, y) = 2 - 7x^2$

c) $P(x, y) = 3y - x \quad Q(x, y) = x^3 - 5$

d) $P(x, y) = x \quad Q(x, y) = x^2y$

86 Estas sumas son cuadrados perfectos.

$$1^2 + 2^2 + 1^2 \cdot 2^2 = 3^2$$
$$2^2 + 3^2 + 2^2 \cdot 3^2 = 7^2$$
$$\ldots$$
$$9^2 + 10^2 + 9^2 \cdot 10^2 = 91^2$$

A la vista de los resultados, ¿sabrías determinar a qué cuadrado es igual la siguiente expresión?

$$x^2 + (x + 1)^2 + x^2(x + 1)^2$$

87 Calcula la descomposición factorial y las raíces de estos polinomios.

a) $P(-x)$, siendo $P(x) = x^2 - x$

b) $P(-x^2)$, siendo $P(x) = (x + 9)^2$

c) $P(x^2) - P(x^3)$, siendo $P(x) = x^2$

d) $P(x + x^2)$, siendo $P(x) = 4x - 3$

88 Observa esta secuencia.

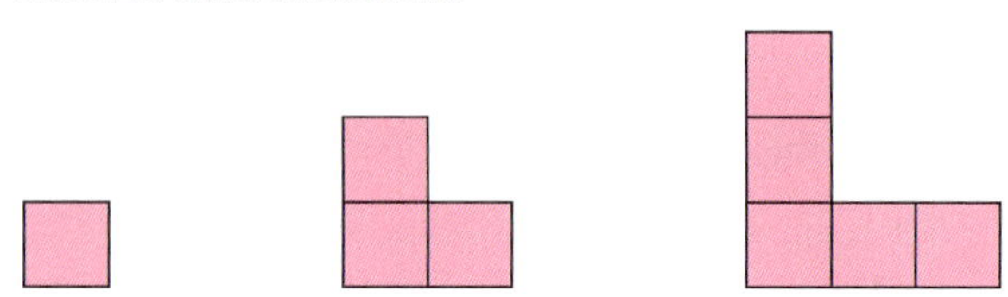

a) ¿Cuántos cuadrados necesitas para construir el nivel 4?

b) ¿Cuántos utilizarás para construir hasta el nivel 4?

c) ¿Cuántos para construir el nivel n? ¿Y hasta el nivel n?

PROYECTO FINAL. **Trabajo cooperativo**

OBJETIVO: Crear un blog de la clase

Una vez formados los grupos, seguid este proceso:

1.ª Fase.

- Informaos sobre cómo elaborar blogs. Estableced sus ventajas e inconvenientes.
- Estableced la utilidad que le daréis al blog: si tendrá carácter lúdico o informativo, si servirá para colgar trabajos de clase…

2.ª Fase.

- Decidid si habrá un grupo de administradores, si existirá un redactor o si cualquiera podrá escribir en el blog.
- Elaborad varios diseños que respondan a las necesidades que habéis establecido.

3.ª Fase.

- Poned en común toda la información recogida.
- Cread el blog en la plataforma y hacedlo con el diseño elegido.

Pruebas PISA

El mejor coche

89 ●●● Una revista utiliza un sistema de puntuaciones para evaluar los nuevos modelos y concede un premio de *Mejor Coche del Año* al coche con mejor puntuación. Se están evaluando cinco coches nuevos.

Coche	Seguridad (S)	Ahorro de combustible (C)	Diseño exterior (D)	Habitáculo interior (H)
Ca	3	1	2	3
M2	2	2	2	2
Sp	3	1	3	2
N1	1	3	3	3
XK	3	2	3	2

Las puntuaciones se interpretan de la siguiente manera:

$$3 = \text{Excelente};\ 2 = \text{Bueno};\ 1 = \text{Aceptable}$$

- Para calcular la puntuación total de un coche, la revista utiliza la siguiente regla, que da una suma ponderada de las puntuaciones individuales:

$$\text{Puntuación total} = (3 \times S) + C + D + H$$

- El fabricante del coche *Ca* pensó que la regla para obtener la puntuación no era justa. Escribe una regla, con las cuatro variables multiplicadas por números positivos, para que el *Ca* sea el ganador.

(Prueba PISA 2003)

Líquenes

90 ●●● Como consecuencia del calentamiento global, algunos glaciares se están derritiendo. Doce años después de que el hielo haya desaparecido, empiezan a crecer líquenes en las rocas.

Los líquenes crecen, más o menos, en forma de círculo. La relación entre el diámetro de este círculo y la edad del liquen se puede expresar aproximadamente mediante la fórmula:

$$d = 7{,}0 \cdot \sqrt{t - 12} \qquad \text{para } t \geq 12$$

siendo d el diámetro del liquen en milímetros, y t el número de años desde que el hielo ha desaparecido.

- Calcular el diámetro que tendrá un liquen 16 años después de que el hielo haya desaparecido.
- Ana midió el diámetro de un liquen y obtuvo 35 milímetros. ¿Cuántos años han transcurrido desde que el hielo desapareció de este lugar?

(Prueba PISA 2012)

CLAVES PARA EMPEZAR

Expresión algebraica

Una **expresión algebraica** es un conjunto de números y letras que se combinan con los signos de las operaciones matemáticas.

El **valor numérico** de una expresión algebraica es el resultado que se obtiene al sustituir las letras por números determinados y operar.

EJEMPLO

Lenguaje usual	Lenguaje algebraico
Un número más 3 unidades	$x + 3$
El cuadrado de un número más su triple	$x^2 + 3x$

El valor numérico de estas expresiones para $x = 1$:

$x + 3 \xrightarrow{x=1} 1 + 3 = 4$ $\qquad$ $x^2 + 3x \xrightarrow{x=1} 1^2 + 3 \cdot 1 = 4$

ACTIVIDADES

1 Traduce estas expresiones a lenguaje algebraico y determina su valor numérico para $x = 2$.

a) Un número más su triple.

b) El doble de un número menos su cuadrado.

c) La suma de un número y su mitad.

Igualdad algebraica

Una igualdad algebraica está formada por dos expresiones algebraicas separadas por el signo $=$.

Una igualdad algebraica se puede cumplir para todos los valores de las letras, para algunos o para ninguno.

EJEMPLO

- $2x + x = 3x$ es una igualdad algebraica que se cumple para todos los valores de x.

  $x = 0 \rightarrow 2 \cdot 0 + 0 = 3 \cdot 0 \rightarrow 0 = 0$ Se cumple.

  $x = 1 \rightarrow 2 \cdot 1 + 1 = 3 \cdot 1 \rightarrow 3 = 3$ Se cumple.

  …

- $2x + x = 3$ es una igualdad algebraica que se cumple solo para ciertos valores de x.

  $x = 0 \rightarrow 2 \cdot 0 + 0 \neq 3 \rightarrow 0 \neq 3$ No se cumple.

  $x = 1 \rightarrow 2 \cdot 1 + 1 = 3 \rightarrow 3 = 3$ Se cumple.

- $x^2 = -4$ es una igualdad algebraica que no se cumple para ningún valor de x.

  $x = 0 \rightarrow 0^2 \neq -4 \rightarrow 0 \neq -4$ No se cumple.

  $x = 1 \rightarrow 1^2 \neq -4 \rightarrow 1 \neq -4$ No se cumple.

  Ningún número elevado al cuadrado da un número negativo.

ACTIVIDADES

2 Escribe dos igualdades algebraicas que se cumplan para todos los valores de las letras y otras dos que solo se cumplan para un valor.

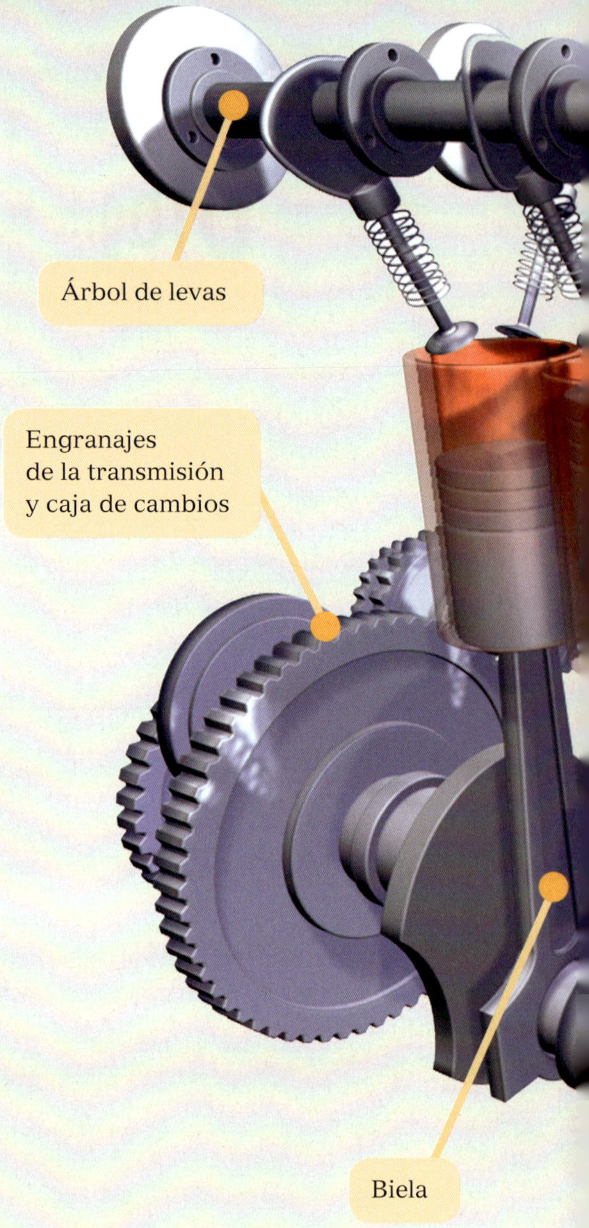

Admisión
El cilindro se llena de la mezcla de aire y gasolina.

Ecuaciones de primer y segundo grado

6

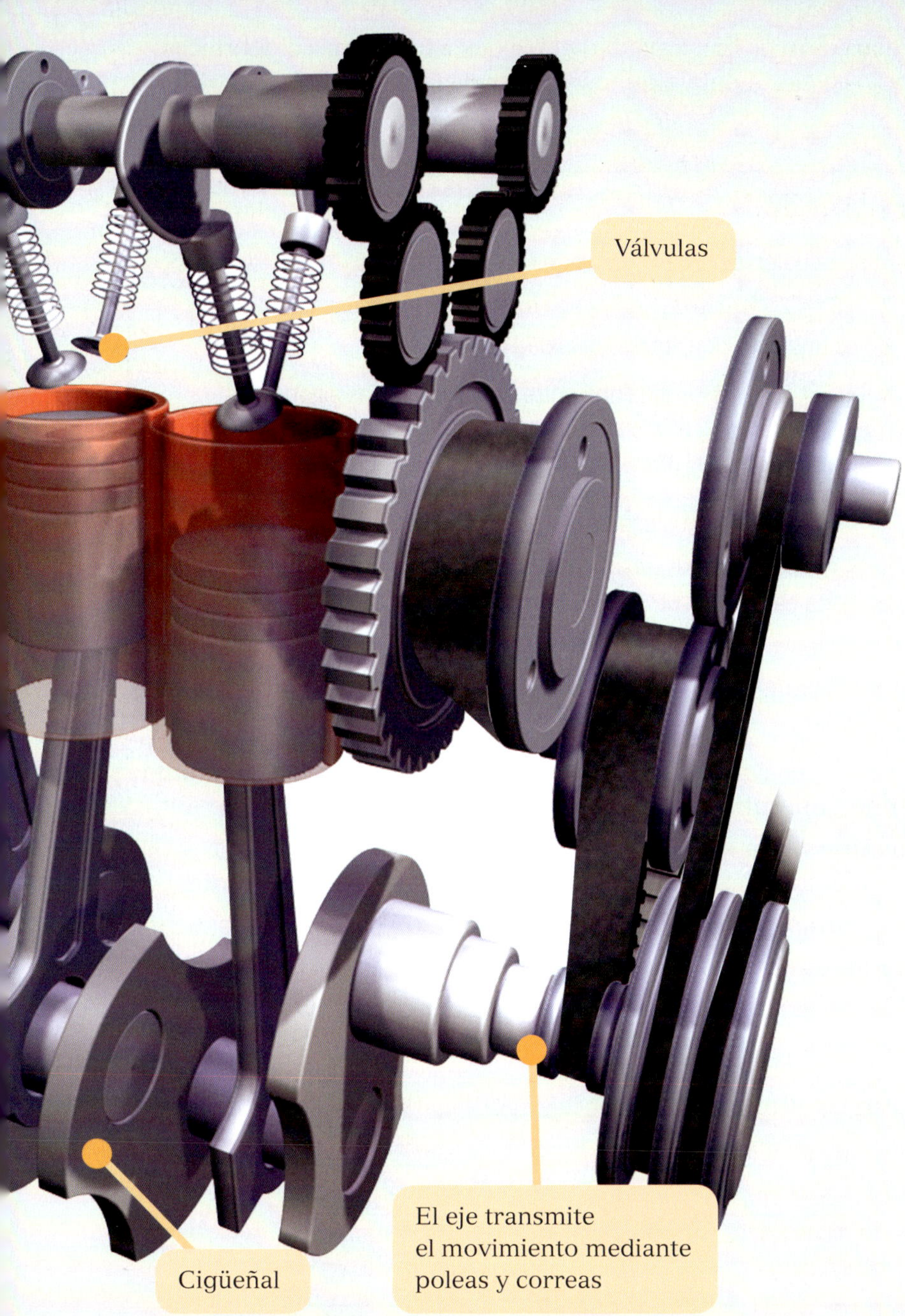

SABER

- Ecuaciones. Elementos
- Ecuaciones de primer grado
- Ecuaciones de segundo grado

SABER HACER

- Resolver una ecuación de primer grado
- Estudiar el número de soluciones de una ecuación de segundo grado
- Resolver ecuaciones de segundo grado
- Resolver problemas mediante ecuaciones

VIDA COTIDIANA

El motor de explosión

En 1885 el ingeniero alemán Karl Benz diseña el primer automóvil, el Motorwagen, impulsado por un motor de combustión interna. La velocidad que podía alcanzar era de 13 km/h.

Tuvieron que pasar algunos años para aumentar esa velocidad: en 1908 el Ford T lograba alcanzar entre 62 y 74 km/h.

- Con los coches actuales, en una autopista podemos recorrer 120 km en una hora. ¿Cuánto tardaría el Motorwagen en recorrer esa distancia?

Compresión
El pistón comprime el compuesto y provoca una elevación de la temperatura de los gases.

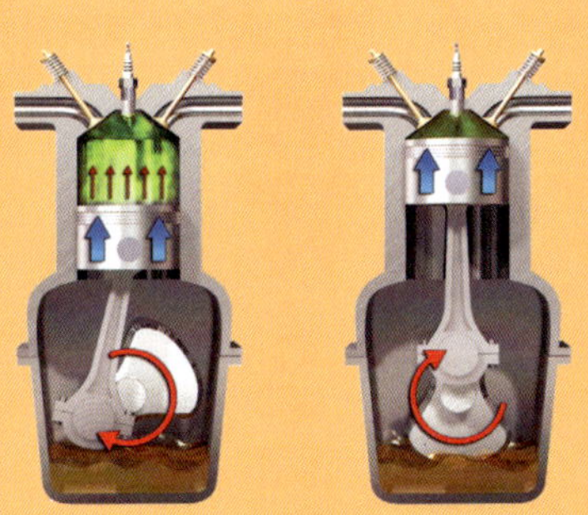

Explosión
La chispa de la bujía produce una explosión de la mezcla y empuja el pistón hacia abajo.

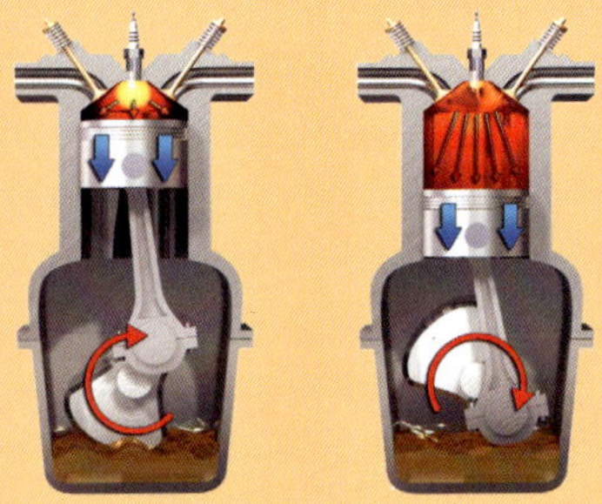

Escape
El pistón sube y expulsa los gases quemados en la explosión a través de la válvula de escape.

1 Ecuaciones

Una **identidad** es una igualdad entre dos expresiones algebraicas que siempre es cierta, sea cual sea el valor de las letras.

La igualdad $5(x + 1) = 5x + 5$ es una identidad, pues:

$x = 2 \rightarrow 5(2 + 1) = 5 \cdot 3 = 15$
$5 \cdot 2 + 5 = 10 + 5 = 15$

$x = 3 \rightarrow 5(3 + 1) = 5 \cdot 4 = 20$
$5 \cdot 3 + 5 = 15 + 5 = 20$

...

Una **ecuación** es una igualdad entre dos expresiones algebraicas que solo es cierta para algunos valores de las letras.

EJEMPLO

1. Identifica cuáles de estas igualdades son ecuaciones.

a) $7 - 5 = 2 \rightarrow$ Igualdad entre dos expresiones numéricas.
No es una ecuación, es una igualdad numérica.

b) $x + 2 = 2x - 3 \rightarrow$ Igualdad entre dos expresiones algebraicas.
Para $x = 0 \rightarrow 0 + 2 \neq 2 \cdot 0 - 3 \rightarrow 2 \neq -3$
No es cierta para cualquier valor de x. Es una ecuación.

c) $x + 2x = 3x \rightarrow$ Igualdad entre dos expresiones algebraicas.
Para $x = 0 \rightarrow 0 = 0$ Para $x = 1 \rightarrow 3 = 3$
Es cierta para cualquier valor de x. No es una ecuación.

Los principales elementos de una ecuación son:

- **Miembros:** son cada una de las dos expresiones algebraicas separadas por el signo igual; la expresión de la izquierda se denomina **primer miembro**, y la de la derecha, **segundo miembro**.
- **Términos:** son los sumandos de los miembros. Si están formados por solo un número, se denominan **término independiente**.
- **Incógnitas:** son las letras cuyos valores son desconocidos.
- **Grado:** es el mayor grado de sus términos.

EJEMPLO

2. Señala los elementos de cada ecuación.

a) $7x + z = 8x + 9$
1.er miembro: $7x + z$; 2.º miembro: $8x + 9$
Términos: $7x$, z, $8x$, 9. Término independiente: 9
Incógnitas: x, z Grado: 1

b) $x^2 - 2x = 3$
1.er miembro: $x^2 - 2x$; 2.º miembro: 3
Términos: x^2, $2x$, 3. Término independiente: 3
Incógnita: x Grado: 2

ACTIVIDADES

1 PRACTICA. Identifica las igualdades que son ecuaciones. Determina sus miembros, términos, incógnitas y grado.

a) $3x - 2 = 6x + 5$
b) $x - 2x + 1 = -x + 1$
c) $25 - 4 = 21$
d) $x = 3x - 2$
e) $x^2 - 3 = y + 7x$
f) $2x + 50 = 2(x + 25)$

2 APLICA. Comprueba si se cumplen estas igualdades para $x = -1$ e identifica si son ecuaciones.

a) $8x + 4 = 3x - 2$
b) $x - 3x + 1 = -2x + 1$

3 REFLEXIONA. Completa en tu cuaderno la expresión $-2 \cdot (x + 4) = 4x - (\square)$ para que sea:

a) Una identidad.
b) Una ecuación.

1.1. Soluciones de una ecuación

Las **soluciones de una ecuación** son los valores numéricos de las incógnitas que hacen que la igualdad sea cierta.

Resolver una ecuación es encontrar su solución o sus soluciones.

EJEMPLO

3. Comprueba lo que se dice en cada enunciado.

a) $x = 1$ es solución de $3x - 4 = -1$.

$3x - 4 = -1 \xrightarrow{x=1} 3 \cdot 1 - 4 = -1 \rightarrow 3 - 4 = -1 \rightarrow -1 = -1$

La igualdad es cierta; por tanto, $x = 1$ es solución de la ecuación.

b) $x = -1$ no es solución de $3x - 4 = -1$.

$3x - 4 = -1 \xrightarrow{x=-1} 3 \cdot (-1) - 4 \neq -1 \rightarrow -7 \neq -1$

La igualdad no es cierta, $x = -1$ no es solución de la ecuación.

c) $x = 0$ y $x = 2$ son soluciones de $x^2 - 2x = 0$.

$x^2 - 2x = 0 \xrightarrow{x=0} 0 = 0$ $\qquad$ $x^2 - 2x = 0 \xrightarrow{x=2} 4 - 4 = 0$

En ambos casos la igualdad es cierta, $x = 0$ y $x = 2$ son soluciones.

c) No existen soluciones para la ecuación $x^2 = -9$.

No existe ningún número real que elevado al cuadrado dé un número negativo; por tanto, la ecuación no tiene solución.

Una ecuación puede tener una, varias o ninguna solución.

1.2. Ecuaciones equivalentes

Dos ecuaciones son **equivalentes** cuando tienen las mismas soluciones.

EJEMPLO

4. Halla la solución de $2x = 6$ y escribe otras equivalentes a ella.

Buscamos un número tal que su doble sea 6: $2x = 6 \rightarrow x = 3$

Otras ecuaciones que tienen como solución $x = 3$ son:

$2x + 1 = 7$ $\qquad$ $2x + 2 = 8$ $\qquad$ $2x - 1 = 5$ $\qquad$ $2x - 2 = 4$

RESUELVE EL RETO

En una balanza que está en equilibrio tengo, en un platillo, un ladrillo, y en el otro, medio ladrillo y una pesa de 3/4 de kg. ¿Cuánto pesa el ladrillo?

ACTIVIDADES

4 **PRACTICA.** Indica cuáles de las siguientes ecuaciones tienen como solución $x = 2$.

a) $x^2 - x = 2$

b) $(-x + 7) \cdot (-3) = 7x - 2$

c) $6x - 1 = 4x + 3$

d) $4x^2 + 12 - 10x = x^2 + 2x$

5 **APLICA.** Escribe, en cada caso, una ecuación que tenga por solución estos valores.

a) $x = -1$ $\qquad$ b) $x = 3$ $\qquad$ c) $x = 0$

6 **REFLEXIONA.** Escribe tres ecuaciones equivalentes a estas ecuaciones.

a) $4x - 2 = 6$ $\qquad$ b) $x + 3 = 4x$

2 Ecuaciones de primer grado

Una **ecuación de primer grado** es una igualdad entre expresiones algebraicas que se puede expresar de la forma $\boldsymbol{ax + b = 0}$, con a y b números reales y $a \neq 0$.

Esta ecuación tiene solución única: $x = -\dfrac{b}{a}$.

Transposición de términos

- **Regla de la suma.** Si a los dos miembros de una ecuación les sumamos o restamos un mismo número, o la misma expresión algebraica, se obtiene otra ecuación equivalente a la dada.
- **Regla del producto.** Si multiplicamos o dividimos los dos miembros de una ecuación por un mismo número distinto de cero, se obtiene otra ecuación equivalente.

Estas dos reglas sirven para agrupar en un miembro todos los términos con la incógnita, y en el otro, todos los números. Después, se reducen términos semejantes y se dividen los dos miembros por el coeficiente de la incógnita. Este paso final se llama **despejar la incógnita**.

EJEMPLO

5. Resuelve $3x + 4 = -2x + 5$ usando la transposición de términos.

$$3x \boxed{+4} = -2x + 5 \xrightarrow[\text{al segundo miembro}]{\text{Pasamos } +4} 3x = -2x + 5 - 4$$

Pasa como -4

$$3x = \boxed{-2x} + 5 - 4 \xrightarrow[\text{al primer miembro}]{\text{Pasamos } -2x} 3x + 2x = 5 - 4$$

Pasa como $+2x$

Ahora, reducimos términos semejantes y despejamos.

$$3x + 2x = 5 - 4 \rightarrow \boxed{5}x = 1 \xrightarrow[\text{la incógnita}]{\text{Despejamos}} x = \frac{1}{5}$$

Pasa dividiendo

RESUELVE EL RETO

Hay 7 niños, cada uno lleva una bicicleta o un triciclo. Si en total hay 19 ruedas, ¿cuántas bicicletas tienen?

Transposición de términos

En la práctica podemos resumir la transposición de términos en estas dos reglas:

- Si un término está sumando en un miembro, pasa restando al otro; y si está restando, pasa sumando.
- Si un término está multiplicando en un miembro, pasa al otro dividiendo; y si está dividiendo, pasa multiplicando.

ACTIVIDADES

7 PRACTICA. Resuelve estas ecuaciones utilizando la transposición de términos.

a) $4x - 2 = x + 4$

b) $-x + 7 = 5 + x$

c) $1 - 3x = 5 - 2x$

d) $6 + 4x = -x - 4$

e) $8 - 5x = 2 - 2x$

f) $9x + 1 = x + 9$

8 APLICA. Completa en tu cuaderno esta ecuación para que su solución sea $x = 5$.

$$5 \cdot (x + 3) = 4 \cdot (x + \square)$$

9 REFLEXIONA. ¿Qué pasa cuando en los dos miembros de una ecuación aparece un mismo término?

SABER HACER

Resolver una ecuación de primer grado

Resuelve esta ecuación: $\dfrac{x+1}{2} - 1 = \dfrac{7-2x}{5} - \dfrac{x+3}{4}$

Pasos a seguir

1. Eliminamos los denominadores. Para ello se halla el m.c.m. de todos los denominadores de la ecuación y se multiplica por todos los términos.

m.c.m. $(2, 4, 5) = 20$

$$20 \cdot \frac{x+1}{2} - 20 \cdot 1 = 20 \cdot \frac{7-2x}{5} - 20 \cdot \frac{x+3}{4}$$

$$10(x+1) - 20 = 4(7-2x) - 5(x+3)$$

Al multiplicar el m.c.m. de los denominadores por todos los términos deben desaparecer todos los denominadores de la ecuación.

2. Quitamos los paréntesis aplicando la propiedad distributiva.

$$10x + 10 - 20 = 28 - 8x - 5x - 15$$

3. Utilizamos la transposición de términos para agrupar los términos con x en un miembro, y los números en otro.

$$10x + 8x + 5x = 28 - 15 - 10 + 20$$

$$23x = 23$$

4. Despejamos la incógnita.

$$x = \frac{23}{23} = 1$$

5. Comprobamos la solución.

$$\frac{x+1}{2} - 1 = \frac{7-2x}{5} - \frac{x+3}{4} \xrightarrow{\text{Para } x=1} \frac{1+1}{2} - 1 = \frac{7-2\cdot 1}{5} - \frac{1+3}{4}$$

$$\rightarrow \frac{2}{2} - 1 = \frac{5}{5} - \frac{4}{4} \rightarrow 0 = 0$$

Por tanto, $x = 1$ es solución de la ecuación.

ACTIVIDADES

10 Resuelve estas ecuaciones de primer grado.

a) $\dfrac{7x-4}{3} = \dfrac{5x-2}{2}$

b) $\dfrac{1-3x}{7} = \dfrac{x-1}{3}$

c) $\dfrac{3x}{4} = \dfrac{x-5}{2}$

d) $\dfrac{x+4}{3} = \dfrac{x+1}{4}$

e) $\dfrac{2x+3}{3} = \dfrac{x-1}{4}$

11 Encuentra la solución de estas ecuaciones.

a) $\dfrac{x}{3} + \dfrac{x+1}{2} = x - 3$

b) $\dfrac{3x}{4} = \dfrac{x}{2} + 2$

c) $\dfrac{x}{2} + \dfrac{x}{3} = 15$

d) $2 - \dfrac{x}{4} = -3$

12 Halla la solución de cada una de estas ecuaciones.

a) $3x + 4 - \dfrac{x+3}{2} = 0$

b) $\dfrac{5x}{9} - \dfrac{x+6}{3} = \dfrac{x}{6}$

c) $\dfrac{4x}{5} - \dfrac{x+5}{6} = x - 10$

d) $\dfrac{x}{3} - \dfrac{x-1}{2} = -1$

13 Calcula el valor de x para que se cumpla la igualdad.

a) $\dfrac{3\cdot(x+2)}{5} + \dfrac{4x}{3} = \dfrac{-11}{15}$

b) $\dfrac{4x+1}{7} = \dfrac{x}{2} - \dfrac{2\cdot(x-3)}{7}$

c) $\dfrac{16}{9} = \dfrac{4\cdot(x+1)}{3} + \dfrac{2\cdot(1-x)}{9}$

d) $\dfrac{3\cdot(x-3)}{2} - \dfrac{4\cdot(x+1)}{3} = -4$

e) $\dfrac{2\cdot(x-2)}{3} - \dfrac{7}{5} = \dfrac{x+3}{4} + \dfrac{3-2x}{5}$

3 Ecuaciones de segundo grado

Ecuación de 2.º grado
- Completa
  - $ax^2 + bx + c = 0$
- Incompleta
  - $ax^2 = 0$
  - $ax^2 + bx = 0$
  - $ax^2 + c = 0$

Una **ecuación de segundo grado con una incógnita** es una igualdad entre dos expresiones que se puede expresar de la forma $\boldsymbol{ax^2 + bx + c = 0}$, siendo a, b y c números reales y $a \neq 0$.

Si b y c son números distintos de cero, la ecuación es **completa**. Si b o c es igual a cero, decimos que la ecuación es **incompleta**.

3.1. Ecuaciones de segundo grado completas

Para obtener las soluciones de una ecuación de segundo grado completa usamos la fórmula:

$$x = \frac{-b \pm \sqrt{b^2 - 4ac}}{2a} \quad \text{(Fórmula general)}$$

SE ESCRIBE ASÍ

El doble signo $\pm$ indica que pueden existir dos soluciones:

$$x_1 = \frac{-b + \sqrt{b^2 - 4ac}}{2a}$$

$$x_2 = \frac{-b - \sqrt{b^2 - 4ac}}{2a}$$

Cuando hay dos soluciones, las llamamos x_1 y x_2 para distinguirlas.

EJEMPLO

6. Resuelve la ecuación de segundo grado $x^2 + 2x - 8 = 0$.

Identificamos a, b y c: $a = 1$ $b = 2$ $c = -8$

Aplicamos la fórmula:

$$x = \frac{-b \pm \sqrt{b^2 - 4ac}}{2a} = \frac{-2 \pm \sqrt{2^2 - 4 \cdot 1 \cdot (-8)}}{2 \cdot 1} = \frac{-2 \pm \sqrt{4 - (-32)}}{2} =$$

$$= \frac{-2 \pm \sqrt{36}}{2} = \frac{-2 \pm 6}{2} \rightarrow \begin{cases} x_1 = \dfrac{-2 + 6}{2} = 2 \\ x_2 = \dfrac{-2 - 6}{2} = -4 \end{cases}$$

La ecuación tiene dos soluciones, $x_1 = 2$ y $x_2 = -4$.

$\Delta = b^2 - 4ac$ se llama **discriminante** de la ecuación y nos permite averiguar el número de soluciones (una, dos o ninguna) de la ecuación.

ACTIVIDADES

14 PRACTICA. Resuelve estas ecuaciones de segundo grado, aplicando la fórmula general.

a) $x^2 - 7x + 12 = 0$

b) $x^2 - 9x + 18 = 0$

c) $2x^2 - 8x + 8 = 0$

d) $x^2 - 9x + 14 = 0$

e) $x^2 - 6x + 8 = 0$

f) $3x^2 + 12x + 9 = 0$

15 APLICA. Escribe y resuelve la ecuación de segundo grado que tiene estos coeficientes.

a) $a = 3$ $b = -2$ $c = -1$

b) $a = -8$ $b = 26$ $c = -15$

c) $a = -2$ $b = -2$ $c = 12$

16 REFLEXIONA. ¿Cuántas soluciones tendrá una ecuación en la que $b^2 - 4ac < 0$? ¿Y si $b^2 - 4ac \geq 0$?

SABER HACER

Estudiar el número de soluciones de una ecuación de segundo grado

Averigua el número de soluciones de estas ecuaciones.

a) $x^2 - 3x - 10 = 0$ **b)** $x^2 - 6x + 9 = 0$ **c)** $3x^2 - 5x + 8 = 0$

Pasos a seguir

1. Determinamos los coeficientes *a*, *b* y *c* de la ecuación y calculamos el discriminante, $\Delta = b^2 - 4ac$.

a) $a = 1 \quad b = -3 \quad c = -10$

$\Delta = b^2 - 4ac = (-3)^2 - 4 \cdot 1 \cdot (-10) =$
$= 9 - (-40) = 49$

b) $a = 1 \quad b = -6 \quad c = 9$

$\Delta = b^2 - 4ac = (-6)^2 - 4 \cdot 1 \cdot 9 =$
$= 36 - 36 = 0$

c) $a = 3 \quad b = -5 \quad c = 8$

$\Delta = b^2 - 4ac = (-5)^2 - 4 \cdot 3 \cdot 8 =$
$= 25 - 96 = -71$

2. Analizamos el signo del discriminante:

- Si $\Delta > 0$, la ecuación tiene dos soluciones distintas.
- Si $\Delta = 0$, la ecuación solo tiene una solución (solución doble).
- Si $\Delta < 0$, la ecuación no tiene solución.

a) $\Delta = 49 > 0 \rightarrow x^2 - 3x - 10 = 0$ tiene dos soluciones.

b) $\Delta = 0 \rightarrow x^2 - 6x + 9 = 0$ tiene una única solución.

c) $\Delta = -71 < 0 \rightarrow 3x^2 - 5x + 8 = 0$ no tiene solución.

$\sqrt{b^2 - 4ac}$ solo existirá cuando $b^2 - 4ac \geq 0$. Por tanto:

- Si $b^2 - 4ac > 0$, la ecuación tiene dos soluciones.

$$x_1 = \frac{-b + \sqrt{b^2 - 4ac}}{2a}$$

$$x_2 = \frac{-b - \sqrt{b^2 - 4ac}}{2a}$$

- Si $b^2 - 4ac = 0$, la ecuación tiene una solución.

$$x = \frac{-b \pm \sqrt{b^2 - 4ac}}{2a} = \frac{-b \pm 0}{2a} = -\frac{b}{2a}$$

- Si $b^2 - 4ac < 0$, la ecuación no tiene solución.

$\sqrt{b^2 - 4ac}$ no existe.

ACTIVIDADES

17 Calcula el discriminante de estas ecuaciones y averigua su número de soluciones. Después, resuelve las ecuaciones y comprueba que el número de soluciones coincide.

a) $2x^2 + 3x - 2 = 0$
b) $x^2 - x + 3 = 0$
c) $-x^2 + 3x + 1 = 0$
d) $x^2 + 4x - 2 = 0$
e) $-2x^2 + 6x + 1 = 0$
f) $4x^2 + 5x - 3 = 0$
g) $x^2 - 6x + 4 = 0$
h) $-x^2 + 2x - 1 = 0$

18 Encuentra el valor de *c* en la ecuación:

$$-x^2 + x + c = 0$$

para que sus dos soluciones sean:

a) $x_1 = -1$ y $x_2 = 2$
b) $x_1 = -3$ y $x_2 = 4$

19 Encuentra una ecuación de segundo grado con $a = 1$ que tenga:

a) $b = 3$ y dos soluciones.
b) $c = 2$ y dos soluciones.
c) $b = 4$ y una solución única.
d) $c = 9$ y una solución única.
e) $b = -3$ y no tenga solución.
f) $c = 1$ y no tenga solución.

20 Considera las ecuaciones de segundo grado en las que sus coeficientes son iguales: $ax^2 + ax + a = 0$.

¿Cuántas soluciones tienen? Razona la respuesta.

21 Escribe una ecuación de segundo grado con dos soluciones, otra con una solución doble y otra sin solución.

3.2. Ecuaciones de segundo grado incompletas

CASO 1. Si $b = 0$. Ecuaciones del tipo $ax^2 + c = 0$.

- Si $-\frac{c}{a}$ es positivo, hay dos soluciones: $x = \pm\sqrt{-\frac{c}{a}}$.
- Si $-\frac{c}{a}$ es negativo, no tienen solución.

CASO 2. Si $c = 0$. Ecuaciones del tipo $ax^2 + bx = 0$.

- Tienen dos soluciones: $x_1 = 0$ y $x_2 = -\frac{b}{a}$

CASO 3. Si $b = 0$ y $c = 0$. Ecuaciones del tipo $ax^2 = 0$.

- Tienen una solución única: $x = 0$

RESUELVE EL RETO

Calcula el valor del siguiente producto:

$(x - a)(x - b)(x - c)\dots(x - y)(x - z)$

EJEMPLO

7. Determina las soluciones de estas ecuaciones atendiendo al tipo al que pertenecen y comprueba que obtienes el mismo resultado aplicando la fórmula general.

a) $2x^2 - 8 = 0 \rightarrow a = 2 \quad b = 0 \quad c = -8$

$b = 0$ y $c \neq 0 \rightarrow$ Ecuación del tipo $ax^2 + c = 0$. Sus soluciones son:

$$x = \pm\sqrt{-\frac{c}{a}} = \pm\sqrt{-\frac{-8}{2}} = \pm\sqrt{4} \rightarrow \begin{cases} x_1 = 2 \\ x_2 = -2 \end{cases}$$

Utilizando la fórmula general, obtenemos los mismos resultados:

$$x = \frac{0 \pm \sqrt{0^2 - 4 \cdot 2 \cdot (-8)}}{2 \cdot 2} = \frac{\pm\sqrt{64}}{4} = \frac{\pm 8}{4} \rightarrow \begin{cases} x_1 = 2 \\ x_2 = -2 \end{cases}$$

b) $2x^2 - x = 0 \rightarrow a = 2 \quad b = -1 \quad c = 0$

$c = 0$ y $b \neq 0 \rightarrow$ Ecuación del tipo $ax^2 + bx = 0$. Sus soluciones son:

$$x_1 = 0 \text{ y } x_2 = -\frac{b}{a} = -\frac{-1}{2} = \frac{1}{2}$$

Utilizando la fórmula general, obtenemos los mismos resultados:

$$x = \frac{-(-1) \pm \sqrt{(-1)^2 - 4 \cdot 2 \cdot 0}}{2 \cdot 2} = \frac{1 \pm \sqrt{1}}{4} \rightarrow \begin{cases} x_1 = \frac{1}{2} \\ x_2 = 0 \end{cases}$$

c) $7x^2 = 0 \rightarrow a = 7 \quad b = 0 \quad c = 0$

$c = 0$ y $b = 0 \rightarrow$ Ecuación del tipo $ax^2 = 0$. Su solución es: $x = 0$

Utilizando la fórmula general, obtenemos los mismos resultados:

$$x = \frac{0 \pm \sqrt{0^2 - 4 \cdot 7 \cdot 0}}{2 \cdot 7} = \frac{0}{14} = 0$$

ACTIVIDADES

22 PRACTICA. Resuelve las ecuaciones.

a) $x^2 - 6x = 0$
b) $x^2 - 49 = 0$
c) $x \cdot (x + 3) = 0$
d) $-2x^2 + 6x = 0$
e) $5x^2 = 10$
f) $x^2 = x$
g) $4x^2 + 4x = 0$
h) $-x^2 + x = 0$

23 APLICA. Resuelve.

a) $5x(2x - 1) = 7x$
b) $(x - 2)(3x + 7) = 0$

24 REFLEXIONA. Escribe una ecuación de segundo grado con algún coeficiente igual a cero y una solución.

SABER HACER

Aunque todas las ecuaciones de segundo grado se pueden resolver mediante la fórmula general, en las ecuaciones incompletas se utilizan métodos particulares que te ayudarán a resolver otras ecuaciones de grado mayor que 2.

Resolver ecuaciones de segundo grado

Resuelve estas ecuaciones.

a) $2x^2 + 6x + 4 = 0$ **b)** $-4x^2 + 36 = 0$ **c)** $-5x^2 = 0$ **d)** $-3x^2 + 12x = 0$

Pasos a seguir

1. Identificamos los coeficientes *a*, *b* y *c* para determinar si la ecuación de segundo grado es completa o incompleta.

a) $2x^2 + 6x + 4 = 0 \rightarrow a = 2 \quad b = 6 \quad c = 4$

$a \neq 0,\ b \neq 0$ y $c \neq 0 \rightarrow$ Ecuación completa

b) $-4x^2 + 36 = 0 \rightarrow a = -4 \quad b = 0 \quad c = 36$

$b = 0$ y $c \neq 0 \rightarrow$ Ecuación incompleta del tipo $ax^2 + c = 0$

c) $-5x^2 = 0 \rightarrow a = -5 \quad b = 0 \quad c = 0$

$b = 0$ y $c = 0 \rightarrow$ Ecuación incompleta del tipo $ax^2 = 0$

d) $-3x^2 + 12x = 0 \rightarrow a = -3 \quad b = 12 \quad c = 0$

$c = 0$ y $b \neq 0 \rightarrow$ Ecuación incompleta del tipo $ax^2 + bx = 0$

2. Aplicamos el método adecuado:

- Si la ecuación es completa, utilizamos la fórmula general.

a) Ecuación completa, se utiliza la fórmula general:

$$x = \frac{-6 \pm \sqrt{6^2 - 4 \cdot 2 \cdot 4}}{2 \cdot 2} = \frac{-6 \pm \sqrt{4}}{4} \rightarrow \begin{cases} x_1 = -1 \\ x_2 = -2 \end{cases}$$

- Si $b = 0$, se despeja x^2.

b) Ecuación incompleta con $b = 0$. Despejamos x^2:

$$-4x^2 + 36 = 0 \rightarrow -4x^2 = -36 \rightarrow x^2 = \frac{-36}{-4} = 9 \rightarrow x = \pm\sqrt{9} \rightarrow \begin{cases} x_1 = 3 \\ x_2 = -3 \end{cases}$$

c) Ecuación incompleta con $b = 0$. Despejamos x^2:

$$-5x^2 = 0 \rightarrow x^2 = \frac{0}{-5} = 0 \rightarrow x = 0$$

- Si $c = 0$, se saca factor común x.

d) Ecuación incompleta con $c = 0$. Sacamos factor común x:

$$-3x^2 + 12x = 0 \rightarrow x \cdot (-3x + 12) = 0 \rightarrow \begin{cases} x_1 = 0 \\ -3x + 12 = 0 \rightarrow x = \dfrac{12}{3} \rightarrow x_2 = 4 \end{cases}$$

ACTIVIDADES

25 Resuelve.

a) $x^2 + 7x = 0$
b) $6x^2 = 0$
c) $-4x^2 + 5x = 0$
d) $14x^2 + x = 0$
e) $10x^2 - 11x = 0$
f) $x^2 + 9x = 0$
g) $-x^2 - x = 0$
h) $9x^2 = 0$

26 Halla las soluciones de estas ecuaciones.

a) $x^2 = 5x$
b) $4x^2 = 16$
c) $x^2 - 64 = 0$
d) $-x^2 = 8x$
e) $-x^2 + 10 = 0$
f) $10x^2 - 10 = 0$
g) $-x^2 = -6$
h) $9x^2 - 81 = 0$

27 Resuelve estas ecuaciones de segundo grado.

a) $x \cdot (x + 2) = 15$
b) $x^2 + 4 \cdot (x + 3) = 10$
c) $x - (x + 3)^2 = -5$
d) $(1 - x) \cdot (2 + x) = 1$
e) $x^2 - 3 = x + 3$
f) $(2x + 3) \cdot 4x - 6 = 0$
g) $x^2 - 8x + 16 = 0$
h) $(x + 5) \cdot (3 - x) = x - 2$
i) $-x \cdot (7 - x) = 0$

4 Resolución de problemas mediante ecuaciones

Para resolver un problema mediante una ecuación es necesario traducir su enunciado a lenguaje algebraico y encontrar la solución de la ecuación resultante.

EJEMPLO

8. Expresa mediante ecuaciones estos problemas.

a) El precio de un bolígrafo es 1,50 €. He comprado 3 cuadernos y 2 bolígrafos y me han costado 16,50 € en total. ¿Cuánto cuesta un cuaderno?

Lo que sabemos	Lo que no sabemos
Un bolígrafo cuesta 1,50 €. 3 cuadernos y 2 bolígrafos cuestan 16,50 €.	El precio de un cuaderno.

Al dato desconocido lo llamamos x.

Precio de un cuaderno $= x$

El precio de un bolígrafo es 1,50 €.

Precio de un bolígrafo $= 1{,}5$

He comprado 3 cuadernos y 2 bolígrafos.

$3 \cdot x + 2 \cdot 1{,}5$

Me han costado 16,50 € en total.

$3 \cdot x + 2 \cdot 1{,}5 = 16{,}5 \rightarrow 3x + 3 = 16{,}5$

Largo = 3 · ancho

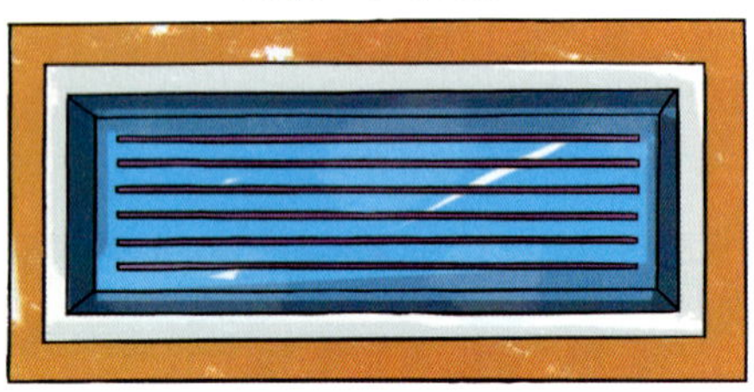

$A = 1200\ m^2$

b) El largo de una piscina es el triple de su ancho. Si su área mide 1200 m², ¿cuáles son las dimensiones de la piscina?

Lo que sabemos	Lo que no sabemos
El largo de una piscina es el triple de su ancho.	El ancho de la piscina. El largo de la piscina.

Expresamos los datos desconocidos con x.

Ancho de la piscina $= x$

El largo de una piscina es el triple de su ancho.

Largo de la piscina $= 3 \cdot x$

Su área: $(3 \cdot x) \cdot x$ *Mide 1200 m²:* $(3 \cdot x) \cdot x = 1200 \rightarrow 3x^2 = 1200$

ACTIVIDADES

28 **PRACTICA.** El precio de un cuaderno y un libro es 6 €. El precio del cuaderno es $\frac{3}{7}$ del precio del libro.

a) Expresa mediante una ecuación este problema.

b) ¿Cuál es la ecuación si me descuentan un 10 %?

29 **APLICA.** Escribe un problema que responda a esta ecuación: $3x - 6 = 92$.

30 **REFLEXIONA.** Expresa este enunciado mediante una ecuación: *El producto de dos números consecutivos impares es 483.*

SABER HACER

Resolver problemas mediante ecuaciones

A veces, la solución negativa en un problema no tiene sentido, ya que no existen medidas, precios, edades… negativos.

Resuelve estos problemas.

a) Un libro cuesta 10 € más que un disco. Por 2 libros y un disco me han cobrado 44 € en total. ¿Cuánto cuesta el disco?

b) Tomás tiene 6 años más que Pablo. El producto de sus edades es 91. ¿Qué edad tiene Pablo?

Pasos a seguir

1. Identificamos la incógnita.

a)

Lo que sabemos	Lo que no sabemos
Un libro cuesta 10 € más que un disco	El precio de un disco
2 libros y un disco cuestan 44 €	El precio de un libro

Precio de un disco → x

b)

Lo que sabemos	Lo que no sabemos
Tomás tiene 6 años más que Pablo	Edad de Pablo
El producto de sus edades es 91	Edad de Tomás

Edad de Pablo → x

2. Planteamos la ecuación.

a) Precio de un disco → x
Un libro cuesta 10 € más que un disco → $x + 10$
2 libros y un disco cuestan 44 € → $2 \cdot (x + 10) + x = 44$
$\rightarrow 2x + 20 + x = 44 \rightarrow 3x + 20 = 44$

b) Edad de Pablo → x
Tomás tiene 6 años más que Pablo → $x + 6$
El producto de sus edades es 91 → $x \cdot (x + 6) = 91 \rightarrow x^2 + 6x = 91$

3. Resolvemos la ecuación.

a) $3x + 20 = 44 \rightarrow 3x = 44 - 20 \rightarrow 3x = 24 \rightarrow x = \dfrac{24}{3} = 8$

b) $x^2 + 6x = 91 \rightarrow x^2 + 6x - 91 = 0 \rightarrow a = 1 \qquad b = 6 \qquad c = -91$

$$x = \frac{-b \pm \sqrt{b^2 - 4ac}}{2a} = \frac{-6 \pm \sqrt{6^2 - 4 \cdot 1 \cdot (-91)}}{2 \cdot 1} = \frac{-6 \pm 20}{2} \rightarrow \begin{cases} x_1 = 7 \\ x_2 = -13 \end{cases}$$

4. Comprobamos e interpretamos la solución.

a) $3x + 20 = 44 \xrightarrow{x = 8} 3 \cdot 8 + 20 = 44 \rightarrow 44 = 44$ Solución correcta.
El precio de un disco es 8 € y, por tanto, el de un libro es 18 €.

b) $x^2 + 6x = 91 \xrightarrow{x = 7} 7^2 + 6 \cdot 7 = 91 \rightarrow 91 = 91$ Solución correcta.
$x^2 + 6x = 91 \xrightarrow{x = -13} (-13)^2 + 6 \cdot (-13) = 91 \rightarrow 91 = 91$ Solución correcta.
Como la edad de una persona no puede ser negativa, la única solución válida al problema es: Pablo tiene 7 años y, por tanto, Tomás, 13.

ACTIVIDADES

31 Fernando gasta en la entrada de cine las $\dfrac{2}{5}$ partes de su paga semanal. Después, gasta una tercera parte de lo que le queda en palomitas y con una sexta parte del resto compra una rifa escolar. Al final, le quedan 5 €. ¿Cuál es su paga semanal?

32 La suma de un número y su cuadrado es 42. ¿De qué número se trata?

33 El producto de un número por el doble de ese mismo número es 288. ¿Qué número es? ¿Existe más de una solución?

ACTIVIDADES FINALES

Ecuaciones. Elementos

34 Indica los miembros de estas ecuaciones.

a) $2x + 3 = 5$

b) $2x - 3x - 7 = 5x + x - 5x$

c) $4x + 6 - x - 3x = 5 + 2x - 3 - 2x$

d) $(x + 2) - (x^2 - 2) = 4$

35 Señala los términos de las ecuaciones.

a) $5x + 1 = 25$

b) $2x - x - 9 = x + 3x - 5x$

c) $4x + 6 = 76 + 12x + 3 - 2x$

d) $9(x + 7) - 3(x^2 - 2) = 4$

36 Indica el grado de las siguientes ecuaciones.

a) $x^4 - 8 + x = 0$

b) $2x^2 + x = 0$

c) $3x^2 + 75 = 0$

d) $-4x^2 - 12x^5 = x^6$

37 ¿Cuáles de los siguientes números son solución de la ecuación $x \cdot (x + 2) = x^2 - x$?

a) $x = 2$

b) $x = -1$

c) $x = -2$

d) $x = -3$

e) $x = 1$

f) $x = 0$

38 ¿Para cuál de las siguientes ecuaciones es solución el valor $x = 3$?

a) $x \cdot (x + 5) = 7x + 3$

b) $x^3 = 27$

c) $-x + 3 = 0$

d) $x^2 = 3x$

e) $-x - 3 = 0$

f) $x^2 + 9 = 0$

g) $x \cdot (x - 2) - 3 = x \cdot (x - 3)$

h) $(x - 1)^2 - 4 = 0$

39 Razona cuál de las siguientes ecuaciones es equivalente a $2x - 10 = 4$.

a) $2(x - 10) = -x + 1$

b) $2x - 10 = x$

c) $3x - 10 = 11$

40 Escribe una ecuación para estos enunciados.

a) El doble de un número más 5 unidades es 13.

b) La mitad de un número más 3 unidades es 10.

c) El cuadrado de un número menos 4 unidades es igual al triple de ese número.

d) La suma de dos números distintos es 16.

e) La suma de tres números pares consecutivos es 48.

f) La diferencia de los cubos de dos números distintos es 61.

g) La tercera parte de un número más su quinta parte excede en 1 unidad a la mitad de ese mismo número.

Ecuaciones de primer grado

41 Resuelve.

a) $10 - x = 3$

b) $9 + x = 2$

c) $-12 - x = 3$

d) $16 + 3x = -12$

e) $4x + 5 = 11$

f) $3x + 7 = 14$

g) $-5 + 20x = 95$

h) $-9 - 11x = 2$

42 Halla la solución de las siguientes ecuaciones.

a) $3x - 10 = 4x + 2$

b) $-x + 5 = 6x - 9$

c) $-5x - 13 = -2x - 4$

d) $9x - 8 = 8x - 9$

e) $-6 + 8x = -3 + 5x$

f) $2x - 4 + 7x = 8x + 5 - 2x$

g) $7x + 9 = -x + 1$

h) $-5x - 3 + 4x + 7 = 0$

i) $9x + 8 = -7x + 16$

j) $-3x - 42 = -2x - 7$

43 Resuelve estas ecuaciones.

a) $4x + 3(x - 2) = 9(x - 1) + 7$

b) $(-7 + x)(-5) = 10$

c) $8x - 2(x + 1) = 4x + 3(x + 6)$

d) $-4(5 - 2x) + 3 = 2(-x) - 7$

e) $6x - (3x - 4) + 5 = 15$

f) $x - 8 - 2(7 - 5x) = 0$

44 Resuelve.

a) $\dfrac{x - 1}{3} = \dfrac{2x}{5}$

b) $\dfrac{x + 3}{4} = \dfrac{x - 1}{3}$

c) $\dfrac{5x - 2}{6} = \dfrac{3x + 1}{4}$

d) $\dfrac{4x}{5} = \dfrac{x + 6}{2}$

45 Encuentra la solución.

a) $6 - x = 1 - \dfrac{x}{2}$

b) $3 - \dfrac{x}{5} = \dfrac{x}{10}$

c) $\dfrac{x}{4} - \dfrac{x}{6} = -1$

d) $x - \dfrac{3x}{5} = 18$

e) $\dfrac{2x}{7} - \dfrac{x + 4}{8} = \dfrac{x - 4}{6}$

f) $x - \dfrac{x + 1}{4} = \dfrac{x + 5}{2}$

46 Resuelve estas ecuaciones.

a) $\frac{x+3}{2} - \frac{x-1}{5} = \frac{x}{3}$

b) $\frac{3-2x}{9} - \frac{5-3x}{4} = \frac{x}{2}$

c) $\frac{1-4x}{3} - \frac{1+3x}{8} = \frac{x}{6}$

d) $\frac{x+9}{10} - \frac{x-5}{6} = \frac{x-2}{3}$

e) $x - \frac{x+1}{2} - \frac{x+3}{5} = \frac{x}{4}$

f) $\frac{10-3x}{8} - \frac{x+1}{9} - \frac{17}{36} = \frac{x}{6}$

47 Calcula el valor de x.

a) $\frac{3x}{5} + 7 = \frac{2x}{6} + 9$

b) $\frac{x+2}{3} = 5x - 46$

c) $x - \frac{x+4}{5} = 1 + \frac{x}{2}$

d) $\frac{x+8}{2} - \frac{x-4}{6} = 2$

e) $\frac{x-5}{5} + \frac{8-x}{2} + \frac{2x-10}{2} = 3$

f) $\frac{x-10}{2} - \frac{x-20}{4} - \frac{x-30}{3} = 5$

48 Obtén la solución de estas ecuaciones.

a) $\frac{2x-10}{3} - \frac{3(x-12)}{4} = -1$

b) $\frac{-3x-3}{5} = 3 - 4(x+2)$

c) $\frac{2x-5}{5} + \frac{x+1}{4} = 20 - x$

d) $\frac{3-x}{7} - x = \frac{3+2(x-1)}{14}$

e) $\frac{4x-6}{10} + 2x = 21 - \frac{3(x+1)}{12}$

49 Corrige los errores.

a) $7(x-2) = 7$
$x - 2 = 7 - 7$
$x - 2 = 0$
$x = 2$

b) $7(x-2) = 4x + 1$
$7x - 5 = 4x + 1$
$3x = 6$
$x = \frac{6}{-3} = -2$

50 Escribe una ecuación de primer grado que tenga como solución:

a) $x = 2$

b) $x = \frac{1}{4}$

c) $x = -4$

d) $x = -\frac{3}{5}$

51 Completa en tu cuaderno el número que le falta a estas ecuaciones para que su solución sea $x = 2$.

a) $\square x - 2 = 10$

b) $7x + \square = 25$

c) $3x + 7 = \square$

d) $2(x-1) + 1 = \square$

e) $3(x+2) - 4x = \square x$

f) $x - 3(x - \square) = 4x$

g) $-2 + 2(\square x - 4) = 2$

h) $3(2x-1) = \square x + 5$

52 Escribe, en cada caso, una ecuación de primer grado que cumpla las características.

a) Su solución es $x = -2$ y tiene un paréntesis.

b) Su solución es $x = 3$ y tiene dos paréntesis.

c) Su solución es $x = -6$ y tiene una fracción.

d) Su solución es $x = 5$, tiene un paréntesis y una fracción de denominador 3.

Ecuaciones de segundo grado

53 Escribe, en cada caso, una ecuación de segundo grado equivalente a las dadas.

a) $x^2 + 3 = -x + 6$

b) $5 \cdot (x+2) \cdot (x-3) = 10$

c) $\frac{x \cdot (x+2)}{3} = x + \frac{1}{2}$

d) $\frac{(x+1)(x-4)}{2} = x^2 - x$

54 Considera las ecuaciones:

$$3x = 6 \qquad x^2 = 4$$

¿Son equivalentes? Justifica tu respuesta.

55 Resuelve las ecuaciones de segundo grado aplicando la fórmula general.

a) $x^2 - 5x + 6 = 0$

b) $2x^2 - 4x + 13 = 0$

c) $x^2 + 8x + 16 = 0$

d) $3x^2 + 2x - 16 = 0$

e) $x^2 - 2x + 1 = 0$

f) $7x^2 - 3x + 1 = 0$

g) $-x^2 - 4x + 5 = 0$

h) $3x^2 - 9x - 54 = 0$

56 Sin resolverlas, averigua el número de soluciones de estas ecuaciones.

a) $x^2 + 5x + 6 = 0$

b) $-2x^2 - 6x + 8 = 0$

c) $x^2 - 8x + 16 = 0$

d) $-x^2 + x + 1 = 0$

e) $x^2 + 8x + 16 = 0$

f) $2x^2 - 4x + 13 = 0$

g) $7x^2 - 3x + 1 = 0$

h) $2x^2 - 3x + 2 = 0$

57 Determina el número de soluciones de las siguientes ecuaciones.

a) $x^2 - 1 = 0$
b) $x^2 + 2x = 0$
c) $x^2 - 4x + 4 = 0$
d) $x^2 + 8x + 16 = 0$
e) $x^2 - x - 2 = 0$
f) $x^2 = 7x - 12$
g) $2x^2 - 4 + 3x = x^2 + 2 + 2x$

58 Resuelve estas ecuaciones de segundo grado incompletas.

a) $x^2 - 8 = 0$
b) $2x^2 + 50 = 0$
c) $3x^2 + 75x = 0$
d) $x^2 - 16 = 0$
e) $-8x^2 - 24x = 0$
f) $-x^2 - x = 0$
g) $x^2 - 1 = 0$
h) $4x^2 - 2x = 0$

59 Resuelve las ecuaciones por el método más adecuado.

a) $7x^2 = 63$
b) $x^2 - 24 = 120$
c) $x^2 - 25 = 0$
d) $x^2 = 10\,000$
e) $x^2 - 3 = 22$
f) $5x^2 - 720 = 0$
g) $x^2 + 1 = \frac{5}{4}$
h) $x^2 - 36 = 100$
i) $2x^2 - 72 = 0$
j) $5x^2 - 3 = 42$
k) $9x^2 - 36 = 5x^2$
l) $2x^2 + 7x - 15 = 0$

60 Resuelve.

a) $x^2 - 7x = 0$
b) $x^2 + 3x = 0$
c) $x^2 - 25x = 0$
d) $x^2 - 10x = 0$
e) $16x(x - 5) = 0$
f) $3x^2 - 12x = 0$
g) $3x = 4x^2 - 2x$
h) $4x^2 = 5x$
i) $25x^2 - 100x = 0$
j) $6x^2 - 6x = 12x$

61 Escribe estas ecuaciones de la forma $ax^2 + bx + c = 0$ y resuélvelas.

a) $x^2 + 2(2x + 1) = -1$
b) $x^2 - 3(x + 3) = 1$
c) $3(x^2 - 2x) = x^2 + 8$
d) $4(x^2 + x) - 30 = -x^2 - x$
e) $-2(x^2 + x) - x = -x^2 - 4$
f) $\frac{1}{2}x^2 + 2(-2 + x) = 2x + 4$
g) $\frac{8x^2 - 2}{3} = 0$
h) $\frac{4x^2 + 2}{3} = 2x$
i) $\frac{7(x^2 - x)}{3} + \frac{2}{3} = \frac{x - x^2}{3}$

SABER HACER

Resolver ecuaciones en las que un producto de polinomios es igual a cero

62 Resuelve: $(2x + 4)(x + 3) = 0$

PRIMERO. Se igualan a cero los dos factores.

$$2x + 4 = 0 \qquad x + 3 = 0$$

SEGUNDO. Se resuelven cada una de las ecuaciones de primer grado. Sus soluciones son las soluciones de la ecuación de segundo grado.

$$2x + 4 = 0 \rightarrow x = -2$$
$$x + 3 = 0 \rightarrow x = -3$$

63 Resuelve estas ecuaciones.

a) $(3x - 2) \cdot (2x + 1) = 0$
b) $(2x + 4) \cdot (-x + 5) = 0$
c) $(2x + 2) \cdot (x^2 - 9) = 0$

64 Escribe, en cada caso, una ecuación de segundo grado que cumpla estas condiciones.

a) Tiene como solución única $x = 2$.
b) Una de sus soluciones es $x = -1$, el término independiente es -3 y el coeficiente de x^2 es 1.
c) No tiene solución, es incompleta y el coeficiente de x^2 es 2.
d) Sus soluciones son $x = -\frac{1}{2}$ y $x = \frac{2}{3}$.

SABER HACER

Resolver ecuaciones de grado mayor que 2 con alguna raíz entera

65 Resuelve la ecuación $x^3 - 4x^2 + 4x - 1 = 0$.

PRIMERO. Se aplica la regla de Ruffini.

	1	−4	4	−1
1		1	−3	1
	1	−3	1	0

SEGUNDO. Se resuelve la ecuación obtenida al factorizar.

$$x^3 - 4x^2 + 4x - 1 = (x - 1) \cdot (x^2 - 3x + 1)$$

$$x - 1 = 0 \rightarrow x_1 = 1$$

$$x^2 - 3x + 1 = 0 \rightarrow x = \frac{3 \pm \sqrt{9 - 4}}{2} \rightarrow$$

$$\rightarrow \begin{cases} x_2 = \frac{3 + \sqrt{5}}{2}; \; x_3 = \frac{3 - \sqrt{5}}{2} \end{cases}$$

66 Halla la solución de estas ecuaciones de grado mayor que 2, tal como se ha explicado en la actividad anterior.

a) $x^3 - 4x^2 - 4x + 16 = 0$

b) $x^2 + 2x^3 - 8x^2 = 0$

c) $x^4 - 2x^3 - 11x^2 + 12x = 0$

d) $x^3 - 7x^2 + 10x = 0$

e) $2x^3 - 11x^2 + 12x = 0$

f) $x^3 - 6x^2 + 8x = 0$

SABER HACER

Resolver ecuaciones de segundo grado con paréntesis y denominadores

67 Resuelve $\dfrac{(x+1)^2}{9} - (x-2) = \dfrac{3-x}{3} + \dfrac{x^2}{6}$.

PRIMERO. Se eliminan los denominadores. Para ello se multiplican los dos miembros por el m.c.m. de los denominadores.

$$\text{m.c.m.}(9, 3, 6) = 18$$

$$18\left(\frac{(x+1)^2}{9} - (x-2)\right) = 18\left(\frac{3-x}{3} + \frac{x^2}{6}\right)$$

$$2(x+1)^2 - 18(x-2) = 6(3-x) + 3x^2$$

SEGUNDO. Se opera para eliminar los paréntesis.

$$2x^2 + 4x + 2 - 18x + 36 = 18 - 6x + 3x^2$$

TERCERO. Se agrupan todos los términos en el primer miembro y se opera.

$$2x^2 + 4x + 2 - 18x + 36 - 18 + 6x - 3x^2 = 0$$

$$-x^2 - 8x + 20 = 0$$

CUARTO. Se resuelve la ecuación de segundo grado resultante.

$$-x^2-8x+20=0 \rightarrow x=\frac{8 \pm \sqrt{(-8)^2 - 4\cdot(-1)\cdot 20}}{2\cdot(-1)}$$

$$\rightarrow x = \frac{8 \pm 12}{-2} \rightarrow \begin{cases} x_1 = -10 \\ x_2 = 2 \end{cases}$$

68 Resuelve las siguientes ecuaciones.

a) $\dfrac{(x-2)^2}{3} + \dfrac{14x-5}{6} = \dfrac{11}{6}$

b) $\dfrac{(x-2)(x+2)}{5} - \dfrac{14x+35}{6} = \dfrac{52x+5}{10}$

c) $(2x + 1)^2 = -1$

d) $(x - 2) + (2x - 1)(x - 3) = x(3x - 3) - 2x$

e) $(x - 1)(x + 2) = 2 + (x + 3)(x - 4)$

f) $\dfrac{3}{4}x^2 + \dfrac{4}{5}x = 0$

Problemas con ecuaciones

69 Escribe la ecuación que expresa estos enunciados y halla el número al que se hace referencia.

a) El doble de un número más su cuarta parte es igual a 135.

b) La mitad de la diferencia de un número menos 8 unidades es 3.

c) El producto de un número por el doble de ese mismo número da como resultado 512.

d) El doble de la suma de un número más 4 unidades es −12.

e) La tercera parte de un número menos la mitad de ese mismo número da como resultado −3.

f) El producto de un número por el número resultante de sumarle 5 unidades a ese mismo número es 14.

g) La cuarta parte del cuadrado de un número es igual a la tercera parte de la suma de ese número más 1 unidad.

70 Halla dos números naturales consecutivos sabiendo que su suma es 55.

71 Obtén tres números naturales consecutivos sabiendo que su suma es 108.

72 Halla dos números consecutivos sabiendo que la diferencia entre la tercera parte del mayor y la quinta parte del menor es igual a la séptima parte del menor.

73 Halla un número que sumado con su quinta parte, con su sexta parte y 9 unidades da como resultado 50.

74 Calcula x en cada caso.

a)

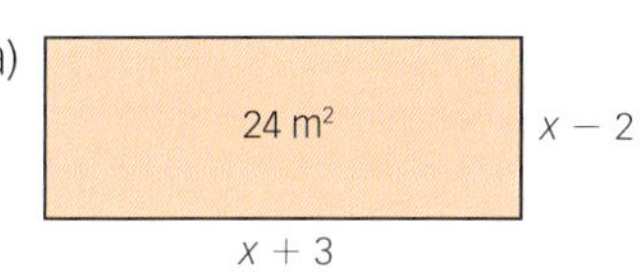

b)

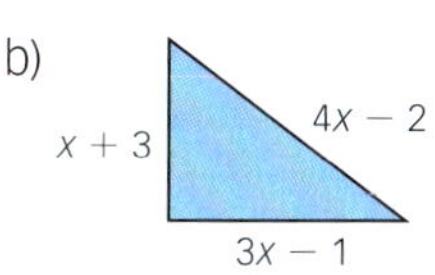

75 Halla un número de dos cifras sabiendo que la cifra de las unidades es el doble que la de las decenas y que la suma de ambas cifras es 12.

76 De una pieza de tela se han cortado dos partes, una de la mitad para confeccionar una camisa, y otra de la sexta parte para un pañuelo. Calcula la longitud de la pieza sabiendo que después de los cortes han quedado 6 m.

77 ●●● Llevo recorridos $\frac{7}{15}$ de un trayecto y aún me faltan 84 m para llegar a la mitad. ¿Cuál es la longitud del trayecto?

78 ●●● Un niño gasta los $\frac{2}{5}$ de sus ahorros en un regalo para su hermano. Luego, compra un libro con la tercera parte de lo que le queda, y le sobran 16 €. Calcula cuánto dinero tenía ahorrado y cuánto se gasta en el regalo y en el libro.

79 ●●● Un terreno rectangular tiene una superficie de 1739 m^2 y mide 10 m más de largo que de ancho. Calcula sus dimensiones.

80 ●●● Halla la longitud de una cuerda sabiendo que, después de cortar la mitad, la quinta parte y la décima parte, quedan 30 m.

81 ●●● En una fiesta hay 288 personas. El número de niños que han asistido a la fiesta es la mitad que el número de mujeres, y el número de hombres es la tercera parte de las mujeres y niños juntos. ¿Cuántos niños, mujeres y hombres hay en la fiesta?

82 ●●● Una bodega exportó en enero la mitad de sus barriles, y a los dos meses, un tercio de los que le quedaban. ¿Cuántos barriles tenía al comienzo si ahora hay 40 000?

83 ●●● En la comunidad de vecinos de Luis hay una quinta parte de personas originarias de países africanos, una décima parte de americanos y las 28 personas restantes son europeas. ¿Cuántos vecinos hay en total?

84 ●●● Para embaldosar un salón de 8 m de largo por 6 m de ancho se han utilizado 300 baldosas cuadradas. ¿Cuánto mide el lado de las baldosas?

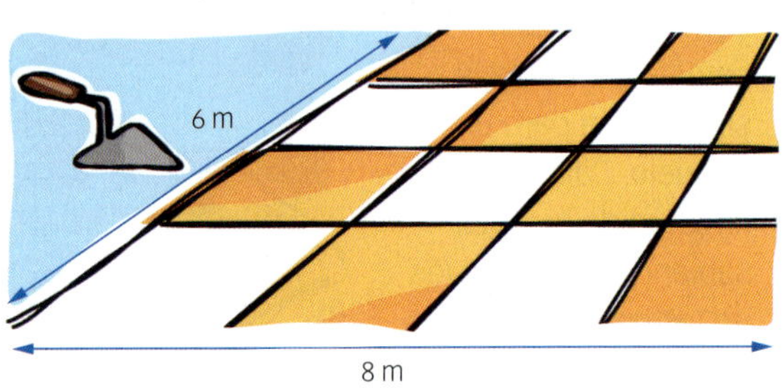

SABER HACER

Resolver problemas de edades mediante ecuaciones

85 Ana tiene ahora 12 años más que su primo Luis. Dentro de 2 años, la edad de Ana será el triple de la edad que tenga su primo. ¿Qué edades tienen Ana y Luis ahora?

PRIMERO. Se plantea el problema.

	Edad de Ana	Edad de Luis
Ahora	x	$x - 12$
Dentro de 2 años	$x + 2$	$x - 12 + 2 = x - 10$

Dentro de 2 años, la edad de Ana será el triple de la edad que tenga su primo $\rightarrow x + 2 = 3(x - 10)$

SEGUNDO. Se resuelve la ecuación.

$$x + 2 = 3(x - 10) \rightarrow x + 2 = 3x - 30 \rightarrow$$
$$\rightarrow 2 + 30 = 3x - x \rightarrow$$
$$\rightarrow 2x = 32 \rightarrow x = 16$$

TERCERO. Se comprueba e interpreta la solución.

Ana tiene 16 años; por tanto, Luis tiene:

$16 - 12 = 4$ años

Dentro de 2 años Ana tendrá 18 años, y Luis, 6.

$18 = 3 \cdot 6 \rightarrow$ Ana tendrá el triple de edad.

86 ●●● Claudia y su madre se llevan 26 años. ¿Cuántos años tienen ahora si dentro de 10 años la edad de la madre será el triple de la edad de Claudia?

87 ●●● Miguel tiene dos años más que su primo Alberto y hace cuatro años la edad de Alberto era tres cuartas partes de la de Miguel.

a) ¿Qué edades tendrán los dos dentro de seis años?

b) ¿Qué edad tenía cada uno cuando la edad de Miguel triplicaba la de Alberto?

88 ●●● María tiene dos hijos gemelos cuyas edades son la octava parte de la edad de su madre. ¿Cuáles son sus edades si entre todos suman 40 años?

89 ●●● Un padre tiene 35 años, y su hijo, 8. ¿Hace cuántos años el padre tenía diez veces la edad del hijo? ¿Dentro de cuántos años la edad del padre será el doble de la del hijo?

SABER HACER

Resolver problemas de movimiento

90 Un coche sale de Torla hacia Seto a las 9 de la mañana a 120 km/h, y una furgoneta sale en dirección contraria, a la misma hora, a 80 km/h. Torla y Seto distan 400 km. ¿A cuántos kilometros de Torla se encuentran?

PRIMERO. Se plantea el problema.

Llamamos x al tiempo transcurrido hasta el encuentro.

	Momento del encuentro
Distancia recorrida por el coche	$120x$
Distancia recorrida por la furgoneta	$80x$

La suma de las distancias recorridas es igual a la distancia entre las ciudades: $120x + 80x = 400$

SEGUNDO. Se resuelve: $200x = 400 \rightarrow x = 2$

TERCERO. Se comprueba e interpreta la solución.

Se encuentran pasadas 2 horas, y el coche habrá recorrido $120 \cdot 2 = 240$ km. Por tanto, se encuentran a 240 km de Torla.

91 A las 7 de la mañana Tomás sale de Zamora con dirección a Cádiz, a 660 km, con una velocidad de 75 km/h.
A la misma hora, Natalia sale de Cádiz hacia Zamora por la misma carretera, a una velocidad de 60 km/h.
¿A qué hora se cruzarán? ¿Y a qué distancia de Cádiz?

92 Esther viaja de Barcelona a Sevilla en coche. Sale a las 8 y lleva una velocidad de 90 km/h. A 110 km de Barcelona, Juan coge, a las 8, un autobús que viaja a 70 km/h, con la misma dirección que Esther.
¿A qué hora se encuentra Esther con el autobús?
¿Qué distancia ha recorrido cada uno?

93 Un camión sale de una ciudad a una velocidad de 80 km/h y, dos horas más tarde sale un coche de la misma ciudad a 120 km/h. ¿A qué distancia del origen alcanzará el coche al camión?

94 En una pastelería a las 12 h han vendido un tercio de los pasteles que había. A las 14 h han vendido la mitad de los que quedaban. Por la tarde venden una sexta parte del resto, y al cerrar quedan 20 pasteles. ¿Cuántos pasteles había al comenzar la jornada?

DEBES SABER HACER

Ecuaciones. Elementos

1 Escribe una ecuación:

a) Con dos incógnitas y términos independientes 5 y −3.

b) Con una incógnita y solución 7.

Ecuaciones de primer grado

2 Resuelve estas ecuaciones.

a) $3(x + 2) - 4 = 2x + 3$

b) $\frac{2 - x}{3} + \frac{1 + x}{2} = \frac{3 - x}{4}$

Ecuaciones de segundo grado

3 Resuelve estas ecuaciones.

a) $x^2 + 4x - 5 = 0$

b) $2x^2 - 4x = 0$

c) $2x^2 - 4 = 0$

d) $2x^2 = 0$

Problemas con ecuaciones

4 En un viaje se han hecho dos paradas. Hasta la primera se ha recorrido la tercera parte del trayecto, y hasta la segunda, la quinta parte. Si desde la segunda parada hasta el final del trayecto aún quedaban 210 km, ¿qué distancia se ha recorrido en total?

5 El área de un rectángulo es 96 cm^2. Halla la medida de sus dimensiones sabiendo que el largo mide 4 cm más que el ancho.

COMPETENCIA MATEMÁTICA

En la vida cotidiana

95 Para planificar un viaje necesitamos saber el tiempo aproximado que invertiremos en el trayecto. Para determinar ese tiempo, se pueden utilizar los navegadores o páginas web específicas, en las que marcando la ciudad de origen y la de llegada podemos obtener el tiempo estimado que durará el viaje.

Para calcular ese tiempo se suele utilizar la fórmula física del movimiento rectilíneo uniforme:

$$\text{Espacio} = \text{Velocidad} \cdot \text{Tiempo}$$

Lucía vive en Santander y suele veranear en Alicante con su amiga Ana, pero este año sus vacaciones coinciden y han decidido intercambiar casas. Lucía sale de Santander a las 9:00 h de la mañana y la velocidad media de su coche es de 115 km/h. Ana sale de Alicante un poco más tarde, a las 9:30 h de la mañana, y su velocidad media es de 100 km/h.

¿En qué punto kilométrico se encontrarán si suponemos que la distancia total es 900 km?

Formas de pensar. Razonamiento matemático

96 Resuelve estas ecuaciones.

$x^2 + x - 6 = 0$	$x^2 + 2x - 8 = 0$
$-6x^2 + x + 1 = 0$	$-8x^2 + 2x + 1 = 0$

Si observas, cada par de ecuaciones son del tipo:

$$ax^2 + bx + c = 0 \qquad cx^2 + bx + a = 0$$

a) Escribe dos ecuaciones que correspondan a estos tipos y resuélvelas. ¿Qué observas?

b) Comprueba que si s_1 y s_2 son las soluciones de $ax^2 + bx + c = 0$ y r_1 y r_2 son las soluciones de $cx^2 + bx + a = 0$, se cumple que: $s_1 \cdot r_2 = 1$ y $s_2 \cdot r_1 = 1$.

97 Resuelve estas ecuaciones:

$x^2 + x - 6 = 0$	$x^2 + 2x - 8 = 0$
$x^2 - x - 6 = 0$	$x^2 - 2x - 8 = 0$

Si observas, cada par de ecuaciones son del tipo:

$$ax^2 + bx + c = 0 \qquad ax^2 - bx + c = 0$$

a) Escribe dos ecuaciones que correspondan a estos tipos y resuélvelas. ¿Qué observas?

b) Comprueba que si s_1 y s_2 son las soluciones de $ax^2 + bx + c = 0$ y r_1 y r_2 son las soluciones de $ax^2 - bx + c = 0$, se cumple que: $s_1 + r_2 = 0$ y $s_2 + r_1 = 0$.

PROYECTO FINAL. **Trabajo cooperativo**

OBJETIVO: Planificar el uso de las instalaciones deportivas fuera del horario escolar

Una vez formados los grupos, seguid este proceso:

1.ª Fase.

- Estableced las necesidades que podrían tener los alumnos del centro y los vecinos en torno al uso de instalaciones deportivas diariamente, fuera del horario escolar, y los fines de semana.
- Estudiad las características de vuestro centro para intentar que el acceso se limite a las pistas deportivas y no al resto del instituto.

2.ª Fase.

- Valorad cuál sería el horario de apertura de estas instalaciones en base a las necesidades que habéis establecido.
- Evaluad las necesidades que requeriría el uso de las instalaciones: personas encargadas de abrir el centro, para la limpieza, para administrar los turnos de juego…
- Estableced los costes y si debe existir una cuota por la utilización de las instalaciones.

3.ª Fase.

- Poned en común la información recogida y acordad si hacen falta estas instalaciones, su horario y quién será responsable.
- Realizad un informe que recoja las conclusiones a las que habéis llegado.

Pruebas PISA

El poder del viento

98 ●●● Villazed está contemplando construir varias centrales de energía eólica para producir electricidad.

El Ayuntamiento de Villazed recogió información sobre el siguiente modelo.

Modelo: E-82

Altura de la torre: 138 metros

Número de palas del rotor: 3

Longitud de una pala del rotor: 40 metros

Velocidad máxima de rotación: 20 vueltas por minuto

Precio de construcción: 3200000 zeds

Facturación: 0,10 zeds por kWh generado

Coste de mantenimiento: 0,01 zeds por kWh generado

Rendimiento: Operativa el 97 % del año

Nota: el kilovatio-hora (kWh) es una unidad de medida de la energía eléctrica.

Villazed desea calcular los costes y el beneficio que generaría la construcción de esta central de energía eólica.

El alcalde propone la siguiente fórmula para calcular el beneficio económico, *E* (en zeds), durante una serie de años, *a*, si construyen el modelo E-82.

$$E = \underbrace{400\,000a}_{\text{Beneficio de la producción anual de electricidad}} - \underbrace{3200\,000}_{\text{Costes de construcción de la central de energía eólica}}$$

Según la fórmula del alcalde, ¿cuál es el número mínimo de años de funcionamiento requeridos para cubrir los costes de construcción de la central de energía eólica?

(Prueba PISA 2006)

CLAVES PARA EMPEZAR

Cómo se construye una tabla de valores

En una tabla de valores se relacionan los valores de dos variables.

EJEMPLO

Construimos la tabla de valores de la ecuación $y = 3x - 1$.

Para $x = -3 \rightarrow y = 3 \cdot (-3) - 1 = -10$

Para $x = -2 \rightarrow y = 3 \cdot (-2) - 1 = -7$

...

x	−3	−2	−1	0	1	2	3
y	−10	−7	−4	−1	2	5	8

ACTIVIDADES

1 Construye una tabla de valores para cada ecuación.

a) $y = -1 + 2x$

b) $x = -y + 2$

c) $x + y = 2$

Cómo se representan funciones lineales

Se llama **funciones lineales** a las funciones del tipo $y = mx + n$, donde x e y son variables y m y n son coeficientes conocidos.

La representación gráfica de una función lineal es siempre una línea recta.

EJEMPLO

Para representar gráficamente la función $y = 2x - 2$ elaboramos una tabla de valores, dando valores a x y obteniendo los correspondientes de y.

Para $x = -1 \rightarrow y = 2 \cdot (-1) - 2 = -4$
$\rightarrow (-1, -4)$

Para $x = 0 \rightarrow y = 2 \cdot 0 - 2 = -2$
$\rightarrow (0, -2)$

Para $x = 3 \rightarrow y = 2 \cdot 3 - 2 = 4$
$\rightarrow (3, 4)$

x	−1	0	3
y	−4	−2	4

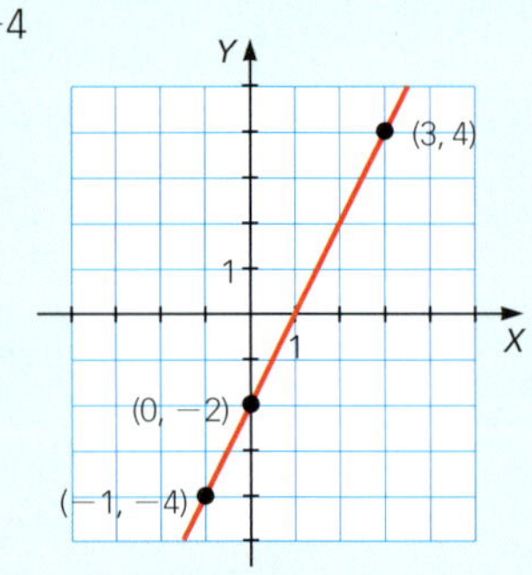

ACTIVIDADES

1 Representa gráficamente estas funciones.

a) $y = x - 2$

b) $y = -x + 1$

c) $2x - y = 3$

1804
Richard Trevithick adapta la máquina de vapor y crea un medio de transporte que utiliza ruedas montadas sobre unos railes.

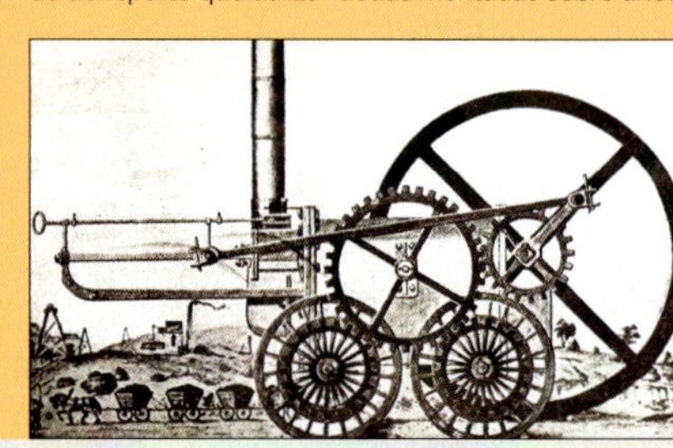

Sistemas de ecuaciones

7

SABER

- Ecuaciones lineales
- Sistemas de ecuaciones lineales
- Métodos de resolución de sistemas

SABER HACER

- Representar gráficamente las soluciones de una ecuación lineal
- Determinar el número de soluciones de un sistema de ecuaciones
- Resolver un sistema de ecuaciones lineales
- Resolver problemas mediante sistemas de ecuaciones

? VIDA COTIDIANA

El tren

La Red Ferroviaria Española abarca un gran número de líneas que conectan todas las regiones y las ciudades más importantes.

Se comenzó a construir en 1848 y la red constaba de tan solo 28 km (de Barcelona a Mataró). En la actualidad alcanza una longitud de más de 15000 km.

- Un tren parte de la ciudad A, con una velocidad de 90 km/h, con destino a la ciudad B, que está a 200 km. Desde B, a la misma hora y con una velocidad de 70 km/h, sale otro tren con destino a A. ¿Cuánto tiempo tardarán en cruzarse?

Ferrocarriles en España
La primera línea de ferrocarril española se construyó entre 1835 y 1837 en la Isla de Cuba, para transportar caña de azúcar. En la Península, la primera línea se construyó en 1848 y cubría el trayecto entre Barcelona y Mataró.

Mediados del siglo XX
Se inicia la era de las locomotoras movidas por motores diésel que requieren un menor tiempo de mantenimiento.

Finales del siglo XX
Comienzan a usarse locomotoras movidas por la electricidad. Los trenes logran alcanzar velocidades mayores.

Década de 1970
En Japón se empiezan a utilizar los trenes de levitación magnética; son trenes que no hacen contacto con los raíles.

1 Ecuaciones lineales

Una **ecuación lineal con dos incógnitas** es una ecuación de primer grado que se puede expresar de la forma $ax + by = c$, donde x e y son las incógnitas, y a, b y c son números reales.

En la ecuación $ax + by = c$:

- a y b son los **coeficientes** de x e y.
- c es el **término independiente**.

RESUELVE EL RETO

La ecuación $2x + 3y - 4z = 8$, ¿cuántas soluciones tiene si x es 1?

EJEMPLO

1. Indica si estas ecuaciones son lineales y determina sus incógnitas.

   a) $2x = 5 - 4y \rightarrow 2x + 4y = 5 \rightarrow$ Ecuación lineal con dos incógnitas: x, y.

   b) $3x^2 + 6z = 4 \rightarrow$ Grado 2, no es lineal.

   c) $\frac{4}{x} + \frac{3}{y} = 6 \rightarrow$ Incógnitas en el denominador, no es lineal.

   d) $4x = 3 \rightarrow$ Ecuación lineal con una incógnita: x.

Solución de una ecuación lineal

Una **solución de una ecuación lineal con dos incógnitas** es un par de valores, uno para cada incógnita, que hacen cierta la igualdad.

Una ecuación lineal con dos incógnitas tiene infinitas soluciones.

Las soluciones de una ecuación lineal con dos incógnitas se pueden expresar como puntos del plano.

$x = 0$, $y = 1$ es solución de la ecuación $x + y = 1$.

$$0 + 1 = 1 \rightarrow 1 = 1$$

La solución $x = 0$, $y = 1$ se puede expresar como $(0, 1)$.

EJEMPLO

2. Averigua cuáles de estos pares son solución de $x + 2y = 8$.

   a) $x = 0, y = 8 \rightarrow 0 + 2 \cdot 8 = 16 \rightarrow 16 \neq 8 \rightarrow$ No es solución.

   b) $x = 4, y = 2 \rightarrow 4 + 2 \cdot 2 = 8 \rightarrow 8 = 8 \rightarrow$ Es solución.

ACTIVIDADES

1 PRACTICA. Escribe las siguientes ecuaciones en la forma $ax + by = c$ e indica los coeficientes y el término independiente de cada una de ellas.

a) $3x - y + 2 = x - 4y + 1$

b) $-5 \cdot (x - y) + 3y = 2x$

c) $2y - (6x + 7) = -2$

2 APLICA. Averigua de cuáles de estas ecuaciones son solución los valores $x = 1, y = -2$.

a) $4x + 2y = 1$

b) $4x - 2y = 0$

c) $-4x + 2y = -8$

d) $4x + 2y = 0$

3 REFLEXIONA. Encuentra cuatro soluciones de la ecuación $-x + 5y = 2$. ¿Cuántas soluciones tiene?

SABER HACER

Representar gráficamente las soluciones de una ecuación lineal

La representación gráfica de las infinitas soluciones de una ecuación lineal con dos incógnitas es siempre una línea recta.

Representa gráficamente las soluciones de $2x - y = 3$.

Pasos a seguir

1. Despejamos una de las incógnitas.

$y = 2x - 3$

2. Damos valores a la otra incógnita y, a partir de la ecuación, obtenemos el valor de la incógnita despejada.
   Estos pares de valores son soluciones de la ecuación.

Si $x = -1 \rightarrow y = 2 \cdot (-1) - 3 = -5$ Solución $x = -1, y = -5$

Si $x = 0 \rightarrow y = 2 \cdot 0 - 3 = -3$ Solución $x = 0, y = -3$

Si $x = 1 \rightarrow y = 2 \cdot 1 - 3 = -1$ Solución $x = 1, y = -1$

Si $x = 2 \rightarrow y = 2 \cdot 2 - 3 = 1$ Solución $x = 2, y = 1$

3. Elaboramos una tabla de valores con los pares de valores obtenidos.

x	-1	0	1	2
y	-5	-3	-1	1

4. Consideramos cada par de valores como un punto del plano y los representamos. Al unirlos, obtenemos la línea recta formada por las infinitas soluciones de la ecuación lineal.

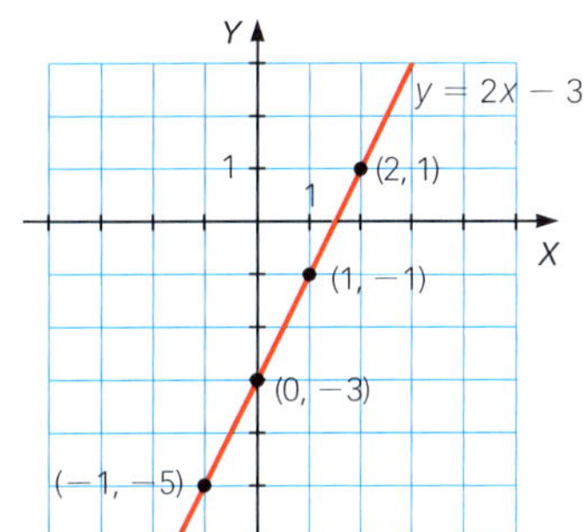

ACTIVIDADES

4 Halla las soluciones de la ecuación $3x + y = 2$ para los valores que se dan.

a) $x = 0$ d) $x = -1$ g) $x = 3$

b) $x = 1$ e) $x = -2$ h) $x = 4$

c) $x = 2$ f) $x = -3$ i) $x = 5$

Representa gráficamente las soluciones que has obtenido y únelas mediante una línea. ¿Qué tipo de línea obtienes?

5 Encuentra tres soluciones de la ecuación $x - 2y = 6$ y comprueba que están situadas en la misma recta.

6 Representa gráficamente las soluciones de estas ecuaciones lineales.

a) $x + 2y = 0$ c) $4x - y = 2$

b) $x + y = 5$ d) $x - 2y = 4$

7 Considera la ecuación $-3 \cdot (2x - y) + y = 2x$.

a) Exprésala en la forma $ax + by = c$.

b) Construye una tabla de valores con cuatro de sus soluciones.

c) Representa gráficamente las soluciones de la ecuación.

d) Comprueba que el par de valores $x = 6, y = 12$ es solución, constatando que cumple la ecuación y que es un punto de la recta representada.

e) Averigua, a la vista de la recta representada, si el punto $(-4, 8)$ es solución de la ecuación.

8 Razona si estos pares de valores pueden ser soluciones de una ecuación lineal con dos incógnitas.

a) $(1, 2)$ y $(1, 5)$ d) $(0, -3)$ y $(-1, -2)$

b) $(-2, 3)$ y $(1, 3)$ e) $(-6, 2)$ y $(6, -2)$

c) $(2, 5)$ y $(3, 7)$ f) $(-3, -2)$ y $(-3, 3)$

2 Sistemas de ecuaciones lineales

SE ESCRIBE ASÍ

Los sistemas de ecuaciones lineales se escriben así:

$$\left.\begin{aligned} ax + by &= c \\ a'x + b'y &= c' \end{aligned}\right\}$$

Dos ecuaciones lineales de las que se busca una solución común forman un **sistema de ecuaciones lineales**.

Una **solución** de ese sistema es cualquier par de números que hace ciertas las dos ecuaciones a la vez. **Resolver un sistema** es encontrar su solución.

EJEMPLO

3. Averigua si los pares de valores dados son solución de este sistema.

$$\left.\begin{aligned} 2x + 3y &= 5 \\ -4x + y &= -3 \end{aligned}\right\}$$

a) (4, −1) $\left.\begin{aligned} 2 \cdot 4 + 3 \cdot (-1) &= 5 \\ (-4) \cdot 4 + (-1) &\neq -3 \end{aligned}\right\} \rightarrow \left.\begin{aligned} 5 &= 5 \\ -17 &\neq -3 \end{aligned}\right\}$

$x = 4, y = -1$ es solución de la primera ecuación pero no de la segunda. No es solución del sistema.

b) (1, 1) $\left.\begin{aligned} 2 \cdot 1 + 3 \cdot 1 &= 5 \\ (-4) \cdot 1 + 1 &= -3 \end{aligned}\right\} \rightarrow \left.\begin{aligned} 5 &= 5 \\ -3 &= -3 \end{aligned}\right\}$

$x = 1, y = 1$ es solución de las dos ecuaciones. Es solución del sistema.

A representar las rectas que determinan las soluciones de las ecuaciones de un sistema y hallar su intersección se le llama **resolución gráfica del sistema**.

Número de soluciones de un sistema de ecuaciones lineales

Los sistemas de ecuaciones, según su número de soluciones, se pueden clasificar en:

- **Sistemas compatibles determinados.** Tienen una única solución. La representación gráfica del sistema son dos rectas que se cortan en un solo punto.
- **Sistemas compatibles indeterminados.** Tienen infinitas soluciones. La representación gráfica son dos rectas que coinciden.
- **Sistemas incompatibles.** No tienen solución. La representación gráfica del sistema son dos rectas paralelas.

ACTIVIDADES

9 PRACTICA. Haz los cálculos e indica cuáles de los siguientes sistemas tienen como solución el par de valores (−3, 4).

a) $\left.\begin{aligned} 4x + y &= -8 \\ -x - 2y &= 5 \end{aligned}\right\}$

b) $\left.\begin{aligned} x - 2y &= -11 \\ -x + y &= 7 \end{aligned}\right\}$

c) $\left.\begin{aligned} 2x - y &= -10 \\ x + 3y &= 9 \end{aligned}\right\}$

d) $\left.\begin{aligned} x + 2y &= 5 \\ 2x + 3y &= -6 \end{aligned}\right\}$

10 APLICA. Halla el valor de a y b para que el par de valores (2, −3) sea solución del sistema.

$$\left.\begin{aligned} x + by &= 5 \\ ax - 3y &= -1 \end{aligned}\right\}$$

11 REFLEXIONA. Escribe dos sistemas, uno compatible determinado y otro compatible indeterminado, para los que (−2, 5) sea solución.

SABER HACER

Determinar gráficamente el número de soluciones de un sistema de ecuaciones

Determina el número de soluciones de estos sistemas.

a) $\left.\begin{array}{r} 2x + y = 1 \\ 3x - y = -1 \end{array}\right\}$ **b)** $\left.\begin{array}{r} x + 2y = 1 \\ x + 2y = 3 \end{array}\right\}$ **c)** $\left.\begin{array}{r} 3x - y = 1 \\ 9x - 3y = 3 \end{array}\right\}$

Para calcular las soluciones de una ecuación lineal despejamos la incógnita que sea más sencilla.

$x + 2y = 1 \rightarrow x = 1 - 2y$

Si despejáramos y, obtendríamos una fracción.

Pasos a seguir

1. Hacemos dos tablas con las soluciones de cada ecuación del sistema, para poderlas representar gráficamente.

a) $2x + y = 1$
$y = 1 - 2x$

x	−1	0	1	2
y	3	1	−1	−3

$3x - y = -1$
$y = 3x + 1$

x	−1	0	1	2
y	−2	1	4	7

b) $x + 2y = 1$
$x = 1 - 2y$

x	3	1	−1	−3
y	−1	0	1	2

$x + 2y = 3$
$x = 3 - 2y$

x	5	3	1	−1
y	−1	0	1	2

c) $3x - y = 1$
$y = 3x - 1$

x	−1	0	1	2
y	−4	−1	2	5

$9x - 3y = 3$
$y = (9x - 3)/3$

x	−1	0	1	2
y	−4	−1	2	5

2. Determinamos el número de soluciones del sistema:

- Si las dos rectas se cortan en un punto, tiene una única solución.
- Si las rectas son paralelas, no tiene solución.
- Si las rectas coinciden, tiene infinitas soluciones.

a)

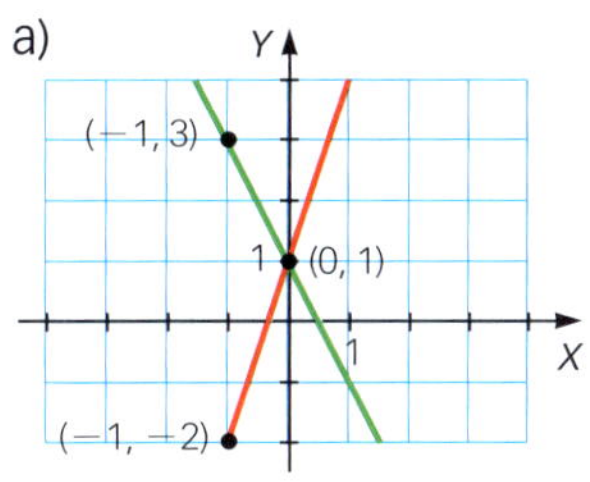

Se cortan en un punto. Tiene una única solución.

b)

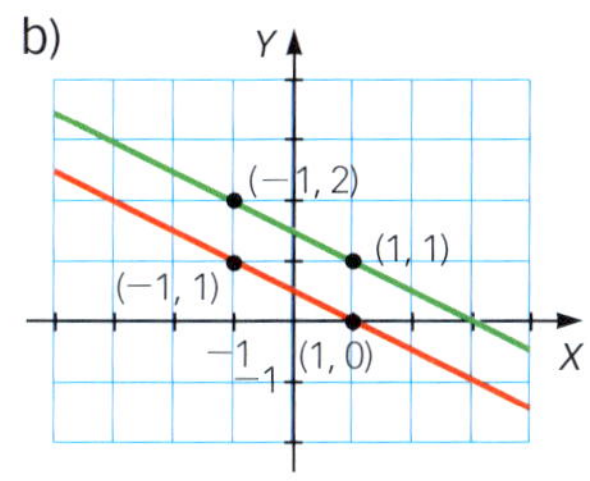

Las rectas son paralelas. No tiene solución.

c)

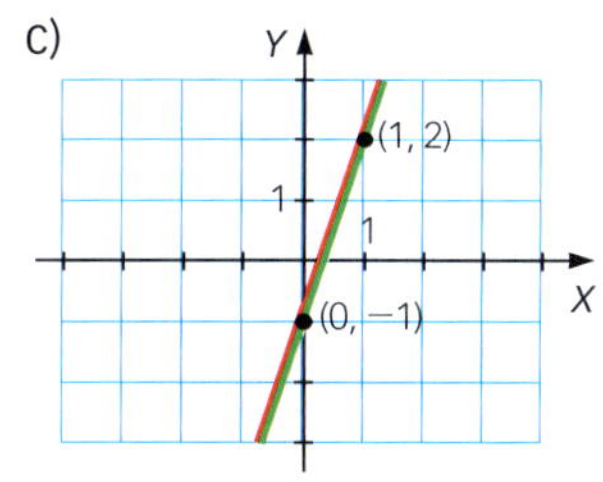

Las dos rectas coinciden. Tiene infinitas soluciones.

ACTIVIDADES

12 ¿Cuántas soluciones tienen estos sistemas?

a) $\left.\begin{array}{r} 3x - 4y = 10 \\ -x + y = -3 \end{array}\right\}$

b) $\left.\begin{array}{r} x - y = 10 \\ -x + y = -3 \end{array}\right\}$

c) $\left.\begin{array}{r} 2x + y = 3 \\ 3x - y = -8 \end{array}\right\}$

d) $\left.\begin{array}{r} 3x - 4y = 10 \\ -6x + 8y = -20 \end{array}\right\}$

e) $\left.\begin{array}{r} -2x + 5y = 9 \\ x - y = -3 \end{array}\right\}$

f) $\left.\begin{array}{r} 5x - 4y = 2 \\ 3x + 2y = -12 \end{array}\right\}$

13 Considera la ecuación $x + y = 3$. Representa sus soluciones y elige una de estas ecuaciones para formar un sistema compatible indeterminado.

a) $x + y = 6$
b) $2x + 2y = 6$
c) $-x = 3 + y$
d) $-x - y = -3$

14 ¿Cuántas soluciones tiene este sistema?

$$\left.\begin{array}{r} x - 4y = 1 \\ -x + 4y = -1 \end{array}\right\}$$

a) Modifica los signos de sus coeficientes para obtener un sistema compatible determinado.

b) ¿Puedes escribir un sistema incompatible modificando los signos de los coeficientes?

3 Métodos de resolución de sistemas

Para resolver un sistema, además de su representación, se utilizan otras técnicas llamadas métodos de resolución de sistemas de ecuaciones.

3.1. Método de sustitución

Resolver un sistema por el **método de sustitución** consiste en despejar una incógnita en una de las ecuaciones y sustituir su valor en la otra ecuación.

EJEMPLO

4. Resuelve utilizando el método de sustitución $\left.\begin{array}{r} x - y = 5 \\ 3x + 2y = 10 \end{array}\right\}$.

- Se despeja una de las incógnitas.

  Es preferible despejar una incógnita que tenga coeficiente 1 o -1 para evitar trabajar con denominadores.

  En este caso, despejamos x en la primera ecuación: $\left.\begin{array}{r} x = 5 + y \\ 3x + 2y = 10 \end{array}\right\}$

- Se sustituye el valor obtenido en la otra ecuación.

  $3x + 2y = 10 \xrightarrow{x = 5 + y} 3(5 + y) + 2y = 10$

- Se resuelve la ecuación de primer grado que resulta.

  $3(5 + y) + 2y = 10 \rightarrow 15 + 3y + 2y = 10 \rightarrow 3y + 2y = 10 - 15$

  $\rightarrow 5y = -5 \rightarrow y = \frac{-5}{5} = -1$

- Se calcula el valor de la otra incógnita, sustituyendo el valor obtenido en cualquiera de las ecuaciones del sistema.

  $x - y = 5 \xrightarrow{y = -1} x - (-1) = 5 \rightarrow x = 5 - 1 = 4$

  El sistema tiene como solución $x = 4$, $y = -1$.

- Se comprueba que la solución obtenida es correcta.

  $\left.\begin{array}{r} x - y = 5 \\ 3x + 2y = 10 \end{array}\right\} \xrightarrow{x = 4,\, y = -1} \left.\begin{array}{r} 4 - (-1) = 5 \\ 3 \cdot 4 + 2 \cdot (-1) = 10 \end{array}\right\} \rightarrow \left.\begin{array}{r} 5 = 5 \\ 10 = 10 \end{array}\right\}$

RESUELVE EL RETO

Una botella y su tapón pesan 1 kg y 10 g. La botella pesa 1 kg más que el tapón. ¿Cuánto pesa la botella?

Si hubiéramos despejado una incógnita en la segunda ecuación, tendríamos que trabajar con denominadores.

$\left.\begin{array}{r} x - y = 5 \\ 3x + 2y = 10 \end{array}\right\} \rightarrow x = \frac{10 - 2y}{3}$

ACTIVIDADES

15 PRACTICA. Resuelve estos sistemas por el método de sustitución.

a) $\left.\begin{array}{r} 2x + y = 3 \\ 3x - y = -8 \end{array}\right\}$

b) $\left.\begin{array}{r} x - 2y = 4 \\ -x + 3y = -5 \end{array}\right\}$

c) $\left.\begin{array}{r} -2x + 5y = 9 \\ x - y = -3 \end{array}\right\}$

d) $\left.\begin{array}{r} x + y = 0 \\ 2x + 3y = -2 \end{array}\right\}$

e) $\left.\begin{array}{r} 5x - 4y = 2 \\ 3x + 2y = -12 \end{array}\right\}$

f) $\left.\begin{array}{r} 5x - 2y = 12 \\ 4x + 3y = 5 \end{array}\right\}$

16 APLICA. Efectúa las operaciones y después resuelve por sustitución $\left.\begin{array}{r} 2 \cdot (x + 3) - (x - y) = 9 \\ -3 \cdot (x + y) + 4y = 11 \end{array}\right\}$.

17 REFLEXIONA. Resuelve por sustitución.

$\left.\begin{array}{r} \frac{y + 4}{3} = x \\ \frac{x + 4}{5} = -y \end{array}\right\}$

3.2. Método de igualación

Resolver un sistema por el **método de igualación** consiste en despejar la misma incógnita en las dos ecuaciones e igualar sus valores.

EJEMPLO

5. Resuelve por igualación este sistema.

$$\left.\begin{aligned} x - y &= 5 \\ 3x + 2y &= 10 \end{aligned}\right\}$$

- Se despeja una de las incógnitas en ambas ecuaciones. Hay que intentar elegir la incógnita que al despejar nos dé expresiones más sencillas.

$$\left.\begin{aligned} x - y &= 5 \\ 3x + 2y &= 10 \end{aligned}\right\} \begin{aligned} &\rightarrow x = 5 + y \\ &\rightarrow x = \frac{10 - 2y}{3} \end{aligned}\Bigg\}$$

- Se igualan las expresiones obtenidas.

$$5 + y = \frac{10 - 2y}{3}$$

- Se resuelve la ecuación de primer grado que resulta.

$$3(5 + y) = 10 - 2y \rightarrow 15 + 3y = 10 - 2y \rightarrow 3y + 2y = 10 - 15$$
$$\rightarrow 5y = -5 \rightarrow y = \frac{-5}{5} = -1$$

- Se calcula el valor de la otra incógnita, sustituyendo el valor obtenido en cualquiera de las ecuaciones del sistema.

$$x - y = 5 \xrightarrow{y = -1} x - (-1) = 5 \rightarrow x = 5 - 1 = 4$$

El sistema tiene como solución $x = 4, y = -1$.

- Se comprueba que la solución obtenida es correcta.

$$\left.\begin{aligned} x - y &= 5 \\ 3x + 2y &= 10 \end{aligned}\right\} \xrightarrow{x = 4,\, y = -1} \left.\begin{aligned} 4 - (-1) &= 5 \\ 3 \cdot 4 + 2 \cdot (-1) &= 10 \end{aligned}\right\} \rightarrow \left.\begin{aligned} 5 &= 5 \\ 10 &= 10 \end{aligned}\right\}$$

Se obtienen dos igualdades; $x = 4, y = -1$ es solución del sistema.

Para resolver una ecuación con un solo denominador, se multiplican todos los términos de la ecuación por el denominador.

$$5 + y = \frac{10 - 2y}{3}$$
$$3(5 + y) = \not{3} \cdot \frac{10 - 2y}{\not{3}}$$
$$3(5 + y) = 10 - 2y$$

ACTIVIDADES

18 PRACTICA. Resuelve estos sistemas utilizando el método de igualación.

a) $\left.\begin{aligned} 2x - y &= -10 \\ x + 3y &= 9 \end{aligned}\right\}$

b) $\left.\begin{aligned} 3x - 4y &= 10 \\ -x + y &= -3 \end{aligned}\right\}$

c) $\left.\begin{aligned} 5x - 2y &= -1 \\ -5x + 6y &= 13 \end{aligned}\right\}$

d) $\left.\begin{aligned} 2x + 5y &= -1 \\ 2x - 3y &= 7 \end{aligned}\right\}$

19 APLICA. Efectúa las operaciones y después resuelve por igualación.

$$\left.\begin{aligned} 4 \cdot (x + 2y) - x &= -y \\ -3x &= 2y - 4 - x \end{aligned}\right\}$$

20 REFLEXIONA. Resuelve el siguiente sistema por el método de igualación.

$$\left.\begin{aligned} \frac{2x - 4}{5} - \frac{y + 3}{2} &= 3 \\ \frac{x + y}{2} &= 1 \end{aligned}\right\}$$

3.3. Método de reducción

Resolver un sistema por el **método de reducción** consiste en buscar otro sistema, con las mismas soluciones, en el que los coeficientes de una de las incógnitas sean iguales o de signo opuesto.

Para restar dos ecuaciones se suma a la primera ecuación la opuesta de la segunda.

$$3x + 2y = 10 \xrightarrow{\text{Opuesta}} -3x - 2y = -10$$

EJEMPLO

6. Resuelve por reducción este sistema.

$$\left.\begin{aligned} x - y &= 5 \\ 3x + 2y &= 10 \end{aligned}\right\}$$

- Se igualan los coeficientes de una de las incógnitas multiplicando las ecuaciones por los números adecuados. Si multiplicamos la primera ecuación por 3, los coeficientes de x serán iguales en las dos ecuaciones.

$$\left.\begin{aligned} x - y &= 5 \\ 3x + 2y &= 10 \end{aligned}\right\} \xrightarrow{\cdot 3} \left.\begin{aligned} 3x - 3y &= 15 \\ 3x + 2y &= 10 \end{aligned}\right\}$$

- Se suman o restan las ecuaciones, según los coeficientes tengan distinto o igual signo, para eliminar una incógnita. En este caso, como tienen el mismo signo, restamos.

$$-\left.\begin{aligned} 3x - 3y &= 15 \\ \underline{3x + 2y} &= \underline{10} \end{aligned}\right\} \rightarrow + \left.\begin{aligned} \cancel{3x} - 3y &= 15 \\ \cancel{-3x} - 2y &= -10 \end{aligned}\right\}$$
$$-5y = 5$$

- Se resuelve la ecuación de primer grado que resulta.

$$-5y = 5 \rightarrow y = \frac{5}{-5} = -1$$

- Se calcula el valor de la otra incógnita, sustituyendo el valor obtenido en cualquiera de las ecuaciones del sistema.

$$x - y = 5 \xrightarrow{y=-1} x - (-1) = 5 \rightarrow x = 5 - 1 = 4$$

El sistema tiene como solución $x = 4, y = -1$.

- Se comprueba que la solución obtenida es correcta.

$$\left.\begin{aligned} x - y &= 5 \\ 3x + 2y &= 10 \end{aligned}\right\} \xrightarrow{x=4,\, y=-1} \left.\begin{aligned} 4 - (-1) &= 5 \\ 3 \cdot 4 + 2 \cdot (-1) &= 10 \end{aligned}\right\} \rightarrow \left.\begin{aligned} 5 &= 5 \\ 10 &= 10 \end{aligned}\right\}$$

Se obtienen dos igualdades; así $x = 4, y = -1$ es solución del sistema.

ACTIVIDADES

21 PRACTICA. Resuelve estos sistemas, operando adecuadamente para poder aplicar el método de reducción.

a) $\left.\begin{aligned} x - 2y &= -11 \\ -x + y &= 7 \end{aligned}\right\}$

b) $\left.\begin{aligned} x - 4y &= 6 \\ x + y &= 1 \end{aligned}\right\}$

c) $\left.\begin{aligned} 2x - 7y &= -19 \\ -5x + 6y &= 13 \end{aligned}\right\}$

22 APLICA. Efectúa y resuelve por reducción.

$$\left.\begin{aligned} (x - 4y) - 2 \cdot (3x + y) &= -2 \\ -x + 3 \cdot (y - x) &= 14 \end{aligned}\right\}$$

23 REFLEXIONA. Resuelve por reducción.

$$\left.\begin{aligned} \frac{x - 2y}{2} + \frac{x}{4} &= 0 \\ -x + 5 \cdot \left(\frac{2x + y + 1}{6}\right) &= 6 \end{aligned}\right\}$$

SABER HACER

Resolver un sistema de ecuaciones lineales

Resuelve este sistema por el método más adecuado.

$$\left.\begin{array}{r}\dfrac{7x-3y}{2}=9-4x\\ 5(y-x)=9y-1\end{array}\right\}$$

Un sistema puede resolverse por cualquiera de los métodos de resolución (sustitución, igualación o reducción). Se suele elegir uno u otro dependiendo del tipo de ecuaciones que componen el sistema.

Pasos a seguir

1. Expresamos las dos ecuaciones en su forma general $ax + by = c$.

$$\left.\begin{array}{r}\dfrac{7x-3y}{2}=9-4x\\ 5(y-x)=9y-1\end{array}\right\}\rightarrow\left.\begin{array}{r}7x-3y=2(9-4x)\\ 5y-5x=9y-1\end{array}\right\}\rightarrow\left.\begin{array}{r}7x-3y=18-8x\\ 5y-5x=9y-1\end{array}\right\}\rightarrow$$

$$\rightarrow\left.\begin{array}{r}7x+8x-3y=18\\ 5y-5x-9y=-1\end{array}\right\}\rightarrow\left.\begin{array}{r}15x-3y=18\\ -5x-4y=-1\end{array}\right\}$$

2. Elegimos el método adecuado:
   - **Sustitución.** Si alguna de las incógnitas tiene como coeficiente 1 o -1.
   - **Reducción.** Si los coeficientes son iguales o uno es múltiplo de otro.
   - **Igualación.** En el resto de casos.

En este caso, usaremos reducción porque los coeficientes de x son múltiplo uno del otro.

Multiplicamos la segunda ecuación por 3 y obtenemos coeficientes iguales de signo contrario.

$$\left.\begin{array}{r}15x-3y=18\\ -5x-4y=-1\end{array}\right\}\xrightarrow{\cdot 3}\left.\begin{array}{r}15x-\ \ 3y=18\\ -15x-12y=-3\end{array}\right\}$$

$$+\left.\begin{array}{r}\cancel{15x}-\ \ 3y=18\\ -\cancel{15x}-12y=-3\end{array}\right\}$$

$$-15y=15\rightarrow y=\frac{15}{-15}=-1$$

Calculamos el valor de x sustituyendo en la segunda ecuación.

$$5(y-x)=9y-1\xrightarrow{y=-1}5(-1-x)=9\cdot(-1)-1\rightarrow-5-5x=-9-1$$

$$\rightarrow-5+9+1=5x\rightarrow x=1$$

La solución es $x = 1$, $y = -1$.

ACTIVIDADES

24 Resuelve estos sistemas de ecuaciones por el método que consideres más adecuado.

a) $\left.\begin{array}{r}2x+3y=5+x+2y\\ x-2y-3=3-42y\end{array}\right\}$

b) $\left.\begin{array}{r}(x+4)+2(y-2)=18-x-y\\ x+y=2\end{array}\right\}$

c) $\left.\begin{array}{r}\dfrac{x-y}{2}+x=-1\\ 3(y-x)=6\end{array}\right\}$

d) $\left.\begin{array}{r}\dfrac{2x-y}{3}+2x=4+y\\ 2x=4+y\end{array}\right\}$

e) $\left.\begin{array}{r}3y+3=x-2(x+y)\\ \dfrac{2x+3y}{2}=18\end{array}\right\}$

25 Resuelve estos sistemas por el método que consideres más adecuado.

a) $\left.\begin{array}{r}\dfrac{x+2y}{5}=5\\ 2(x+y)+4y=40\end{array}\right\}$

b) $\left.\begin{array}{r}\dfrac{x-y}{3}+y=1\\ 4(-x+y)-3y=6\end{array}\right\}$

c) $\left.\begin{array}{r}\dfrac{x}{2}+\dfrac{3y}{4}=\dfrac{1}{2}\\ \dfrac{3\cdot(2x-2)}{2}-\dfrac{3(y+1)}{9}=-10\end{array}\right\}$

26 Escribe un sistema de ecuaciones que sea apropiado para resolverlo por sustitución, y otro, por reducción.

4 Resolución de problemas mediante sistemas

Resolver un problema mediante un sistema de ecuaciones consiste en traducir al lenguaje algebraico las condiciones de su enunciado y, después, encontrar la solución del problema mediante la resolución del sistema.

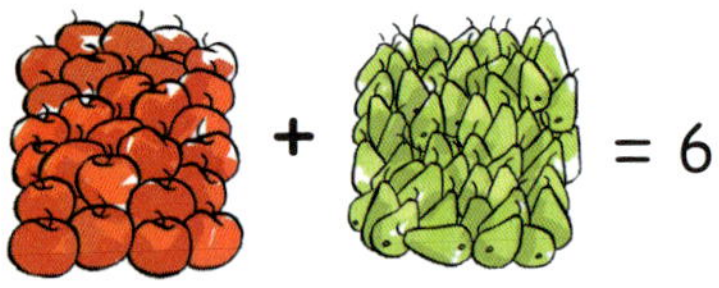

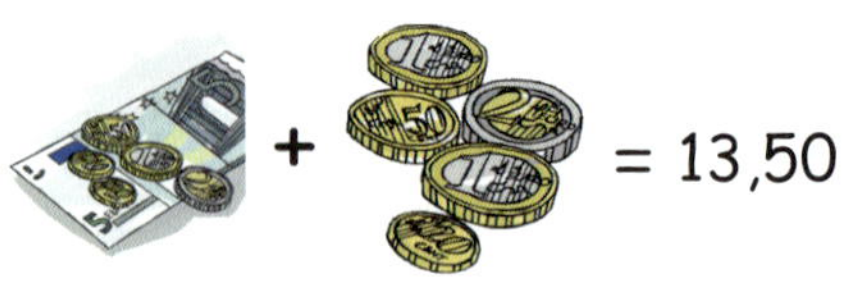

RESUELVE EL RETO

Un número tiene dos cifras. Si multiplico la suma de sus cifras por 6 y obtengo dicho número, ¿qué número es?

EJEMPLO

7. Expresa este enunciado mediante ecuaciones con dos incógnitas.

He comprado, entre manzanas y peras, 6 kg de fruta. Las manzanas me han costado 2,20 €/kg, y las peras, 2,35 €/kg. En total me han costado 13,50 €/kg. ¿Cuántos kilos de cada fruta llevo?

Lo que sabemos	Lo que no sabemos
Entre manzanas y peras he comprado 6 kg. 1 kg de manzanas cuesta 2,20 €. 1 kg de peras cuesta 2,35 €. Me he gastado 13,50 € en total.	Los kilos de manzanas que he comprado. Los kilos de peras que he comprado.

A los datos desconocidos los llamamos x e y.

Kilos comprados de manzanas $= x$

Kilos comprados de peras $= y$

Entre manzanas y peras he comprado 6 kg.

$$x + y = 6$$

1 kg de manzanas cuesta 2,20 €.

Precio de los kilos de manzanas comprados $= 2{,}20x$

1 kg de peras cuesta 2,35 €.

Precio de los kilos de peras comprados $= 2{,}35y$

Me he gastado 13,50 € en total.

Precio de las manzanas + Precio de las peras = 13,50

$$2{,}20x + 2{,}35y = 13{,}50$$

La traducción a lenguaje algebraico de este problema es el sistema:

$$\left.\begin{array}{r} x + y = 6 \\ 2{,}20x + 2{,}35y = 13{,}50 \end{array}\right\}$$

Resolviendo este sistema obtendremos la solución del problema.

ACTIVIDADES

27 **PRACTICA.** Expresa como ecuaciones con dos incógnitas.

a) La suma de dos números es 50.

b) La diferencia de edad de dos hermanos es de 5 años.

c) Un padre tiene el doble de edad que su hijo.

d) Un número supera a otro en 10 unidades.

28 **APLICA.** Las edades de Leo y su padre suman 40 años. La edad del padre es 7 veces la edad del hijo. Expresa el problema con un sistema de ecuaciones.

29 **REFLEXIONA.** En una reunión, si cada persona come 5 pasteles, sobran 3; pero si comen 6, falta 1. ¿Cuántas personas y pasteles hay?

SABER HACER

Resolver problemas mediante sistemas de ecuaciones

En un gimnasio hay 150 socios entre adultos y niños.
Cada adulto paga una cuota mensual de 30 €, y cada niño, de 8 €.
Este mes han recaudado 3 400 €. ¿Cuántos socios adultos y niños hay?

Es necesario comprobar la solución, porque hay veces que la solución del sistema no tiene sentido en el contexto del problema.

Pasos a seguir

1. Identificamos las incógnitas.

Lo que sabemos	Lo que no sabemos
Hay 150 socios entre adultos y niños. Cada adulto paga 30 €, y cada niño, 8 €. La recaudación de este mes son 3 400 €.	El número de socios adultos. El número de socios niños.

Número de socios adultos → x
Número de socios niños → y

2. Planteamos el sistema.

Hay 150 socios entre adultos y niños → $x + y = 150$
Cada adulto paga 30 € mensuales → Recaudación por adultos $= 30x$
Cada niño paga 8 € mensuales → Recaudación por niños $= 8y$
La recaudación de este mes son 3 400 €.
Recaudación por adultos + Recaudación por niños = 3 400
$30x + 8y = 3400$

El sistema es: $\left.\begin{array}{r} x + y = 150 \\ 30x + 8y = 3\,400 \end{array}\right\}$

3. Resolvemos el sistema.

$$\left.\begin{array}{r} x + y = 150 \\ 30x + 8y = 3\,400 \end{array}\right\} \xrightarrow{\cdot(-30)} \left.\begin{array}{r} -30x - 30y = -4\,500 \\ 30x + 8y = 3\,400 \end{array}\right\}$$

$$+\left.\begin{array}{r} -\cancel{30x} - 30y = -4\,500 \\ \cancel{30x} + 8y = 3\,400 \end{array}\right\}$$
$$-22y = -1100 \rightarrow y = 50$$

$$x + y = 150 \xrightarrow{y\,=\,50} x + 50 = 150 \rightarrow x = 100$$

4. Comprobamos e interpretamos la solución.

$$\left.\begin{array}{r} x + y = 150 \\ 30x + 8y = 3\,400 \end{array}\right\} \xrightarrow{x\,=\,100,\ y\,=\,50} \left.\begin{array}{r} 100 + 50 = 150 \\ 30 \cdot 100 + 8 \cdot 50 = 3\,400 \end{array}\right\} \rightarrow \left.\begin{array}{r} 150 = 150 \\ 3\,400 = 3\,400 \end{array}\right\}$$

La solución es válida. En el gimnasio hay 100 adultos y 50 niños.

ACTIVIDADES

30 Un hotel tiene, entre dobles e individuales, 120 habitaciones. Si el número de camas es 195, ¿cuántas habitaciones dobles tiene? ¿E individuales?

31 Las edades de un padre y su hija suman 77 años. Dentro de 2 años el padre tendrá el doble de la edad de su hija. ¿Qué edades tienen en la actualidad?

32 Un coche y un autobús, situados uno detrás del otro, miden juntos 14 m. El doble de la longitud del coche supera en 1 m la longitud del autobús. ¿Cuánto mide cada uno?

33 Tres pantalones y una camiseta cuestan 123 €. Un pantalón del mismo tipo y tres camisetas como las anteriores cuestan 105 €. ¿Cuánto vale una camiseta?

ACTIVIDADES FINALES

Ecuaciones lineales

34 Comprueba si el par de valores $x = -1, y = 3$ es solución de alguna de estas ecuaciones.

a) $x + y = 4$
b) $x - y = -4$
c) $-x + 3y = 10$
d) $2x + 5y = 8$

35 Asocia en tu cuaderno cada ecuación con sus soluciones.

a) $x + y = 10$ — 1. $(-1, 5)$
b) $3x - y = 2$ — 2. $(4, 6)$
c) $7x + 2y = 16$ — 3. $(7, 3)$
d) $2x - 3y = 0$ — 4. $(0, -2)$
e) $-x + 5y = 3$ — 5. $(-7, 17)$
f) $-4x + y = 1$ — 6. $(2, 1)$

36 Escribe, en cada caso, una ecuación lineal con dos incógnitas de forma que una de sus soluciones sea el par de valores que se da.

a) $x = 2, y = -1$
b) $x = \frac{1}{2}, y = -5$
c) $x = -3, y = 0$
d) $x = 0, y = 1$
e) $x = \frac{-2}{3}, y = \frac{4}{5}$
f) $x = y = -1$

37 Halla el valor desconocido para que estos pares de valores sean solución de la ecuación $3x - 2y = 10$.

a) $(a, -5)$
b) $(b, 2)$
c) $(-2, c)$
d) $(d, -14)$

38 Escribe dos ecuaciones lineales con dos incógnitas, x e y, de forma que $x = 4, y = -1$ sea solución de ambas. Después, representa gráficamente las soluciones de ambas ecuaciones. ¿Qué posición relativa tienen las dos rectas?

39 Construye una tabla de valores para estas ecuaciones tomando los siguientes valores de x.

$x = -1 \quad x = -2 \quad x = 0 \quad x = 1 \quad x = 2$

Después, representa gráficamente todas las soluciones de estas ecuaciones.

a) $-x + y = 2$
b) $x + y = 3$
c) $y - 3x = 1$
d) $2x = 11 - 4y$

40 Comprueba gráficamente, en cada caso, si los pares de valores dados pueden ser solución de una ecuación lineal con dos incógnitas.

a) $(2, 7), (0, -3), (1, 2), (-1, -6)$
b) $(1, 2), (3, 3), (0, 3), (-5, -1)$
c) $(0, 0), (3, -1), (9, -3), (6, -2)$
d) $(-2, 1), (-7, 3), (8, -3), (3, -1)$

41 Escribe cada una de las ecuaciones lineales en la forma $ax + by = c$ e indica para cada una de ellas los coeficientes de x e y, y el término independiente.

a) $3x - 8 = x + 5y$
b) $-x + 3 = y + 4x$
c) $2(x - y) = 3(y - 2)$
d) $\frac{x + 4}{3} = \frac{y - 1}{2}$
e) $\frac{7x}{4} - 2(x + y) = 5$

42 Responde razonadamente.

a) ¿Qué ecuación lineal con dos incógnitas tiene por soluciones todos los pares de la forma (a, a)?
b) ¿Qué ecuación lineal tiene por soluciones todos los pares de la forma $(x, 0)$?
c) ¿Y la que tiene por soluciones todos los pares de la forma $(0, y)$?

Sistemas de ecuaciones

43 Indica qué par de valores es solución del sistema.

$$\left.\begin{array}{r} 3x + 5y = 1 \\ -x + 4y = -6 \end{array}\right\}$$

a) $(2, 1)$
b) $(2, -1)$
c) $(-2, 1)$
d) $(-2, -1)$

44 Averigua de qué sistema es solución el par de valores $(3, -2)$.

a) $\left.\begin{array}{r} x + y = 1 \\ 2x - y = 8 \end{array}\right\}$
b) $\left.\begin{array}{r} 2x + 3y = 0 \\ x - y = 1 \end{array}\right\}$
c) $\left.\begin{array}{r} 3x - y = 7 \\ -x + 4y = -11 \end{array}\right\}$
d) $\left.\begin{array}{r} x + y = 1 \\ x - y = 5 \end{array}\right\}$

45 Dada la ecuación $x + 3y = 2$, elige entre las siguientes ecuaciones aquella que, junto con la anterior, forme el sistema cuya solución sea $(-4, 2)$.

a) $x - y = 6$
b) $-x + y = 6$
c) $x + 3y = 0$
d) $2(y - 1) = x$
e) $1 - x = y + 3$
f) $3 - (x + y) = 1$

46 Escribe, en cada caso, un sistema de ecuaciones lineales cuya solución sea la siguiente.

a) $x = 2, y = -1$
b) $x = -3, y = 3$
c) $x = \frac{1}{2}, y = -4$
d) $x = \frac{2}{3}, y = \frac{-1}{5}$

47 Indica qué tipo de sistema de ecuaciones se ha representado.

a)
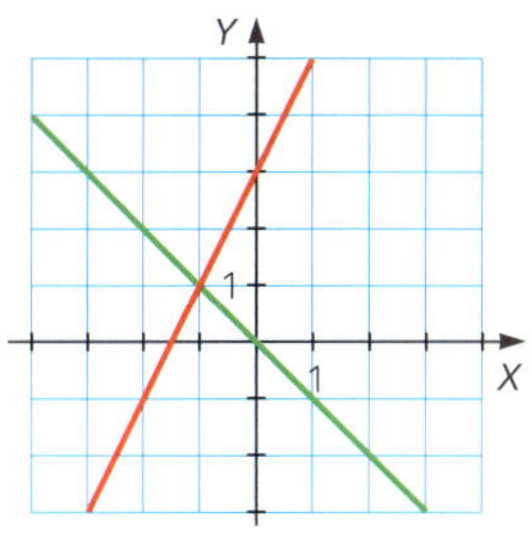

c)
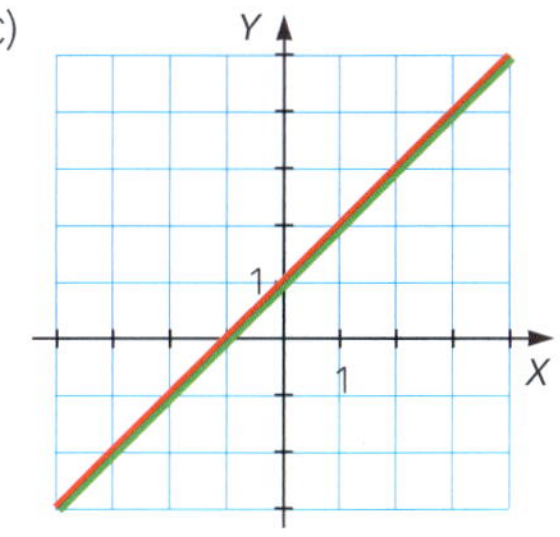

b)
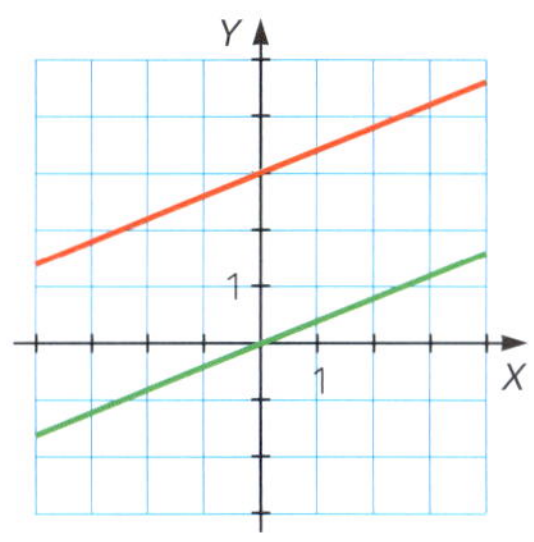

d)
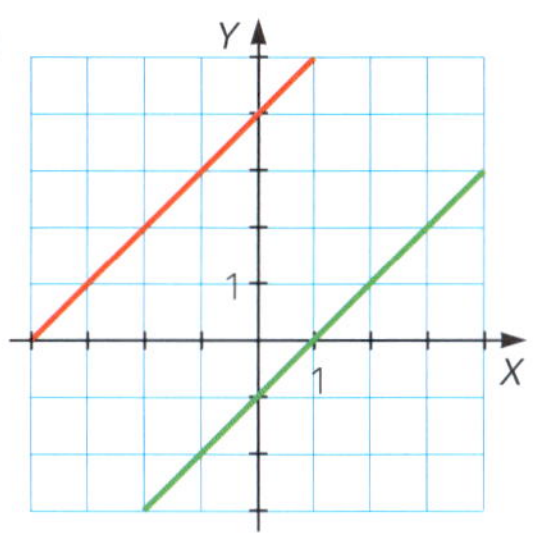

48 Resuelve gráficamente los sistemas de ecuaciones e indica de qué tipo son.

a) $\left.\begin{array}{r} x + y = 2 \\ 2x - y = 1 \end{array}\right\}$

b) $\left.\begin{array}{r} 2x + y = 2 \\ 6x + 3y = 6 \end{array}\right\}$

c) $\left.\begin{array}{r} x + 3y = 5 \\ 3x - 4y = 2 \end{array}\right\}$

d) $\left.\begin{array}{r} x + 2y = 4 \\ 2x + 4y = 5 \end{array}\right\}$

49 Halla la solución de cada sistema mediante las tablas de valores de las ecuaciones que lo forman.

a) $\left.\begin{array}{r} x - y = 1 \\ 2x - y = 4 \end{array}\right\}$

b) $\left.\begin{array}{r} x + y = 2 \\ 2x - 3y = 9 \end{array}\right\}$

c) $\left.\begin{array}{r} x - 2y = 1 \\ 2x + y = 7 \end{array}\right\}$

d) $\left.\begin{array}{r} 2x + y = 7 \\ x - 3y = 0 \end{array}\right\}$

e) $\left.\begin{array}{r} 2x + y = 13 \\ x - y = 2 \end{array}\right\}$

f) $\left.\begin{array}{r} -x + 2y = 2 \\ 3x - 4y = -2 \end{array}\right\}$

g) $\left.\begin{array}{r} 5x - 3y = 1 \\ 4x + y = 11 \end{array}\right\}$

h) $\left.\begin{array}{r} 5x + 3y = 16 \\ 3x - 3y = 0 \end{array}\right\}$

50 Determina el sistema de ecuaciones que está representado en cada gráfica y su solución.

a)
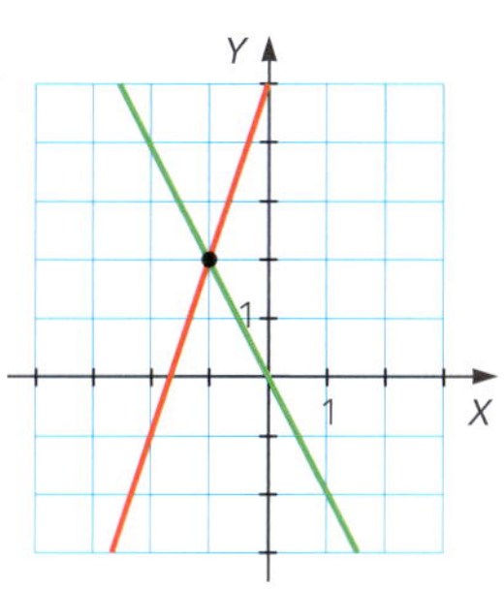

b)
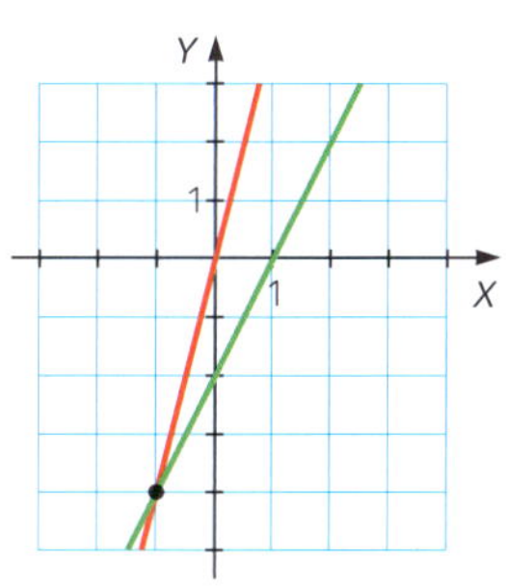

51 ¿Puede haber varios sistemas de dos ecuaciones con dos incógnitas, con distintas ecuaciones y con la misma solución?

Haz una representación gráfica que ilustre tu respuesta.

52 Resuelve gráficamente estos sistemas.

a) $\left.\begin{array}{r} x + y = 2 \\ x - y = 2 \end{array}\right\}$

b) $\left.\begin{array}{r} 2x + 3y = 4 \\ x - 2y = 2 \end{array}\right\}$

¿Qué puedes afirmar?

53 Resuelve gráficamente estos sistemas.

$\left.\begin{array}{r} 3x + y = 5 \\ x - y = -1 \end{array}\right\}$ $\left.\begin{array}{r} 6x + 2y = 10 \\ 2x - 2y = -2 \end{array}\right\}$

a) ¿Tienen la misma solución? ¿Por qué?

b) ¿Podrías escribir otro sistema que tenga la misma solución que estos dos?

54 Resuelve gráficamente estos sistemas.

$\left.\begin{array}{r} x + y = 3 \\ x + y = 4 \end{array}\right\}$ $\left.\begin{array}{r} 2x - y = 8 \\ 2x - y = -1 \end{array}\right\}$

a) ¿Cuántas soluciones tienen?

b) ¿Podrías escribir otro sistema que tenga el mismo número de soluciones que estos dos?

55 Resuelve gráficamente estos sistemas.

$\left.\begin{array}{r} x + y = 4 \\ 2x + 2y = 8 \end{array}\right\}$ $\left.\begin{array}{r} x - 2y = 1 \\ 2x - 4y = 2 \end{array}\right\}$

a) ¿Cuántas soluciones tienen?

b) ¿Podrías escribir otro sistema que tenga el mismo número de soluciones que estos dos?

56 Escribe una ecuación lineal con dos incógnitas que forme un sistema con la ecuación $3x - 2y = 4$, y tenga:

a) Una única solución.

b) Infinitas soluciones.

c) Ninguna solución.

57 Calcula el valor de *a* y *b* en cada caso.

a) $(-1, 2)$ es solución del sistema $\left.\begin{array}{r} ax + y = 5 \\ -x + by = -5 \end{array}\right\}$.

b) $(0, -2)$ es solución del sistema $\left.\begin{array}{r} 3x + ay = 8 \\ -2x - by = -10 \end{array}\right\}$.

c) $(1, 3)$ es solución del sistema $\left.\begin{array}{r} 5x - by = -1 \\ ax + 3y = 13 \end{array}\right\}$.

d) $(2, -1)$ es solución del sistema $\left.\begin{array}{r} ax + 3y = 1 \\ bx + y = 5 \end{array}\right\}$.

Métodos de resolución de sistemas

58 Resuelve por el método de sustitución.

a) $\left.\begin{aligned}3x+5y&=1\\x+\ \ y&=1\end{aligned}\right\}$ c) $\left.\begin{aligned}3x+y&=10\\2x-y&=10\end{aligned}\right\}$

b) $\left.\begin{aligned}7x+8y&=23\\3x+2y&=7\end{aligned}\right\}$ d) $\left.\begin{aligned}5x-3y&=1\\4x+\ \ y&=11\end{aligned}\right\}$

59 Corrige los errores cometidos.

$$\left.\begin{aligned}5x-\ \ y&=1\\2x-4y&=22\end{aligned}\right\}\rightarrow y=1-5x$$

$$2x-4y=22\xrightarrow{y=1-5x}2x-4(1-5x)=22$$
$$\rightarrow 2x-4-20x=22\rightarrow -18x=18\rightarrow x=\frac{18}{18}=1$$
$$5x-y=1\xrightarrow{x=1}5\cdot 1-y=1\rightarrow y=-4$$

60 Resuelve los siguientes sistemas de ecuaciones por el método de igualación.

a) $\left.\begin{aligned}3x+5y&=1\\x+\ \ y&=1\end{aligned}\right\}$ c) $\left.\begin{aligned}3x+y&=10\\2x-y&=10\end{aligned}\right\}$

b) $\left.\begin{aligned}7x+8y&=23\\3x+2y&=7\end{aligned}\right\}$ d) $\left.\begin{aligned}5x-3y&=1\\4x+\ \ y&=11\end{aligned}\right\}$

61 Corrige los errores cometidos en la resolución del sistema por el método de igualación.

$$\left.\begin{aligned}x-y&=7\\3x-y&=1\end{aligned}\right\}\rightarrow\left.\begin{aligned}x&=y-7\\x&=1+\frac{y}{3}\end{aligned}\right\}$$

$$y-7=1+\frac{y}{3}\rightarrow 3(y-7)=1+y$$
$$\rightarrow 3y-21=1+y\rightarrow 3y-y=1+21$$
$$\rightarrow 2y=22\rightarrow y=\frac{22}{-2}=-11$$
$$x-y=7\xrightarrow{x=-11}x-11=7\rightarrow x=7+11=18$$

62 Resuelve por el método de reducción.

a) $\left.\begin{aligned}x+y&=5\\x-y&=3\end{aligned}\right\}$ c) $\left.\begin{aligned}x-5y&=6\\4x-3y&=1\end{aligned}\right\}$

b) $\left.\begin{aligned}x+2y&=0\\2x+4y&=6\end{aligned}\right\}$ d) $\left.\begin{aligned}x-\ \ y&=5\\2x-2y&=10\end{aligned}\right\}$

63 Corrige los errores cometidos en la resolución del sistema.

$$\left.\begin{aligned}2x+\ \ y&=0\\3x-2y&=-4\end{aligned}\right\}\xrightarrow{\cdot 2}\left.\begin{aligned}4x+2y&=2\\3x-2y&=-4\end{aligned}\right\}$$

$$\begin{aligned}4x+2y&=2\\-\ 3x-2y&=-4\\\hline x\qquad&=-2\end{aligned}$$

$$2x+y=0\xrightarrow{x=-2}2\cdot(-2)+y=0$$
$$\rightarrow -4+y=0\rightarrow y=-4$$

SABER HACER

Igualar los coeficientes de una incógnita

64 Transforma este sistema para que la incógnita x tenga el mismo coeficiente en las dos ecuaciones.

$$\left.\begin{aligned}12x-7y&=14\\15x+9y&=5\end{aligned}\right\}$$

PRIMERO. Se halla el m.c.m. de los coeficientes que se quieren igualar.

$$\text{m.c.m.}\ (12, 15)=60$$

SEGUNDO. Se divide el m.c.m. entre cada coeficiente y el resultado se multiplica por cada ecuación.

Primera ecuación: $12x-7y=14$

$$\frac{\text{m.c.m.}}{\text{coeficiente}}=\frac{60}{12}=5\rightarrow 5\cdot(12x-7y)=5\cdot 14\rightarrow$$
$$\rightarrow 60x-35y=70$$

Segunda ecuación: $15x+9y=5$

$$\frac{\text{m.c.m.}}{\text{coeficiente}}=\frac{60}{15}=4\rightarrow 4\cdot(15x+9y)=4\cdot 5\rightarrow$$
$$\rightarrow 60x+36y=20$$

El sistema equivalente es:

$$\left.\begin{aligned}60x-35y&=70\\60x+36y&=20\end{aligned}\right\}$$

65 Dado el sistema $\left.\begin{aligned}7x-2y&=4\\x+3y&=17\end{aligned}\right\}$

escribe sistemas equivalentes a él cuyos:

a) Coeficientes de x sean iguales.

b) Coeficientes de y sean iguales.

c) Términos independientes sean los mismos.

66 Resuelve por el método más adecuado.

a) $\left.\begin{aligned}x+3y&=-5+x+2y\\x-2y-3&=3-42y\end{aligned}\right\}$

b) $\left.\begin{aligned}2y+3&=x-2(x-y)\\\frac{2x-y}{3}&=18\end{aligned}\right\}$

c) $\left.\begin{aligned}x+y&=2\\3(x+4)-2(y-2)&=14-x-y\end{aligned}\right\}$

67 Resuelve por el método que consideres más adecuado.

a) $\left.\begin{aligned}-2(x-2)&=y-4\\3y-2x&=0\end{aligned}\right\}$ c) $\left.\begin{aligned}3(x+y)-x+2y&=15\\2x-(y+8)&=-11\end{aligned}\right\}$

b) $\left.\begin{aligned}-5(y-2)&=x-2\\x-3y&=-4\end{aligned}\right\}$ d) $\left.\begin{aligned}3(x+2)-7(x+y)&=5\\5(x+1)-y&=14\end{aligned}\right\}$

68 Resuelve estos sistemas y determina su número de soluciones.

a) $\left.\begin{aligned} x + y &= 2 \\ 2x + 2y &= 4 \end{aligned}\right\}$

b) $\left.\begin{aligned} 3x - y &= 5 \\ 3x - y &= 6 \end{aligned}\right\}$

c) $\left.\begin{aligned} 4x - 3y &= 5 \\ 8x - 6y &= 10 \end{aligned}\right\}$

d) $\left.\begin{aligned} x - y &= -1 \\ 4x - 4y &= 4 \end{aligned}\right\}$

e) $\left.\begin{aligned} -x + 5y &= 2 \\ x - 5y &= -2 \end{aligned}\right\}$

f) $\left.\begin{aligned} 2x + 3y &= 5 \\ 2x + 3y &= 10 \end{aligned}\right\}$

69 ¿Cuántas soluciones tienen estos sistemas?

a) $\left.\begin{aligned} 2x - y &= 5 \\ x + y &= 1 \end{aligned}\right\}$

b) $\left.\begin{aligned} 3x + 4y &= 8 \\ 6x + 8y &= 10 \end{aligned}\right\}$

c) $\left.\begin{aligned} 2x + 10y &= 4 \\ x + 5y &= 4 \end{aligned}\right\}$

d) $\left.\begin{aligned} 3x + 2y &= 1 \\ x - 8y &= 5 \end{aligned}\right\}$

SABER HACER

Resolver sistemas con varios denominadores

70 Escribe este sistema con ecuaciones de la forma $ax + by = c$.

$$\left.\begin{aligned} \frac{x}{2} + \frac{2y}{3} &= 6 \\ \frac{2(2x-1)}{5} - \frac{3y+5}{7} &= 8 \end{aligned}\right\}$$

PRIMERO. Se eliminan los denominadores; para ello, se halla el m.c.m. de los denominadores en cada ecuación y se multiplican los dos miembros por él.

Primera ecuación: m.c.m. $(2, 3) = 6$

$$6 \cdot \left(\frac{x}{2} + \frac{2y}{3}\right) = 6 \cdot 6 \rightarrow 3x + 4y = 36$$

Segunda ecuación: m.c.m. $(5, 7) = 35$

$$35 \cdot \left(\frac{2(2x-1)}{5} - \frac{3y+5}{7}\right) = 35 \cdot 8$$

$$7 \cdot 2(2x-1) - 5(3y+5) = 280$$

$$14(2x-1) - 5(3y+5) = 280$$

SEGUNDO. Se eliminan los paréntesis.

$$3x + 4y = 36$$

$$14(2x-1) - 5(3y+5) = 280 \rightarrow$$

$$\rightarrow 28x - 14 - 15y - 25 = 280$$

TERCERO. Se agrupan las incógnitas en un miembro y los términos sin incógnita en otro.

$$3x + 4y = 36$$

$$28x - 14 - 15y - 25 = 280 \rightarrow$$

$$\rightarrow 28x - 15y = 280 + 14 + 25 \rightarrow 28x - 15y = 319$$

Sin paréntesis ni denominadores el sistema es:

$$\left.\begin{aligned} 3x + 4y &= 36 \\ 28x - 15y &= 319 \end{aligned}\right\}$$

71 Resuelve por el método que consideres más adecuado.

a) $\left.\begin{aligned} \frac{3x}{3} - \frac{2x}{4} &= 2 \\ 3y + 5x &= -1 \end{aligned}\right\}$

b) $\left.\begin{aligned} \frac{x}{3} - \frac{y}{2} &= -1 \\ \frac{2x}{3} - \frac{y}{4} &= 7 \end{aligned}\right\}$

72 Elimina los paréntesis y los denominadores en los siguientes sistemas.

a) $\left.\begin{aligned} \frac{x}{2} + \frac{y}{2} &= 0 \\ \frac{5(x+1)}{7} - \frac{2(y+2)}{3} &= -2 \end{aligned}\right\}$

b) $\left.\begin{aligned} \frac{3(1-x)}{3} - \frac{(y-1)}{5} - \frac{1}{2} &= \frac{3}{2} \\ \frac{5(x+1) + 7(2y-1)}{6} &= 2 \end{aligned}\right\}$

73 Resuelve por el método de igualación estos sistemas.

a) $\left.\begin{aligned} \frac{x}{2} + \frac{y}{3} &= 6 \\ x - 2y &= -4 \end{aligned}\right\}$

b) $\left.\begin{aligned} \frac{x}{2} - \frac{y+2}{2} &= \frac{1}{2} \\ \frac{2(x-1)}{3} - \frac{y+2}{6} &= -1 \end{aligned}\right\}$

c) $\left.\begin{aligned} \frac{x}{5} + y &= 2 \\ 2x - 3y &= 7 \end{aligned}\right\}$

74 Resuelve por el método de reducción los siguientes sistemas.

a) $\left.\begin{aligned} \frac{x}{2} + \frac{y}{3} &= 6 \\ x - 2y &= -4 \end{aligned}\right\}$

b) $\left.\begin{aligned} \frac{x}{2} - \frac{y+2}{2} &= \frac{1}{2} \\ \frac{2(x-1)}{3} - \frac{y+2}{6} &= -1 \end{aligned}\right\}$

c) $\left.\begin{aligned} \frac{x}{5} + y &= 2 \\ 2x - 3y &= 7 \end{aligned}\right\}$

75 Completa en tu cuaderno los sistemas para que el primero sea compatible, y el segundo, incompatible.

a) $\left.\begin{aligned} 3x - 2y &= \square \\ \square x + 2y &= 6 \end{aligned}\right\}$

b) $\left.\begin{aligned} \square x + 2y &= 3 \\ 2x + \square y &= \square \end{aligned}\right\}$

Problemas con sistemas

76 Expresa los siguientes enunciados mediante ecuaciones lineales con dos incógnitas.

a) La suma de dos números es 35.

b) El cuádruple de un número menos el doble de otro número es 26.

c) El triple de un número de dos cifras más el doble de las decenas es 102.

d) Al dividir un número entre 15 se obtiene como resto 12.

77 Expresa los siguientes problemas mediante ecuaciones lineales con dos incógnitas.

a) La diferencia entre las edades de Juan y Jesús es 12 años.

b) El número total de ruedas de los coches y motos del garaje es 56.

c) Tengo 1,35 € en monedas de 0,20 € y 0,05 €.

d) 3 kg de manzanas y 2 kg de naranjas cuestan 11 €.

e) Con 10,20 € más del dinero que tengo puedo comprar dos juegos para mi consola.

f) El perímetro de un rectángulo es 48 cm.

g) Cinco bocadillos de jamón cuestan lo mismo que ocho de chorizo.

h) En la granja de Fernando hay conejos y palomas; entre patas y cabezas, hay un total de 300.

78 Sea A la cantidad de dinero que hay que pagar por 6 helados y 4 refrescos, y B la cantidad que hay que pagar por 4 helados y 2 refrescos. Escribe en función de A y B la cantidad de dinero que hay que pagar por:

a) 10 helados y 6 refrescos.

b) 2 helados y 2 refrescos.

c) 3 helados y 2 refrescos.

d) 5 helados y 3 refrescos.

e) 1 helado y 1 refresco.

f) 8 helados y 4 refrescos.

79 Halla dos números distintos tales que la suma del triple del primero más el segundo es 14 y la diferencia entre ellos es 2.

80 Halla dos números sabiendo que suman 25 y que la cuarta parte del primero excede en una unidad a la tercera parte del segundo.

81 Cinco botellas de agua y dos de vino cuestan 6,95 €. Tres botellas de agua y cuatro de vino cuestan 11,45 €. Calcula el precio de cada tipo de botella.

82 Carla tiene 14 € entre las 13 monedas que hay en su monedero. Si las monedas son de 2 € y 0,50 €, ¿cuántas hay de cada tipo?

83 En una granja se crían cerdos y gallinas. En total hay 252 animales y 668 patas. Halla cuántos animales de cada tipo hay en la granja.

84 En un taller arreglan coches y motos. En este momento el número de coches es el triple que el número de motos menos dos, y el número total de ruedas entre coches y motos es 60. Calcula cuántos coches y motos hay en el taller.

85 Andrés tiene varios hijos, por eso en su garaje hay un total de 9 vehículos entre bicis y triciclos. Si las ruedas de todos ellos son 24, ¿cuántas bicis y triciclos tiene Andrés en el garaje?

86 Las edades de Pedro y Luis suman 34 años. Dentro de 16 años Pedro tendrá el doble de edad que Luis. ¿Cuántos años tienen ahora?

87 Con los 21 € que Teo tiene ahorrados puede montar 8 veces en los coches eléctricos y comprar 3 bocadillos para él y sus amigos. Calcula lo que vale cada viaje en los coches eléctricos y el precio de un bocadillo, sabiendo que 12 viajes en los coches cuestan lo mismo que 6 bocadillos.

88 En una pastelería se empaquetan galletas en cajas y en bolsas. Averigua cuántas galletas hay en cada tipo de envase sabiendo que:

- Las cajas contienen 50 galletas más que las bolsas.
- Tres bolsas de galletas llenan la mitad de una caja.

89 Si Ana diese 10 libros a Alicia, ambas tendrían la misma cantidad de libros. Si Ana tuviera 10 libros más, tendría el doble que Alicia. Calcula cuántos libros tiene cada una.

90 Hemos adquirido sellos de 0,26 € y de 0,84 €. En total hemos pagado 5,18 € por 11 sellos. ¿Cuántos sellos son de 0,26 €? ¿Y de 0,84 €?

91 Las edades de César y David suman 15 años. Dentro de 6 años César duplicará la edad de David. Halla las edades actuales de César y David.

92 Halla las dimensiones de un rectángulo, sabiendo que su perímetro mide 40 cm y que la altura mide las tres séptimas partes de la base.

93 El perímetro de un rectángulo es 30 cm. Si se toma un cuadrado cuyo lado mide lo mismo que dos largos y un ancho del rectángulo, el perímetro de este cuadrado es 96. Halla las dimensiones del rectángulo y el lado del cuadrado.

94 Una empresa de alquiler de coches ofrece dos modelos, uno de cuatro plazas y otro de cinco. Durante un día, la empresa alquila 10 coches en los que viajan 42 personas, quedando dos plazas sin ocupar. ¿Cuántos coches alquiló de cada tipo?

95 Luis tiene todas sus monedas iguales y Javier también, pero ambos tienen monedas de distinto valor. Tomando 6 monedas de Luis y 5 de Javier tenemos 3,70 €; en cambio, si Luis coge un número de sus monedas que sea el doble de las que cogió anteriormente Javier y Javier coge un número de sus monedas igual a la mitad de las que cogió Luis, se obtienen 3,50 €. Calcula el valor de las monedas que tiene cada uno.

96 Averigua cuántos alumnos hay en cada uno de los dos cursos de 3.º de ESO y 4.º de ESO, sabiendo que:

- En 4.º de ESO hay 9 alumnos más que en 3.º de ESO.
- Si de 3.º de ESO se marcharan 5 alumnos, el número de grupos de 6 personas que se podrían hacer sería el mismo que el número de grupos de 7 personas que se podrían hacer en 4.º de ESO si se marcharan 4 alumnos.

97 Juan ha comprado una camisa y un pantalón. Los precios de estas prendas sumaban 60 €, pero le han hecho un 10% de descuento en la camisa y un 20% en el pantalón, y paga por ambos 50,15 €. ¿Cuál era el precio sin rebajar de cada prenda?

98 Julia reparte entre sus nietos caramelos. Si da 6 a cada nieto le sobra 1; si da 7 le faltan 4. ¿Cuántos nietos tiene Julia?

DEBES SABER HACER

Ecuaciones lineales

1 Escribe las siguientes ecuaciones en la forma $ax + by = c$ e indica los coeficientes y el término independiente.

a) $x - (y - 6) = 2x + 5y + 3$

b) $-3 \cdot (-x + 3y) + 7y = 2x$

Sistemas de ecuaciones

2 Resuelve gráficamente estos sistemas y clasifícalos por su número de soluciones.

a) $\left.\begin{aligned} 2x - y &= -4 \\ -x + 3y &= -3 \end{aligned}\right\}$

b) $\left.\begin{aligned} x + 3y &= 6 \\ 2x + 6y &= 12 \end{aligned}\right\}$

c) $\left.\begin{aligned} 2x - y &= 8 \\ 4x - 2y &= 10 \end{aligned}\right\}$

d) $\left.\begin{aligned} x - 2y &= 0 \\ x + 2y &= 0 \end{aligned}\right\}$

Métodos de resolución de sistemas

3 Resuelve los siguientes sistemas, cada uno por un método diferente.

a) $\left.\begin{aligned} -2x + 5y &= 4 \\ 3x - 5y &= -1 \end{aligned}\right\}$

b) $\left.\begin{aligned} -2x + 3y &= 5 \\ 3x + 2y &= -1 \end{aligned}\right\}$

c) $\left.\begin{aligned} 4x - 3y &= 14 \\ 5x + 2y &= 6 \end{aligned}\right\}$

Problemas con sistemas

4 La suma de las edades de Fernando y su padre es 93 años. La edad del padre es 2 veces la edad del hijo. ¿Qué edades tienen ambos?

En la vida cotidiana

99 Un tren de mercancías es un tren compuesto de una o varias locomotoras de gran potencia y una serie de vagones preparados para transportar diferentes tipos de carga.

Por las vías españolas circulan trenes de mercancías de hasta 750 m de longitud que pueden arrastrar una carga de 1230 toneladas, lo que equivale a la carga que pueden transportar 49 camiones de gran tonelaje. Esto supone un gran ahorro económico y una considerable reducción de la emisión de CO_2 a la atmósfera.

Se necesita transportar 560 toneladas de mercancías, para lo cual se van a utilizar contenedores de 40 toneladas y de 60 toneladas.

La locomotora que se va a utilizar solo puede llevar 12 contenedores.

a) ¿Cuántos vagones de cada clase se necesitan?

b) ¿Cuántos se necesitarían si la carga fuese 590 toneladas?

Formas de pensar. Razonamiento matemático

100 Se mezcla pintura de 12 €/ℓ con pintura de 15 €/ℓ, de modo que resultan 50 ℓ de pintura de 13 €/ℓ. ¿Cuántos litros de cada tipo de pintura se han mezclado?

101 En una fábrica de zumos se mezclan dos tipos de calidades, una de 50 céntimos el litro y otra de 80 céntimos el litro. ¿Cuántos litros de zumo han de mezclarse de cada tipo para obtener 120 litros con un coste total de 85,50 €?

102 En un sistema con solución única se multiplican los términos de una ecuación por 3, entonces:

a) La nueva solución es el triple de la original.

b) La solución es la misma.

c) El nuevo sistema no puede tener solución.

d) Ninguna de las opciones anteriores es cierta.

103 Un número *xy* cumple:

$$\left.\begin{array}{l} x + y = a \\ x - y = a \end{array}\right\}$$

¿De qué tipo son los números cuyas cifras cumplen esta condición?

PROYECTO FINAL. Trabajo cooperativo

OBJETIVO: Elegir un regalo para el cumpleaños de un compañero

Una vez formados los grupos, seguid este proceso:

1.ª Fase.

- Estableced el número de personas que quieren participar en la compra del regalo.
- Estableced la cuota mínima y la máxima que deberían aportar los participantes.

2.ª Fase.

- Buscad información sobre las aficiones o necesidades del compañero al que queréis hacer el regalo.
- Estudiad las distintas posibilidades de regalo, dependiendo del dinero que podéis recaudar.

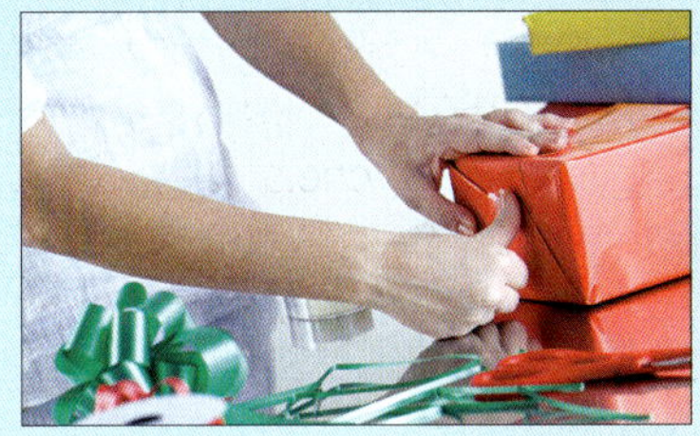

3.ª Fase.

- Decidid cuál va a ser el regalo que haréis a vuestro compañero y estableced la cuota que debe aportar cada participante.
- Elegid una comisión que será la encargada de recoger el dinero y de comprar el regalo.

Pruebas PISA

El hotel

104 ••• Un hotel ha decidido hacer la siguiente oferta dirigida a empresas que deseen realizar su convención.

A Marta, encargada de realizar la convención de su empresa, le ha parecido una oferta interesante, pero necesita como mínimo 52 habitaciones individuales para alojar a los invitados de la empresa a la convención. ¿Se puede celebrar la convención en este hotel?

La prueba

105 ••• Carlos se presenta a una prueba que consta de 50 preguntas.

Puntuación de la prueba

Respuesta correcta	3 puntos
Respuesta incorrecta	Se resta 1 punto
Pregunta no contestada	0 puntos

a) ¿Cuál es la mayor puntuación que Carlos puede obtener? ¿Y la menor?

b) ¿Qué puntuación obtiene Carlos si contesta 18 preguntas correctamente y el resto de forma incorrecta?

c) Si la prueba se considera superada a partir de una puntuación superior a 74 puntos, ¿cuántas preguntas debe contestar, como mínimo, para superar la prueba?

d) Si ha dejado 12 preguntas sin contestar y su puntuación final ha sido 78 puntos, ¿cuántas preguntas ha contestado correctamente?

Cómo trazamos rectas paralelas y perpendiculares que pasen por un punto

Dos rectas son **paralelas** cuando no tienen ningún punto en común.

Dos rectas son **perpendiculares** cuando se cortan en un punto y los ángulos que forman al cortarse miden 90°.

EJEMPLO

- Para trazar una recta paralela a *r* que pase por *P*.

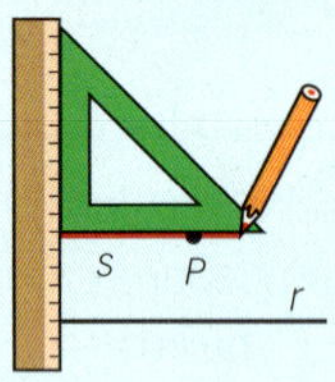

Apoyamos uno de los bordes perpendiculares de la escuadra sobre la recta *r*. Después, colocamos la regla pegada al otro borde.

Deslizamos la escuadra sobre la regla, hasta que el borde coincida con el punto *P*.

La recta *s* es paralela a *r* y pasa por *P*.

- Para dibujar una recta perpendicular a *r* que pase por *P*.

Apoyamos uno de los bordes perpendiculares de la escuadra sobre la recta *r*.

Deslizamos la escuadra sobre la recta *r*, hasta que el otro borde coincida con el punto *P*.

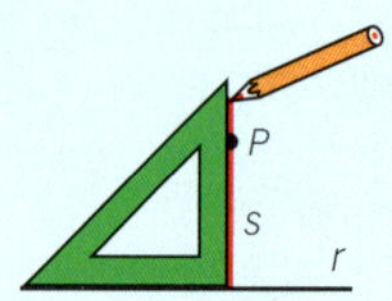

La recta *s* es perpendicular a la recta *r* y pasa por *P*.

ACTIVIDADES

1 Dibuja una recta, *r*, y dos puntos exteriores a ella. Traza las rectas paralelas y perpendiculares a *r* que pasan por los puntos marcados.

Qué es un polígono regular

Un **polígono regular** es el que tiene todos sus lados y todos sus ángulos iguales.

- Apotema, *a*: segmento perpendicular a un lado, trazado desde el centro del polígono al punto medio del lado.
- Radio, *r*: segmento que une el centro del polígono con uno de los vértices.

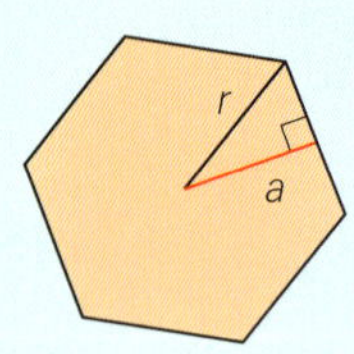

Cuando no es regular, el polígono es **irregular**.

EJEMPLO

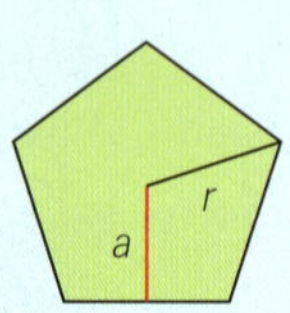

Pentágono regular

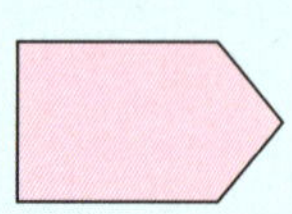

Pentágono irregular

ACTIVIDADES

2 Dibuja un polígono regular de 3 lados y otro de 4 lados. Dibuja su radio y su apotema. ¿Cómo se llaman estos polígonos?

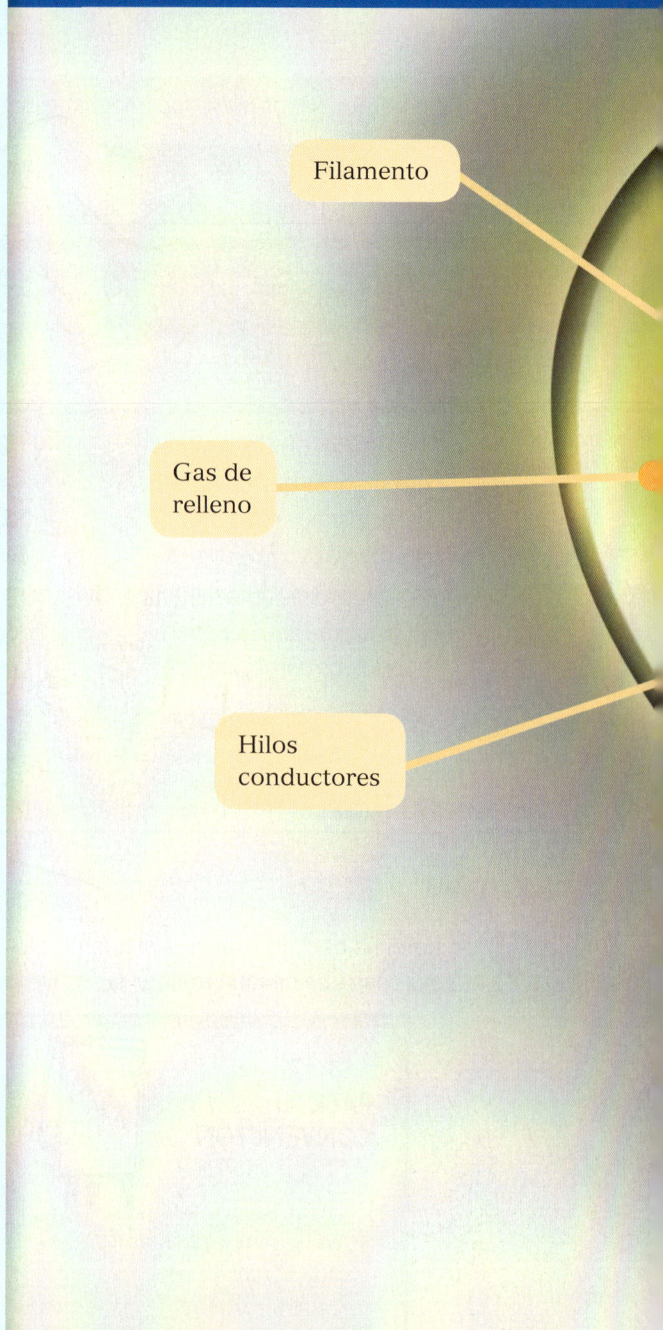

1879
Edison crea la primera bombilla. Solo es capaz de dar luz durante 14 horas consecutivas.

1 de septiembre de 2009
Comienza en Europa la sustitución progresiva de las bombillas tradicionales y otras lámparas poco eficientes por sistemas de iluminación de bajo consumo que no solo ahorran energía, también son mejores desde un punto de vista medioambiental.

Lugares geométricos. Áreas y perímetros

8

SABER

- Lugares geométricos. Mediatriz y bisectriz. Circunferencia
- Ángulos
- Teorema de Pitágoras
- Áreas y perímetros

SABER HACER

- Trazar la circunferencia que pasa por tres puntos no alineados
- Calcular el área de un cuadrilátero utilizando el teorema de Pitágoras
- Calcular el área de un polígono regular utilizando el teorema de Pitágoras
- Calcular el área de una figura plana

VIDA COTIDIANA

La bombilla

Cuando se decora una casa, la posición de los puntos de luz es muy importante. Hay veces que se necesitan zonas poco iluminadas, por ejemplo para relajarnos, o todo lo contrario, zonas muy iluminadas para poder leer un libro.

- Las especificaciones de una lámpara dicen que puede iluminar un radio de 3,5 m. Si la instalo en el centro de un salón rectangular de 4 m de largo y 3 m de ancho, ¿tendré toda la habitación perfectamente iluminada?

Incandescentes de clase C
Tienen la forma y el casquillo de una bombilla convencional, pero llevan dentro una cápsula halógena. Consumen entre un 20 % y un 25 % menos de energía.

Incandescentes de clase B
Tienen un revestimiento infrarrojo que permite una mejora de la eficiencia energética superior al 45 %, son de bajo voltaje y necesitan un transformador.

Bombillas fluorescentes mejoradas.
Empezaron a comercializarse en la década de 1980; destacan por su larga vida y bajo consumo, entre el 65 % y el 80 % menos.

Bombillas LED
Consumen un 80 % menos de energía que las bombillas incandescentes, con una duración mayor que las bombillas fluorescentes.

1 Lugares geométricos

Se llama **lugar geométrico** al conjunto de todos los puntos que cumplen una determinada propiedad geométrica.

EJEMPLO

1. Determina y representa el lugar geométrico de los puntos del plano que cumplen las siguientes propiedades.

   a) Los puntos del plano cuya distancia a un punto P es r.

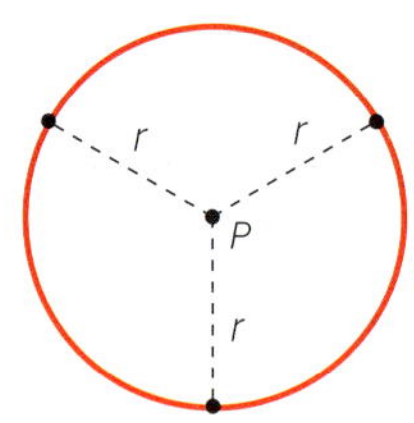

Los puntos que cumplen esta condición forman una circunferencia con centro en el punto P, y cuyo radio es la distancia hasta ese punto, r.

   b) Los puntos del plano cuya distancia a un punto P es menor que r.

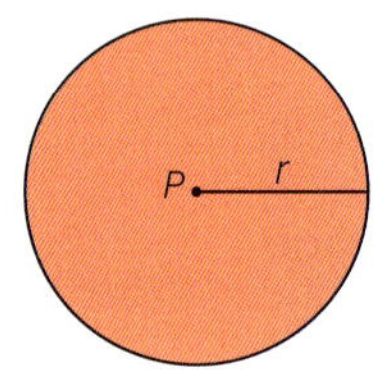

Los puntos que cumplen esta propiedad son los puntos que pertenecen a un círculo con centro en P y radio r.

   c) Los puntos del plano que están a la misma distancia de dos rectas paralelas.

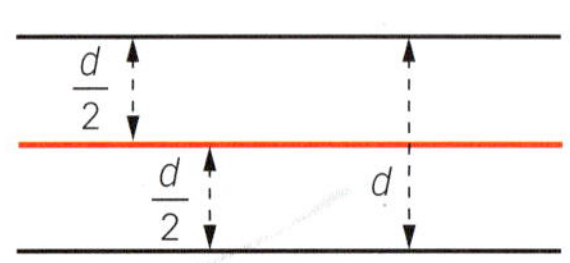

Los puntos del plano que cumplen esta propiedad forman una recta paralela a las rectas dadas, que se encuentra a la mitad de la distancia que hay entre ellas.

ACTIVIDADES

1 PRACTICA. Determina y representa el lugar geométrico de los puntos del plano cuya distancia al punto $P(2, 3)$ es la indicada.

a) 2 cm

b) Menor que 4 cm

c) Mayor que 1,5 cm y menor que 3 cm

2 APLICA. Determina y representa los lugares geométricos de los puntos que están a una distancia de 2 cm de cada uno de los extremos de un segmento de 4 cm de longitud.

3 REFLEXIONA. Define las rectas rojas como lugar geométrico.

a)

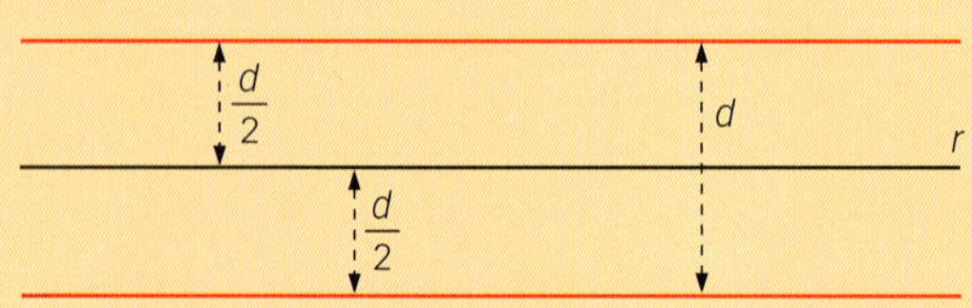

b)

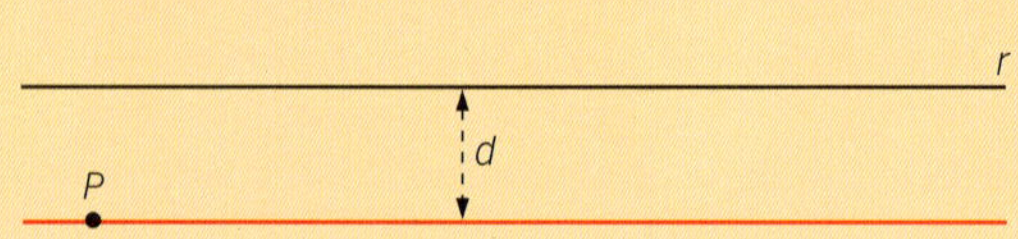

2 Mediatriz y bisectriz

2.1. Mediatriz de un segmento

La **mediatriz de un segmento** es la recta perpendicular al segmento que pasa por su punto medio.

EJEMPLO

2. Traza la mediatriz del segmento *AB*.

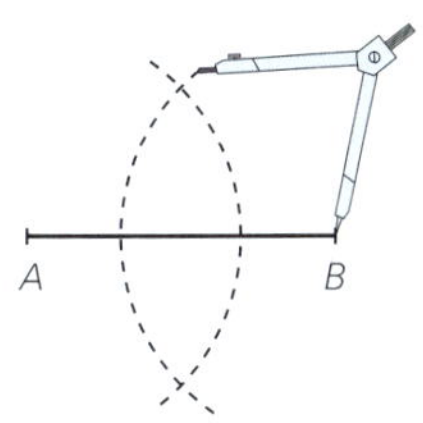

Trazamos dos arcos de igual radio, con centro en *A* y *B*, que se cortan.

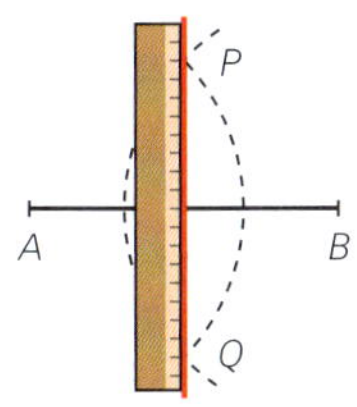

La recta que pasa por los puntos de corte *P* y *Q* es la mediatriz.

2.2. Bisectriz de un ángulo

La **bisectriz de un ángulo** es la recta que pasa por el vértice y divide el ángulo en dos ángulos iguales.

EJEMPLO

3. Dibuja la bisectriz de un ángulo.

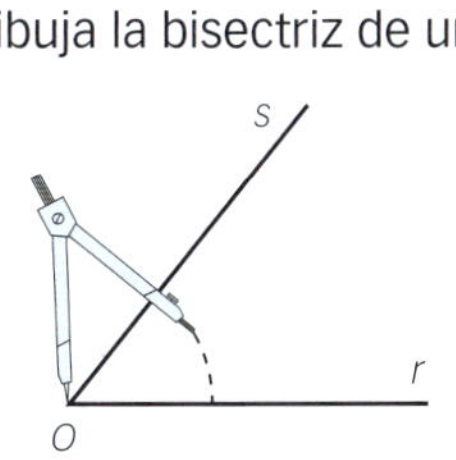

Con centro en *O* y cualquier abertura, trazamos un arco.

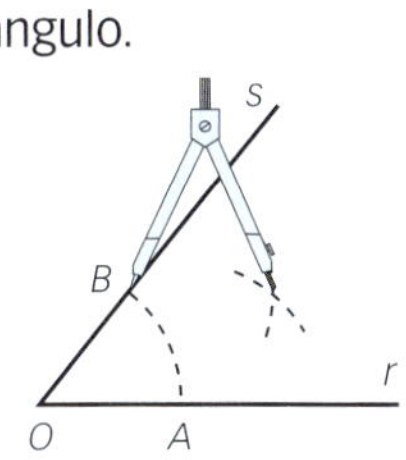

Trazamos dos arcos de igual radio con centro en *A* y en *B*.

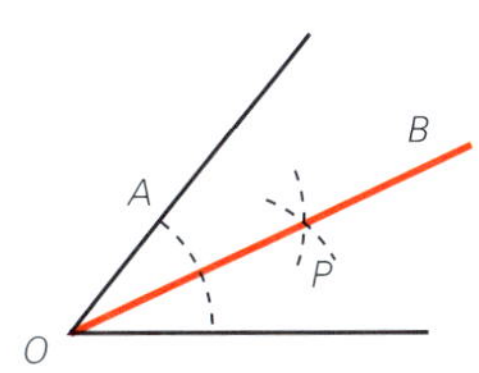

La recta que pasa por *O* y *P* es la bisectriz.

La mediatriz de un segmento es el lugar geométrico de los puntos del plano que están a la misma distancia de los extremos del segmento.

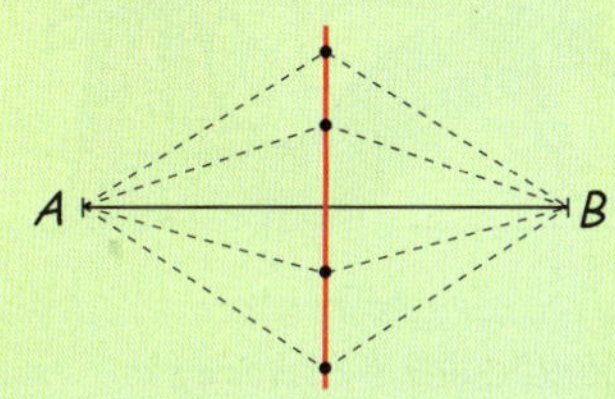

La bisectriz de un ángulo es el lugar geométrico de los puntos cuya distancia a los lados del ángulo es la misma.

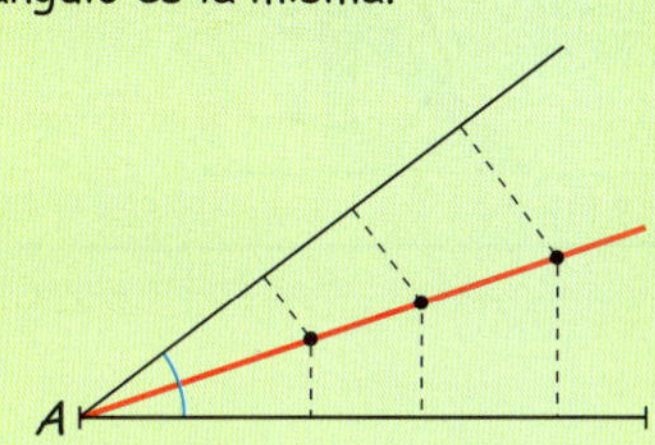

Si dos puntos están a igual distancia de una recta, decimos que son equidistantes a la recta.

ACTIVIDADES

4 PRACTICA. Dibuja en tu cuaderno el lugar geométrico de los puntos que equidistan de los extremos de un segmento de 4 cm.

5 APLICA. Dibuja un ángulo obtuso y traza su bisectriz.

6 REFLEXIONA. Dibuja las rectas que pasan por:

$A(0, 3)$ $B(-1, -1)$ $C(3, 1)$

y traza las bisectrices de los ángulos entre esas rectas.

3 Circunferencia

RESUELVE EL RETO

Dos personas corren en un circuito circular, uno en el sentido de las agujas del reloj y el otro en sentido opuesto. Justo al mediodía vuelven a cruzarse en el punto de inicio: uno lleva 7 vueltas y el otro, 11. ¿Cuántas veces se cruzaron?

Para trazar una recta perpendicular a otra recta que pase por un punto, utiliza la escuadra.

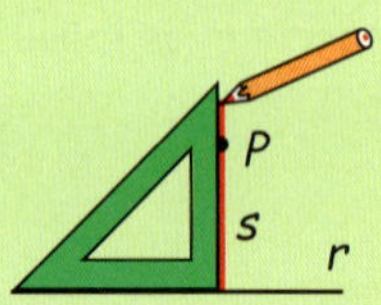

Una **circunferencia** es una curva cerrada y plana cuyos puntos están situados a la misma distancia, *r*, de un punto, *O*. El segmento *r* se llama **radio**, y el punto *O*, **centro** de la circunferencia.

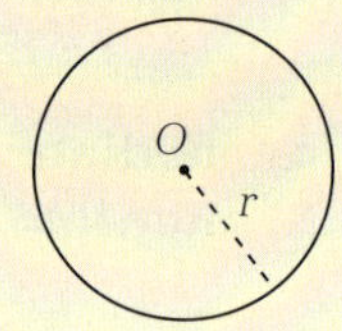

Recta tangente a una circunferencia

Una circunferencia y una recta son **tangentes** cuando tienen un único punto en común.

Si una circunferencia de centro *O* y una recta son tangentes en un punto *P*, el radio de la circunferencia que une *O* con *P* es perpendicular a la recta tangente.

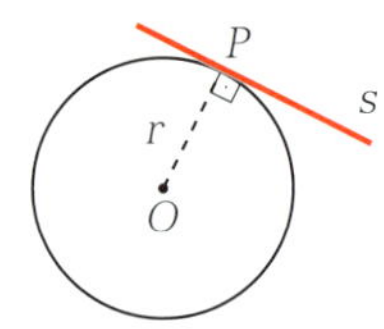

EJEMPLOS

4. Dibuja la recta tangente a una circunferencia que pase por un punto *P*.

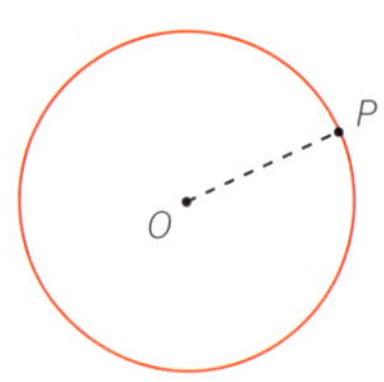

Dibujamos el radio que une *O* con *P*.

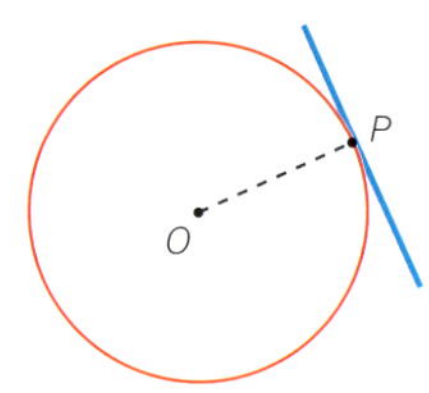

Trazamos una recta perpendicular al radio que pase por *P*.

5. Dibuja una circunferencia de radio 3 cm tangente a la recta dada en el punto *P*.

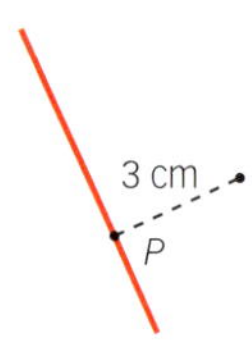

Dibujamos un segmento de 3 cm perpendicular a la recta con uno de sus extremos en *P*.

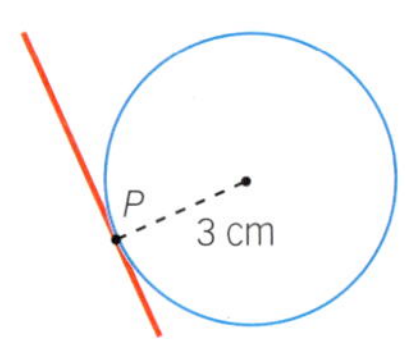

El otro extremo del segmento es el centro de la circunferencia.

ACTIVIDADES

7 PRACTICA. Dibuja la circunferencia de centro (1, 2) y radio 4 cm. Elige un punto de la circunferencia y traza una recta tangente a ese punto.

8 APLICA. Representa la recta que contiene las soluciones de la ecuación $x + y = 4$. Dibuja la circunferencia tangente a esta recta con centro el origen.

9 REFLEXIONA. Observa las dos rectas secantes que se cortan en el punto *P*. ¿Cómo dibujarías una circunferencia tangente a ambas rectas cuyo centro esté situado a 5 cm de *P*?

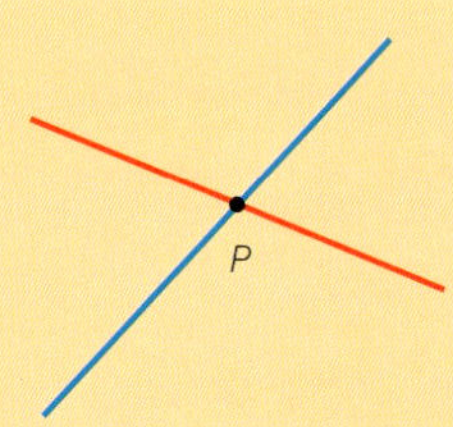

SABER HACER

Este problema es equivalente a dibujar la circunferencia circunscrita a un triángulo cuyos vértices son los tres puntos dados.

Trazar la circunferencia que pasa por tres puntos no alineados

Dados los siguientes puntos no alineados, traza la circunferencia que pasa por ellos.

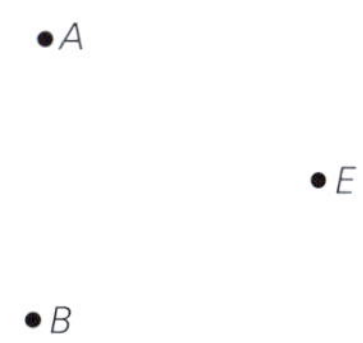

Pasos a seguir

1. Dibujamos los segmentos que unen los puntos dos a dos.

Obtenemos un triángulo de vértices *A*, *B* y *C*.

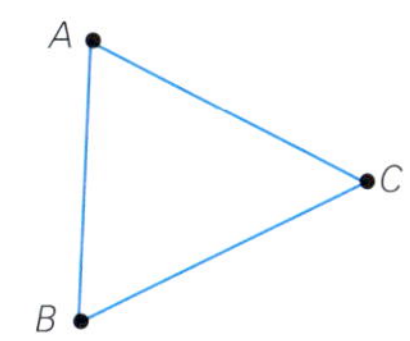

2. Trazamos las mediatrices de los tres segmentos que se han formado.

Las mediatrices se cortan en un punto que está a la misma distancia de los tres vértices del triángulo.

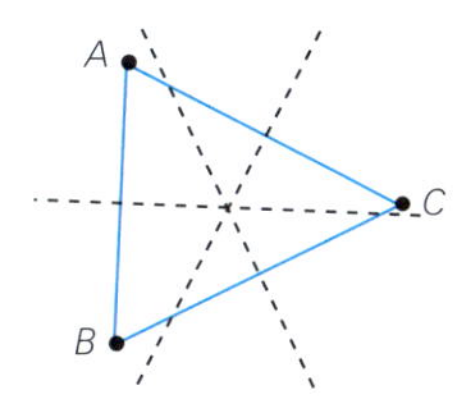

3. Dibujamos una circunferencia con centro en el punto de corte de las mediatrices, y con radio, la distancia a cualquiera de los puntos.

El punto de corte de las mediatrices es el circuncentro del triángulo.

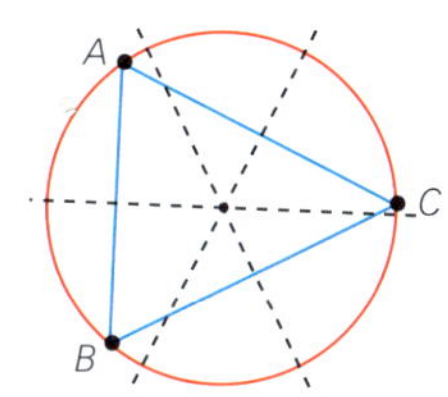

ACTIVIDADES

10 Traza la circunferencia que pasa por estos puntos.

a) (0, 0), (0, 4) y (4, 0)

b) (0, 3), (−4, 0) y (1, −1)

c) (−3, 3), (1, 3) y (0, 0)

d) (2, 0), (2, 5) y (0, 1)

e) (0, −4), (5, −4) y (3, 3)

f) (1, 3), (5, 2) y (3, 7)

11 Dibuja la circunferencia que pasa por los vértices de los triángulos isósceles cuyos lados tienen estas medidas.

a) 5 cm, 5 cm y 8 cm

b) 7 cm, 7 cm y 12 cm

c) 4 cm, 4 cm y 6 cm

12 Define el circuncentro como lugar geométrico.

13 Traza la circunferencia que pasa por los vértices de los triángulos rectángulos cuyos lados tienen estas medidas.

a) 3 cm, 4 cm y 5 cm

b) 5 cm, 12 cm y 13 cm

c) 8 cm, 15 cm y 17 cm

d) 6 cm, 8 cm y 10 cm

e) 9 cm, 12 cm y 15 cm

f) 7 cm, 24 cm y 25 cm

14 Copia en tu cuaderno estos triángulos y dibuja su circunferencia circunscrita.

a)

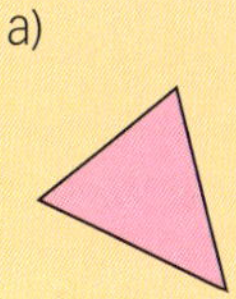

b)

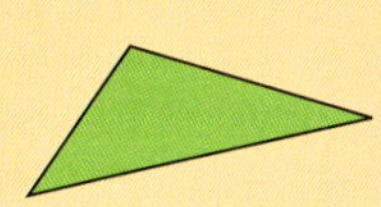

c)

4 Ángulos

4.1. Ángulos al cortarse dos rectas

Dos **ángulos** son **opuestos por el vértice** cuando tienen en común el vértice y sus lados están sobre las mismas rectas.

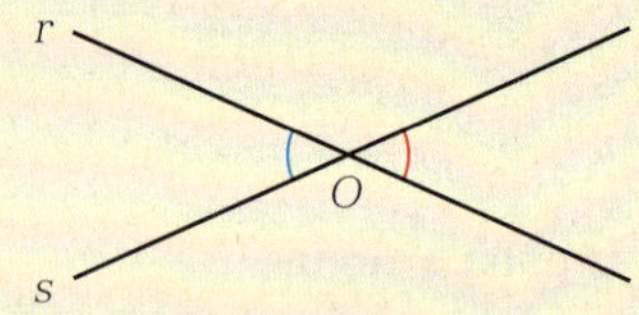

Dos ángulos opuestos por el vértice son iguales.

Al cortarse dos rectas, se forman 4 ángulos, iguales dos a dos: $\hat{A} = \hat{C}$ $\hat{B} = \hat{D}$

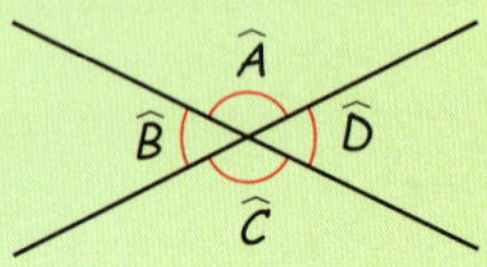

Dos ángulos de lados paralelos agudos son iguales.

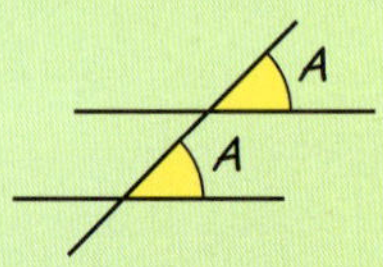

Dos ángulos de lados paralelos obtusos son iguales.

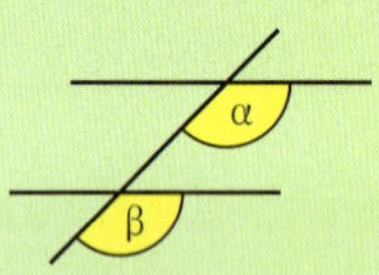

4.2. Ángulos al cortar una recta a otras dos rectas paralelas

Cuando dos rectas paralelas son cortadas por una recta secante a ambas, se forman 8 ángulos.

Entre todos estos ángulos siempre se cumplen, por ser ángulos de lados paralelos, las siguientes igualdades.

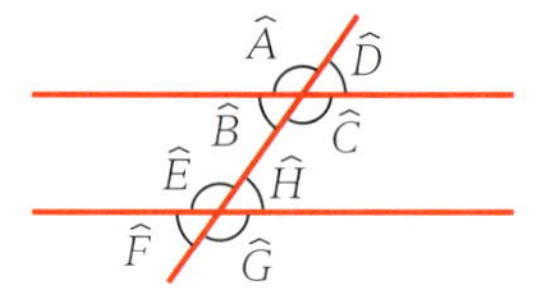

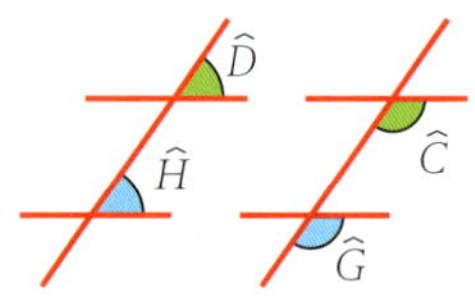

Ángulos correspondientes

$\hat{D} = \hat{H}$ $\quad \hat{C} = \hat{G}$

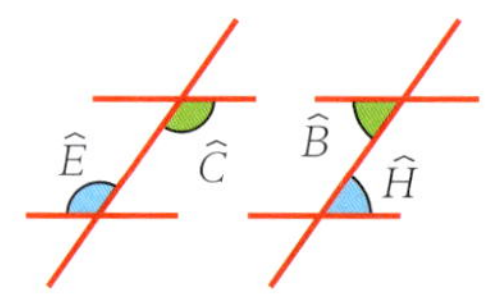

Ángulos alternos internos

$\hat{C} = \hat{E}$ $\quad \hat{B} = \hat{H}$

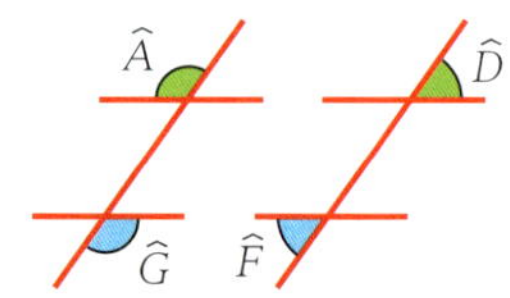

Ángulos alternos externos

$\hat{A} = \hat{G}$ $\quad \hat{D} = \hat{F}$

4.3. Ángulos en un polígono

Cada dos lados consecutivos de un polígono definen un ángulo, que llamamos **ángulo interior**.

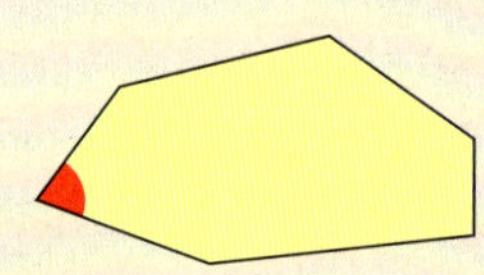

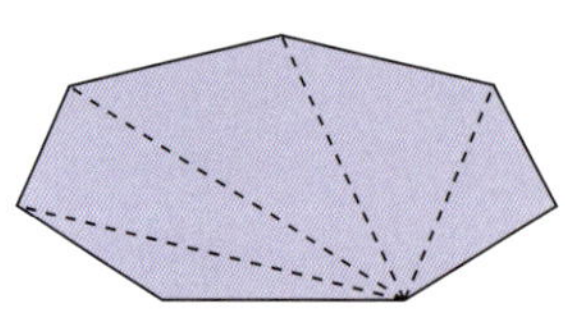

Cualquier polígono de n lados se puede dividir en $n - 2$ triángulos.

Por tanto, la suma de los ángulos interiores de un polígono de n lados es igual a $180° \cdot (n - 2)$.

ACTIVIDADES

15 PRACTICA. Calcula la suma de los ángulos interiores de estos polígonos.

a) Pentágono
b) Hexágono
c) Octógono
d) Decágono

16 APLICA. Averigua para qué polígono la suma de los ángulos interiores es 1 260°.

17 REFLEXIONA. Establece las igualdades entre estos ángulos.

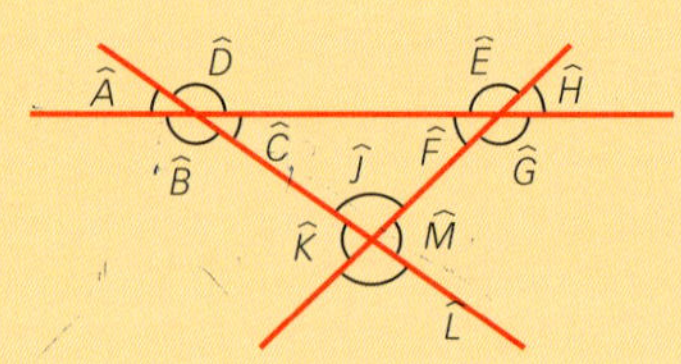

5 Teorema de Pitágoras

Teorema de Pitágoras
En todo triángulo rectángulo, el cuadrado de la hipotenusa es igual a la suma de los cuadrados de los catetos.

$$a^2 = b^2 + c^2$$

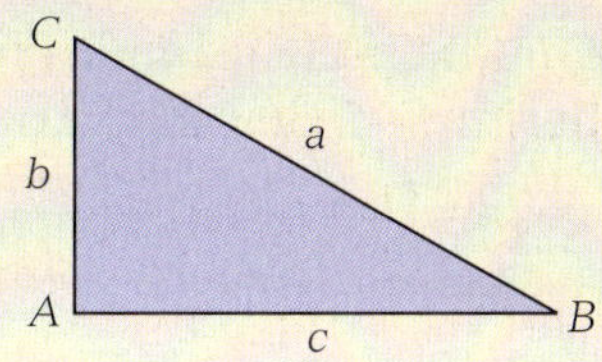

RESUELVE EL RETO

¿Cierto o falso? Si un triángulo cumple el teorema de Pitágoras, la mediana trazada desde el ángulo recto corta en la mitad de la hipotenusa.

EJEMPLOS

6. Calcula la medida que falta en estos triángulos rectángulos.

a) La hipotenusa mide 37 cm, y uno de los catetos, 12 cm.

$a = 37$ cm $\qquad b = 12$ cm

$a^2 = b^2 + c^2 \xrightarrow{a\,=\,37,\,b\,=\,12} 37^2 = 12^2 + c^2 \rightarrow c^2 = 1369 - 144 = 1225$

Despejando: $c^2 = 1225 \rightarrow c = \sqrt{1225} = 35$ cm

b) Los catetos miden 28 cm y 45 cm.

$b = 28$ cm $\qquad c = 45$ cm

$a^2 = b^2 + c^2 \xrightarrow{b\,=\,28,\,c\,=\,45} a^2 = 28^2 + 45^2 \rightarrow a^2 = 784 + 2025 = 2809$

Despejando: $a^2 = 2809 \rightarrow a = \sqrt{2809} = 53$ cm

7. Comprueba, aplicando el teorema de Pitágoras, si las siguientes medidas corresponden a triángulos rectángulos.

a) $a = 13$ cm $\qquad b = 5$ cm $\qquad c = 12$ cm

b) $a = 6$ cm $\qquad b = 3$ cm $\qquad c = 7$ cm

Si un triángulo es rectángulo, tiene que cumplir el teorema de Pitágoras. La medida mayor siempre corresponde a la hipotenusa.

a) Hipotenusa = 13 cm $\qquad$ Catetos = 5 cm y 12 cm

$a^2 = b^2 + c^2 \xrightarrow{a\,=\,13,\,b\,=\,5,\,c\,=\,12} 13^2 = 5^2 + 12^2 \rightarrow 169 = 25 + 144$

Los lados pertenecen a un triángulo rectángulo.

b) Hipotenusa = 7 cm $\qquad$ Catetos = 6 cm y 3 cm

$a^2 = b^2 + c^2 \xrightarrow{a\,=\,7,\,b\,=\,6,\,c\,=\,3} 7^2 \neq 6^2 + 3^2 \rightarrow 49 \neq 36 + 9$

No es un triángulo rectángulo.

El triángulo rectángulo es el único triángulo que cumple el teorema de Pitágoras.

ACTIVIDADES

18 PRACTICA. Calcula la medida de la hipotenusa de los triángulos cuyos catetos miden:

a) 39 mm y 80 mm
b) 13 mm y 84 mm
c) 11 mm y 60 mm
d) 24 cm y 32 cm
e) 12 cm y 16 cm
f) 8 cm y 15 cm

19 APLICA. Comprueba si las siguientes medidas corresponden a triángulos rectángulos.

a) 21 cm, 29 cm y 40 cm $\qquad$ b) 33 cm, 56 cm y 68 cm

20 REFLEXIONA. ¿Cuántos triángulos rectángulos tienen dos de sus lados de 21 cm y 28 cm?

6 Áreas y perímetros

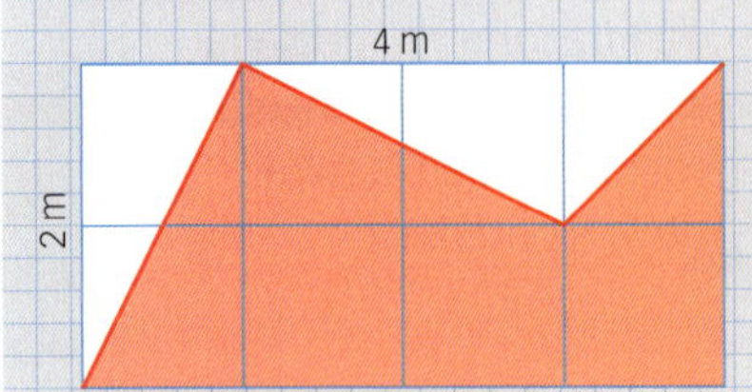

RESUELVE EL RETO

¿Cuánto mide el área coloreada?

6.1. Áreas y perímetros del triángulo y los cuadriláteros

En la siguiente tabla están las fórmulas que te permitirán calcular las áreas y perímetros de triángulos y cuadriláteros.

Triángulo	Cuadrado
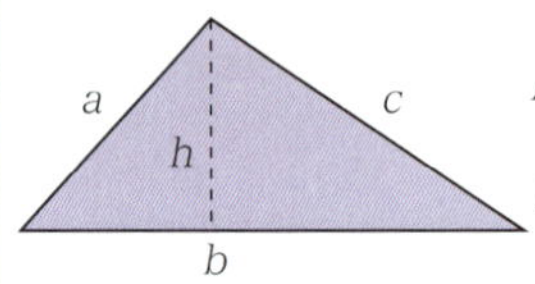 $A = \frac{b \cdot h}{2}$ $P = a + b + c$	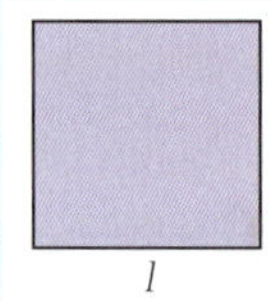 $A = l \cdot l = l^2$ $P = 4 \cdot l$
Rectángulo	**Rombo**
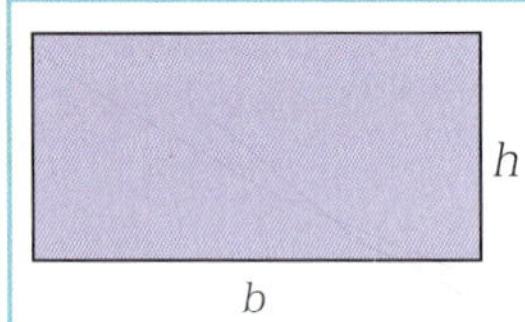 $A = b \cdot h$ $P = 2(b + h)$	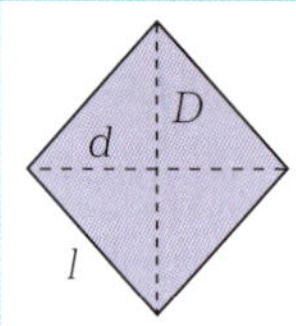 $A = \frac{D \cdot d}{2}$ $P = 4 \cdot l$
Romboide	**Trapecio**
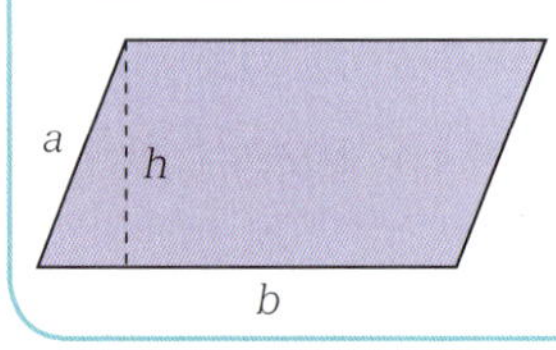 $A = b \cdot h$ $P = 2(a + b)$	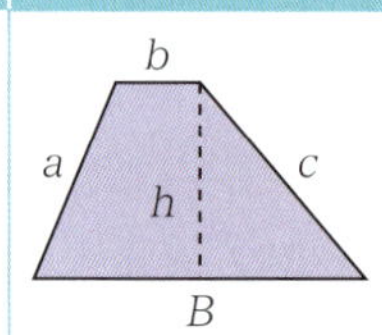 $A = \frac{(B + b) \cdot h}{2}$ $P = a + b + c + B$

EJEMPLO

8. Calcula el área y el perímetro de estas figuras.

a) 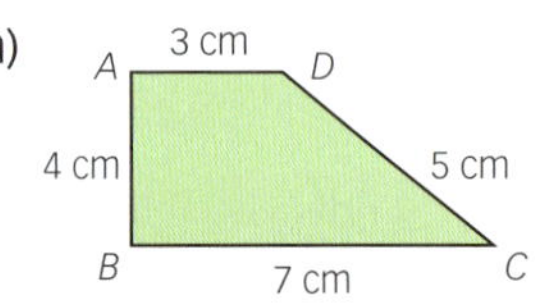

Es un trapecio:

$P = 4 + 3 + 5 + 7 = 20$ cm

$A = \frac{(B + b) \cdot h}{2} = \frac{(7 + 3) \cdot 4}{2} = 20 \text{ cm}^2$

b) 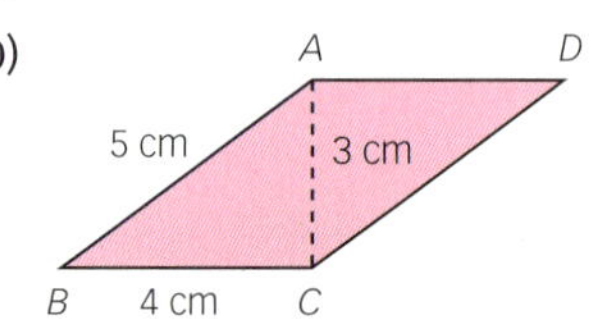

Es un romboide:

$P = 2(4 + 5) = 18$ cm

$A = b \cdot h = 4 \cdot 3 = 12 \text{ cm}^2$

ACTIVIDADES

21 PRACTICA. Calcula el área de estas figuras.

a) 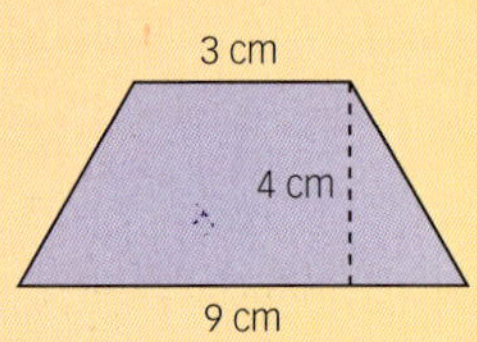

b) 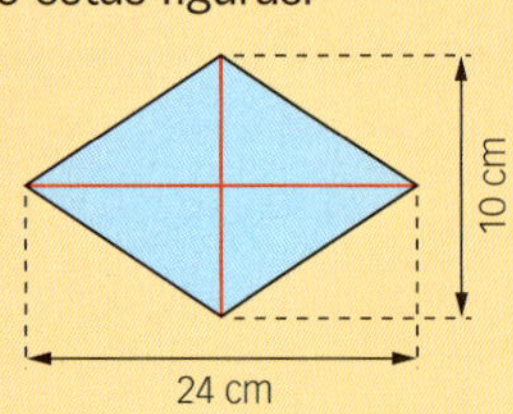

22 APLICA. Halla el perímetro y el área de un triángulo rectángulo cuyos catetos miden 4 cm y 7 cm.

23 REFLEXIONA. Halla el área de cada uno de los tres triángulos que están marcados en la figura que está a la derecha.

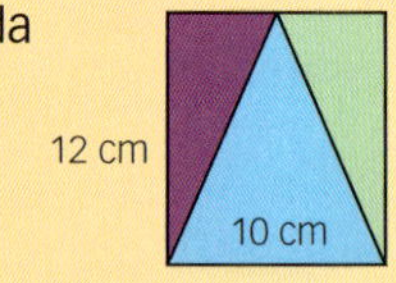

SABER HACER

> Las diagonales de un rombo se cortan en su punto medio formando cuatro ángulos rectos.

Calcular el área de un cuadrilátero utilizando el teorema de Pitágoras

Halla el área de estos cuadriláteros.

a) 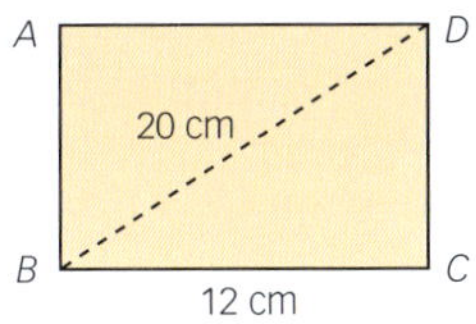

b) 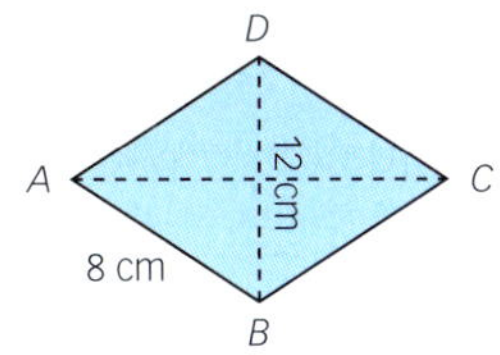

c) 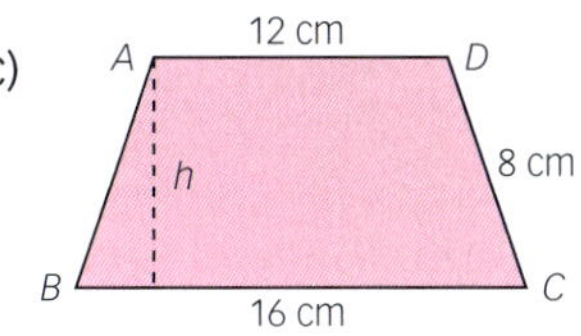

Pasos a seguir

1. Determinamos los elementos necesarios para calcular el área de la figura.

a) $A = b \cdot h$
$b = 12$ cm
$h \rightarrow$ Desconocida

b) $A = \dfrac{D \cdot d}{2}$
$d = 12$ cm
$D \rightarrow$ Desconocida

c) $A = \dfrac{(B + b) \cdot h}{2}$
$B = 16$ cm $\quad b = 12$ cm
$h \rightarrow$ Desconocida

2. Identificamos el triángulo rectángulo que determina la medida desconocida.

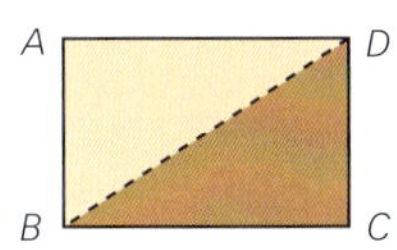

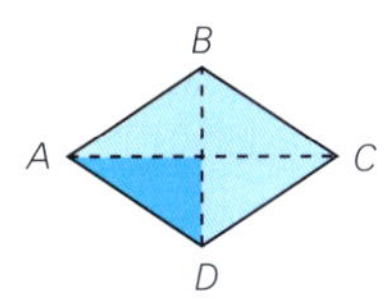

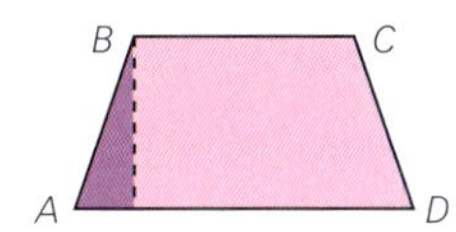

3. Aplicamos el teorema de Pitágoras.

$20^2 = 12^2 + h^2$

$8^2 = \left(\dfrac{12}{2}\right)^2 + \left(\dfrac{D}{2}\right)^2$

$8^2 = 2^2 + h^2$

4. Calculamos la medida desconocida despejando en el teorema de Pitágoras.

$h^2 = 20^2 - 12^2$
$h^2 = 256$
$h = 16$ cm

$\left(\dfrac{D}{2}\right)^2 = 8^2 - 6^2 \rightarrow \dfrac{D^2}{4} = 28$
$D^2 = 112$
$D = 10{,}58$ cm

$h^2 = 8^2 - 2^2$
$h^2 = 60$
$h = 7{,}75$ cm

5. Hallamos el área de la figura.

$A = 12 \cdot 16 = 192$ cm^2

$A = \dfrac{10{,}58 \cdot 12}{2} = 63{,}48$ cm^2

$A = \dfrac{(16 + 12) \cdot 7{,}75}{2} = 108{,}5$ cm^2

ACTIVIDADES

24 Calcula la longitud de x en las figuras.

a) 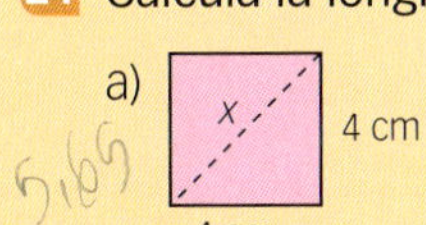

b) 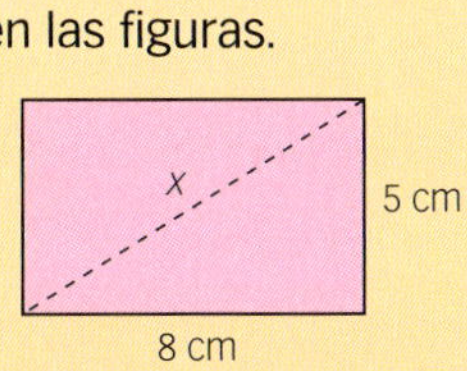

25 Una de las dimensiones de un rectángulo mide 12 cm, y su diagonal mide 20 cm. Halla su área.

26 El perímetro de un rectángulo es 68 cm, y la altura, 24 cm. Calcula.

a) La diagonal del rectángulo

b) El área del rectángulo

27 Calcula el lado de un cuadrado cuya diagonal mide:

a) 5,3033 cm b) 3,96 cm c) 2,12 cm

28 Calcula el área de estas figuras.

a) 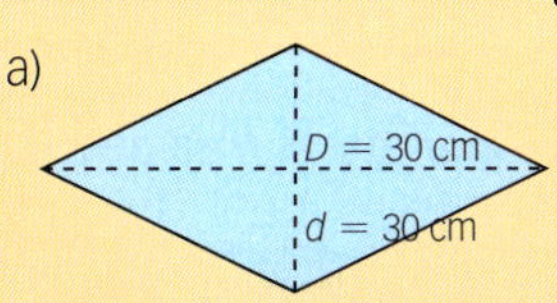

c) 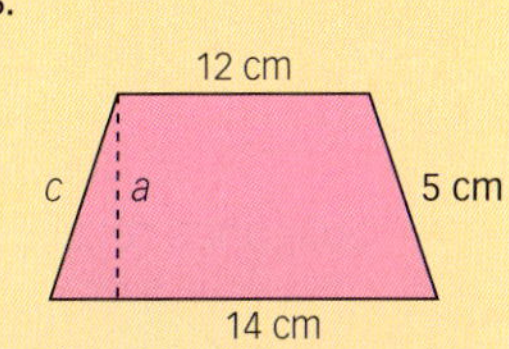

b) 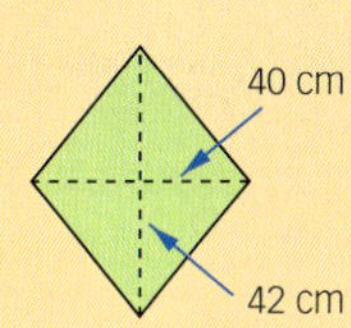

d) 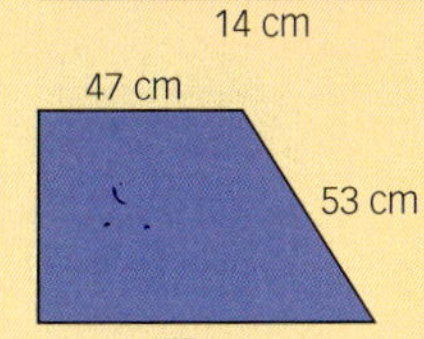

6.2. Área y perímetro de un polígono regular

El **perímetro de un polígono regular** es igual al producto de la medida de uno de sus lados por el número de lados.

$$P = n \cdot l$$

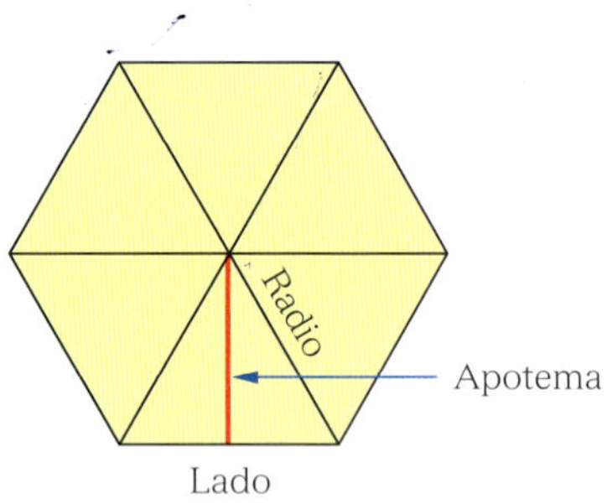

Cualquier polígono regular se puede descomponer en tantos triángulos isósceles iguales como número de lados tenga.

El área de cada triángulo es $A_t = \frac{l \cdot a}{2}$, donde l es el lado del polígono y a es la apotema. Para obtener el área del polígono hay que multiplicar por el número de triángulos en que lo hemos dividido:

$$A_{\text{Total}} = n \cdot A_t = n \cdot \frac{l \cdot a}{2} = \frac{n \cdot l \cdot a}{2} = \frac{P \cdot a}{2}$$

siendo n el número de lados y P el perímetro del polígono regular.

El **área de un polígono regular** es igual al producto de su perímetro por su apotema dividido entre 2.

$$A = \frac{P \cdot a}{2}$$

En el hexágono regular, el lado es igual al radio.

EJEMPLO

9. Halla el perímetro y el área de estos polígonos regulares.

a)

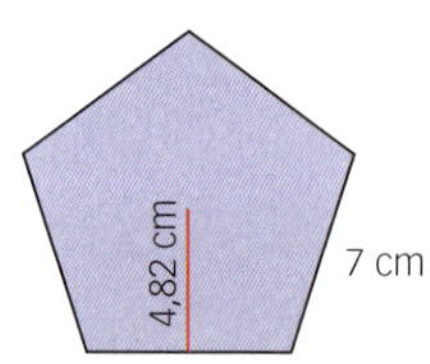

$P = n \cdot l = 5 \cdot 7 = 35$ cm

$A = \frac{P \cdot a}{2} = \frac{35 \cdot 4{,}82}{2} = 84{,}35$ cm^2

b)

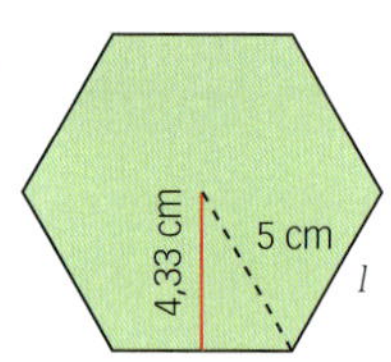

Por ser un hexágono regular: $l = r = 5$

$P = n \cdot l = 6 \cdot 5 = 30$ cm

$A = \frac{P \cdot a}{2} = \frac{30 \cdot 4{,}33}{2} = 64{,}95$ cm^2

ACTIVIDADES

29 PRACTICA. Calcula el perímetro y el área de estos polígonos regulares.

a)

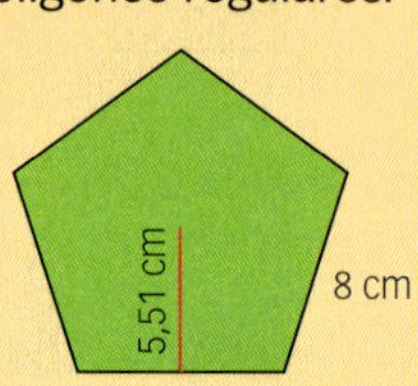

b)

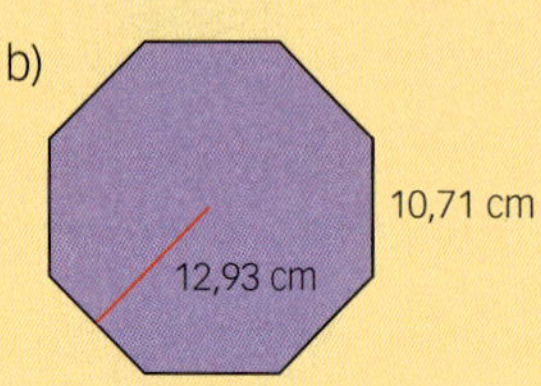

30 APLICA. Halla el lado de estos polígonos regulares.

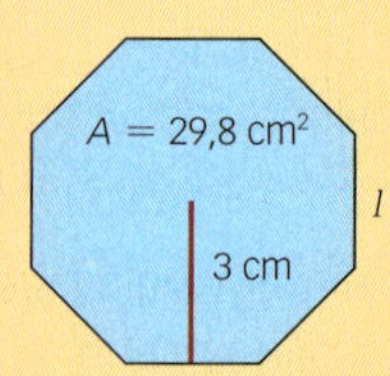

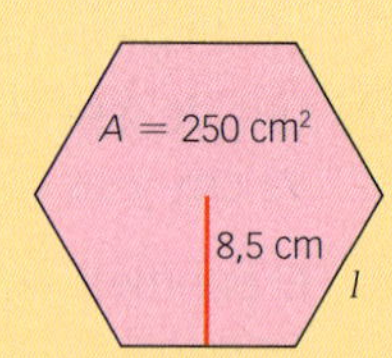

31 REFLEXIONA. Determina la altura y el perímetro de un triángulo equilátero de área 2 dm^2.

SABER HACER

Calcular el área de un polígono regular utilizando el teorema de Pitágoras

Halla el área de estos polígonos regulares.

a)

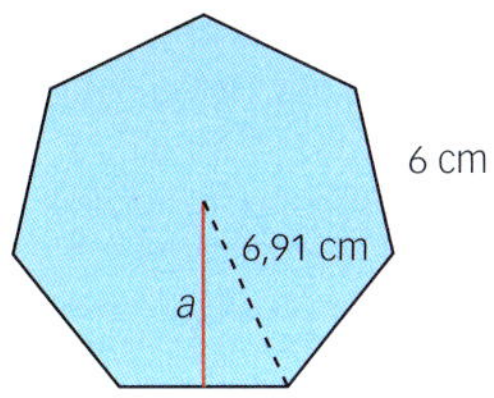

b)

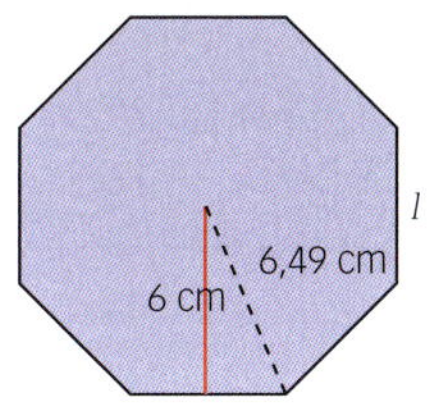

En los polígonos regulares, el radio, la apotema y la mitad del lado forman un triángulo rectángulo.

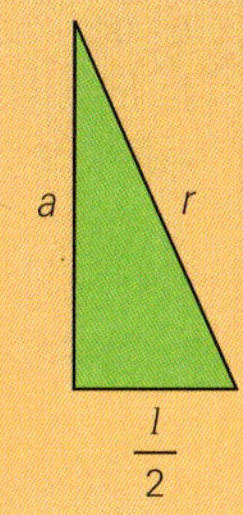

Pasos a seguir

1. Determinamos los elementos necesarios para calcular el área de la figura.

a) $n = 7$ lados
$l = 6$ cm
$a \rightarrow$ Desconocida

b) $n = 8$ lados
$l \rightarrow$ Desconocido
$a = 6$ cm

2. Identificamos el triángulo rectángulo que determina la medida desconocida.

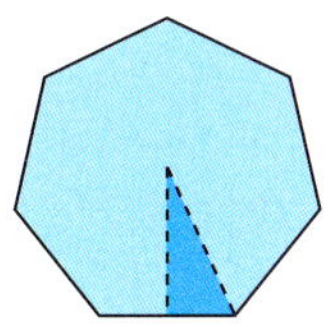

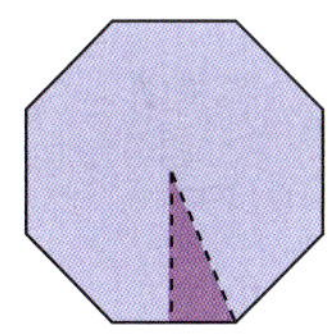

3. Aplicamos el teorema de Pitágoras.

$$6{,}91^2 = \left(\frac{6}{2}\right)^2 + a^2$$

$$47{,}75 = 9 + a^2$$

$$6{,}49^2 = \left(\frac{l}{2}\right)^2 + 6^2$$

$$42{,}12 = 36 + \frac{l^2}{4}$$

4. Calculamos la medida desconocida despejando en el teorema de Pitágoras.

$$a^2 = 47{,}75 - 9 = 38{,}75$$

$$a = \sqrt{38{,}75} = 6{,}22 \text{ cm}$$

$$\frac{l^2}{4} = 42{,}12 - 36 = 6{,}12$$

$$l^2 = 24{,}48 \rightarrow l = \sqrt{24{,}48} = 4{,}95 \text{ cm}$$

5. Hallamos el área de la figura.

$$A = \frac{P \cdot a}{2} = \frac{(7 \cdot 6) \cdot 6{,}22}{2} = 130{,}62 \text{ cm}^2$$

$$A = \frac{P \cdot a}{2} = \frac{(8 \cdot 4{,}95) \cdot 6}{2} = 118{,}8 \text{ cm}^2$$

ACTIVIDADES

32 Calcula el área de los siguientes polígonos regulares.

a)

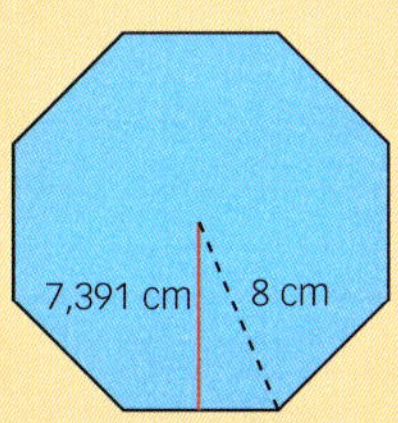

b)

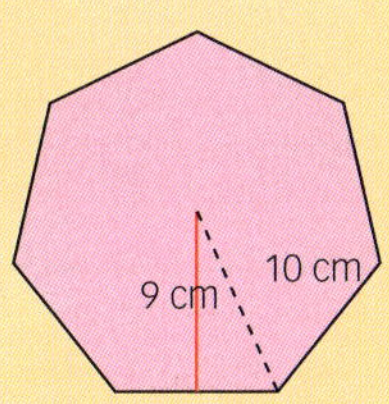

c)

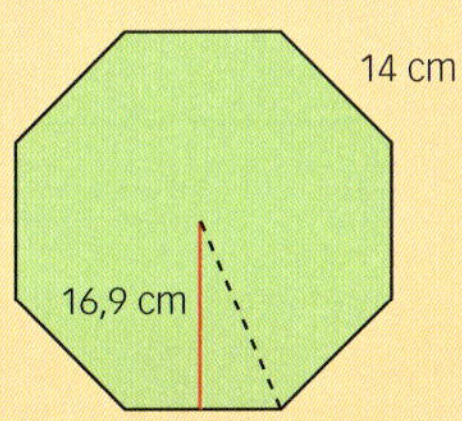

d)

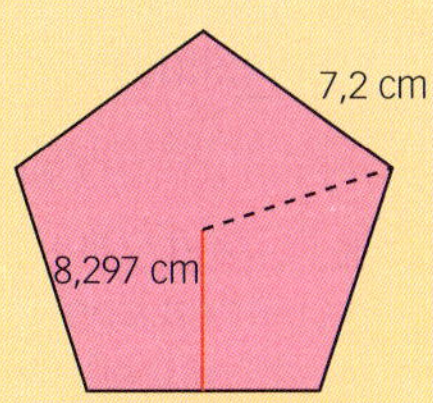

33 Calcula el área de un octógono regular de 5,2 cm de lado y 6,794 cm de radio.

34 Calcula el radio de un pentágono regular de lado 10,8 cm y de apotema 7,43 cm.

35 Calcula la apotema en estos polígonos regulares.

a)

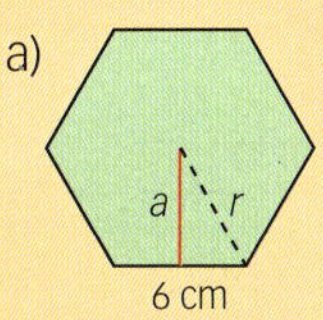

b)

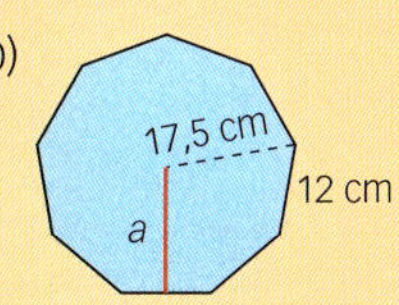

36 Calcula el área de un hexágono regular de 9 cm de apotema.

6.3. Área y perímetro de figuras circulares

En la siguiente tabla puedes encontrar las fórmulas que te permitirán calcular las áreas y perímetros de las figuras circulares.

Figuras circulares		Perímetro y área
Círculo: superficie plana contenida dentro de una circunferencia.	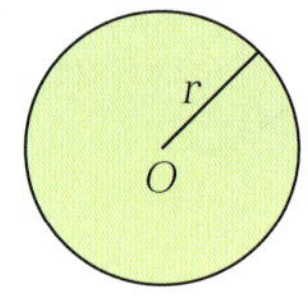	$P = 2\pi r$ $A = \pi r^2$
Sector circular: parte de un círculo limitada por dos radios y un arco.	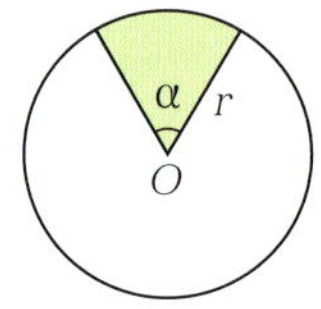	$P = \frac{2\pi r\alpha}{360} + 2r$ $A = \frac{\pi r^2 \alpha}{360}$
Segmento circular: parte de un círculo limitada por un arco y su cuerda.	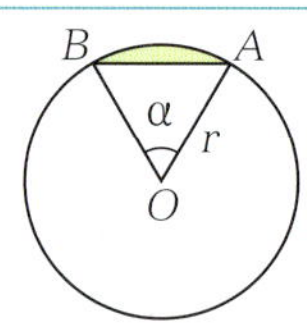	$P = \frac{2\pi r\alpha}{360} + \overline{AB}$ $A = A_{Sector} - A_{Triángulo\ \widehat{OAB}}$
Corona circular: superficie plana comprendida entre dos circunferencias concéntricas.	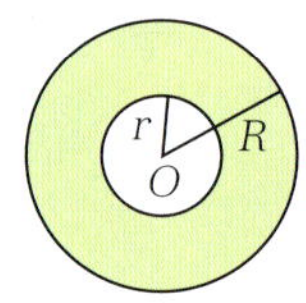	$P = 2\pi(R + r)$ $A = \pi(R^2 - r^2)$

RESUELVE EL RETO

Una araña tarda 30 días en cubrir con su tela el hueco de una ventana circular. Cada día duplica la superficie hecha hasta entonces. Si en vez de una araña, fueran dos, ¿cuánto tardarían en cubrir la ventana?

EJEMPLO

10. Halla el perímetro y el área de estas figuras circulares.

a) 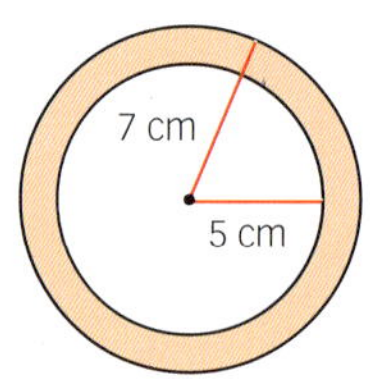

b) 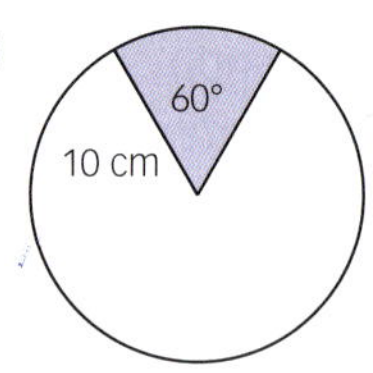

a) $P = 2\pi(R + r) = 2\pi(7 + 5)$

$P = 75{,}36$ cm

$A = \pi(R^2 - r^2)$

$A = \pi(7^2 - 5^2)$

$A = 75{,}36$ cm^2

b) $P = \frac{2\pi r\alpha}{360} + 2r = \frac{2\pi \cdot 10 \cdot 60}{360} + 2 \cdot 10$

$P = 30{,}47$ cm

$A = \frac{\pi r^2 \alpha}{360} = \frac{\pi \cdot 10^2 \cdot 60}{360}$

$A = 52{,}33$ cm^2

ACTIVIDADES

37 **PRACTICA.** Calcula el área y el perímetro de estas figuras.

a) 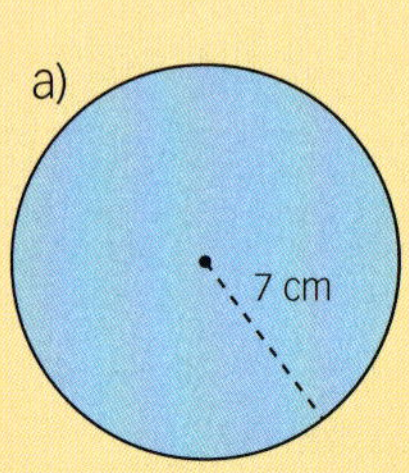

b) 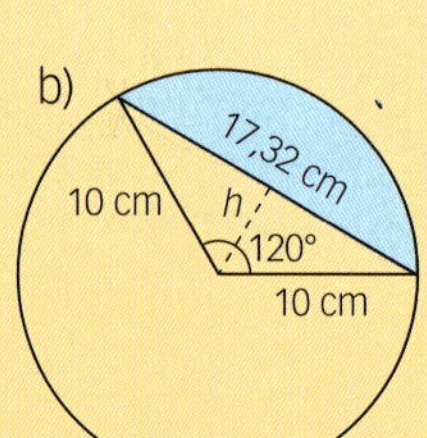

38 **APLICA.** Calcula el radio del sector circular de amplitud 135° y área 3,817 cm^2.

39 **REFLEXIONA.** Calcula el área de la zona coloreada de la figura circular en donde $\alpha = 90°$, $r = 3$ cm y $R = 9$ cm.

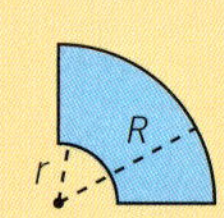

SABER HACER

La descomposición de una figura en otras más simples no es única, hay muchas posibilidades.

Calcular el área de una figura plana

Determina el área de esta figura.

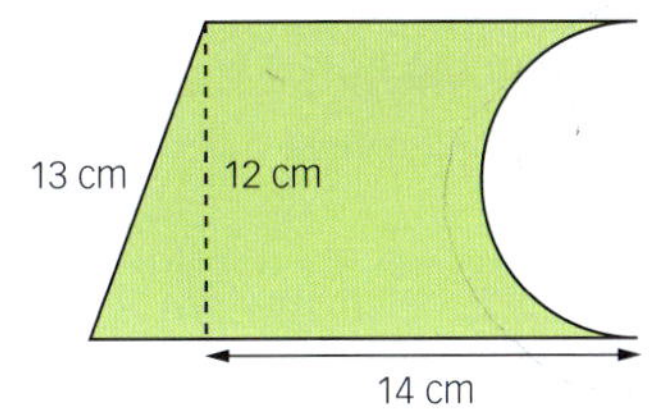

Pasos a seguir

1. Descomponemos la figura en otras más sencillas cuyas áreas sepamos calcular.

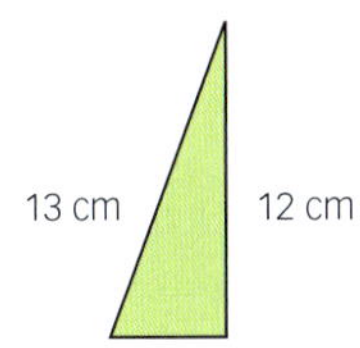

Triángulo rectángulo con hipotenusa de 13 cm y un cateto de 12 cm.

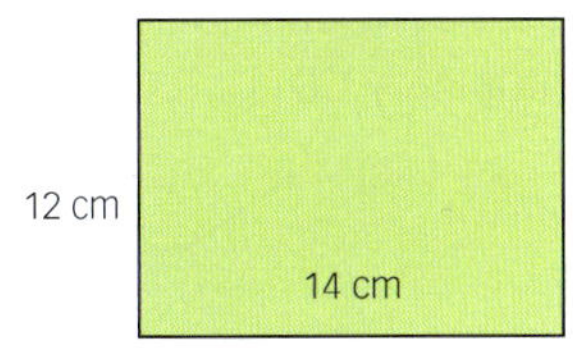

Rectángulo de 14 cm de base y 12 cm de altura.

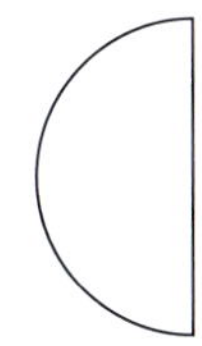

Semicírculo de $\frac{12}{2} = 6$ cm de radio.

2. Hallamos cada una de las áreas de las figuras que se han obtenido en la descomposición.

Figura *A* → Calculamos la base aplicando el teorema de Pitágoras.

$$13^2 = 12^2 + b^2 \rightarrow b^2 = 13^2 - 12^2 = 25 \rightarrow b = \sqrt{25} = 5 \text{ cm}$$

$$A_{\text{Figura } A} = \frac{b \cdot h}{2} = \frac{5 \cdot 12}{2} = 30 \text{ cm}^2$$

Figura *B*: $A_{\text{Figura } B} = 12 \cdot 14 = 168 \text{ cm}^2$

Figura *C*: $A_{\text{Figura } C} = \frac{\pi r^2}{2} = \frac{\pi \cdot 6^2}{2} = 56{,}52 \text{ cm}^2$

3. Operamos para obtener el área total.

$$A_{\text{Total}} = A_{\text{Figura } A} + A_{\text{Figura } B} - A_{\text{Figura } C} = 30 + 168 - 56{,}52 = 141{,}48 \text{ cm}^2$$

ACTIVIDADES

40 Determina el área de las figuras.

a)

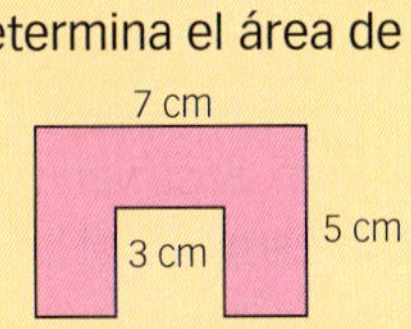

b)

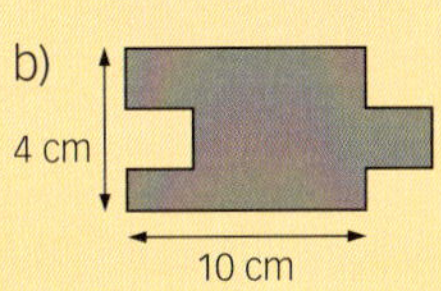

c)

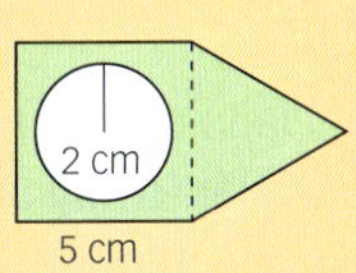

d)

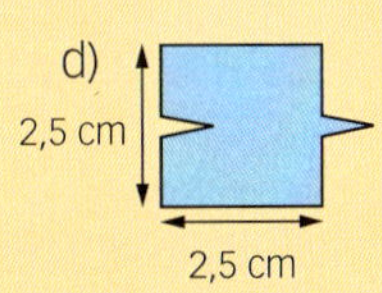

41 Calcula el área.

a)

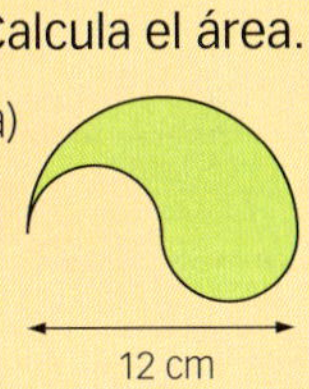

b)

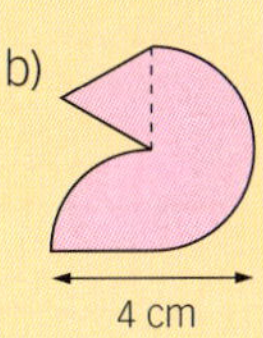

42 Halla el área de estas figuras.

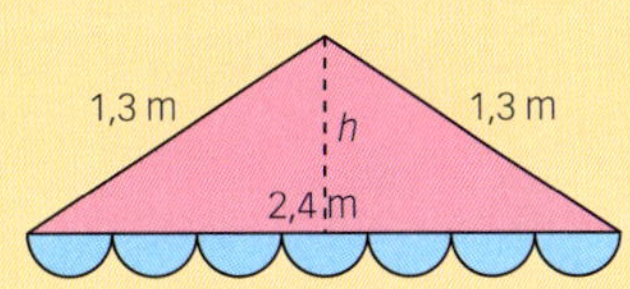

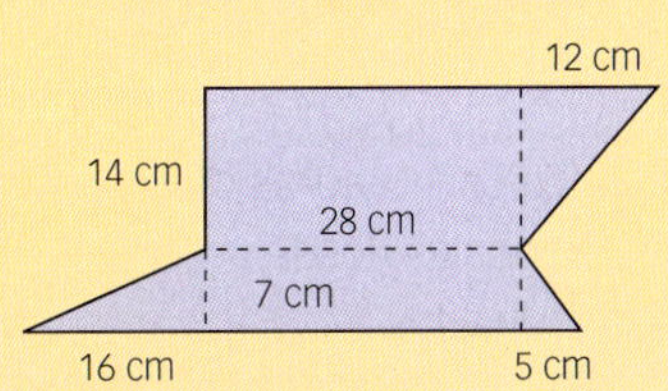

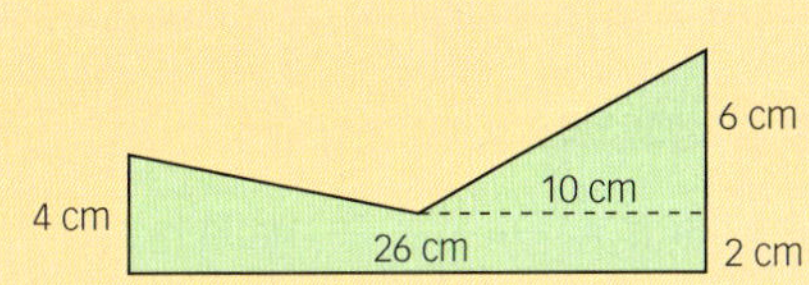

Lugares geométricos. Mediatriz, bisectriz y circunferencia

43 Halla y dibuja estos lugares geométricos.

a) Los puntos del plano que equidistan de los extremos A y B de un segmento de 5 cm.

b) Los puntos del plano que equidistan de los lados de un ángulo de 80°.

c) Los puntos del plano que equidistan de dos vértices no consecutivos de un cuadrado.

44 Dibuja en tu cuaderno los puntos del plano que equidistan de los dos segmentos $\overline{AB}$ y $\overline{CD}$.

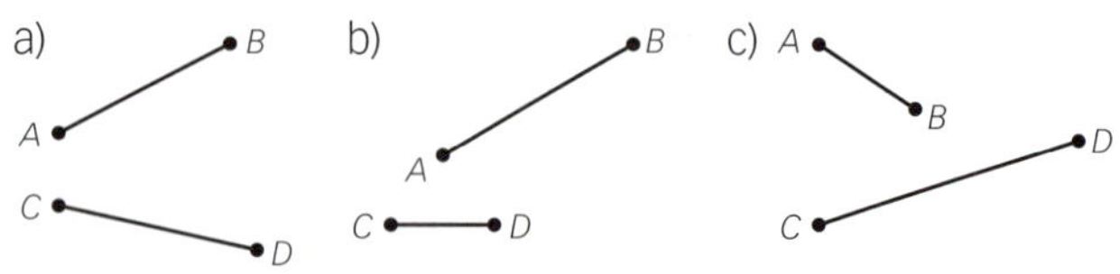

45 Traza el lugar geométrico de los puntos del plano que equidistan de estos elementos geométricos.

a) Dos rectas paralelas.

b) Los puntos de una circunferencia de radio r.

c) Dos circunferencias concéntricas.

46 Haz una circunferencia con centro en el punto $P(3, 2)$ de forma que:

a) El eje de abscisas sea tangente a ella en el punto (3, 0).

b) El eje de ordenadas sea tangente a ella en el punto (0, 2).

47 Dibuja un triángulo de lados a, b y c, y encuentra el lugar geométrico de los puntos del plano que equidistan de sus vértices.

a) $a = 6, b = 8$ y $c = 12$ b) $a = 4, b = 5$ y $c = 8$

48 En un triángulo rectángulo isósceles la hipotenusa mide 10 cm. Traza su circunferencia circunscrita y calcula su radio.

Ángulos

49 Averigua qué polígono cumple que la suma de sus ángulos interiores es 1980°.

50 Calcula la suma de los ángulos interiores de un polígono en el que al trazar sus diagonales desde un vértice se forman los triángulos indicados.

a) 3 triángulos b) 5 triángulos c) 7 triángulos

51 Si el número de diagonales, d, de un polígono de n lados viene dado por $d = \frac{n \cdot (n-3)}{2}$, halla la suma de los ángulos interiores de un polígono con 9 diagonales.

52 Halla los ángulos con interrogante y razona cómo lo haces.

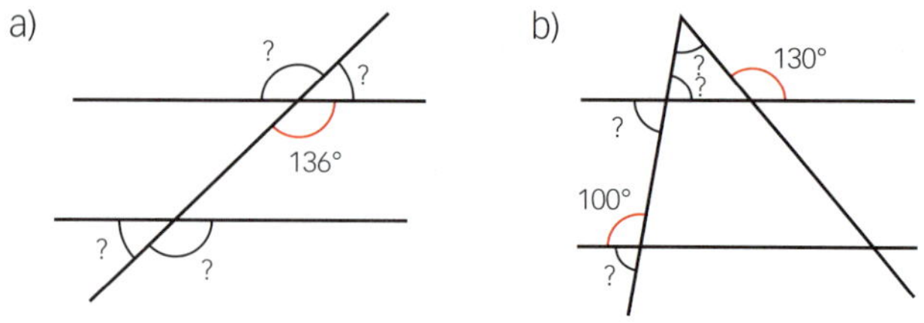

53 Calcula el valor del ángulo desconocido y explica cómo lo haces.

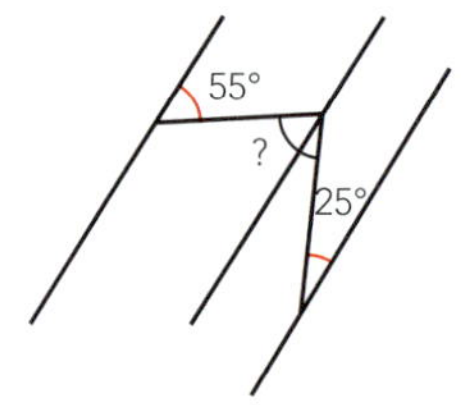

Teorema de Pitágoras

54 Determina si las siguientes medidas se corresponden con los lados de un triángulo rectángulo.

a) 6, 8 y 10 cm

b) 5, 5 y $5\sqrt{2}$ cm

c) $\sqrt{61}$, 5 y 6 cm

d) 3, 7 y 6 cm

e) 7, 24 y 25 cm

f) 3, 3 y 5 cm

55 Copia en tu cuaderno y completa esta tabla de medidas donde a es la hipotenusa y b y c son los catetos de un triángulo rectángulo.

a	b	c
	3	4
$5\sqrt{5}$	10	
$\sqrt{52}$		6
4	$2\sqrt{2}$	
	5	7
	5	5

56 El lado de un cuadrado mide 2 cm. Si se varía el tamaño, di cuánto hay que aumentar o disminuir el lado para que la nueva diagonal tenga esta relación con la original.

a) La mitad

b) El doble

c) El triple

d) La tercera parte

57 Halla la longitud de los segmentos indicados.

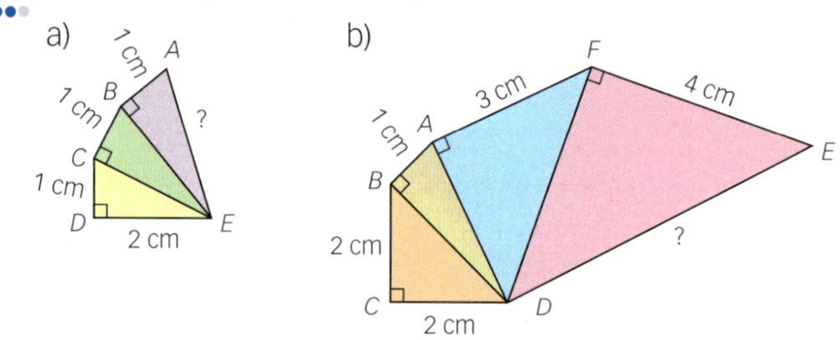

SABER HACER

Calcular la altura de un triángulo equilátero o isósceles

58 Determina la altura de estos triángulos.

a) b)

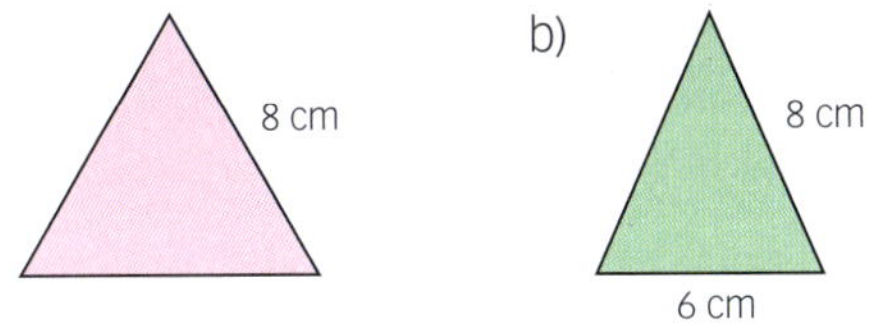

PRIMERO. Se aplica el teorema de Pitágoras al triángulo rectángulo de catetos la altura y la mitad de la base, e hipotenusa el lado del triángulo.

a) b)

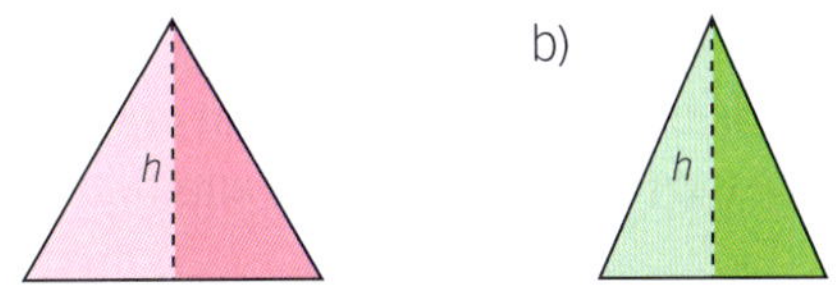

a) $8^2 = 4^2 + h^2$ b) $8^2 = 3^2 + h^2$

SEGUNDO. Se despeja y se calcula la altura.

a) $8^2 = 4^2 + h^2$
$h^2 = 8^2 - 4^2 = 48$
$h = \sqrt{48} = 6{,}93$ cm

b) $8^2 = 3^2 + h^2$
$h^2 = 8^2 - 3^2 = 55$
$h = \sqrt{55} = 7{,}42$ cm

59 Un triángulo equilátero tiene 36 cm de perímetro. Halla su altura.

60 La altura de un triángulo equilátero mide 6,93 cm. ¿Cuánto mide el lado?

61 Halla la altura, sobre el lado desigual, de un triángulo isósceles cuyos lados miden 7, 7 y 4 cm.

62 El lado desigual de un triángulo isósceles mide 36 cm y la altura mide 45 cm. ¿Cuánto miden los lados iguales?

63 Calcula la distancia que falta en cada caso.

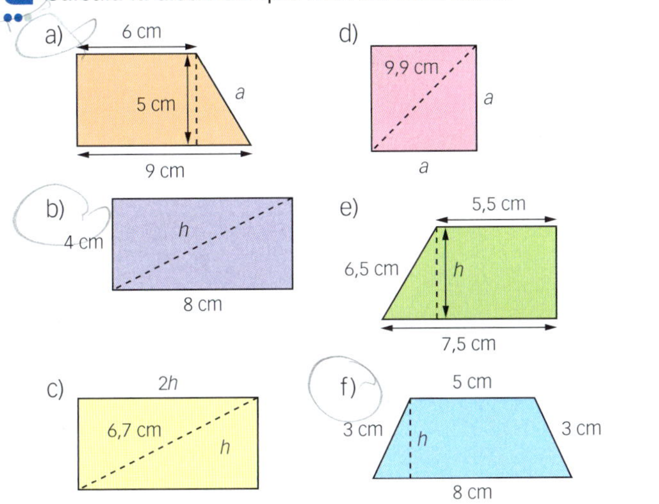

64 Observa la figura y calcula el lado del rombo y las longitudes del cateto *AB*, del cateto *AC* y de la hipotenusa *BC*.

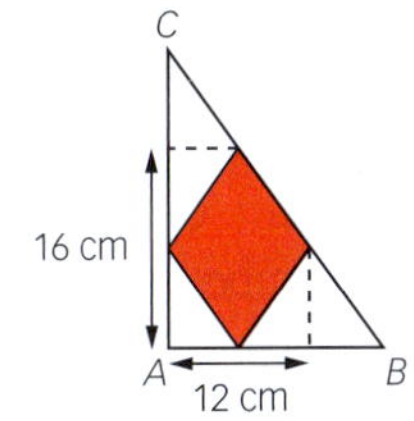

65 Fíjate en los dibujos y halla la distancia del punto *P* al punto *A*, para que se verifique que la longitud del segmento *CP* sea igual que la del segmento *DP*.

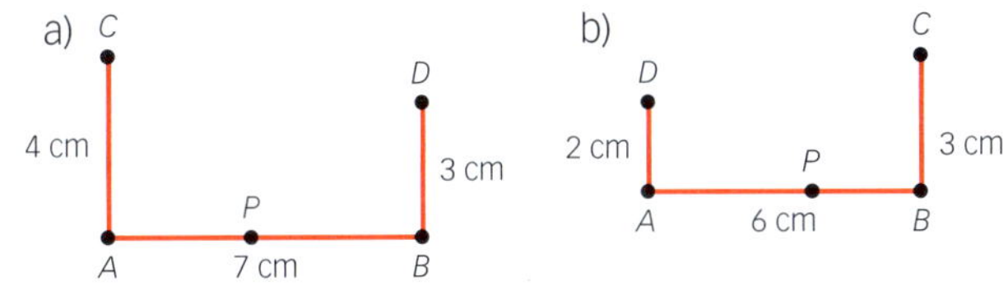

Áreas y perímetros

66 Uno de los lados de un triángulo mide 4,6 cm y la altura sobre él mide 3,8 cm.

a) Halla el área del triángulo.

b) Si otro lado del triángulo mide 3,8 cm, ¿cuánto mide la altura sobre ese lado?

67 La altura de un triángulo mide dos terceras partes de su base $b = 9$ cm. Calcula su área.

68 Determina el perímetro y el área de un cuadrado cuya diagonal mide:

a) $4\sqrt{2}$ cm b) $6\sqrt{2}$ cm

69 Calcula el área de un cuadrado cuyo perímetro mide igual que el de un triángulo equilátero de lado 6 cm.

70 Halla el área de un cuadrado cuyo perímetro mide lo mismo que el de un triángulo equilátero de altura 8 cm.

71 Señala cuál es el lado y el perímetro de un cuadrado de 210,25 cm² de área.

72 Calcula el perímetro y el área de un rectángulo cuya diagonal mide 34 cm, y la base, 30 cm.

73 Dado un rectángulo cuyos lados miden 4 cm y 9 cm, contesta verdadero o falso.

a) El área de un cuadrado con el mismo perímetro es 169 cm².

b) El perímetro de un cuadrado con igual área es 24 cm.

c) El área de un rectángulo cuyas dimensiones son el doble es $2 \cdot 36 = 72$ cm².

74 Calcula el perímetro, la altura y el área de un triángulo equilátero de lado 14 cm.

75 La diagonal de un cuadrado mide 128 mm. ¿Cuál es su perímetro? ¿Y su área?

76 El área de un rombo es 150 dm^2 y una de sus diagonales mide 20 dm. Calcula la otra diagonal y el perímetro del rombo.

SABER HACER

Calcular el área de un trapecio isósceles del que se conocen sus lados

77 Calcula el área de este trapecio isósceles.

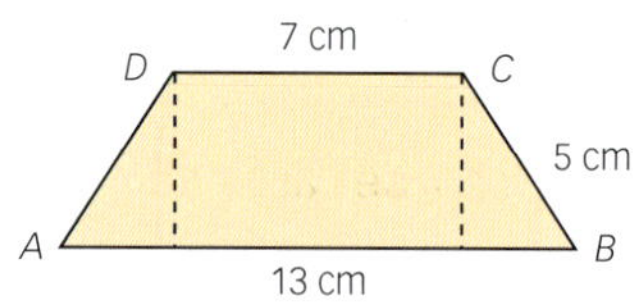

PRIMERO. Se calcula la base del triángulo rectángulo que determina la altura.

Por ser el trapecio isósceles, las alturas determinan dos triángulos rectángulos iguales cuyas bases son la mitad de la diferencia de las bases del trapecio.

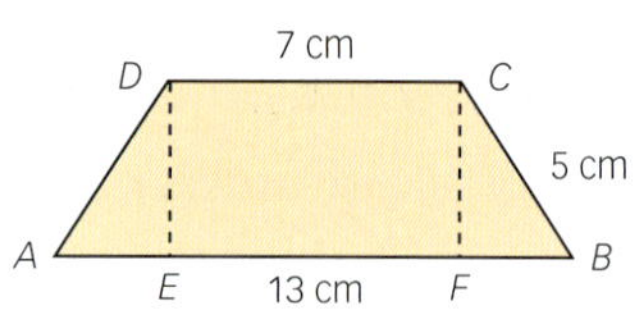

$$\overline{AE} = \overline{FB} = \frac{\overline{AB} - \overline{CD}}{2} = \frac{13 - 7}{2} = 3 \text{ cm}$$

SEGUNDO. Se aplica el teorema de Pitágoras en el triángulo rectángulo que determina la altura.

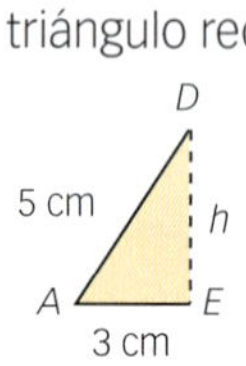

$$3^2 + h^2 = 5^2$$
$$h^2 = 5^2 - 3^2 = 16$$
$$h = \sqrt{16} = 4 \text{ cm}$$

TERCERO. Se halla el área del trapecio.

$$A = \frac{(B + b) \cdot h}{2} = \frac{(13 + 7) \cdot 4}{2} = 40 \text{ cm}^2$$

78 Halla el área de estos trapecios isósceles.

a)

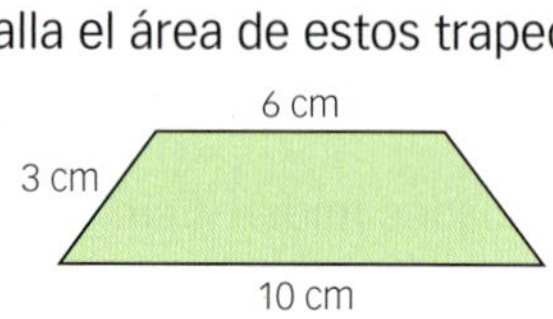

c)

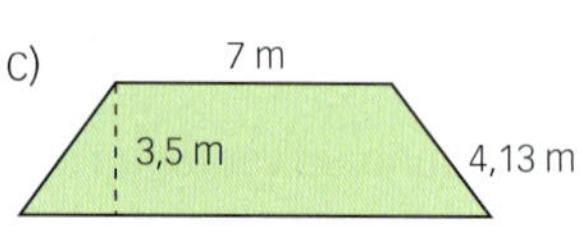

b)

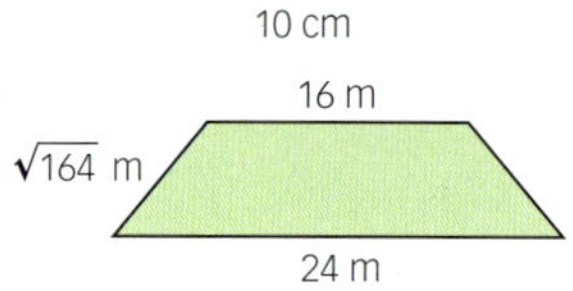

d)

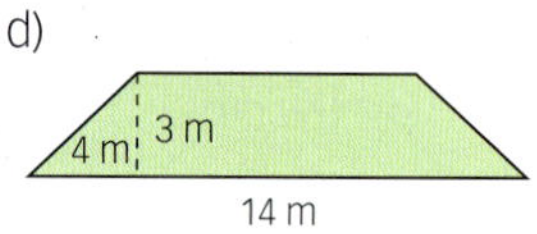

79 Las diagonales de un trapecio rectángulo miden 10 cm y 17 cm, y su altura, 8 cm. Calcula su perímetro y su área.

80 Calcula el área de un trapecio rectángulo sabiendo que la base menor mide 12 cm; la diagonal menor, 15 cm, y el lado oblicuo, 13 cm.

81 Considera las siete piezas del *tangram* chino y halla el área de cada una de ellas.

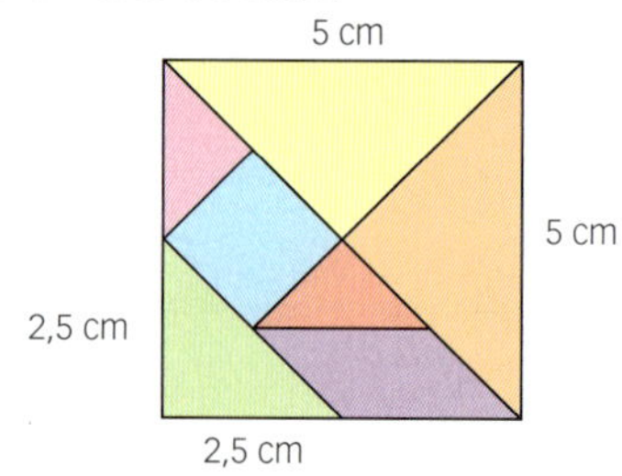

82 Determina el perímetro y la diagonal de un cuadrado cuya área es 67,24 cm^2.

83 Calcula la medida de las diagonales de un rectángulo cuya área es 28,8 cm^2 sabiendo que la altura mide 4 cm.

84 La relación entre las diagonales de un rombo, d y D, viene dada por la expresión $d = \frac{3D}{5}$. Calcula el perímetro y el área del rombo sabiendo que $D = 15$ cm.

85 Halla la apotema y el área de un hexágono regular de 14 cm de lado.

86 Determina la apotema y el área de un hexágono regular de 72 cm de perímetro.

87 Averigua el lado y el área de un hexágono regular sabiendo que su apotema mide 8,09 cm.

88 Halla la apotema y el área de cada uno de estos pentágonos regulares.

a)

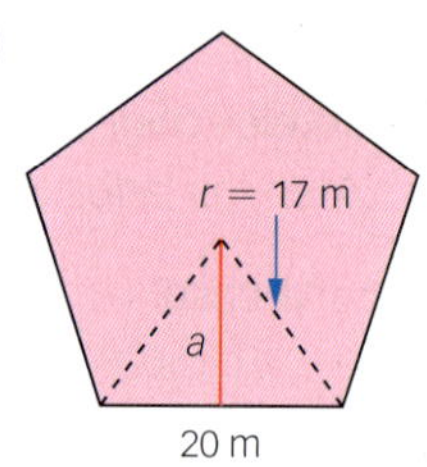

b)

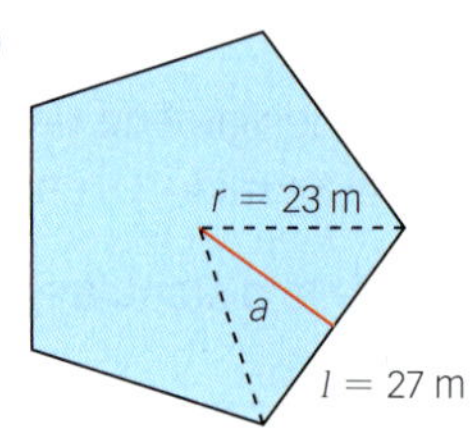

89 El lado del hexágono regular *ABCDEF* mide 8 cm, y su apotema, 6,9 cm.

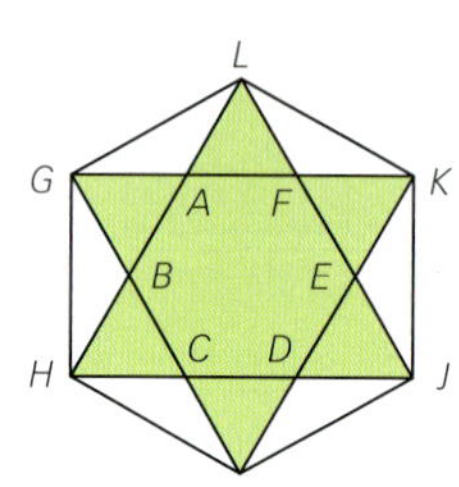

a) ¿Cuál es el área del hexágono *ABCDEF*?

b) ¿Y el de la parte coloreada?

c) ¿Cuál es el área del hexágono *GHIJKL*?

d) ¿Qué fracción del hexágono *GHIJKL* representa el área de la figura coloreada?

90 Halla el área de un hexágono regular de 90 cm de perímetro.

91 Sean *A*, *B*, *C*, *D*, *E* y *F* los vértices de un hexágono regular de 11 cm de lado. Halla la longitud de los siguientes segmentos.

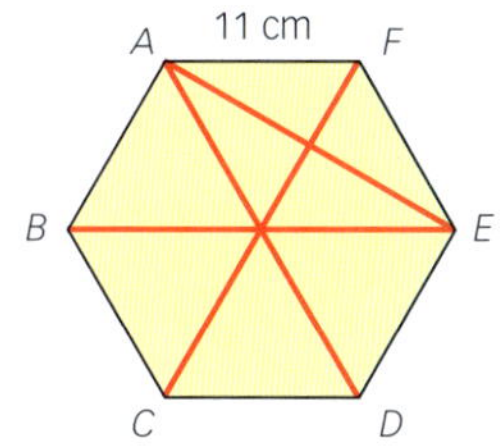

a) $\overline{AE}$ b) $\overline{AD}$ c) $\overline{BE}$ d) $\overline{FC}$

92 Determina el perímetro de un heptágono regular de área 215,75 cm^2 y apotema 8 cm.

93 Calcula el área de un octógono regular de perímetro 48 cm.

94 Determina el área de las superficies coloreadas.

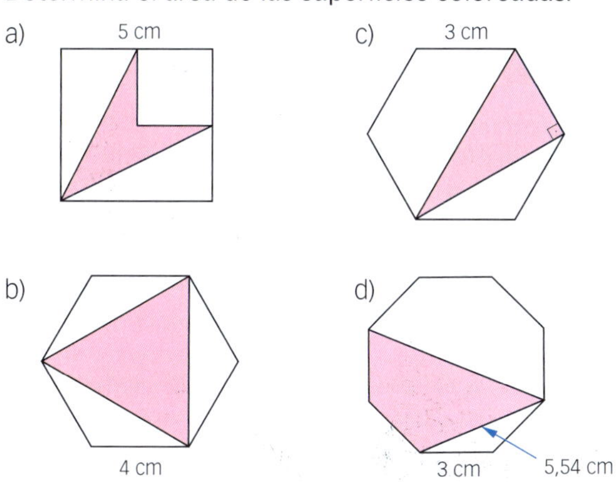

95 Halla el área de un círculo sabiendo que la longitud de la circunferencia que lo delimita es 13π cm.

96 Señala el área de un círculo cuyo diámetro es igual al perímetro de un rombo de diagonales 1 cm y 2 cm.

97 Calcula el área de un cuadrado inscrito en una circunferencia de longitud 33,93 cm.

98 Un triángulo rectángulo e isósceles inscrito en una circunferencia tiene un cateto que mide 23 cm. Calcula el área del círculo.

99 Determina el área de un círculo circunscrito a un triángulo rectángulo de catetos 4 cm y 6 cm.

100 Halla el área de la corona circular limitada por las circunferencias circunscrita e inscrita de un hexágono regular de lado 5 cm.

101 Un rectángulo de 20 cm de base y 15 cm de altura está inscrito en una circunferencia. ¿Cuál es la diferencia entre la longitud de la circunferencia y el perímetro del rectángulo?

102 Calcula la apotema de un hexágono regular inscrito en una circunferencia de 14 cm de diámetro.

103 Determina el radio de la circunferencia que circunscribe a un hexágono regular de 9 cm de apotema.

104 Calcula el radio de la circunferencia inscrita en un hexágono regular de 5 cm de lado.

105 Halla el área de un trapecio circular de radios 12 cm y 6 cm y de amplitud 270°.

106 Observa el molino y calcula el área de cada parte amarilla, de cada parte blanca y su área total.

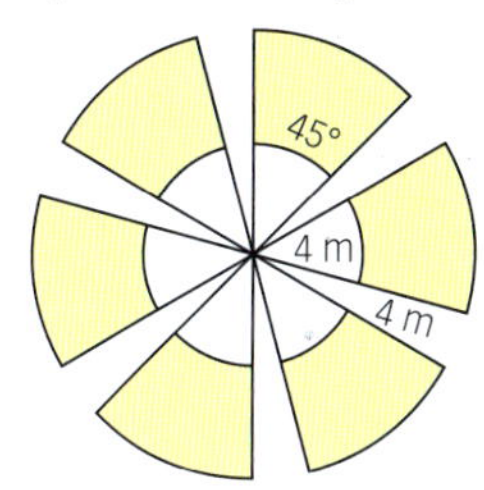

107 Calcula el perímetro y el área de las siguientes figuras.

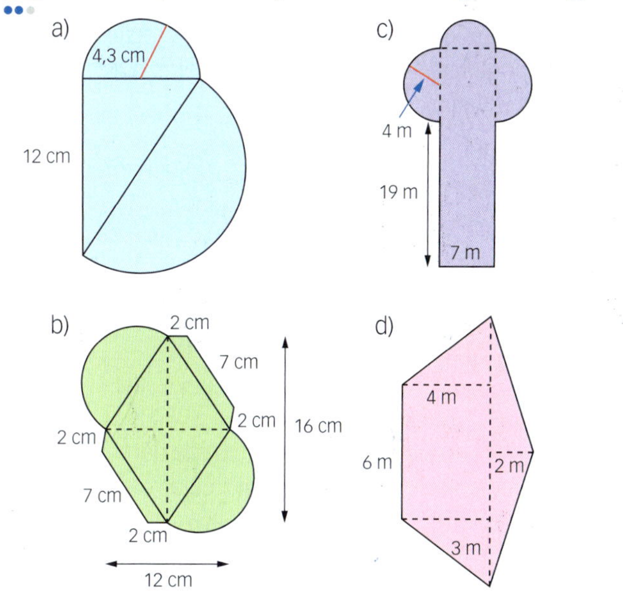

108 Halla el área de cada zona coloreada, sabiendo que el diámetro de la circunferencia mide 10 cm.

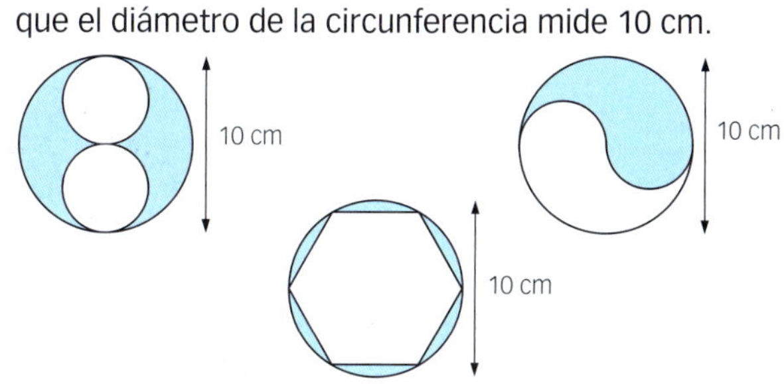

109 Calcula el área de la zona coloreada.

a)

b)

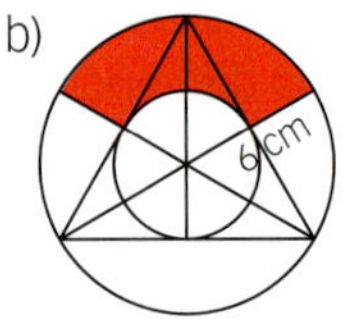

110 Halla la amplitud de un sector de área π cm^2 y radio 1,5 cm.

111 Un sector circular de ángulo central 40° tiene un área de 8 cm^2. Halla la superficie del círculo correspondiente.

SABER HACER

Calcular el área de un segmento circular

112 Halla el área de este segmento circular.

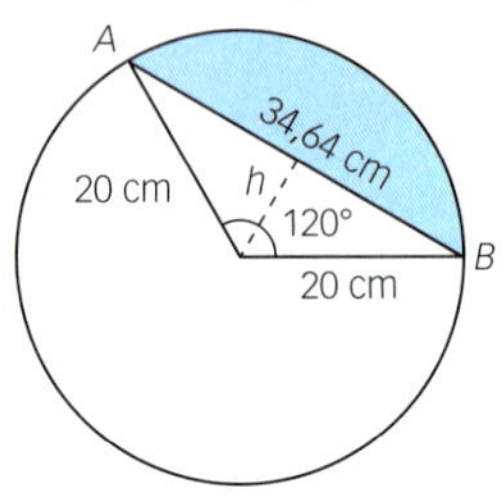

PRIMERO. Se halla la altura del triángulo, para ello se aplica el teorema de Pitágoras al triángulo rectángulo cuya hipotenusa es el radio y cuyos catetos son la altura y la mitad de la cuerda AB.

$$20^2 = \left(\frac{34,64}{2}\right)^2 + h^2 \rightarrow h^2 = 400 - 299,98 \rightarrow h = 10$$

SEGUNDO. Se calcula el área del triángulo y el área del sector.

$$A_{\text{Sector}} = \frac{\pi r^2 \alpha}{360} = \frac{\pi \cdot 20^2 \cdot 120}{360} = 418,67 \text{ cm}^2$$

$$A_{\text{Triángulo}} = \frac{b \cdot h}{2} = \frac{34,64 \cdot 10}{2} = 173,2 \text{ cm}^2$$

TERCERO. Se resta el área del triángulo a la del sector para obtener el área del segmento circular.

$$A = A_{\text{Sector}} - A_{\text{Triángulo}} = 418,67 - 173,2 = 245,47 \text{ cm}^2$$

113 Calcula el área de estos segmentos circulares.

a)

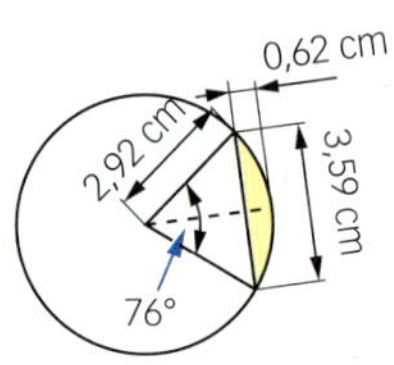

b)

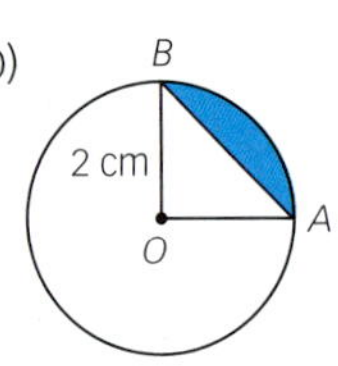

114 Determina el área de cada segmento circular que se forma al trazar la circunferencia circunscrita a un hexágono regular de lado 7 cm.

Problemas con áreas

115 La sombra de un edificio mide 30 m. El ascensor, a 2 km/h, tarda 45 segundos en llegar desde la planta baja hasta la azotea. Calcula la distancia desde la azotea hasta el extremo de la sombra.

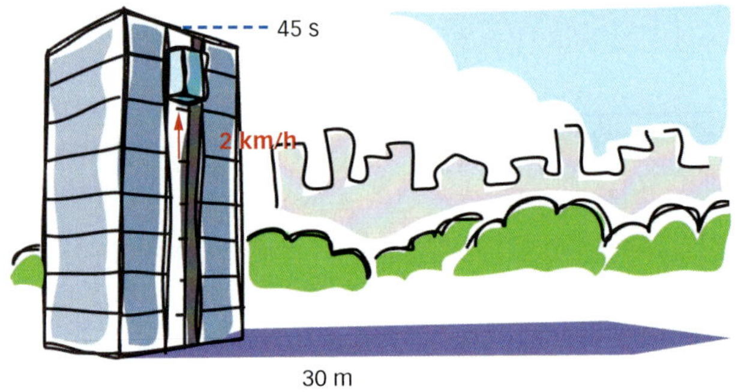

116 Un jardín de forma rectangular que está cercado por una valla de 64 m tiene en sus lados más cortos plantados 8 árboles que dejan una distancia entre ellos de 4 m. ¿Cuál es el área que ocupa el jardín?

117 Las dimensiones de las hojas de tu libro de matemáticas son 22 cm de ancho por 28,7 cm de alto. Su número de páginas es 296, es decir, 148 hojas.

a) Si las pusiéramos una al lado de otra, di qué área ocuparían.

b) Si un aula mide 6 m de ancho por 8 m de largo, ¿con cuántos libros se podría tapar el suelo?

118 Si atas una cuerda a tu lápiz de forma que entre el nudo y el extremo de la cuerda haya 13 cm, ¿cuál es el área de la figura que puedes dibujar con la punta del lápiz fijando el extremo de la cuerda en un punto?

119 Héctor ha comprado un bajoplato de 17 cm de radio. Si el área de sus platos es 615,75 cm^2, ¿cuál es el área del bajoplato no cubierta por el plato?

120 Cada uno de los 50 pisos de un edificio tiene la planta de esta figura, siendo el lado del hexágono de 30 m. Si el suelo tiene una moqueta que cuesta 20 €/m^2, calcula el precio total pagado por la moqueta del edificio.

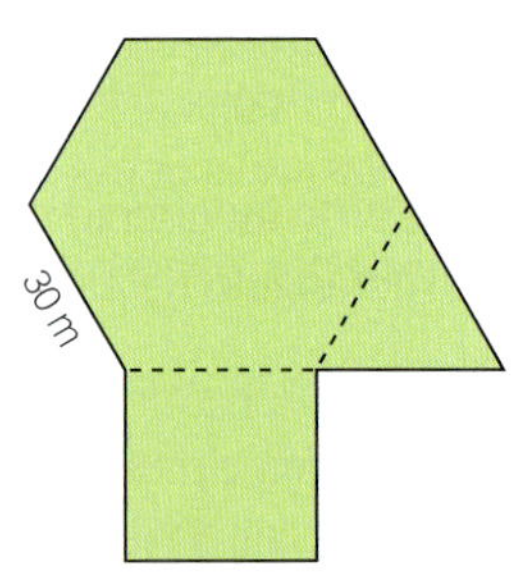

121 Hemos colocado una vidriera triangular. Calcula el área acristalada en color rojo, sabiendo que la ventana es un triángulo equilátero de lado 1 m.

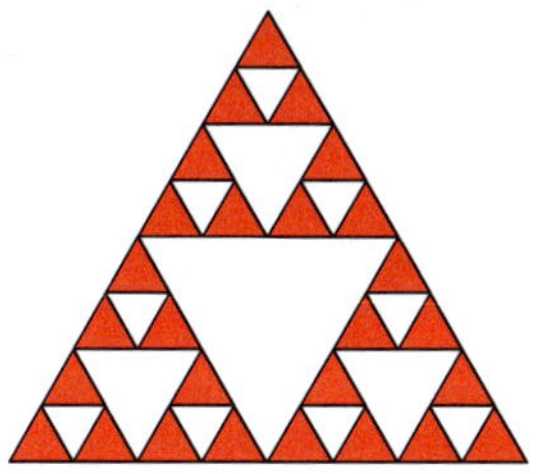

122 El coste por metro cuadrado de impermeabilización asciende a 20 €. Calcula el coste para impermeabilizar cada una de estas superficies.

a) Azotea de forma hexagonal regular de lado 28 m y apotema 24,25 m.

b) Terraza exterior rectangular de ancho 14 m y largo 20 m.

c) Marco de 4 m de ancho alrededor de una piscina circular de 7 m de radio.

d) Jardín con forma de rombo de diagonales 18 m y 12 m.

e) Fachada con forma de trapecio rectángulo de altura 5 m y diagonales 6,4 m y 9,43 m.

f) Rincón en el baño que tiene forma de un cuarto de círculo de 1,5 m.

123 Un jardinero ha plantado una zona de césped en forma de corona circular. La longitud del segmento mayor que puede trazarse en ella es de 15 m.

¿Qué área de césped ha plantado el jardinero?

124 Un pintor decora una valla con una de estas figuras.

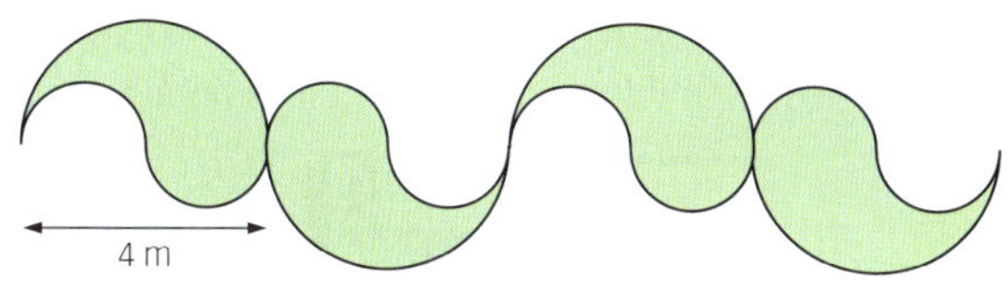

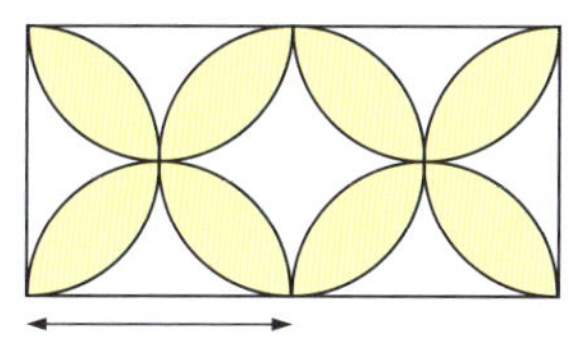

Si cobra el metro cuadrado de valla pintada a 32 €, ¿cuánto cobrará por cada una?

DEBES SABER HACER

Lugares geométricos. Mediatriz y bisectriz. Circunferencia

1 Considera los puntos $A(-2, 1)$, $B(1, 5)$, $C(4, -1)$ y $D(2, -3)$. Dibuja estos lugares geométricos.

a) Las mediatrices de los segmentos AB y CD.

b) Las bisectrices de los ángulos $\widehat{ADC}$ y $\widehat{BAD}$.

2 Traza la circunferencia que pasa por estos puntos: $(-1, 0)$, $(3, 5)$ y $(4, -2)$.

Ángulos

3 Averigua el valor de los ángulos que se forman.

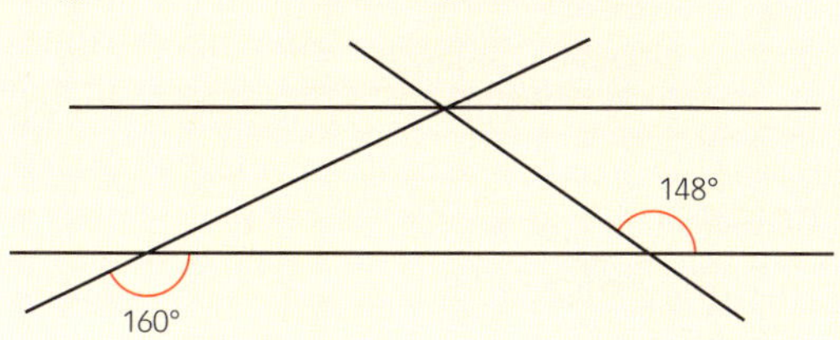

Teorema de Pitágoras

4 Un triángulo equilátero tiene 57 cm de perímetro. Halla su altura.

Áreas y perímetros

5 Calcula el perímetro y la diagonal de un cuadrado cuya área es $156{,}25\ cm^2$.

6 El área de un rombo es $390\ dm^2$ y una de sus diagonales mide 30 dm. Calcula la otra diagonal y el perímetro del rombo.

7 Considera un hexágono regular cuya apotema mide 25 cm. Calcula su perímetro y su área.

8 Halla el área de la corona circular limitada por las circunferencias circunscrita e inscrita de un cuadrado de lado 9 cm.

COMPETENCIA MATEMÁTICA

En la vida cotidiana

125 ●●● La iluminancia es la cantidad de luz que llega a una unidad de superficie y se suele medir en lux. Estos son los niveles de lux más comunes:

- Verano, a mediodía, bajo un cielo despejado 100 000 lux
- Alumbrado de calle 5-30 lux
- Luna llena, en una noche clara 0,25 lux

En general, la iluminancia es menor cuanto mayor sea la distancia a la que se encuentra el objeto que queremos iluminar.

- Estas imágenes corresponden a dos proyectos de iluminación. El primero, para una calle en la que se van a colocar bombillas capaces de iluminar hasta 11 m, y el otro, para un parque en el que se van a utilizar bombillas para 12 m.

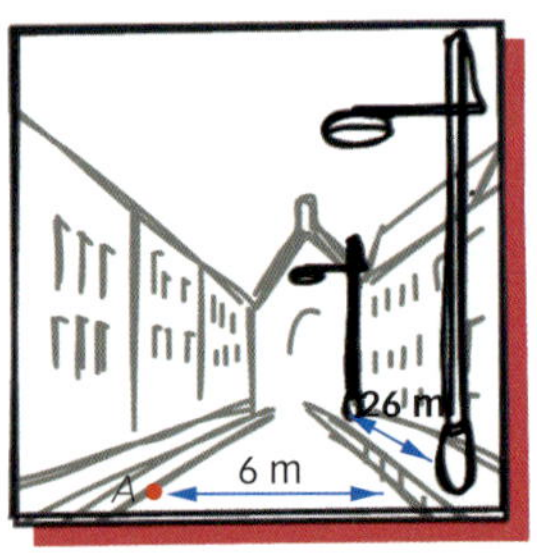

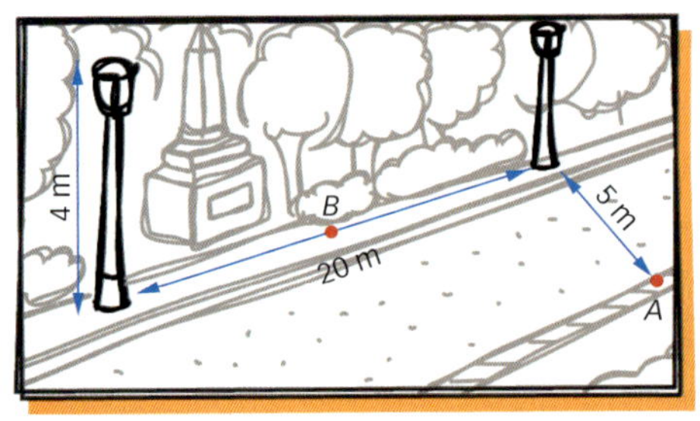

¿Llegarán los lux hasta los puntos marcados, el ancho de la acera (A) y el punto medio entre las dos farolas (B), en los proyectos?

Formas de pensar. Razonamiento matemático

126 ●●● Dados dos segmentos, *AB* y *CD,* de longitud *d* como en la figura, ¿cuál es el lugar geométrico de los puntos situados entre *A* y *C* cuya distancia a *B* es *d*?

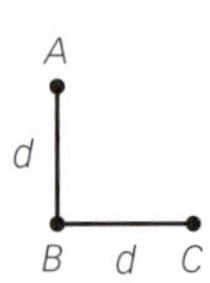

127 ●●● ¿Cuál de estas opciones es la relación entre el lado y la altura de un triángulo equilátero?

a) $h = \dfrac{\sqrt{3}l}{2}$ b) $h = \sqrt{\dfrac{3l}{2}}$ c) $h = \dfrac{l\sqrt{3}}{2}$

128 ●●● ¿Cuál es la relación entre las áreas de un triángulo equilátero y un cuadrado que tienen el mismo perímetro? ¿Qué relación tienen los perímetros si lo que es igual son las áreas?

129 ●●● En un triángulo cualquiera se trazan sus medianas, formándose 6 triángulos que tienen como vértice común el baricentro. Justifica que todos tienen la misma área. A partir de este resultado, demuestra que el baricentro dista de cada vértice el doble que del punto medio del lado opuesto.

130 ●●● Los segmentos interiores trazados son diagonales o unen vértices con puntos medios de lados opuestos. ¿Qué fracción del área del cuadrado está sombreada?

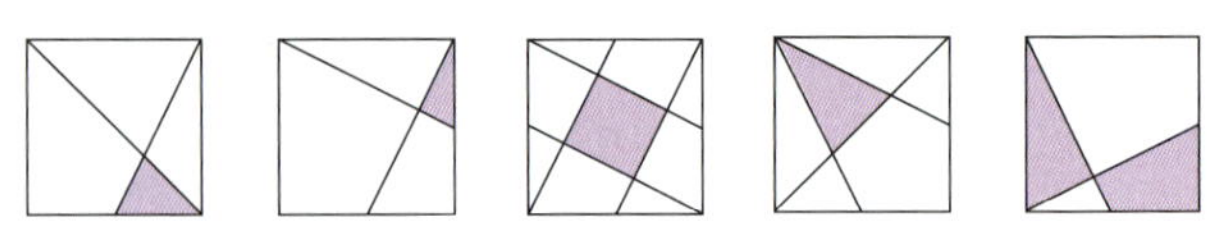

131 ●●● ¿Qué es mayor, el área del triángulo rectángulo $\widehat{ABC}$ o la suma de las áreas de L_1 y L_2?

(Las circunferencias que ves tienen como diámetro cada uno de los lados del triángulo).

132 ●●● Observa la figura y compara las áreas de la zona rayada y de la zona blanca.

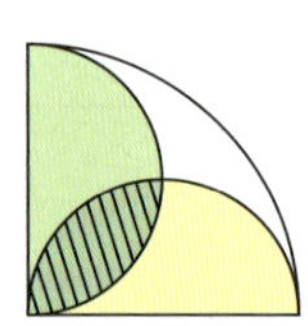

PROYECTO FINAL. **Trabajo cooperativo**

OBJETIVO: Proyectar un huerto escolar

Una vez formados los grupos, seguid este proceso:

1.ª Fase.

- Buscad información sobre el cultivo de un huerto: herramientas, espacio…
- Determinad la mejor zona, su perímetro y su área cultivable.
- Informaos sobre qué especies vegetales son las más aptas para plantar.

2.ª Fase.

- Valorad la necesidad de comprar el material que necesitáis o pedirlo prestado.
- Elaborad un presupuesto para la puesta en marcha del huerto escolar.
- Decidid qué se hará con los productos cosechados en el huerto.

3.ª Fase.

- Poned en común todas las aportaciones e informaciones que habéis obtenido y decidid cuáles son las mejores opciones.
- Realizad un informe con todas las conclusiones a las que habéis llegado.

Pruebas PISA

Heladería

133 ••• Este es el plano de la heladería de María. Está renovando la tienda. El área de servicio está rodeada por el mostrador.

Nota: Cada cuadrado de la cuadrícula representa 0,5 metros × 0,5 metros.

a) María quiere colocar un nuevo borde a lo largo de la parte externa del mostrador. ¿Cuál es la longitud total del borde que necesita?

b) María también va a poner un nuevo revestimiento para suelo en la tienda. ¿Cuál es la superficie (área) total del suelo de la tienda, excluidos el área de servicio y el mostrador?

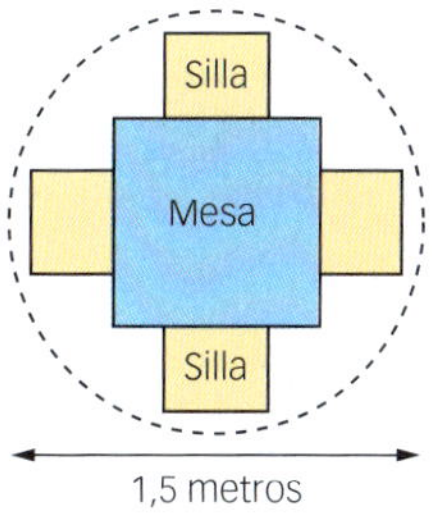

c) María quiere tener en su tienda conjuntos de una mesa y cuatro sillas como el que se muestra más arriba. El círculo representa la superficie de suelo necesaria para cada conjunto.

Para que los clientes tengan suficiente espacio cuando estén sentados, cada conjunto (tal y como representa el círculo) debe estar situado según las siguientes condiciones:

- Cada conjunto debe estar situado, al menos, a 0,5 metros de las paredes.
- Cada conjunto debe estar situado, al menos, a 0,5 metros de los otros conjuntos.

¿Cuál es el número máximo de conjuntos que María puede colocar en la zona de mesas sombreada de su tienda?

(Prueba PISA 2010)

CLAVES PARA EMPEZAR

Cómo se representa una recta en unos ejes de coordenadas

Para representar una recta a partir de su ecuación, elaboramos una tabla de valores dando valores a x y obteniendo los valores correspondientes de y.

Después representamos estos puntos sobre un sistema de ejes coordenados y los unimos mediante una línea recta.

EJEMPLO

Representa la recta $y = 2x - 2$.

Para $x = -1 \rightarrow y = 2 \cdot (-1) - 2 = -4$
$\rightarrow (-1, -4)$

Para $x = 0 \rightarrow y = 2 \cdot 0 - 2 = -2$
$\rightarrow (0, -2)$

Para $x = 3 \rightarrow y = 2 \cdot 3 - 2 = 4$
$\rightarrow (3, 4)$

x	-1	0	3
y	-4	-2	4

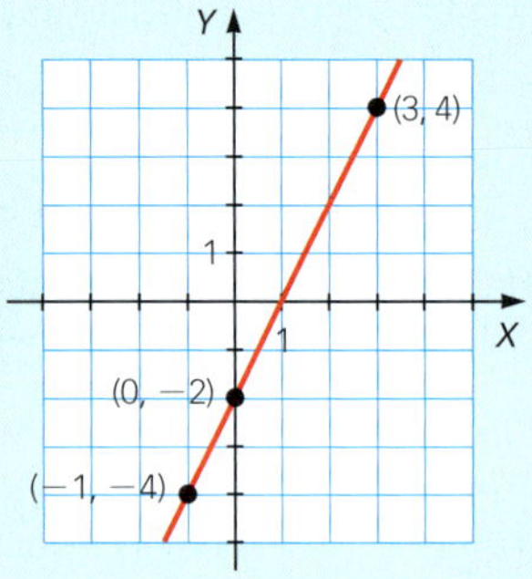

ACTIVIDADES

1 Representa gráficamente estas rectas.

a) $y = x - 2$ b) $y = 3x$ c) $y = -2$

Qué es una razón y una proporción numérica

Una **razón** es un cociente entre dos números o cantidades comparables.

Una **proporción** es una igualdad de dos razones: $\frac{a}{b} = \frac{c}{d}$, donde a, b, c y d son números y se cumple que $a \cdot d = b \cdot c$.

EJEMPLO

En una panadería, ayer se utilizaron 62 kg de harina para fabricar 248 barras de pan. Y hoy se han utilizado 48 kg de harina para hacer 192 barras. ¿Qué razón ha habido entre la harina y las barras de pan cada día? ¿Existe proporción entre la harina y las barras fabricadas en los dos días?

Razón del primer día $= \frac{62}{248}$ Razón del segundo día $= \frac{48}{192}$

$\frac{62}{248} = \frac{48}{192} \rightarrow 62 \cdot 192 = 248 \cdot 48 \rightarrow 11904 = 11904 \rightarrow$ Es una proporción.

ACTIVIDADES

2 Halla el término que falta en cada proporción.

a) $\frac{4}{x} = \frac{6}{12}$ b) $\frac{2{,}5}{3} = \frac{x}{24}$ c) $\frac{x}{3} = \frac{12}{x}$

Siglo IX
Se cree que el origen de la brújula está en China. Surge como modo de orientarse en mar abierto; inicialmente consiste en una aguja imantada flotando en una vasija llena de agua.

Movimientos y semejanzas

9

SABER

- Vectores
- Movimientos en el plano. Giros, traslaciones y simetrías. Frisos y mosaicos
- Homotecias y semejanza. Teorema de Tales. Escalas y mapas

SABER HACER

- Realizar traslaciones y giros de figuras geométricas
- Realizar simetrías de figuras geométricas
- Dividir un segmento en partes iguales o proporcionales
- Resolver problemas con escalas

? VIDA COTIDIANA

La brújula

La brújula es un instrumento que sirve para orientarse y que tiene su fundamento en la propiedad de las agujas magnetizadas. Posee una aguja imantada que señala siempre al norte magnético.

- Marca en tu cuaderno la dirección en la cual se mueve el punto si lo hace hacia el este.

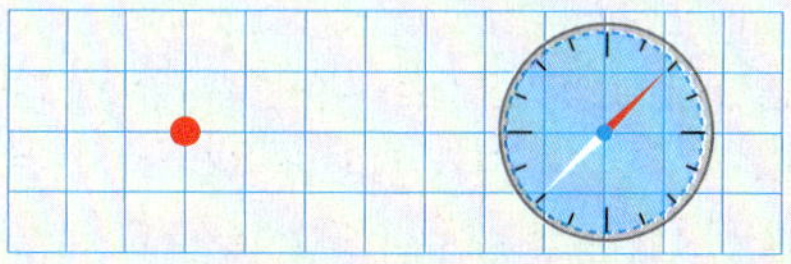

1190
Aparece publicado en París *De naturis rerum* (Las cosas naturales), donde se hacen las primeras referencias de la utilización de la brújula en Europa.

Siglo XIII
En la ciudad minera de Massa, Italia, se utiliza por primera vez para orientarse bajo tierra. Con ella determinan la dirección de los túneles.

1300
Se inventa en Europa la brújula seca. Consiste en una aguja imantada adherida a una carta náutica. El movimiento de la aguja sobre la carta establecía el rumbo a seguir.

1936
Thomas Vohlonen inventa la primera brújula portátil. Utiliza una aguja magnetizada dentro de una cápsula llena de líquido para que la aguja se detenga rápidamente.

1 Vectores

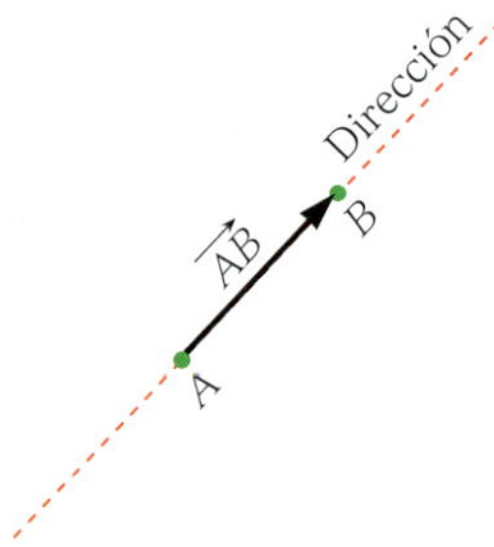

Existen magnitudes en las que, además de su valor numérico, tenemos que saber su dirección y su sentido: son las **magnitudes vectoriales**.

Dos puntos del plano, A y B, determinan un **vector fijo $\overrightarrow{AB}$**, en el que A es el **origen** y B es el **extremo**.

La distancia entre A y B (longitud del segmento AB) se llama **módulo** del vector, y la recta que pasa por A y B es la **dirección** del vector. El **sentido** es el que va de A a B.

EJEMPLO

1. Determina el módulo, dirección y sentido de cada vector.

a) 

Módulo: 3 cm.
Dirección: la de la recta AB.
Sentido: de A a B.

b) 

Módulo: 3 cm.
Dirección: la de la recta AB.
Sentido: de B a A.

Expresamos un vector mediante las letras de su origen y su extremo, $\overrightarrow{AB}$, o mediante una sola letra: $\vec{v}$, $\vec{w}$, $\vec{a}$, $\vec{b}$...

Coordenadas de un vector

Dados los puntos $A(a_1, a_2)$ y $B(b_1, b_2)$, las coordenadas del vector $\overrightarrow{AB}$ son $\overrightarrow{AB} = (b_1 - a_1, b_2 - a_2)$.

El **módulo** de $\overrightarrow{AB}$ se define como: $|\overrightarrow{AB}| = \sqrt{(b_1 - a_1)^2 + (b_2 - a_2)^2}$.

EJEMPLO

2. Da las coordenadas y el módulo del vector $\overrightarrow{AB}$.

Las coordenadas de los puntos A y B son: $A(2, 3)$ y $B(5, 4)$.

Las coordenadas del vector $\overrightarrow{AB}$ son:
$\overrightarrow{AB} = (5 - 2, 4 - 3) = (3, 1)$

Y su módulo es: $|\overrightarrow{AB}| = \sqrt{3^2 + 1^2} = \sqrt{10}$

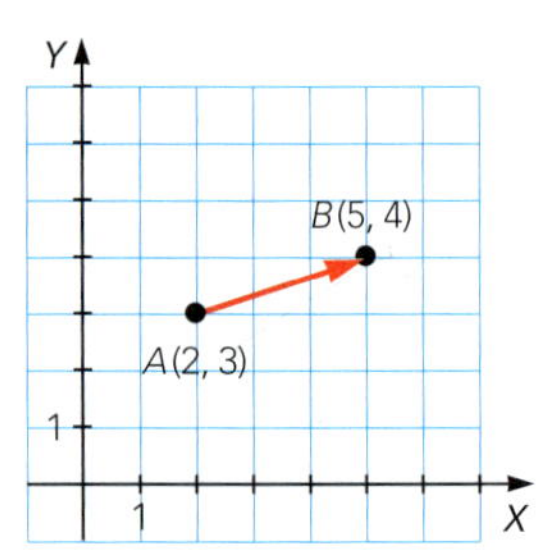

ACTIVIDADES

1 PRACTICA. Sean los puntos $A(-3, -2)$, $B(-1, 4)$ y $C(4, 2)$. Dibuja los vectores $\overrightarrow{AB}$, $\overrightarrow{AC}$ y $\overrightarrow{BC}$, y halla sus coordenadas y su módulo. Comprueba que los módulos de $\overrightarrow{AB}$ y $\overrightarrow{BA}$, $\overrightarrow{AC}$ y $\overrightarrow{CA}$, y $\overrightarrow{BC}$ y $\overrightarrow{CB}$ coinciden.

2 APLICA. Calcula las coordenadas del punto B si $\overrightarrow{AB} = (5, -1)$ y $A = (0, 3)$.

3 REFLEXIONA. ¿Cuántos vectores $\overrightarrow{AB}$, con A un punto fijo, tienen igual módulo?

2 Movimientos en el plano

Una **transformación geométrica** en el plano nos permite obtener un punto *P′*, a partir de otro punto *P*, mediante una regla precisa.

Un **movimiento** es una transformación geométrica que conserva las distancias y los ángulos. Es decir, si dos puntos P_1 y P_2 están a una distancia *d*, sus transformados P_1' y P_2' estarán también a una distancia *d*; y si dos rectas *r* y *s* forman un ángulo α, sus transformadas *r′* y *s′* también formarán un ángulo α.

Al punto *P′* obtenido al aplicar al punto *P* una transformación geométrica se le llama transformado de *P*.

En una transformación, un **punto** se llama **doble** cuando su transformado es él mismo. Una **recta** es **doble** si su transformada es ella misma.

EJEMPLO

3. Observa distintas transformaciones de esta figura. Determina cuáles corresponden a movimientos.

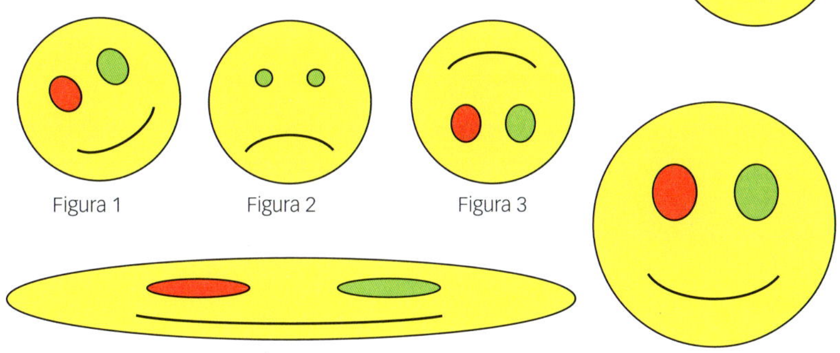

Figura 1 Figura 2 Figura 3 Figura 4 Figura 5

Las figuras 1 y 3 se obtienen aplicando movimientos a la figura original.

La figura 4 no es igual en forma ni en tamaño. No es resultado de un movimiento.

La figura 2 es igual en tamaño, pero no en forma. La figura 5 es igual en forma pero no en tamaño. No son resultado de un movimiento.

ACTIVIDADES

4 **PRACTICA.** Debajo puedes ver varias transformaciones de la figura de la derecha. Determina cuáles son movimientos.

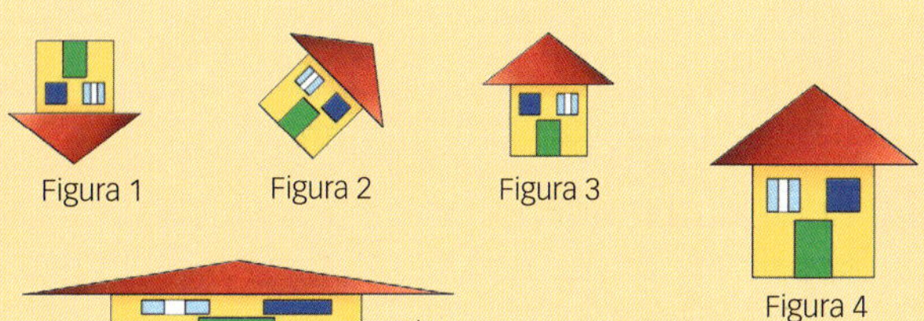

Figura 1 Figura 2 Figura 3 Figura 4 Figura 5

5 **APLICA.** Dibuja un triángulo de vértices *O*(0, 0), *A*(0, 3) y *B*(2, 0). Dibuja a partir de él otros triángulos en los que se conserven estas características.

a) El tamaño
b) La forma
c) El tamaño y la forma
d) Ni el tamaño ni la forma

6 **REFLEXIONA.** Dibuja la figura geométrica que más te guste y aplícale distintas transformaciones. Indica cuáles de ellas son movimientos.

RESUELVE EL RETO

Una butaca muy pesada solo se puede mover mediante giros de 90° alrededor de cualquiera de sus esquinas. ¿Es posible colocarla justo detrás de donde estaba y mirando en la misma dirección?

- En una traslación:
  Puntos dobles: no existen.
  Rectas dobles: las rectas que contienen al vector.
- En un giro:
  Puntos dobles: el centro de giro.
  Rectas dobles: si el giro es de 180°, las rectas que pasan por el centro de giro.

3 Traslaciones y giros

Una **traslación de vector $\vec{v}$** es un movimiento que transforma cualquier punto P en otro punto P' de forma que $\overrightarrow{PP'}$ tiene el mismo módulo, dirección y sentido que $\vec{v}$. Se representa por $t_{\vec{v}}$.

Dados un punto $A(x, y)$ y un vector $\vec{v} = (v_1, v_2)$, el punto trasladado de A, A', tiene como coordenadas $A'(x + v_1, y + v_2)$.

EJEMPLO

4. Aplica una traslación de vector $\vec{v}(2, 3)$ al punto $A(2, 1)$.

Partiendo de A colocamos un vector igual en módulo, dirección y sentido al vector $\vec{v}$. El punto A' es el situado en el extremo de ese vector.

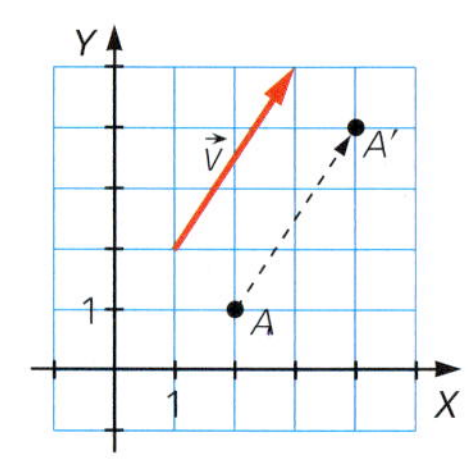

$A(2, 1) \xrightarrow[\vec{v}(2,\,3)]{\text{Traslación}} A'(2 + 2, 1 + 3) \rightarrow A'(4, 4)$

Un **giro de centro O y ángulo α** es un movimiento que asocia a cada punto P otro punto P', situado a la misma distancia de O que el punto P, y de forma que $\widehat{POP'} = \alpha$. Se expresa como $\mathbf{G(O; \alpha)}$.

EJEMPLO

5. Realiza un giro de 140° y centro O al punto A.

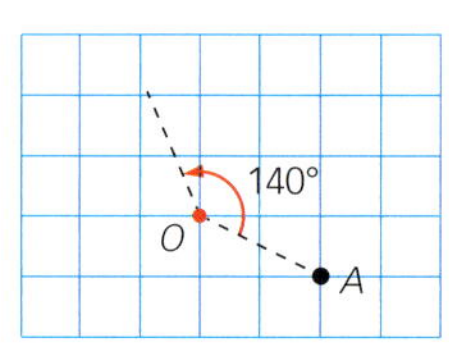

Trazamos una recta que pase por O y por A. Dibujamos otra recta que pase por O y que forme con ella un ángulo de 140°, el ángulo de giro.

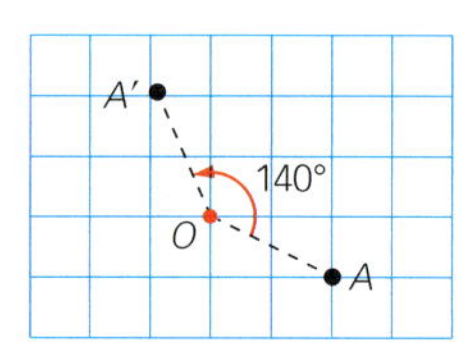

Medimos la distancia OA y la llevamos sobre la última recta dibujada. Así obtenemos el punto A', transformado de A.

ACTIVIDADES

7 PRACTICA. Para cada punto A y vector $\vec{v}$, determina las coordenadas del transformado de A mediante la traslación $t_{\vec{v}}$:

a) $A(3, -2)$, $\vec{v} = (2, -1)$
b) $A(-4, 5)$, $\vec{v} = (7, 2)$
c) $A(1, 6)$, $\vec{v} = (-4, -3)$
d) $A(-3, 1)$, $\vec{v} = (-5, 1)$

8 APLICA. Determina el vector de la traslación que transforma el punto $A(-1, 4)$ en $A'(5, 2)$.

9 REFLEXIONA. Aplica la traslación de vector $\vec{v} = (2, 3)$ seguida de un giro de centro $B(3, 2)$ y ángulo 270°. ¿Es lo mismo aplicar el giro y luego la traslación?

SABER HACER

> Las traslaciones y los giros son movimientos, es decir, transforman una figura en otra igual.

Realizar traslaciones y giros de figuras geométricas

Transforma el triángulo $\widehat{ABC}$ mediante:

a) Una traslación de vector $\vec{v}$.

b) Un giro de centro *O* y ángulo 110°.

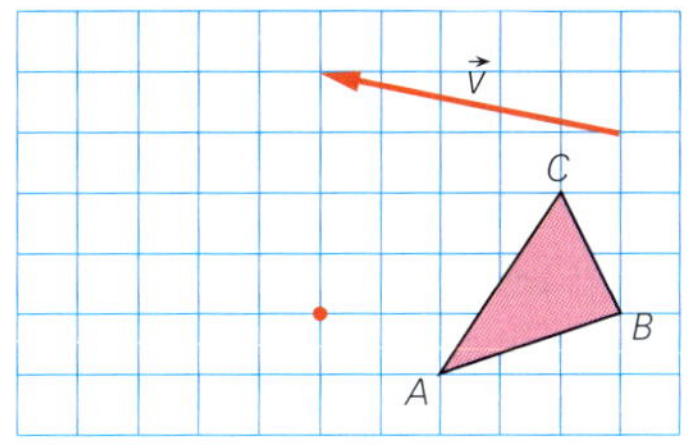

Pasos a seguir

1. Trazamos rectas desde los vértices:
   - Si es una traslación, paralelas al vector.
   - Si es un giro, hasta el centro de giro, *O*, y desde este punto, ayudados por el transportador, trazamos otras rectas que formen un ángulo α con las ya dibujadas.

a)

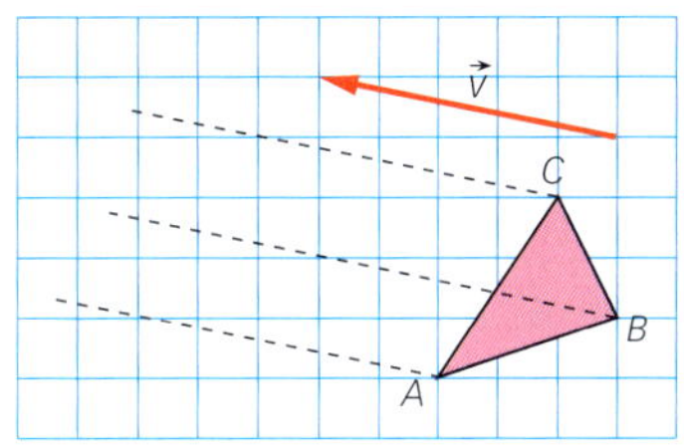

b)

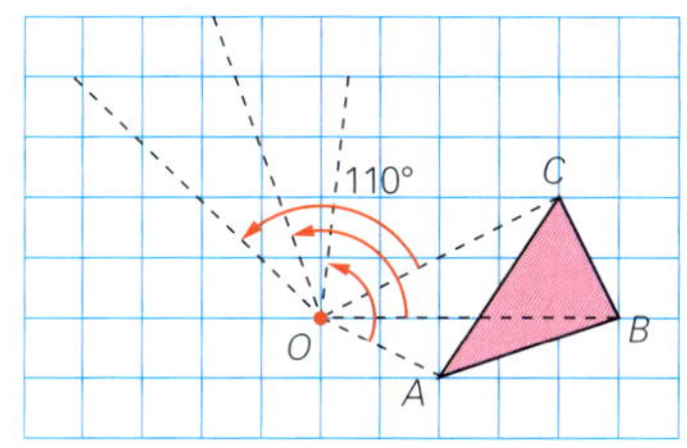

2. Con el compás medimos distancias.
   - Si es una traslación, medimos el módulo del vector.
   - Si es un giro, medimos la distancia entre el centro, *O*, y cada uno de los vértices de la figura.

a)

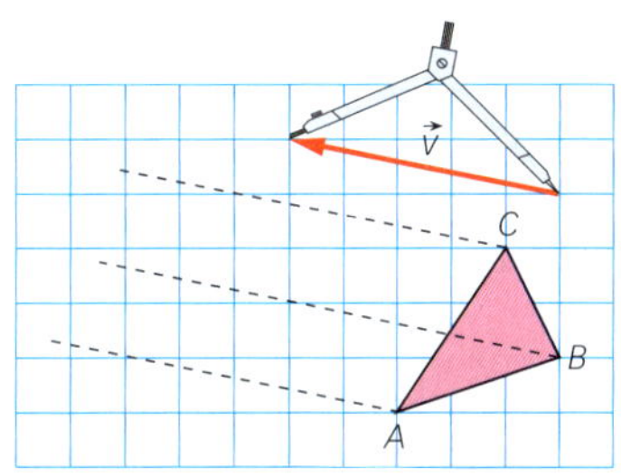

b)

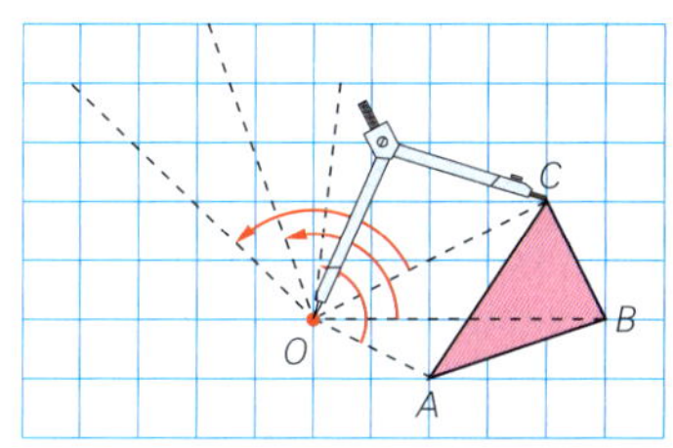

3. Trasladamos esas distancias sobre las rectas dibujadas.
   - Si es una traslación, utilizando como origen los vértices de la figura.
   - Si es un giro, con origen el centro, *O*.

   Los extremos son los vértices de la nueva figura.

a)

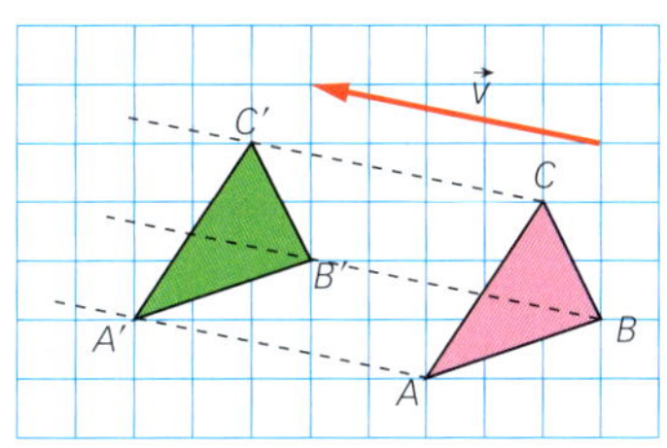

b)

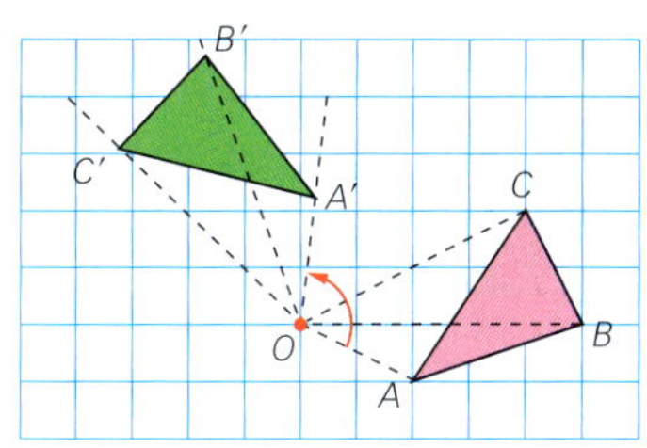

ACTIVIDADES

10 Traza el segmento *AB* determinado por estos puntos y calcula su transformado mediante una traslación de vector $\vec{v} = (3, 4)$.

a) $A(1, -2), B(3, -1)$ c) $A(3, 1), B(0, 4)$

b) $A(-1, 4), B(-3, 2)$ d) $A(7, 2), B(4, -1)$

11 Para cada pareja de puntos *A* y *B*, traza el segmento *AB* y su transformado mediante un giro de centro el origen de coordenadas y ángulo de 60°.

a) $A(5, 2), B(4, -3)$ c) $A(1, 6), B(2, 3)$

b) $A(-2, 4), B(-3, 1)$ d) $A(1, -2), B(4, 5)$

12 Obtén la transformada de la figura *F* mediante una traslación de vector $\vec{v}$.

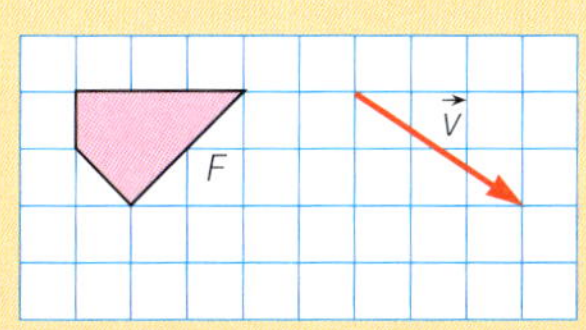

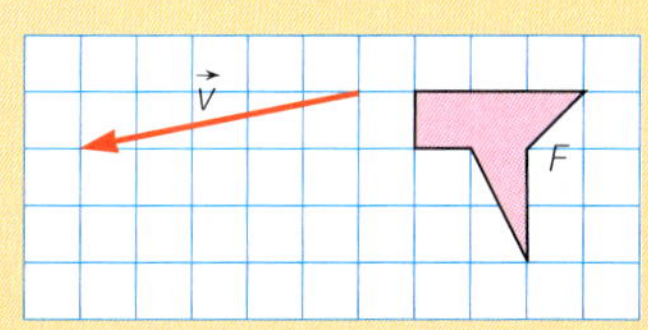

13 Dibuja el trapecio isósceles de vértices $A(3, 2)$, $B(7, 2)$, $C(6, 5)$ y $D(4, 5)$, y transfórmalo mediante una traslación de vector $\vec{v} = (7, 3)$ y a continuación un giro de centro (8, 3) y ángulo de 45°.

4 Simetrías

4.1. Simetría respecto a un punto (simetría central)

Una **simetría respecto a un punto *O*** (centro de simetría), ***S*(*O*)**, es un movimiento que asocia a cada punto *P* otro punto *P′*, tales que:

- Los puntos *P*, *O* y *P′* están alineados.
- El punto *O* es el punto medio del segmento *PP′*.

EJEMPLO

6. Realiza una simetría central de centro *O* al punto *P*.

- Trazamos una recta que pase por el punto *P* y el centro *O*.
- Medimos la distancia *OP* y la llevamos al otro lado de *O*.

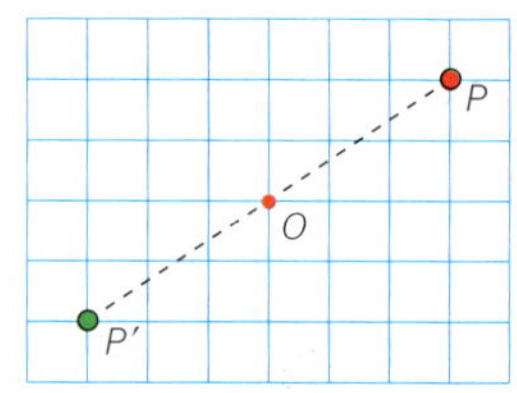

- En una simetría central:
  Puntos dobles: el centro de simetría.
  Rectas dobles: las rectas que pasan por el centro de simetría.
- En una simetría axial:
  Puntos dobles: todos los puntos del eje de simetría.
  Rectas dobles: el eje de simetría y las rectas perpendiculares al eje.

4.2. Simetría respecto a una recta (simetría axial)

Una **simetría respecto a una recta *r***, S_r, es un movimiento que asocia a cada punto *P* otro punto *P′*, tales que:

- El segmento *PP′* es perpendicular a *r*.
- Las distancias desde *P* y *P′* a *r* son iguales.

Por tanto, *r* es mediatriz de *PP′* y se denomina **eje de simetría**.

EJEMPLO

7. Realiza una simetría axial de eje *e* al punto *P*.

- Trazamos una recta perpendicular a *e* que pase por *P*.
- Medimos la distancia de *P* a *e* y la llevamos al otro lado de *e*.

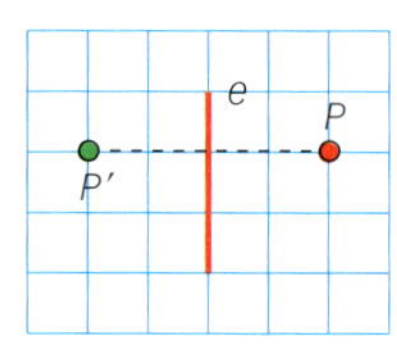

ACTIVIDADES

14 PRACTICA. Realiza una simetría central de centro $C(-2, 4)$ sobre estos elementos.

- Punto $A(1, 2)$
- Punto $B(-4, 3)$
- Segmento *AB*, con *A* y *B* los anteriores.

15 APLICA. Dado el triángulo de vértices $A(3, 1)$, $B(6, 2)$ y $C(5, 3)$, haz una simetría axial de eje la recta $x = 1$.

16 REFLEXIONA. Completa en tu cuaderno la tabla.

Punto	Eje de simetría	Punto trasladado
$A(1, 3)$	Ordenadas	
	Ordenadas	$B'(0, 3)$
$C(2, -1)$	Abscisas	

SABER HACER

Realizar simetrías de figuras geométricas

Transforma este cuadrilátero mediante:

a) Una simetría de centro *O*.

b) Una simetría de eje *e*.

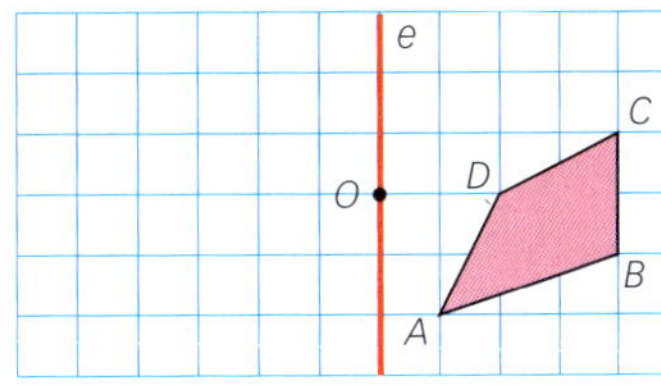

Una simetría central de centro *O* equivale a un giro de 180° y centro *O*.

Pasos a seguir

1. Trazamos rectas desde los vértices:
   - Simetría central: que pasen por el centro de simetría *O*.
   - Simetría axial: perpendiculares al eje *e*.

a) 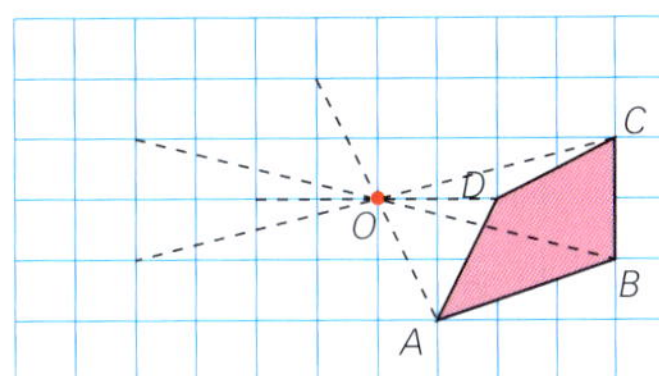

b) 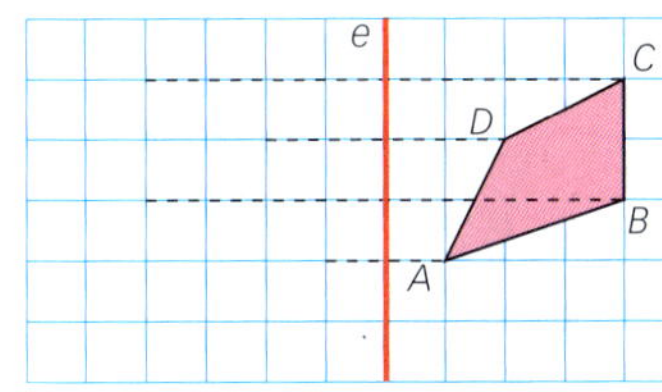

2. Con el compás medimos la distancia:
   - Simetría central: entre cada vértice y el centro *O*.
   - Simetría axial: entre cada vértice y el eje *e*.

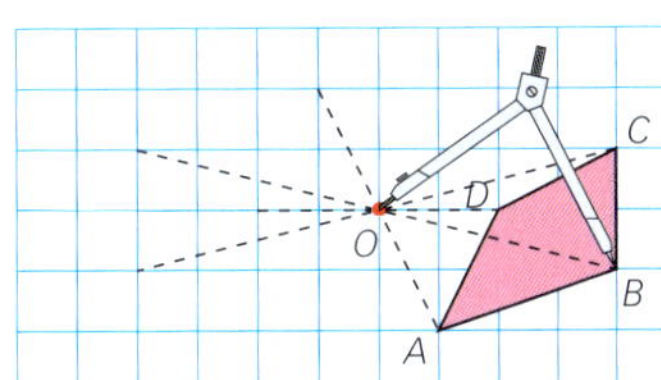

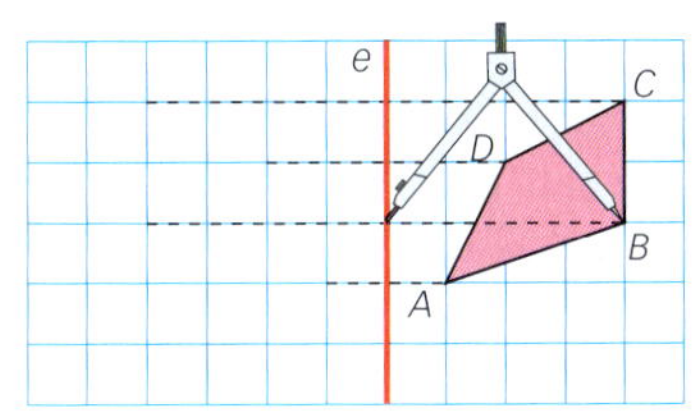

3. Trasladamos esas distancias sobre las rectas dibujadas.
   - Simetría central: al otro lado de *O*.
   - Simetría axial: al otro lado de *e*.

   Los extremos son los vértices de la nueva figura.

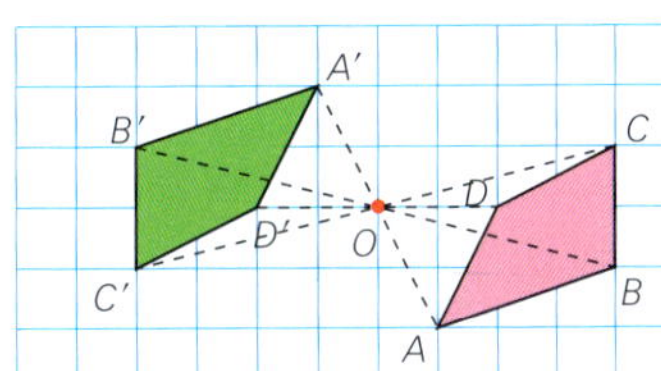

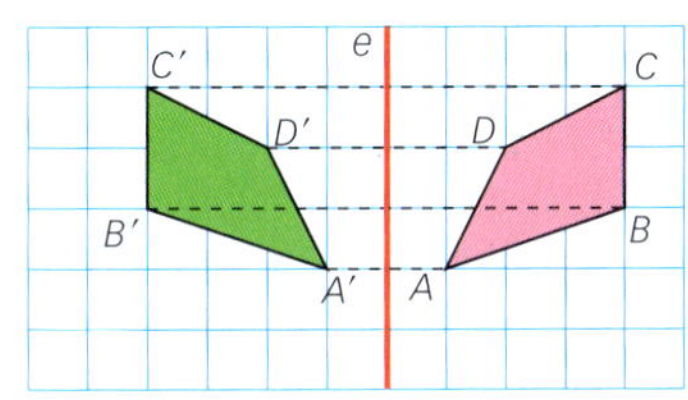

ACTIVIDADES

17 Aplica a *F* una simetría central de centro *O*.

a) 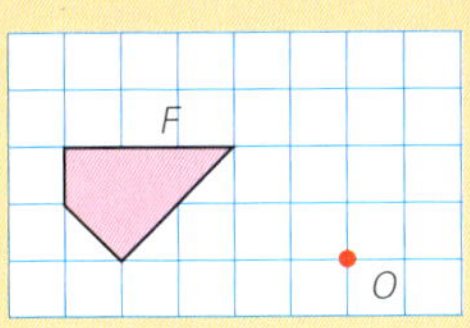

c) 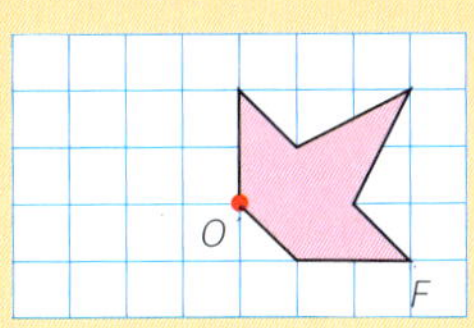

b) 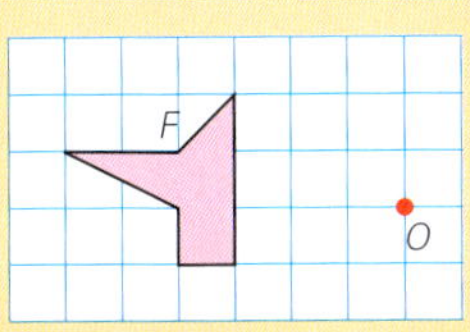

d) 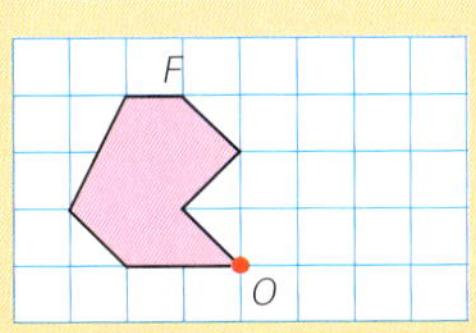

18 Aplica a *F* una simetría de eje *e*.

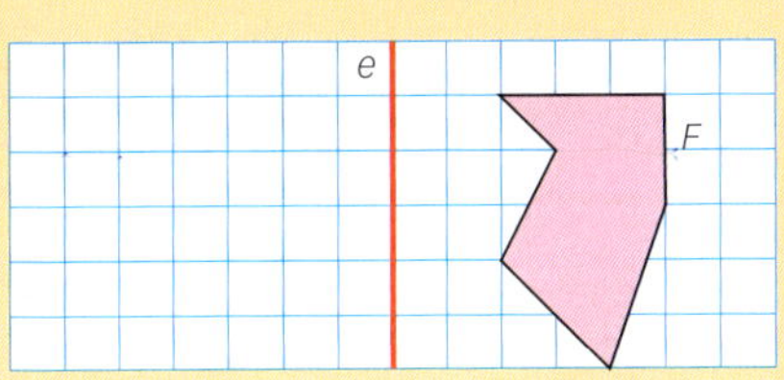

19 Determina la figura transformada de *F* mediante una simetría de eje el eje de ordenadas.

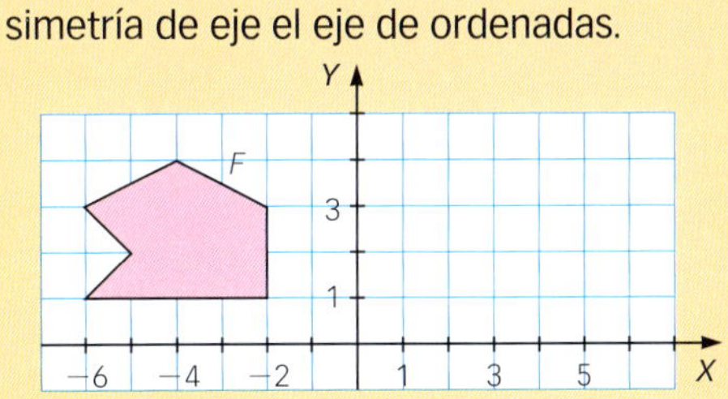

¿Qué relación hay entre las coordenadas de los vértices de *F* y los de sus transformados?

20 Dibuja la figura de vértices: $A(4, -1)$, $B(6, -5)$, $C(6, 0)$, $D(9, 0)$. Calcula su transformada por una:

a) Simetría central de centro el origen.

b) Simetría central de centro el punto $A(4, 2)$.

c) Simetría axial de eje el eje de abscisas.

d) Simetría axial de eje la bisectriz del primer y tercer cuadrantes.

5 Frisos y mosaicos

Un **friso** es un recubrimiento de una superficie comprendida entre dos líneas rectas paralelas que está generado por la traslación de una figura.

Un **mosaico** es un recubrimiento de una superficie plana con figuras que no se superponen ni dejan huecos entre ellas.

Los frisos y mosaicos se forman a partir de una figura tras aplicarle diferentes movimientos.

EJEMPLOS

8. Construye un friso a partir de la figura de la derecha usando los movimientos indicados.

a) Una traslación de vector la base de la figura.

b) Una simetría de eje *e* y una traslación de vector el doble de la base.

c) Un giro de 180° con centro la esquina inferior derecha y una traslación de vector 1,5 veces la base de la figura.

9. Identifica qué figuras se repiten y qué movimientos se han usado para construir este mosaico.

Las dos figuras repetidas son el hexágono amarillo y el triángulo azul. Los hexágonos se obtienen por traslación y los triángulos por giros de 180° y traslaciones.

ACTIVIDADES

21 PRACTICA. Construye un friso a partir de esta figura utilizando una traslación cuyo vector mide la mitad de la base de la figura.

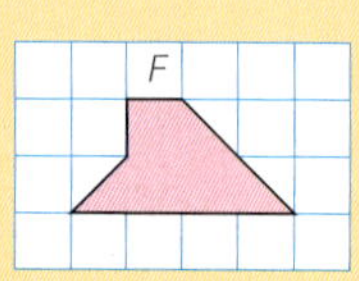

22 APLICA. Dibuja una figura y construye un friso utilizando giros de 90° con centro en un punto exterior a la figura y una traslación.

23 REFLEXIONA. ¿Cuál es la figura básica que se ha utilizado para construir este mosaico de la Alhambra de Granada?

¿A partir de qué movimientos se ha obtenido?

6 Homotecias y semejanza

Una **homotecia de centro *O* y razón *k*** ($k > 0$) es la transformación geométrica que hace corresponder a cada punto P otro punto P', alineado con O y P, de forma que $\overline{OP'} = k \cdot \overline{OP}$.

Estas transformaciones conservan los ángulos pero no las distancias.

EJEMPLO

10. Aplica a la figura *ABCDE* una homotecia de centro *O* y razón 2.

A partir del punto *O* trazamos rectas que pasan por cada uno de los vértices *A*, *B*, *C*, *D* y *E* de la figura original. En esas rectas marcamos los puntos *A'*, *B'*, *C'*, *D'* y *E'*, de forma que: $\overline{OA'} = 2 \cdot \overline{OA}$, $\overline{OB'} = 2 \cdot \overline{OB}$...

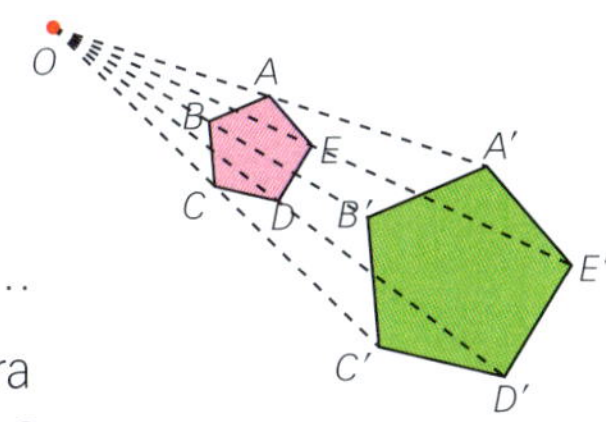

La figura verde es la transformada de la figura rosa por una homotecia de centro *O* y razón 2.

Dos **polígonos** son **semejantes** si sus ángulos son iguales, y el cociente de la longitud de cada lado y su transformado es constante. A este número se le llama **razón de semejanza**.

EJEMPLO

11. Averigua si estas figuras son semejantes.

Cada ángulo y su transformado son iguales. Además, el cociente de un lado y su transformado es constante:

$$\frac{\overline{AB}}{\overline{A'B'}} = \frac{\overline{BC}}{\overline{B'C'}} = \frac{\overline{CD}}{\overline{C'D'}} = \frac{\overline{DA}}{\overline{D'A'}} = k = \frac{18}{15} = \frac{6}{5}$$

Las dos figuras son semejantes con razón $k = \frac{6}{5}$.

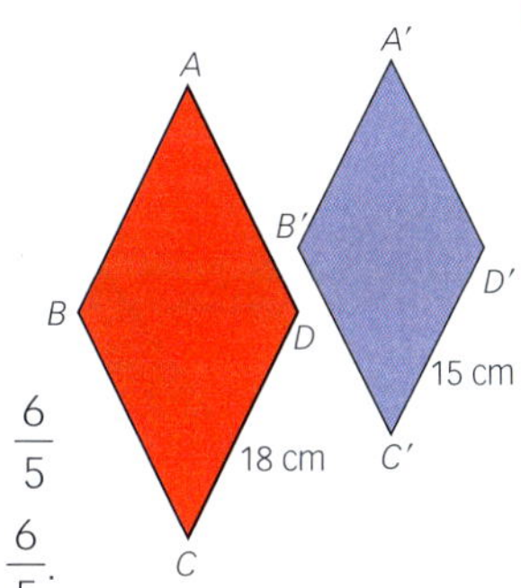

RESUELVE EL RETO

¿Son semejantes la parte pintada y el cuadro con el marco?

ACTIVIDADES

24 PRACTICA. Dibuja el rectángulo de vértices $O(0, 0)$, $A(4, 0)$, $B(4, 2)$ y $C(0, 2)$ y aplica una:

a) Homotecia de centro el origen y razón 2.

b) Homotecia de centro $(-2, 1)$ y razón 3.

c) Homotecia de centro $(0, 4)$ y razón $\frac{1}{2}$.

25 APLICA. Encuentra el centro y calcula la razón de esta homotecia.

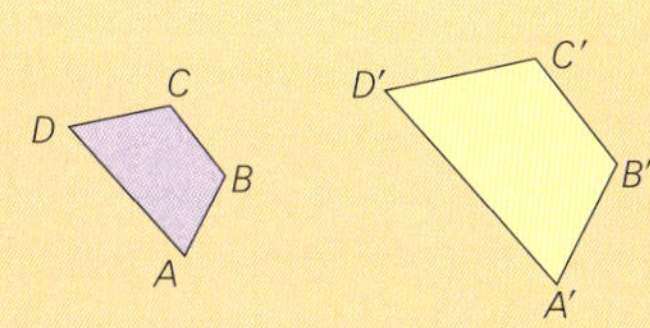

26 REFLEXIONA. Determina los puntos y rectas dobles de una homotecia.

7 Teorema de Tales

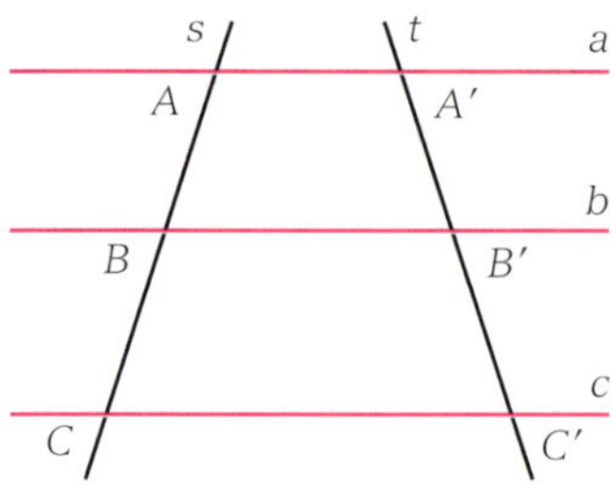

Si tenemos rectas paralelas, *a*, *b* y *c*, que cortan a dos rectas, *s* y *t*, los segmentos que se determinan en una de las rectas son proporcionales a los correspondientes en la otra recta.

$$\frac{\overline{AB}}{\overline{A'B'}} = \frac{\overline{BC}}{\overline{B'C'}} = \frac{\overline{AC}}{\overline{A'C'}}$$

Esta igualdad es el **teorema de Tales**.

EJEMPLO

12. Calcula la longitud del segmento AC' sabiendo que $\overline{AC} = 9$ cm, $\overline{AB} = 6$ cm y $\overline{AB'} = 7$ cm.

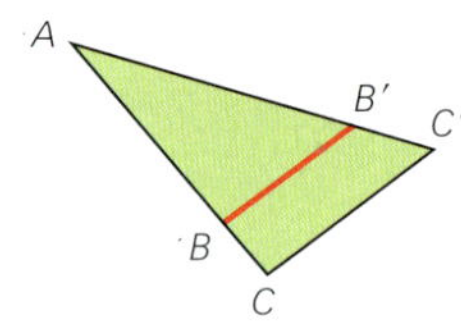

Como BB' y CC' son paralelos y cortan a AC y AC', aplicamos el teorema de Tales:

$$\frac{\overline{AB}}{\overline{AB'}} = \frac{\overline{AC}}{\overline{AC'}} \rightarrow \frac{6}{7} = \frac{9}{\overline{AC'}} \rightarrow \overline{AC'} = \frac{7 \cdot 9}{6} = 10{,}5 \text{ cm}$$

La longitud del segmento AC' es 10,5 cm.

Triángulos semejantes

Dos triángulos son semejantes si sus ángulos correspondientes son iguales y sus lados correspondientes son proporcionales.

Si dos triángulos son semejantes, se pueden poner en posición de Tales.

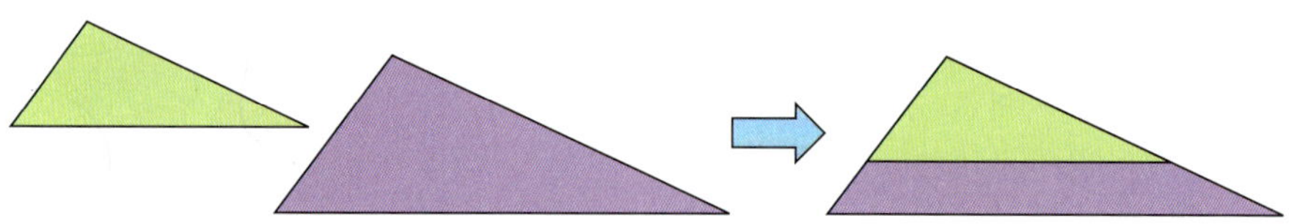

Si dos triángulos se pueden poner en posición de Tales, sus ángulos son iguales y el cociente de sus lados es constante, es decir, son semejantes.

ACTIVIDADES

27 **PRACTICA.** Sabiendo que $\overline{AB} = 4$ cm, $\overline{AB'} = 6$ cm y $\overline{AC} = 5$ cm, calcula la longitud del segmento $\overline{AC'}$.

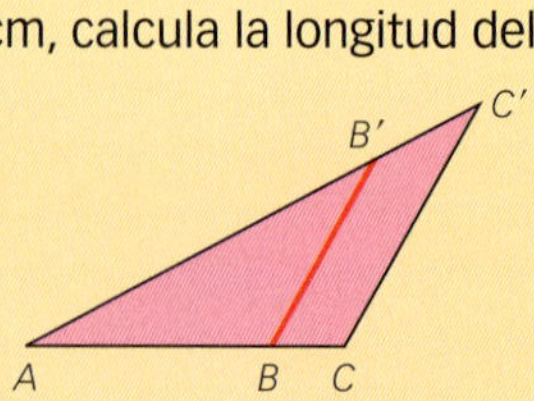

28 **APLICA.** Considera el triángulo rectángulo de catetos 6 y 8 cm. Calcula la medida de los catetos de otro triángulo semejante a él cuya hipotenusa mide 9 cm.

29 **REFLEXIONA.** Identifica los triángulos semejantes.

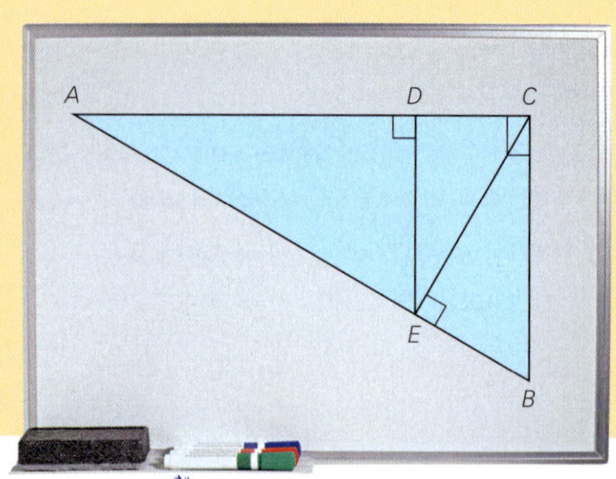

SABER HACER

La medida *d* puede ser cualquier medida.

Dividir un segmento en partes iguales o proporcionales

Divide, aplicando el teorema de Tales, el segmento *AB* en:

a) Cuatro partes iguales. **b) Partes proporcionales a 1, 2 y 3.**

Pasos a seguir

1. Trazamos una semirrecta con origen en *A*, tomamos una medida cualquiera *d* y dibujamos sobre ella, a partir de *A*, tantos segmentos iguales o proporcionales como partes en que dividir el segmento.

a)
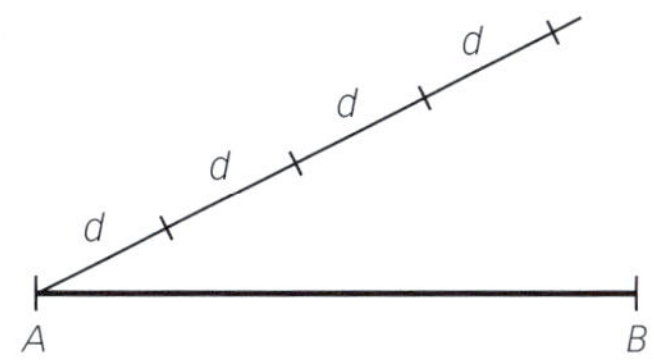

b)
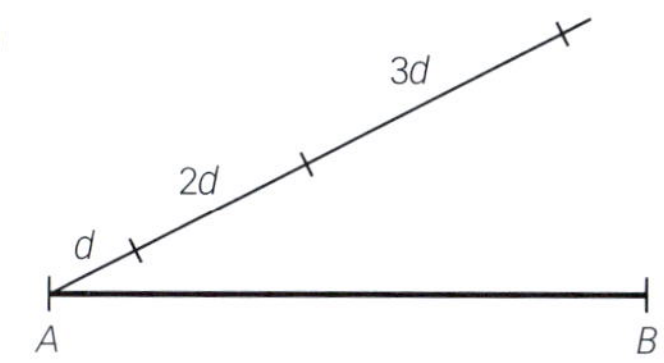

2. Unimos el extremo del último segmento con el punto *B* y trazamos rectas paralelas a esa recta por las demás divisiones.

   Los puntos de corte de esas paralelas con *AB* son las divisiones buscadas.

a)
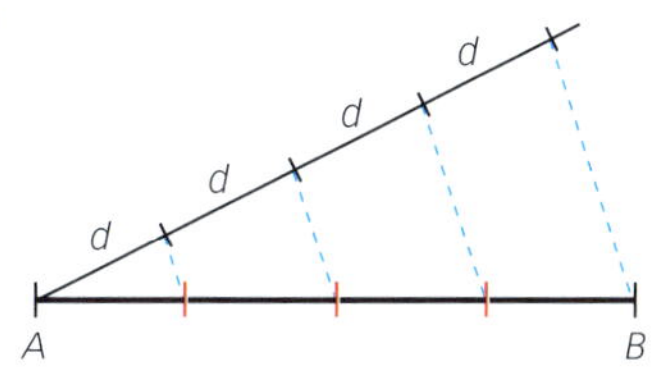

b)
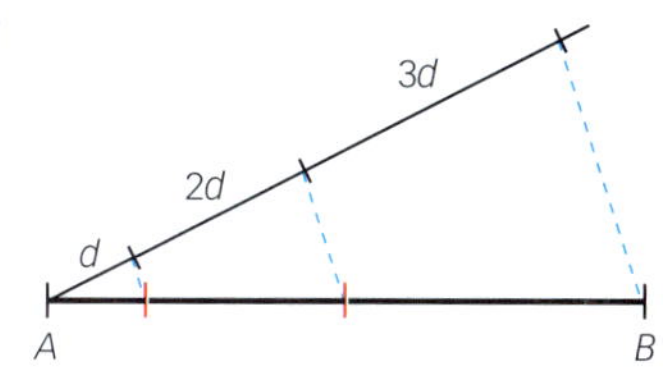

ACTIVIDADES

30 Copia en tu cuaderno este segmento y divídelo en cinco partes iguales aplicando el teorema de Tales.

31 Copia estos segmentos en tu cuaderno y divídelos en ocho partes iguales aplicando el teorema de Tales.

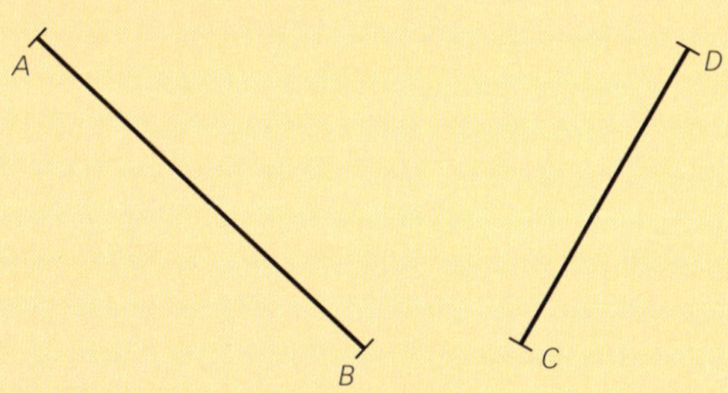

32 Dibuja sobre unos ejes de coordenadas el segmento de extremos $A(2, -1)$ y $B(6, 3)$ y, aplicando el teorema de Tales, divídelo en seis partes iguales.

33 Dibuja sobre unos ejes de coordenadas el segmento de extremos $A(-2, 0)$ y $B(4, 0)$ y, aplicando el teorema de Tales, divídelo en cuatro partes proporcionales a 2, 5 y 8.

34 Copia en tu cuaderno el segmento *AB*. Divídelo en partes proporcionales a los segmentos *x*, *y* y *z* aplicando el teorema de Tales.

a)
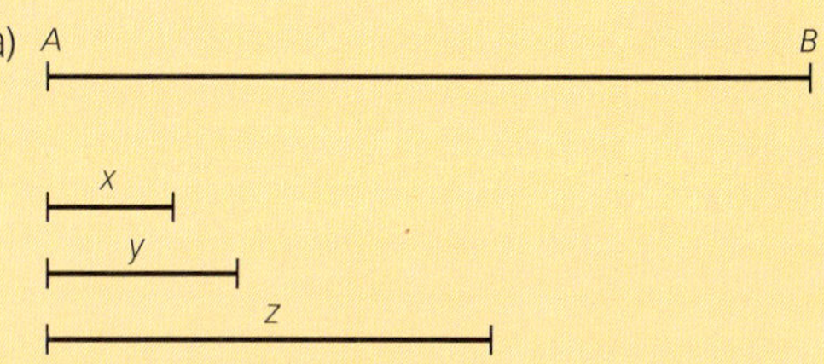

b)
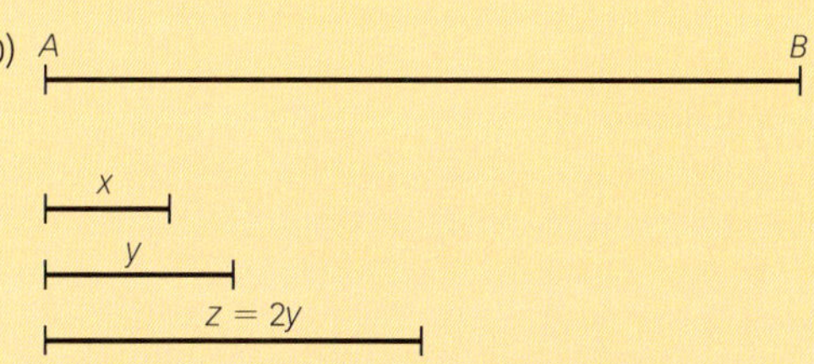

c)

8 Escalas y mapas

RESUELVE EL RETO

La Torre Eiffel tiene 320 m de altura y pesa 7 000 toneladas. Si construimos un modelo a escala, con el mismo material y la mitad de altura, ¿cuánto pesaría?

Las semejanzas se utilizan para elaborar planos, mapas, maquetas, fotocopias… En ellos reducimos, de manera proporcional, las dimensiones que tienen los objetos en la realidad, obteniendo una representación igual en forma, pero no en tamaño.

Se llama **escala** a la razón de la semejanza entre la figura original y su representación.

$$\text{Escala} = \frac{\text{Distancia en la representación}}{\text{Distancia real}}$$

En la escala, la longitud real y su representación deben estar expresadas en las mismas unidades.

1:300

1 cm en el plano son 300 cm en la realidad.

EJEMPLOS

13. Calcula las dimensiones de este piso si la escala del plano es 1:300.

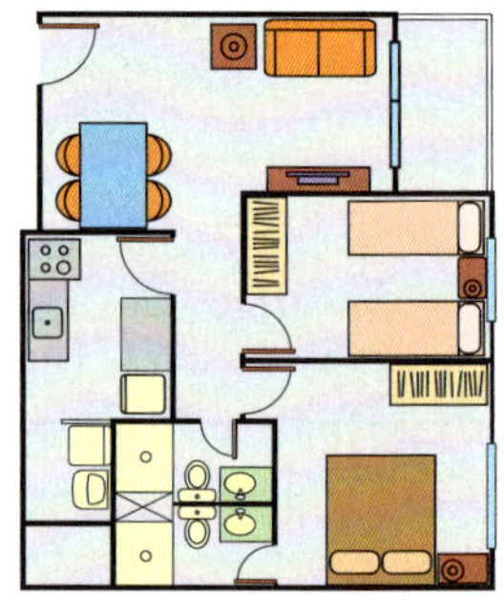

La escala 1:300 significa que 1 cm en el plano equivale a 300 cm = 3 m en la realidad.

El largo del piso en el plano es 4 cm, que en la realidad son: 4 · 300 = 1200 cm = 12 m

El ancho del piso en el plano es 3,5 cm, que en la realidad son: 3,5 · 300 = 1050 cm = 10,5 m

14. Halla la distancia entre dos ciudades.

La escala puede indicarse también de forma gráfica. En este caso, 1 cm (la distancia entre 0 y 15) equivale a 15 km, es decir, tenemos una escala: 1:1500000 (15 km = 1500000 cm).

La distancia entre Villaviciosa y Peñamellera es de 4 cm:

4 · 1500000 = 6000000 cm = 60 km en la realidad

ACTIVIDADES

35 APLICA. Observa esta foto a escala 1:5500.

a) ¿Qué distancia real hay entre *A* y *B*?

b) Si dos puntos de la ciudad distan 4 km, ¿qué distancia habrá entre ellos en un mapa con esta escala?

36 APLICA. Antonio va a hacer un dibujo de su huerto. Su huerto es un trozo de terreno rectangular de 75 m de largo y 34 m de ancho. Quiere utilizar una escala 1:150. ¿Le cabrá el dibujo en un papel de tamaño DIN A4?

37 REFLEXIONA. Carlos ha utilizado una escala 12:5 para realizar un boceto de sus esculturas.

a) ¿Qué será mayor, el boceto o las esculturas?

b) Si una de sus esculturas mide 12 cm, ¿qué altura tendrá en el boceto?

SABER HACER

Resolver problemas con escalas

Este plano representa la zona de un polideportivo en la que se quiere construir una piscina dejando al menos 3 m de césped a cada lado. ¿Qué dimensiones tendrá como máximo la piscina? ¿Cuál será su área?

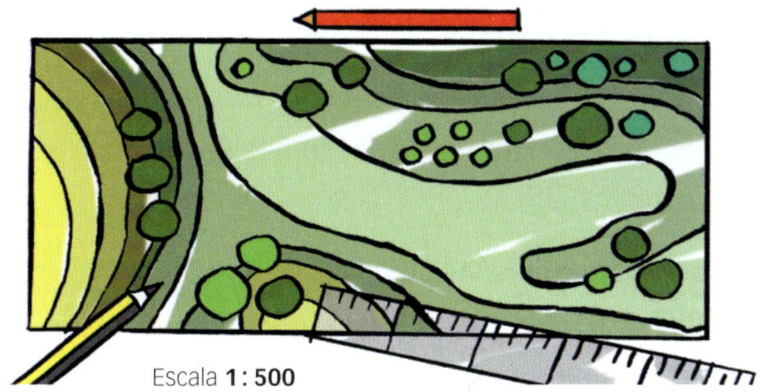

Escala **1 : 500**

Pasos a seguir

1. Determinamos el significado de la escala.

Escala: 1 : 500
Es decir: 1 cm en el plano = 500 cm reales = 5 m reales

2. Medimos sobre el plano, ayudados de una regla, las longitudes que necesitamos.

El plano mide:
Largo: 7 cm
Ancho: 3 cm

3. Transformamos las medidas tomadas sobre el plano en medidas reales utilizando la escala.

Longitudes en la realidad:
Largo real $= 7 \cdot 5 = 35$ m
Ancho real $= 3 \cdot 5 = 15$ m

Como hay que dejar 3 m a cada lado:
Largo de la piscina $= 35 - 3 \cdot 2 = 29$ m
Ancho real $= 15 - 3 \cdot 2 = 9$ m

Las dimensiones máximas de la piscina pueden ser 29 m de largo y 9 m de ancho.
Su área será: Área $= 29 \cdot 9 = 261$ m^2

La superficie máxima de la piscina puede ser 261 m^2.

> Para calcular el área de una figura en un plano se puede hallar el área con las medidas del plano y después multiplicarlo por el cuadrado de la escala.
>
> En este caso, la superficie de la zona de césped sería:
> $7 \cdot 3 \cdot 500^2 =$
> $= 5\,250\,000$ cm$^2 = 525$ m^2

ACTIVIDADES

38 Este es el plano de un terreno donde se construirá una casa. Si se quiere dejar un patio de 150 m^2, ¿qué dimensiones como máximo tendrá la casa? ¿Qué superficie máxima puede ocupar?

Escala **1:350**

39 Considera este cuadrado.

6 cm

a) Calcula sus medidas si lo representamos a una escala 1 : 5.

b) Calcula sus medidas y su área si lo representamos a una escala 5 : 12.

40 Este es el plano de la habitación de Tomás.

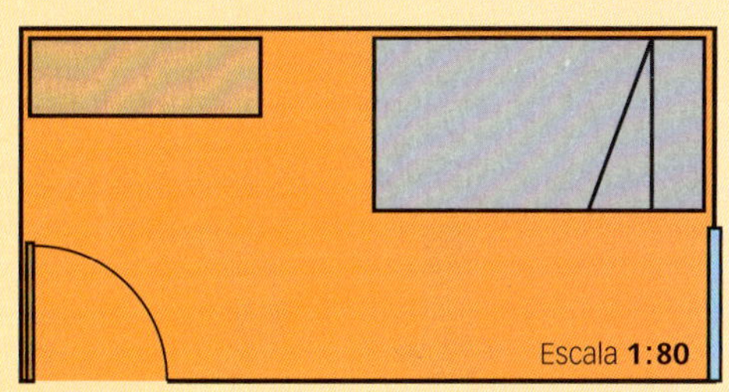

a) ¿Cabe un armario que mide 4,5 m de largo y 1 m de profundidad?

b) ¿Qué superficie queda en la habitación si se pone una cama de 150 × 200 cm?

c) ¿Caben el armario y la cama en la habitación?

41 ¿A qué escala está dibujado un hexágono regular en el que el lado mide 3 cm si la medida real es 60 cm? Halla la relación entre las áreas.

Vectores

42 Considera los puntos:

$A(0, 4)$, $B(6, 0)$, $C(5, 7)$, $D(4, -4)$ y $E(-2, -1)$

Halla las coordenadas de los siguientes vectores.

$\overrightarrow{AC}$ $\overrightarrow{AE}$ $\overrightarrow{BD}$ $\overrightarrow{EB}$ $\overrightarrow{CD}$ $\overrightarrow{EC}$

43 Considera los puntos: $A(2, 3)$ y $C(3, -1)$.

a) Halla las coordenadas de B tales que $\overrightarrow{AB} = (3, -1)$.

b) Si la segunda coordenada de B y la de D son iguales, encuentra D para que $|\overrightarrow{BD}| = 8$.

c) Halla el módulo del vector $\overrightarrow{DA}$.

44 Los vértices de un rectángulo son:

$A(-4, 4)$, $B(2, 4)$, $C(2, 1)$ y $D(-4, 1)$

a) Halla las coordenadas de los vectores $\overrightarrow{AB}$, $\overrightarrow{BC}$, $\overrightarrow{CD}$ y $\overrightarrow{DA}$.

b) Halla el módulo de las diagonales del rectángulo.

45 ¿Qué significa que una de las dos coordenadas de un vector sea cero?

Movimientos

46 Indica, observando este dibujo, si las siguientes figuras se han obtenido mediante un movimiento o no. Razona tu respuesta.

Figura 1 Figura 2 Figura 3 Figura 4

47 Dibuja, a partir de las figuras, otras figuras en las que se conserve lo indicado.

a) El tamaño

b) La forma

c) El tamaño y la forma

d) Ni el tamaño ni la forma

Traslaciones

48 Dibuja y obtén el trasladado del punto P por el vector $\vec{v}$ en cada caso:

a) $P(-1, 0)$ y $\vec{v} = (4, 3)$

b) $P(4, -3)$ y $\vec{v} = (1, -5)$

c) $P(3, -4)$ y $\vec{v} = (-5, 1)$

d) $P(-2, 6)$ y $\vec{v} = (-3, -2)$

49 Halla el vector de traslación que transforma P en P'.

a) $P(2, -1)$, $P'(-1, 3)$

b) $P(-5, 0)$, $P'(0, -2)$

50 Obtén la figura F' transformada de la figura F por una traslación de vector $\vec{v}$. Después, halla la transformada de F' por la traslación de vector $\vec{w}$, F''.

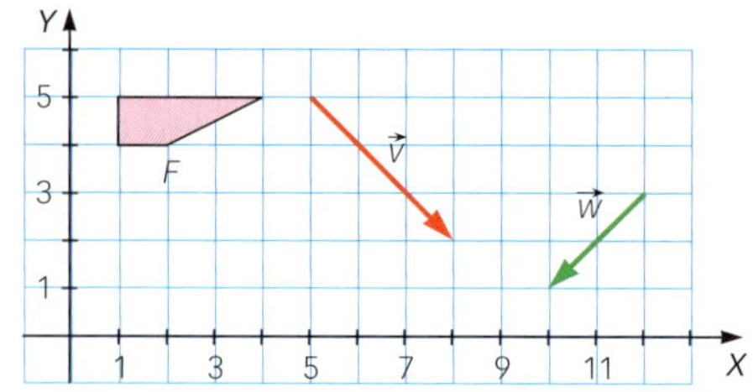

a) ¿Puedes pasar directamente de F a F'' con una traslación? Si crees que sí, dibuja el vector de dicha traslación y escribe sus coordenadas.

b) Escribe las coordenadas de $\vec{v}$ y $\vec{w}$ y suma sus abscisas y ordenadas. ¿Qué relación tiene el resultado con el del apartado anterior?

51 Dibuja los siguientes elementos geométricos y sus transformados por el vector de traslación $\vec{v} = (3, -4)$.

a) Segmento AB: $A(0, 3)$ y $B(4, 2)$.

b) Triángulo ABC: $A(2, -3)$, $B(4, 1)$ y $C(1, 2)$.

c) Pentágono $ABCDE$: $A(4, -1)$, $B(3, 2)$, $C(6, 4)$, $D(9, -2)$ y $E(5, 1)$.

d) Círculo de centro $C(-3, 2)$ y radio $r = 2$.

52 Determina gráficamente los vectores de las traslaciones que transforman la figura F en F' y F'', respectivamente. Obtén también sus coordenadas.

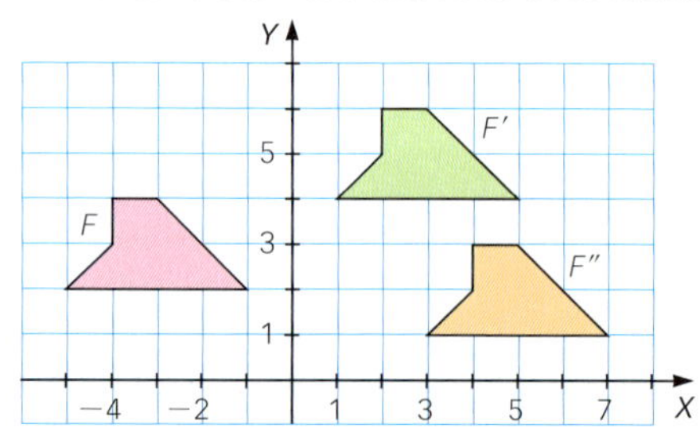

53 Halla la figura F que ha dado lugar a la figura F', al aplicarle una traslación de vector $\vec{v} = (-2, -3)$. Antes de hacerlo, determina cuáles serán las coordenadas de los vértices de la figura F.

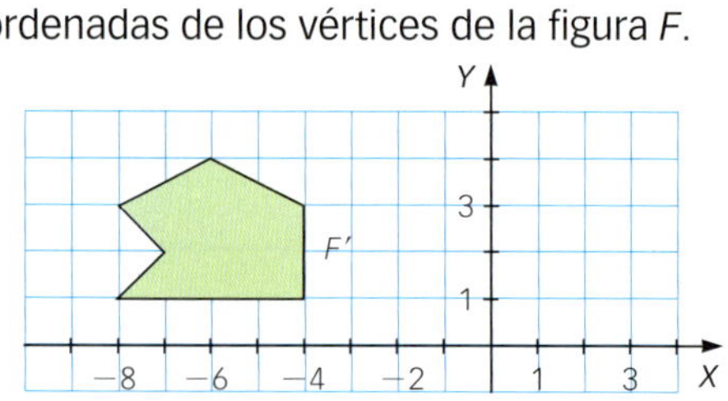

54 ¿Qué observas al hallar los vectores de traslación que transforman P en P', P' en P'' y P en P''?

a) $P(-3, -1)$ $P'(2, 0)$ $P''(3, 8)$

b) $P(4, 2)$ $P'(-1, 3)$ $P''(-2, -2)$

55 Dado el triángulo $\widehat{ABC}$: $A(-2, -1)$, $B(2, 6)$ y $C(6, -4)$.

a) ¿En qué puntos se transforman B y C mediante la traslación que transforma A en B?

b) ¿En qué puntos se transforman A y C mediante la traslación que transforma B en C?

c) ¿En qué puntos se transforman A y B en la traslación que transforma C en A?

Giros

56 Dibuja el punto transformado de estos puntos por un giro de centro el origen de coordenadas y ángulo de 90°.

$A(6, 0)$ $B(3, 4)$ $C(-2, -5)$ $D(-5, 1)$

57 Dibuja los puntos y el segmento que forman A y B. Halla su transformado por un giro de 90° de centro $C(-1, -2)$.

a) $A(2, -2)$, $B(5, 0)$

b) $A(-11, -1)$, $B(-8, 2)$

c) $A(-2, 6)$, $B(1, 3)$

d) $A(0, 0)$, $B(-1, -2)$

58 Dibuja estos elementos y sus transformados por el giro de centro $O(3, 1)$ y ángulo 120°.

a) Triángulo de vértices: $A(2, 6)$, $B(-2, 1)$ y $C(-5, 3)$.

b) Círculo de centro $C(-3, -2)$ y radio $r = 4$.

59 Dibuja el cuadrilátero $ABCD$, $A(-2, 2)$, $B(0, 2)$, $C(0, 0)$ y $D(-2, 0)$ y aplícale un giro de centro $O(-4, 3)$ y ángulo $-60°$.

60 Obtén la transformación que aplica varios giros al punto $P(3, 5)$ con el mismo centro $C(0, 0)$.

a) Dos giros, uno de 40° y otro de 40°.

b) Tres giros, uno de 60°, otro de 30° y el último de 90°.

c) Dos giros, uno de $-30°$ y otro de 120°.

61 Determina el centro y el ángulo del giro que transforma F en F'.

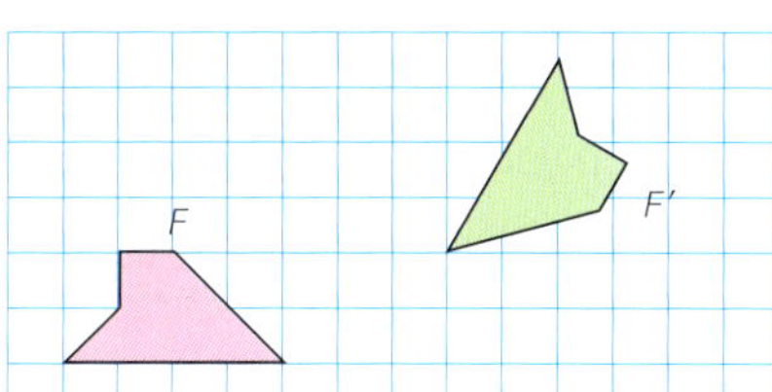

62 Halla la figura F de la que procede la figura F' al aplicarle un giro de centro el origen y ángulo de 90°.

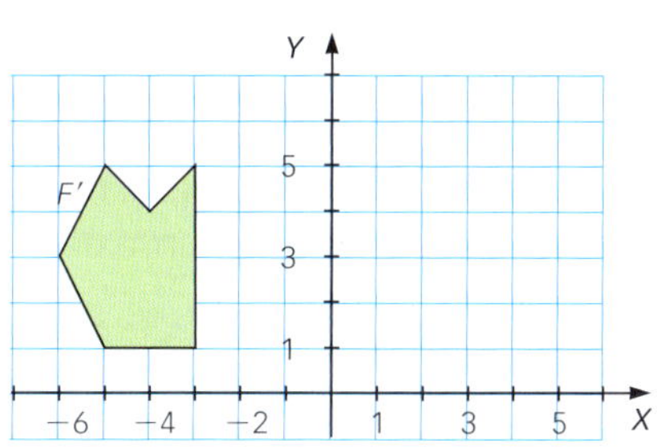

Simetrías

63 Indica los dos transformados de estos puntos por una simetría respecto a ambos ejes de coordenadas.

$A(2, 0)$ $B(6, 2)$ $C(0, 8)$ $D(-1, 4)$

$E(-5, 0)$ $F(-3, -4)$ $G(0, -9)$ $H(2, -6)$

64 Halla el transformado por el movimiento indicado del triángulo ABC: $A(-1, 6)$, $B(-2, 1)$ y $C(-5, 3)$.

a) Simetría central respecto del origen, $O(0, 0)$.

b) Simetría central de centro el punto $D(4, 2)$.

c) Simetría respecto al eje de ordenadas.

65 Realiza una simetría central respecto al punto $M(-1, 5)$, a cada una de las figuras.

a) Cuadrado $ABCD$: $A(-2, 2)$, $B(0, 2)$, $C(0, 0)$ y $D(-2, 0)$.

b) Polígono de vértices: $A(4, -1)$, $B(3, 2)$, $C(6, 4)$, $D(9, -2)$ y $E(5, 1)$.

66 Construye la figura simétrica respecto de la bisectriz del primer y tercer cuadrantes.

a) Triángulo: $A(2, 6)$, $B(-2, 1)$ y $C(-5, 3)$.

b) Cuadrilátero: $A(4, -1)$, $B(2, -7)$, $C(7, -5)$ y $D(6, 0)$.

67 Determina el centro de simetría que transforma F en F' y F' en F'', y el eje de simetría que realiza las mismas transformaciones.

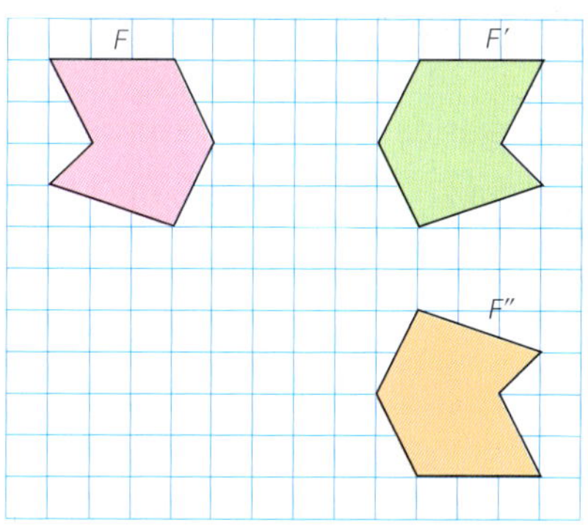

68 Considera el pentágono $ABCDE$.

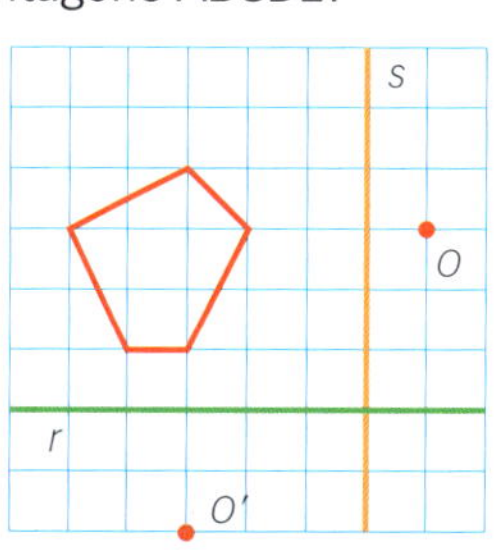

Dibuja los siguientes simétricos del pentágono:

a) El simétrico respecto al centro de simetría O.

b) El simétrico respecto al centro de simetría O'.

c) El simétrico respecto a r como eje de simetría.

d) El simétrico respecto a s como eje de simetría.

SABER HACER

Hallar los ejes y el centro de simetría de una figura

69 Determina los ejes y el centro de simetría de un pentágono regular y un octógono regular.

PRIMERO. Si el número de vértices es impar, se comprueba si son ejes de simetría las rectas que pasan por cada vértice y el punto medio del lado opuesto.

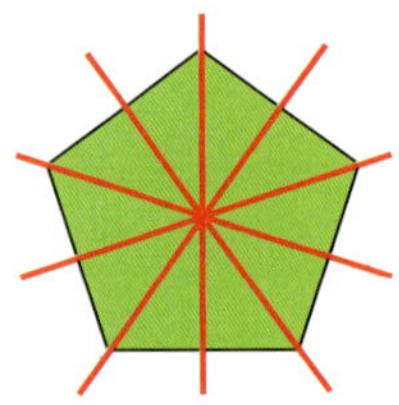

El pentágono regular tiene 5 ejes de simetría.

Los polígonos regulares con un número impar de lados no tienen centro de simetría.

SEGUNDO. Si el número de vértices es par, se comprueba si son ejes de simetría las rectas que unen dos vértices opuestos y las rectas que pasan por los puntos medios de dos lados opuestos.

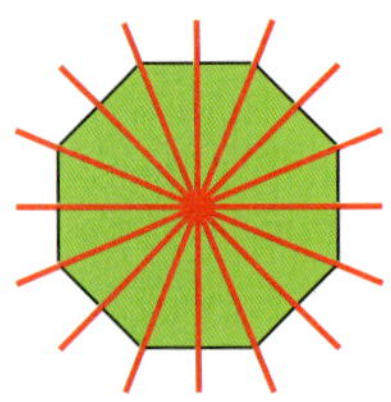

El octógono regular tiene 8 ejes de simetría.

En los polígonos regulares con un número par de lados, el centro de simetría es la intersección de sus ejes.

70 Dibuja los ejes de simetría y el centro de estas figuras.

a) Un cuadrado
b) Un rombo
c) Un rectángulo
d) Un trapecio isósceles
e) Un triángulo isósceles
f) Un hexágono regular

Homotecias y semejanzas

71 Dado el triángulo cuyos lados miden 3, 6 y 8 cm, respectivamente, calcula:

a) La longitud de los lados de otro triángulo semejante a este con razón de semejanza $k = 2$.

b) La longitud de los lados de otro triángulo semejante con razón de semejanza $k = \frac{1}{2}$.

c) ¿Cuál es la razón de semejanza que hay entre los dos triángulos transformados?

72 Dibuja los polígonos que se detallan a continuación y los que se obtienen aplicándoles una homotecia de centro $O(0, 0)$ y razón $k = 2$.

a) Triángulo ABC: $A(1, 4)$, $B(2, 1)$ y $C(3, 2)$.

b) Cuadrilátero $ABCD$: $A(3, 0)$, $B(6, 3)$, $C(2, 4)$ y $D(3, 7)$.

SABER HACER

Dibujar una figura semejante a otra

73 Construye dos figuras semejantes a esta con razones de semejanza 2 y 1/3, respectivamente.

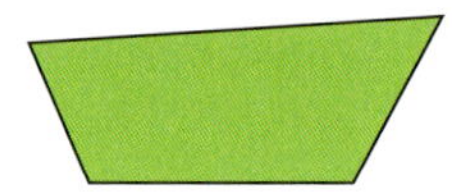

PRIMERO. Se toma como punto O uno de los vértices de la figura. Se trazan rectas que pasen por cada vértice.

SEGUNDO. En esas rectas se marcan puntos A', B' y C' de manera que:

$OA' = 2 \cdot OA$ $\quad OB' = 2 \cdot OB$ $\quad OC' = 2 \cdot OC$

Y puntos A'', B'' y C'' de manera que:

$OA'' = \frac{1}{3} \cdot OA$ $\quad OB'' = \frac{1}{3} \cdot OB$ $\quad OC'' = \frac{1}{3} \cdot OC$

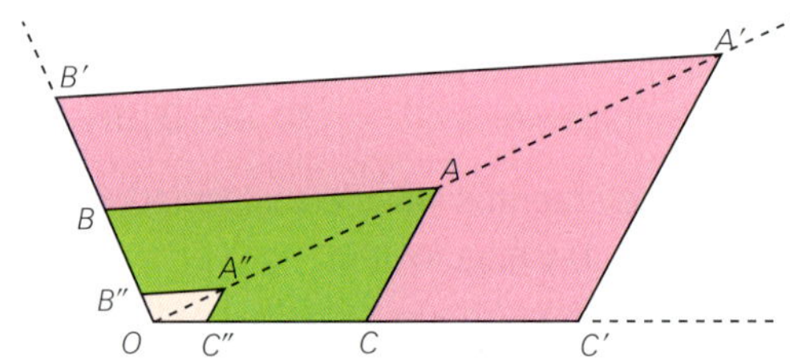

Se unen A', B' y C' y se obtiene la primera figura.
Se unen A'', B'' y C'' y se obtiene la segunda figura.

74 Construye dos figuras semejantes a estas con razones de semejanza 3 y $\frac{1}{2}$, respectivamente.

a)

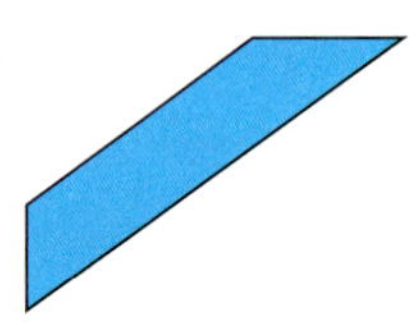

b)

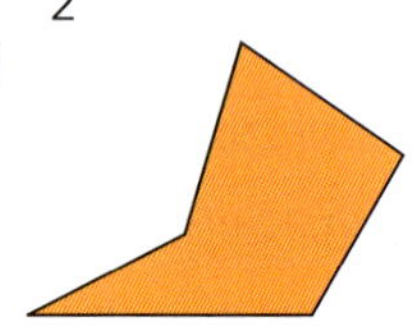

75 $A(1, 3)$, $B(4, 1)$ y $C(3, 4)$ son los vértices de un triángulo. Construye los siguientes transformados:

a) Traslación de vector $\vec{v} = (5, 0)$ seguida de otra traslación de vector $\vec{v} = (2, -3)$.

b) Homotecia de centro $O(0, 0)$ y razón $k = 4$ seguida de un giro de centro A' y ángulo de 90°.

c) Simetría de eje el eje de ordenadas y una homotecia de centro $O(-3, 0)$ y razón $k = 3$.

d) Giro de centro $O(-1, 5)$ y ángulo de $-120°$ y una simetría de eje la bisectriz del 2.° y 4.° cuadrantes.

76 Los lados de un rectángulo miden 4 y 7 cm, y es semejante a otro cuyo perímetro es 132 cm.

a) Halla las dimensiones del segundo rectángulo.

b) Calcula la razón de semejanza entre ambos rectángulos.

77 Razona si es verdadero o falso:

a) Todos los triángulos rectángulos son semejantes.

b) Si la razón de semejanza de dos figuras es r, entonces una figura es la transformada de la otra en una homotecia de razón r.

c) Si los lados de dos hexágonos regulares son proporcionales, entonces son semejantes.

d) Si la razón de semejanza entre dos cuadrados es m, la razón entre sus perímetros es $4m$ y entre sus áreas es m^2.

Frisos y mosaicos

78 Construye, en cada caso, un friso a partir de la figura que se da y siguiendo las indicaciones.

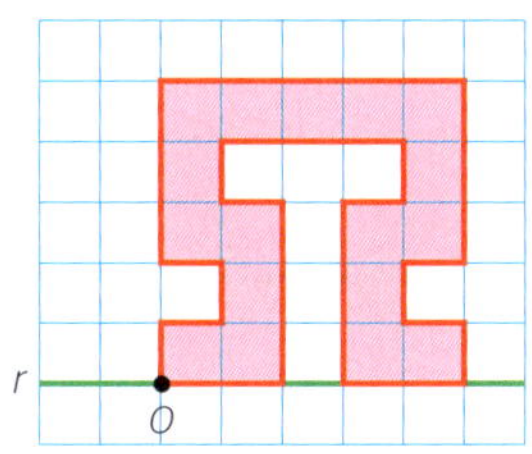

a) Utilizar una traslación de vector $\vec{v} = (5, 0)$.

b) Realizar un giro de 90° con centro en O y una traslación de vector $\vec{u} = (7, 0)$.

c) Aplicar una simetría axial respecto de la recta r y una traslación de vector $\vec{w} = (8, 0)$.

79 Dibuja el friso que se obtiene a partir de un triángulo rectángulo aplicándole una tras otra simetrías axiales respecto de una recta vertical situada una unidad a su derecha.

80 Dibuja el friso que se obtiene a partir de un triángulo isósceles aplicándole uno tras otro giros de ángulo $-180°$ con centro en el punto medio de uno de los lados de igual medida.

81 Completa en tu cuaderno el mosaico formado por hexágonos que ves a la derecha.

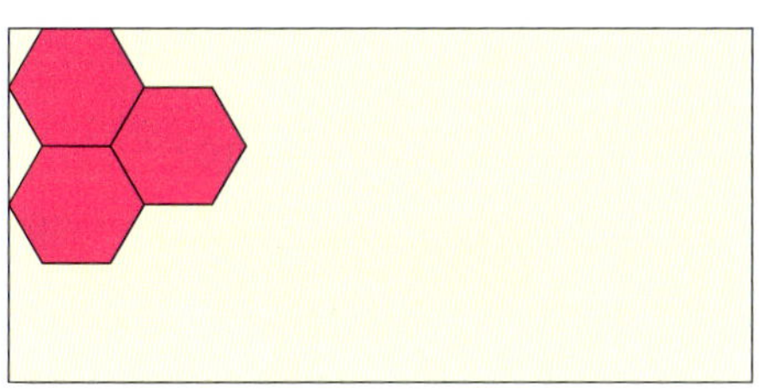

82 Identifica qué movimientos intervienen en este mosaico.

Teorema de Tales. Aplicaciones

83 Halla las medidas desconocidas.

a)

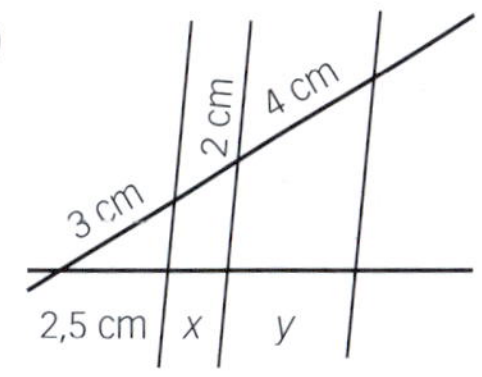

b)

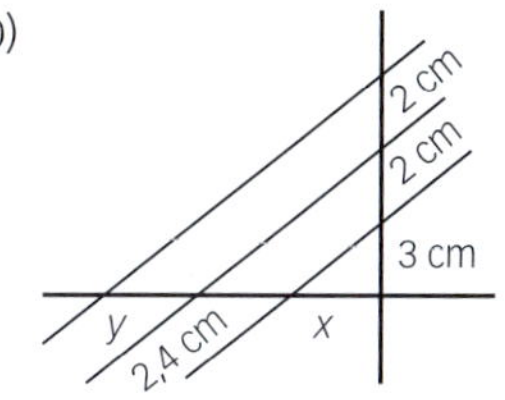

84 El lado desigual de un triángulo isósceles mide 3 cm y los lados iguales miden 8 cm. Calcula la medida del lado desigual de un triángulo isósceles semejante al anterior cuyos lados iguales miden 14 cm.

85 Averigua si son semejantes estos triángulos:

I. 4 cm; 7 cm y 9 cm

II. 3 cm; 4 cm y 6 cm

III. 6,75; 9 cm y 13 cm

IV. 6 cm; 10,5 y 13,5 cm

86 Halla la medida de los catetos y de la hipotenusa de un triángulo rectángulo de perímetro 37,17 cm semejante a otro de catetos 5 cm y 2 cm.

87 Divide gráficamente cada segmento.

a) Segmento de longitud 16 cm en 5 partes iguales.

b) Segmento de longitud 13 cm en 7 partes iguales.

c) Segmento de longitud 20 cm en 15 partes iguales.

88 Divide un segmento de 12 cm.

a) En partes proporcionales a 1 y 2.

b) En partes proporcionales a 2, 3 y 4.

c) En partes proporcionales a 1, 2, 3 y 5.

Escalas

89 La escala de un mapa es 1 : 400 000. Halla:

a) La distancia real que separa dos ciudades si en el mapa es 11 cm.

b) La distancia en el mapa de dos localidades que en la realidad se distancian 236 km.

90 En el plano de una casa cada metro de la vivienda mide 0,5 cm. Calcula:

a) La escala a la que se ha realizado el plano.

b) Dimensiones reales de una habitación que en el plano mide 1,75 cm de ancho y 2,5 cm de largo.

c) Dimensiones en el plano de la terraza cuadrada de la vivienda que ocupa una superficie de 16 m^2.

91 La carretera que va de Pedroche a Pajuelo mide 45 km. Halla esa longitud en un plano de escala:

a) 1 : 25 000 b) 1 : 50 000 c) 1 : 350 000

92 ¿A qué escala está dibujado un mapa en el que la distancia entre dos poblaciones es 6,2 cm y la distancia real es 372 km?

93 En un mapa aparece esta escala gráfica:

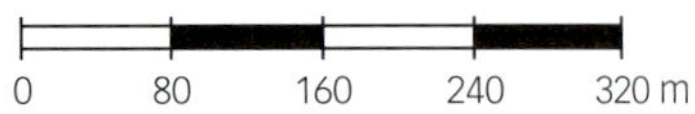

a) ¿Cuál es su escala numérica?

b) ¿Qué distancia real separa dos puntos que en el mapa distan 8 cm?

94 Construye la escala gráfica que corresponde a estas escalas numéricas:

a) 1 : 250 b) 1 : 8000

Problemas con movimientos y semejanzas

95 Determina la medida de cada parcela en el lado que da a la calle de las Rosas.

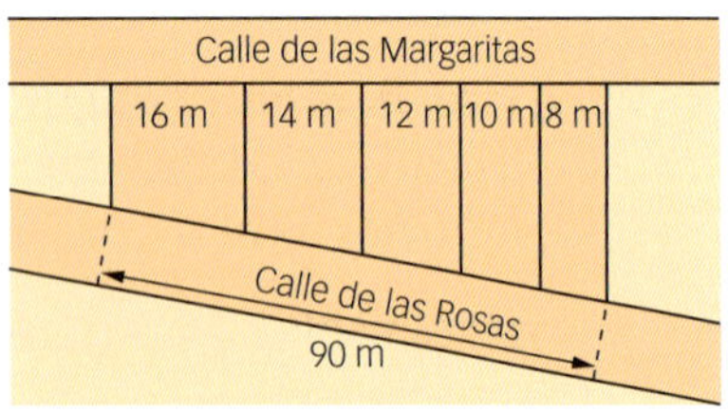

96 Para amueblar su casita de muñecas, Laura pide un armario y una cómoda, réplicas de las que tiene en su habitación. Calcula las dimensiones que tendrán las réplicas a una escala de 1 : 12 si las dimensiones reales del armario son 180 × 110 × 60 cm y las de la cómoda son 120 × 80 × 45 cm.

97 Toma un papel tamaño DIN A4 (297 × 210 mm). Indica si es semejante con estos otros:

a) La mitad de esa hoja, dividiéndola al medio por su lado largo.

b) La mitad de esa hoja, dividiéndola al medio por su lado corto.

c) El doble de esa hoja, uniendo las hojas por su lado largo.

d) El doble de esa hoja, uniendo las hojas por su lado corto.

98 Considera un mapa a escala 1 : 250 000 y dos lugares que se encuentran a 50 km uno de otro. Calcula:

a) ¿Qué distancia separa a estos lugares en el mapa?

b) ¿Cuánto distan en una fotocopia reducida un 20 %?

c) ¿Cuánto distan en una fotocopia ampliada un 20 %?

d) Calcula las nuevas escalas de los nuevos mapas.

99 ¿Cuántos aumentos tiene un microscopio electrónico que permite ver una célula de 3,5 micrómetros con un diámetro de 1,75 cm?

100 A las 18:00 h la sombra de Luis mide 2,3 m. Si su altura es 1,8 m, calcula:

a) La altura de un árbol cuya sombra en este instante mide 4 m.

b) La altura de una casa cuya sombra mide 6,75 m.

SABER HACER

Determinar distancias utilizando triángulos en posición de Tales

101 Calcula la altura de la torre de telecomunicaciones.

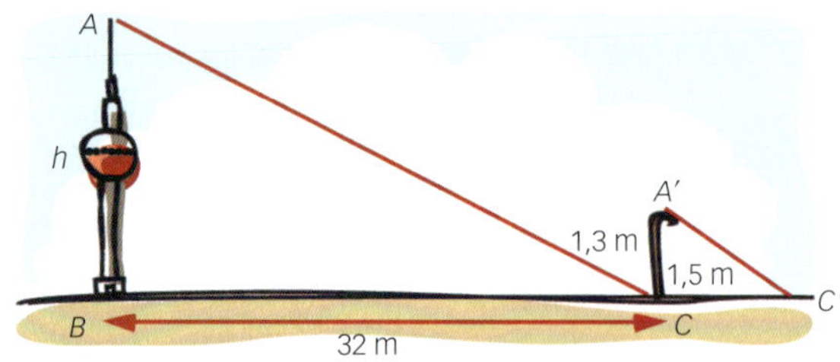

PRIMERO. Se determina si los triángulos de la figura son semejantes.

Los triángulos $\widehat{ABC}$ y $\widehat{A'CC'}$ se pueden colocar en posición de Tales, porque son triángulos rectángulos y tienen un ángulo igual: $\widehat{C}$ y $\widehat{C}'$ (ángulo de lados paralelos).

SEGUNDO. Se plantea la relación de semejanza, cuya incógnita es h, y se resuelve la ecuación.

$$\frac{\overline{AB}}{\overline{A'C}} = \frac{\overline{BC}}{\overline{CC'}} \rightarrow \frac{h}{1,3} = \frac{32}{1,5} \rightarrow h = 27,73 \text{ m}$$

102 La sombra de un edificio, a una determinada hora del día, medía 15 m. En ese mismo momento, la sombra de una farola de 5 m de altura medía 3 m. ¿Cuál es la altura del edificio?

103 ¿Cuál es la altura del faro?

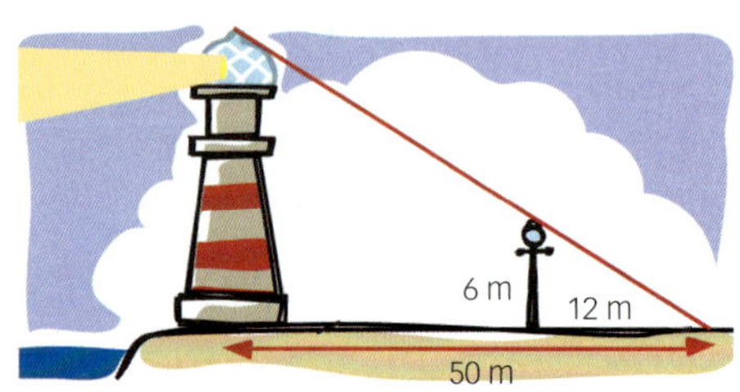

104 A las 15:00 h la sombra de Luis mide 0,8 m. Si su altura es 1,6 m, calcula:

a) La altura de un árbol cuya sombra en este instante mide 3 m.

b) La altura de una torre cuya sombra mide 25 m.

105 ●●● Se va a hacer un desvío en una carretera de forma que su trazado sea una línea recta respecto a dos poblaciones, *A* y *B*. Calcula en qué punto de la carretera habrá que hacer el desvío para que el trayecto hacia ambas poblaciones sea el mínimo.

106 ●●● Un pájaro está posado sobre la rama de un árbol (punto *A*), situado al borde de un río, y quiere pasar a otro árbol de la orilla opuesta (punto *B*), aprovechando para beber agua sin parar su vuelo. ¿Hacia qué punto del río debe dirigirse para hacer el recorrido más corto?

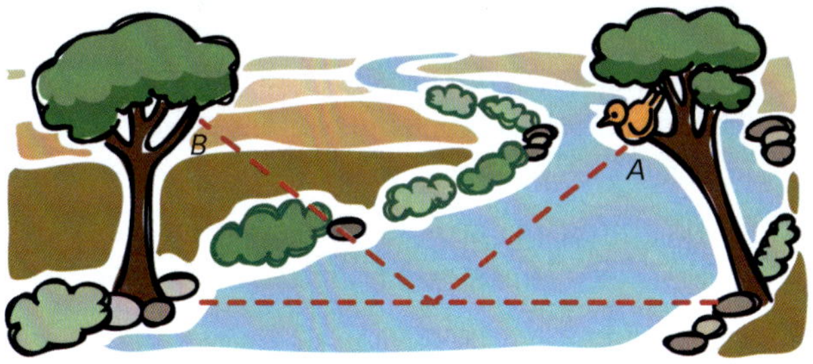

DEBES SABER HACER

Vectores

1 Halla las coordenadas y módulos de los vectores $\overrightarrow{AB}$, $\overrightarrow{BC}$, $\overrightarrow{CA}$ de este triángulo.

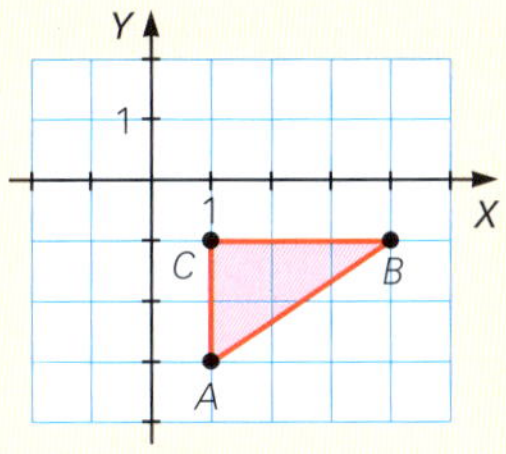

Traslaciones, giros y simetrías

2 Al aplicar a *A*(5, 1) una traslación se obtiene *B*(3, −2). ¿Cuál es su vector de traslación $\vec{v}$?
Al aplicar a *B* una traslación de vector $\vec{u} = (-4, 6)$ se obtiene *C*, ¿cuáles son las coordenadas de *C*?
¿Qué vector de traslación transforma *A* en *C*?

3 Gira la figura de la imagen:

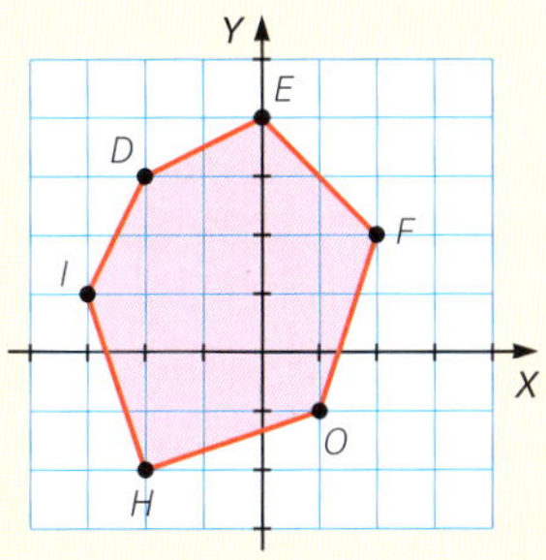

a) Mediante un giro de centro el origen de coordenadas y ángulo de 80°.

b) Mediante un giro de centro el punto *C*(3, 0) y ángulo de −100°.

4 Halla las coordenadas del transformado del segmento de extremos *A*(4, −3) y *B*(0, 2):

a) Por una simetría de centro el punto *C*(0, −3).

b) Por una simetría de eje la recta vertical que pasa por *B*.

c) Por una simetría de eje el eje de abscisas.

Semejanza. Teorema de Tales

5 Las figuras *T* y *T′* son semejantes. Halla el centro y la razón de la homotecia.

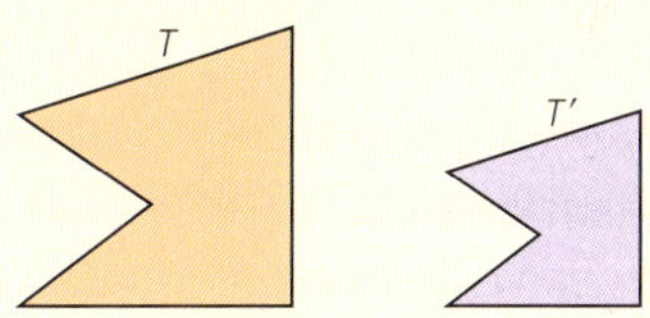

6 En esta figura se cumple que la razón $\dfrac{\overline{OB}}{\overline{OB'}} = 0{,}8$.
Calcula $\overline{OA'}$, $\overline{A'B'}$ y $\overline{CC'}$.

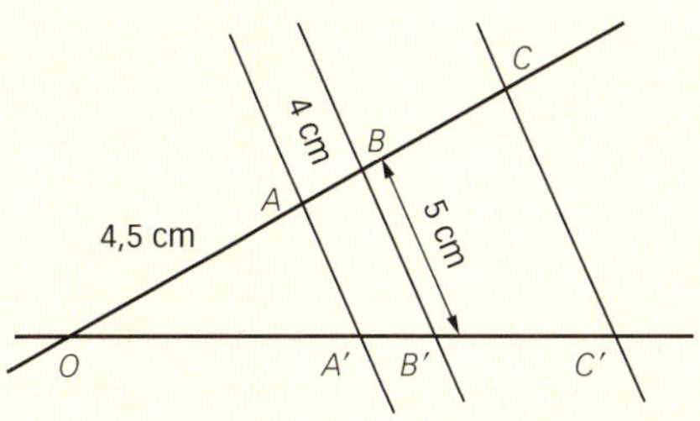

Escalas

7 La altura de un árbol en la realidad es 4,05 m. ¿Cuál será su altura en un dibujo realizado a escala 1 : 45? Si en el mismo dibujo aparece una farola de 5,6 cm de altura, ¿qué altura real tiene la farola?

En la vida cotidiana

107 En la actualidad, las brújulas han sido sustituidas por los sistemas GPS. El uso de estos sistemas ha crecido gracias a las numerosas aplicaciones que tienen. Por ejemplo, en el deporte, colocando un GPS a cada jugador, podemos saber todos sus posicionamientos durante el partido y analizarlos posteriormente.

- Un entrenador de baloncesto analiza los movimientos de sus jugadores mediante un GPS.

  En el gráfico se ven los movimientos de un jugador; el punto rojo es la posición inicial, y los puntos blancos, los movimientos durante la jugada.

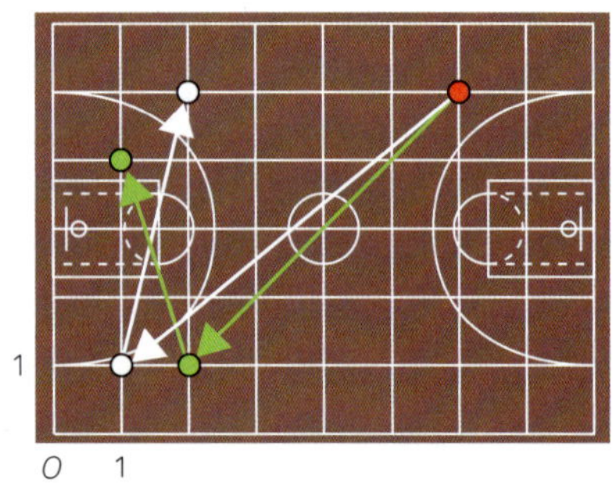

El entrenador propone un nuevo movimiento señalado por las flechas verdes. Utilizando el sistema de coordenadas que se ha superpuesto en el dibujo, calcula las coordenadas de los vectores que muestran los movimientos del jugador.

Formas de pensar. Razonamiento matemático

108 Si P' es el transformado de P por un giro de centro O y ángulo α, ¿con qué transformación se obtiene P desde P'?

109 Halla el movimiento que equivale a realizar, a la misma figura, varios giros de distintas amplitudes con el mismo centro.

110 Dibuja la figura de vértices $A(2, 1)$, $B(6, 1)$, $C(5, 6)$ y $D(0, 4)$ y aplícale una simetría de centro el origen de coordenadas. Comprueba que este movimiento equivale a un giro de centro el centro de la simetría y ángulo de 180°. ¿Pasa siempre esto?

111 Halla el ancho del río.

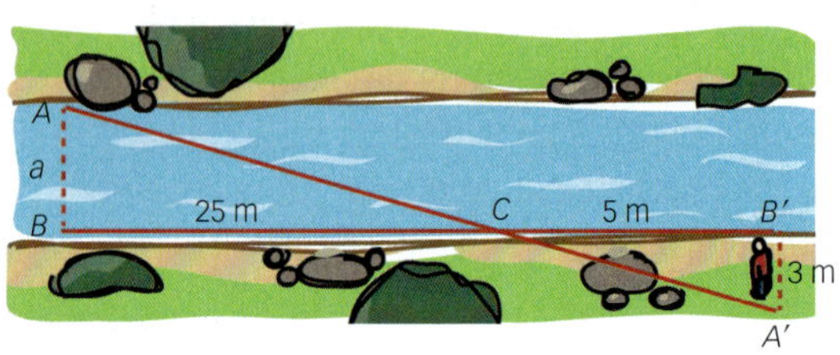

112 Verifica que resulta lo mismo en estas dos transformaciones:

- Aplicar consecutivamente a una figura dos simetrías axiales de ejes paralelos, e_1 y e_2.
- Aplicar una traslación cuyo vector es perpendicular a los ejes e_1 y e_2, y tiene por módulo el doble de la distancia entre ellos.

113 Escribe el perímetro, p, la altura, h, y el área, a, de los triángulos pequeños en función del perímetro, P, la altura, H, y el área, A, del triángulo grande.

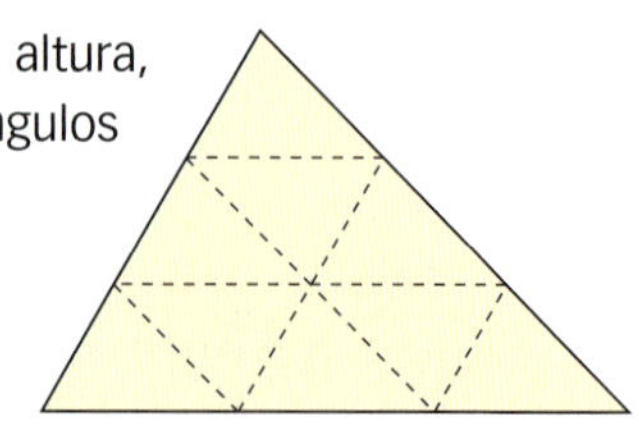

114 Comprueba, con ayuda de algunos ejemplos, que si aplicas consecutivamente a una figura dos simetrías centrales con distintos centros, C_1 y C_2, resulta lo mismo que si aplicas una traslación cuyo vector es igual al doble del vector definido por los dos centros de simetría.

PROYECTO FINAL. **Trabajo cooperativo**

OBJETIVO: Organizar un viaje de fin de curso

Una vez formados los grupos, seguid este proceso:

1.ª Fase.

- Buscad información, en Internet y en agencias, sobre los destinos.
- Estableced el carácter del viaje: cultural, de ocio, de aventura…
- Valorad la mejor época del año para realizar el viaje.

2.ª Fase.

- Estimad los gastos durante el viaje: comidas, alojamiento, visitas culturales…, y estableced el itinerario dibujándolo sobre un mapa.
- Evaluad la posibilidad de organizar algo para conseguir dinero.

3.ª Fase.

- Poned en común toda la información y decidid el tipo de viaje y cómo lo vais a sufragar.
- Realizad un informe especificando la cuota que debería aportar cada alumno.

Pruebas PISA

Vertido de petróleo

115 ●●● Un petrolero chocó contra una roca en medio del mar y esta produjo un agujero en los tanques de almacenamiento de petróleo. El petrolero se encontraba a unos 65 km de tierra. Unos días después, el petróleo se había extendido tal y como se muestra en el mapa de la derecha.

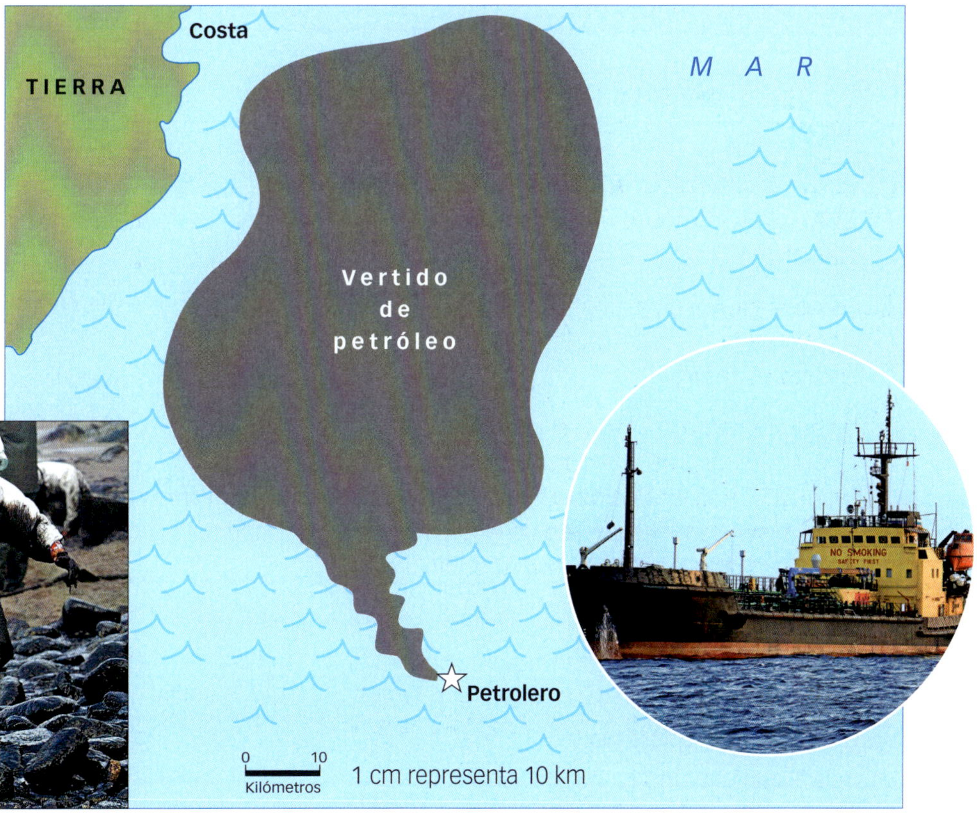

Utilizando la escala del mapa, calcula la superficie (área) del vertido de petróleo en kilómetros cuadrados (km^2).

(Prueba PISA 2010)

CLAVES PARA EMPEZAR

Cuáles son los elementos de un polígono

- **Lados:** segmentos que delimitan el polígono.
- **Vértices:** puntos donde se unen dos lados.
- **Diagonales:** segmentos que unen dos vértices no consecutivos.
- **Ángulo interior:** ángulo formado por los lados del polígono.

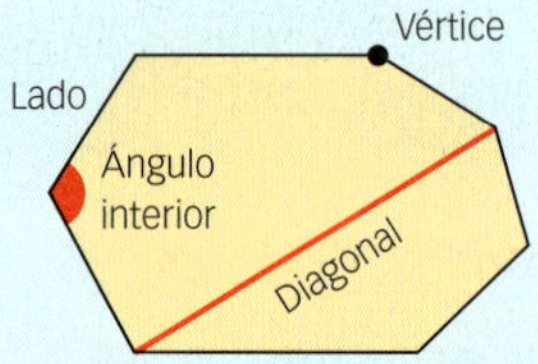

Si, además, el polígono es regular:

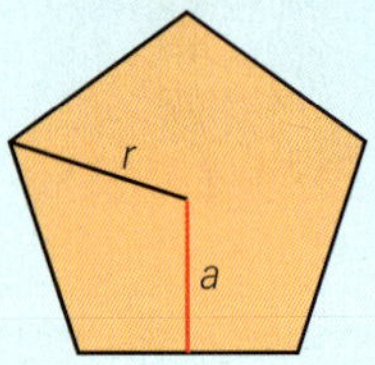

- La **apotema**, *a*, es el segmento perpendicular al lado trazado desde su punto medio hasta el centro del polígono regular.
- El **radio**, *r*, es el segmento que une el centro del polígono regular con un vértice cualquiera.

ACTIVIDADES

1 Contesta si es verdadero o falso.

a) Un polígono puede tener más lados que vértices.

b) Un polígono puede tener más ángulos que vértices.

c) Un polígono puede tener más diagonales que vértices.

d) Un polígono puede tener más lados que ángulos.

e) Un polígono puede tener más lados que diagonales.

Cómo se calcula el área de una figura plana

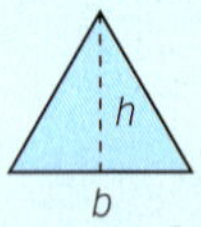

TRIÁNGULO

$$A = \frac{b \cdot h}{2}$$

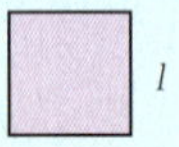

CUADRADO

$$A = l^2$$

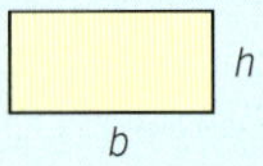

RECTÁNGULO

$$A = b \cdot h$$

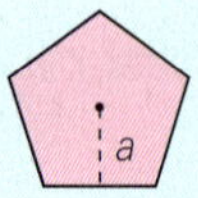

POLÍGONO REGULAR

$$A = \frac{\text{perímetro} \cdot a}{2}$$

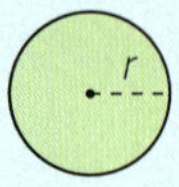

CÍRCULO

$$A = \pi r^2$$

EJEMPLO

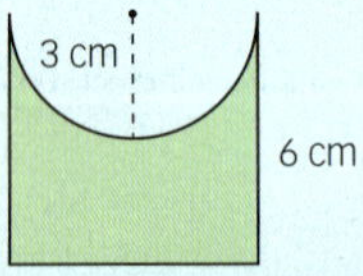

El área de la figura de la izquierda es igual al área del cuadrado de lado 6 cm menos la mitad del área del círculo de radio 3 cm:

$$6^2 - \frac{1}{2}\pi \cdot 3^2 = 36 - 14{,}13 = 21{,}87 \text{ cm}^2$$

ACTIVIDADES

2 Calcula el área coloreada.

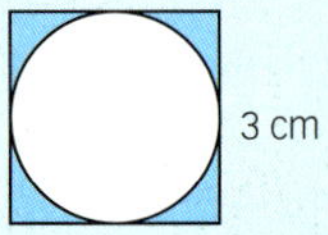

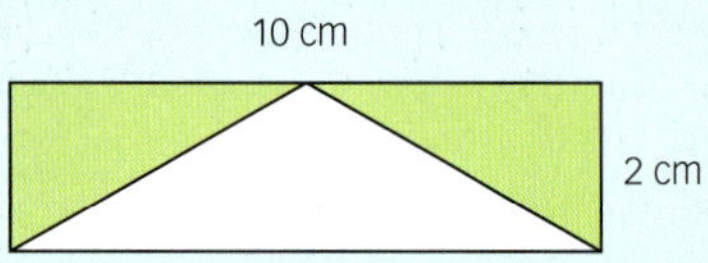

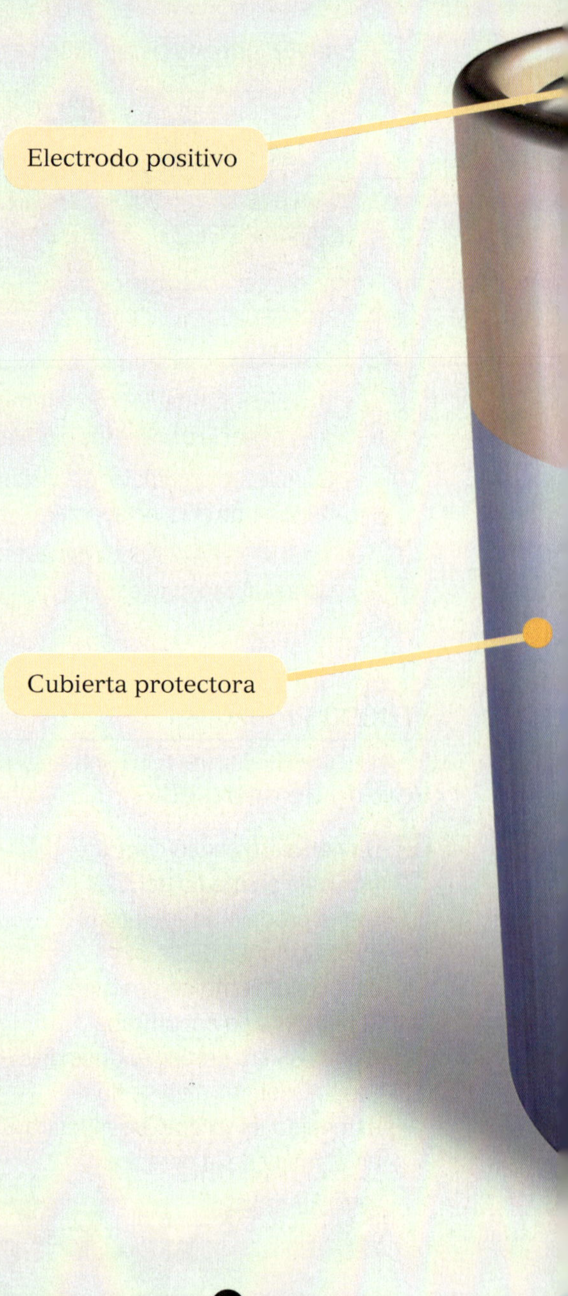

1800
Alessadro Volta construye el primer aparato que genera corriente continua.

1813
Sir Humphrey Dary presenta una batería gigante a la Sociedad Real Británica.

Cuerpos geométricos

10

SABER

- Área de prismas y pirámides
- Simetría en poliedros
- Área de cuerpos de revolución
- Volumen de cuerpos geométricos
- La esfera terrestre

SABER HACER

- Calcular el área de un poliedro
- Calcular el área de un cuerpo de revolución
- Calcular el volumen de un cuerpo geométrico
- Resolver problemas de diferencias horarias

VIDA COTIDIANA

La pila

Las pilas son necesarias para que muchos de los aparatos electrónicos funcionen.

El problema comienza cuando ya no son útiles y hay que eliminarlas. ¿Sabes que una sola pila de mercurio puede contaminar hasta 600 000 ℓ de agua al liberar sus componentes?

Otro de los problemas de las pilas es su forma. Su superficie curva las hace inestables y por eso son difíciles de almacenar.

- ¿Cuál es el cuerpo geométrico de la pila de la figura?

1831
Michael Faraday crea la *dinamo*. Este aparato posee un magneto que al moverse genera electricidad.

1860
George Leclache desarrolla la primera pila eléctrica que se fabricó en serie.

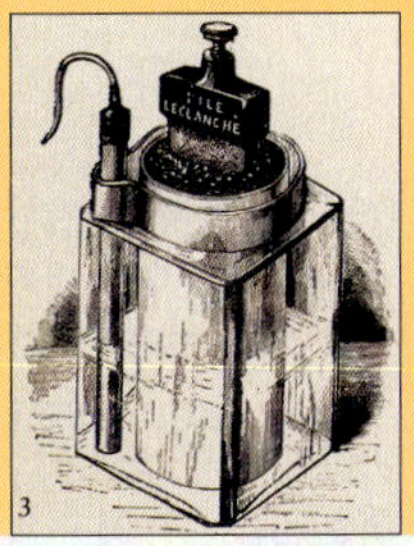

1887
Carl Gassner patenta la *pila seca*. Utiliza cloruro de cinc para prolongar su vida útil.

1955
Aparecen las primeras *pilas alcalinas*, que aumentan considerablemente la vida útil de la pila.

1 Poliedros

RESUELVE EL RETO

¿Cómo formarías con 12 cerillas 6 cuadrados iguales?

Los **poliedros** son cuerpos geométricos cerrados limitados por polígonos.

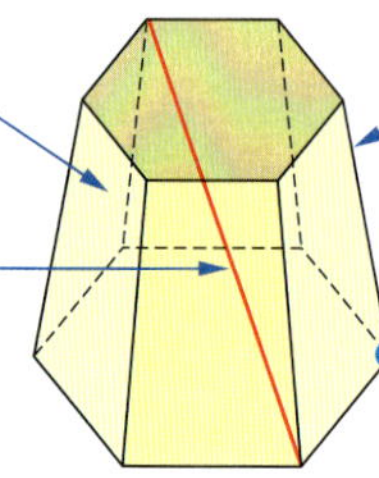

Los poliedros convexos verifican la **fórmula de Euler**: $C + V = A + 2$ (donde C = n.º de caras, V = n.º de vértices y A = n.º de aristas).

Existen poliedros que no cumplen la fórmula de Euler.

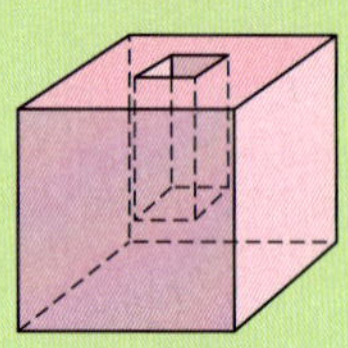

11 + 16 ≠ 24 + 2
Caras Vértices Aristas

Poliedros regulares

Un **poliedro regular** es en el que sus caras son polígonos regulares iguales y en cada vértice se une el mismo número de caras.

Solo existen cinco poliedros regulares:

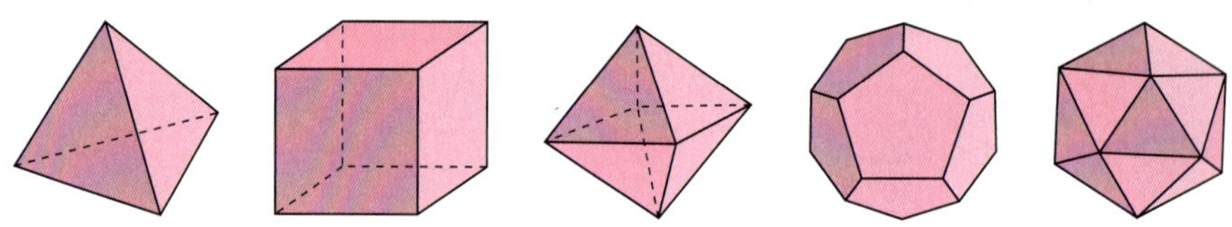

Tetraedro Cubo Octaedro Dodecaedro Icosaedro

EJEMPLO

1. Comprueba que los poliedros regulares verifican la fórmula de Euler.

	Tetraedro	Cubo	Octaedro	Dodecaedro	Icosaedro
Caras	4	6	8	12	20
Vértices	4	8	6	20	12
Aristas	6	12	12	30	30
$C + V =$ $= A + 2$	$4 + 4 =$ $= 6 + 2$	$6 + 8 =$ $= 12 + 2$	$8 + 6 =$ $= 12 + 2$	$12 + 20 =$ $= 30 + 2$	$20 + 12 =$ $= 30 + 2$

ACTIVIDADES

1 PRACTICA. ¿Cómo son las aristas de un poliedro regular?

2 APLICA. Justifica si es verdadero o falso que el menor número de caras de un poliedro es 4.

3 REFLEXIONA. El siguiente poliedro, ¿es regular? ¿Por qué? ¿Verifica la fórmula de Euler?

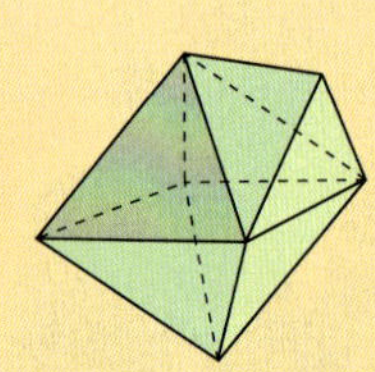

2 Prismas. Área

Un **prisma** es un poliedro que tiene dos caras que son polígonos iguales y paralelos entre sí (**bases**) y el resto de caras (**caras laterales**) son paralelogramos. La **altura** del prisma es la distancia entre las bases.

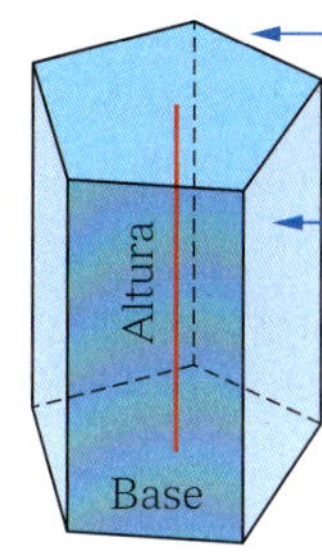

Prisma pentagonal recto

Según la forma de las bases, los prismas pueden ser triangulares, cuadrangulares, pentagonales…

Decimos que un **prisma** es **recto** cuando sus caras laterales son todas rectángulos, es decir, son perpendiculares a las bases. En caso contrario, se denomina **oblicuo**.

Un **prisma** es **regular** si es recto y sus bases son polígonos regulares.

Los **paralelepípedos** son prismas cuya base es un paralelogramo, y si son rectos y su base es un rectángulo reciben el nombre de **ortoedros**.

Área de un prisma

El área de un prisma recto es la suma del área lateral (área de sus caras laterales) y el área de las bases.

El área lateral es el área de un rectángulo cuyo ancho es el perímetro de la base, y su altura es la altura del prisma.

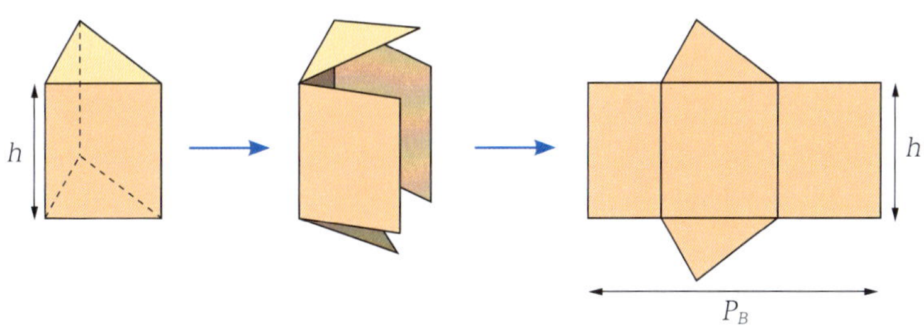

$$A = A_{\text{Lateral}} + 2A_{\text{Base}} = P_{\text{Base}} \cdot h + 2A_{\text{Base}}$$

EJEMPLO

2. Calcula el área de este ortoedro.

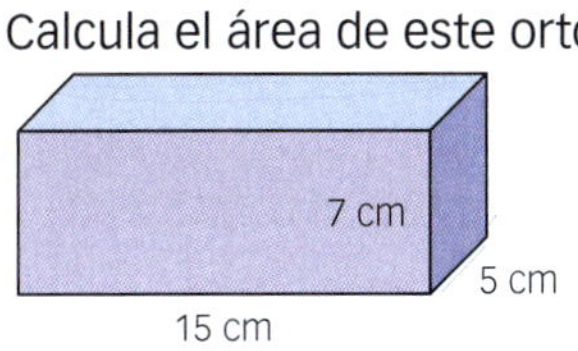

$A = P_{\text{Base}} \cdot h + 2A_{\text{Base}} =$

$= 2 \cdot (15 + 5) \cdot 7 + 2 \cdot 15 \cdot 5 =$

$= 280 + 150 = 430\ \text{cm}^2$

ACTIVIDADES

4 PRACTICA. Determina cuántas caras, vértices y aristas tiene un prisma pentagonal.

5 APLICA. Halla el área de un prisma hexagonal regular cuya arista de la base mide 5 cm, y su altura, 9 cm.

6 REFLEXIONA. Calcula la altura de un prisma octogonal regular sabiendo que su área total es 83,28 cm^2, y en la base, la apotema mide 2,41 cm, y las aristas, 2 cm.

3 Pirámides. Área

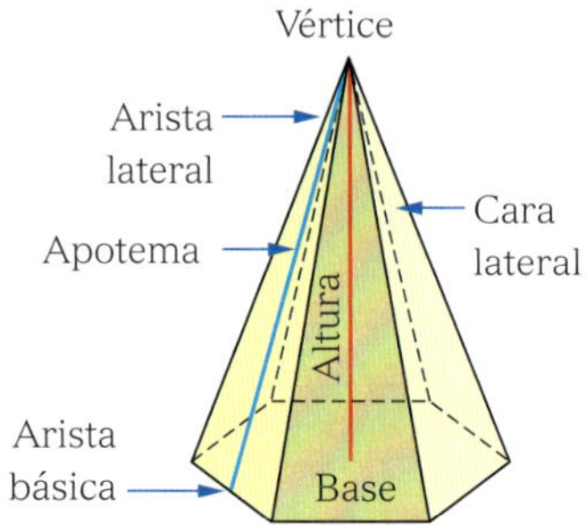

Pirámide hexagonal recta

Una **pirámide** es un poliedro que tiene por base un polígono y sus caras laterales son triángulos con un vértice común, llamado **vértice** de la pirámide. La **altura** de la pirámide es la distancia de la base a dicho vértice.

Según la forma de las bases, las pirámides pueden ser triangulares, cuadrangulares, pentagonales...

Decimos que una **pirámide** es **recta** cuando sus caras laterales son todas triángulos isósceles. En caso contrario, se denomina **oblicua**.

Una **pirámide** es **regular** si es recta y su base es un polígono regular.

Llamamos **apotema** de una pirámide a la altura de cualquiera de sus caras laterales.

Área de una pirámide

El área de una pirámide es la suma del área lateral (suma de las áreas de los triángulos) y el área de la base.

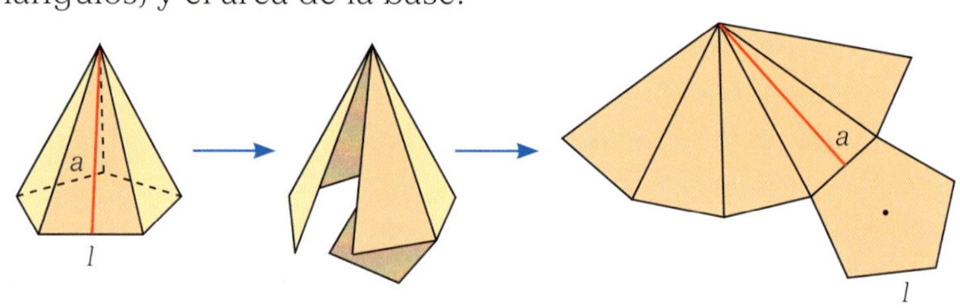

Sea n el número de aristas básicas: $A_{\text{Lateral}} = n \cdot \frac{l \cdot a}{2} = \frac{(n \cdot l) \cdot a}{2} = \frac{P_{\text{Base}} \cdot a}{2}$

$$\mathbf{A = A_{Base} + A_{Lateral} = A_{Base} + \frac{P_{Base} \cdot a}{2}}$$

Si cortamos una pirámide por un plano paralelo a la base, obtenemos un poliedro que se llama tronco de pirámide.

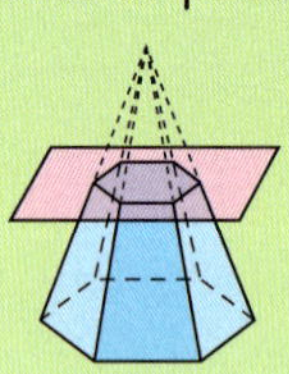

EJEMPLO

3. Calcula el área de esta pirámide recta de base cuadrada.

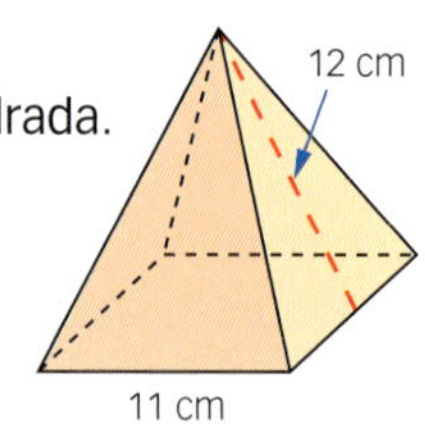

$A = A_{\text{Base}} + \frac{P_{\text{Base}} \cdot a}{2} =$

$= 11 \cdot 11 + \frac{(4 \cdot 11) \cdot 12}{2} = 121 + 264 = 385 \text{ cm}^2$

ACTIVIDADES

7 PRACTICA. Determina cuántas caras, vértices y aristas tiene una pirámide pentagonal.

8 APLICA. Calcula el área total de una pirámide hexagonal regular, con arista básica 6 cm y apotema de sus caras laterales 12 cm.

9 REFLEXIONA. Con cualquier triángulo como base se puede construir una pirámide recta. ¿Es posible hacerlo con cualquier cuadrilátero?

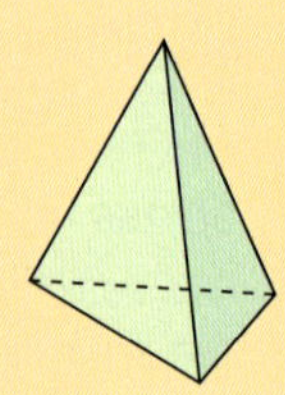

SABER HACER

Calcular el área de un poliedro

Halla el área de estos poliedros.

a)

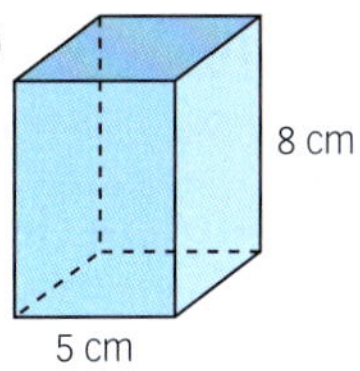

b)

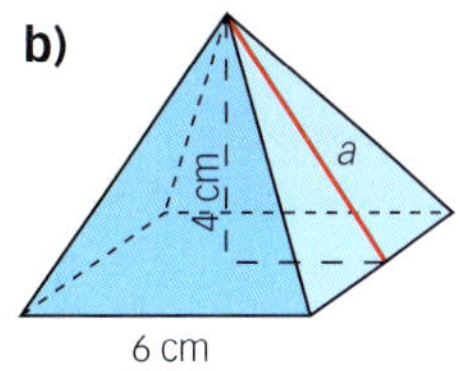

Si el poliedro no es un prisma o una pirámide, se suman las áreas de cada una de las caras para poder hallar el área total.

Pasos a seguir

1. Determinamos el tipo de poliedro y calculamos los datos necesarios para calcular su área.

a) Prisma recto de base cuadrada.

$A = P_{Base} \cdot h + 2A_{Base}$

$h = 8$ cm

$n = 4 \rightarrow P_{Base} = n \cdot l = 4 \cdot 5 = 20$ cm

$A_{Base} = l \cdot l = 5 \cdot 5 = 25$ cm^2

b) Pirámide recta de base cuadrada.

$A = A_{Base} + \dfrac{P_{Base} \cdot a}{2}$

$n = 4 \rightarrow P_{Base} = n \cdot l = 4 \cdot 6 = 24$ cm

$A_{Base} = l \cdot l = 6 \cdot 6 = 36$ cm^2

Calculamos la apotema:

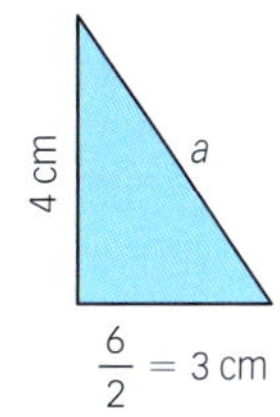

$a^2 = 3^2 + 4^2$

$a^2 = 25 \rightarrow a = 5$ cm

2. Aplicamos la fórmula para calcular el área del poliedro.

a) $A = P_{Base} \cdot h + 2A_{Base}$

$A = 20 \cdot 8 + 2 \cdot 25 = 210$ cm^2

b) $A = A_{Base} + \dfrac{P_{Base} \cdot a}{2} =$

$= 36 + \dfrac{24 \cdot 5}{2} = 96$ cm^2

ACTIVIDADES

10 Halla el área de estos ortoedros.

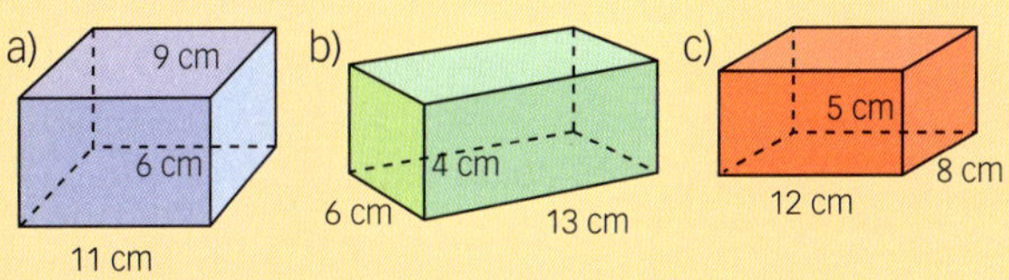

11 Calcula el área de estas pirámides.

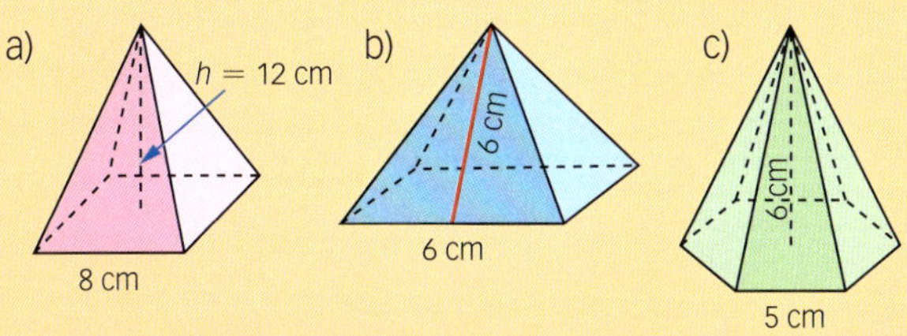

12 Considera un prisma triangular recto de 8 cm de altura. Halla su área sabiendo que su base es:

a) Un triángulo equilátero de 7 cm de lado.

b) Un triángulo isósceles cuyos lados iguales miden 9 cm y el lado desigual mide 5 cm.

13 Calcula el área de un prisma hexagonal regular de altura 14 cm, 250 cm^2 de área de la base y apotema de la base 8,5 cm.

14 Halla el área de una pirámide regular de altura 16 cm y cuya base es:

a) Un cuadrado de área 27,04 cm^2.

b) Un cuadrado de 52 cm de perímetro.

15 Calcula el área lateral de la pirámide regular de arista lateral 6 cm y cuya base es un triángulo equilátero de lado 4 cm.

16 Calcula el área total de estos cuerpos geométricos.

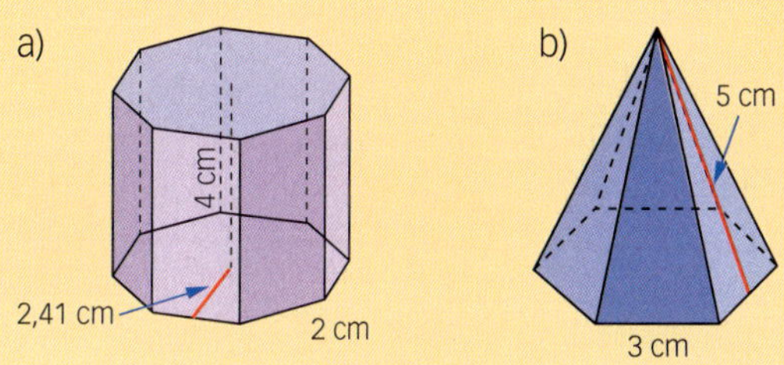

4 Simetrías en los poliedros

4.1. Planos de simetría

Un **plano de simetría de un poliedro** es un plano que divide el poliedro en dos partes iguales.

EJEMPLO

4. Determina todos los planos de simetría de un cubo.

En un cubo existen dos tipos de planos de simetría:

- Planos que pasan por el punto medio de las aristas y son paralelos a dos caras opuestas.
- Planos que pasan por las diagonales de cada cara.

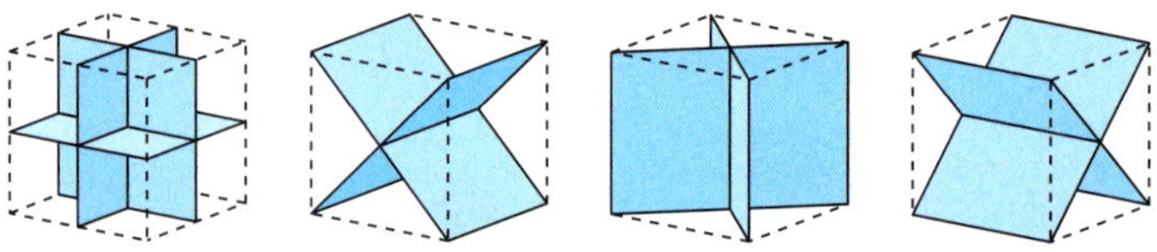

Un cubo tiene 9 planos de simetría.

A los ejes de simetría también se les llama **ejes de rotación**.

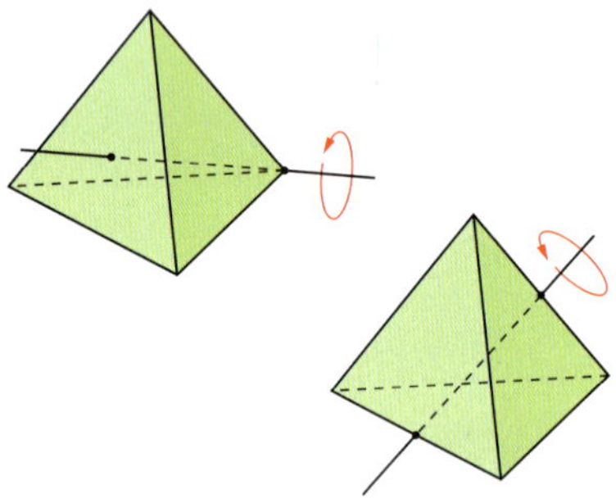

4.2. Ejes de simetría

Un **eje de simetría de un poliedro** es una línea recta tal que, al girar el poliedro un ángulo determinado a su alrededor, el resultado es el mismo poliedro.

EJEMPLO

5. Determina todos los ejes de simetría de un tetraedro.

En un tetraedro existen dos tipos de ejes de simetría:

- Rectas que pasan por un vértice y el punto medio de la cara opuesta.
- Rectas que pasan por los puntos medios de dos aristas opuestas.

Un tetraedro tiene 7 ejes de simetría.

ACTIVIDADES

17 PRACTICA. Dibuja en tu cuaderno 3 planos de simetría y 3 ejes de simetría de estas figuras.

a) 

b) 

18 APLICA. Determina todos los planos y ejes de simetría de un octaedro.

19 REFLEXIONA. En un poliedro, ¿todos los planos de simetría del poliedro contienen a uno de sus ejes de simetría?

5 Cuerpos de revolución. Área

Los **cuerpos de revolución** son cuerpos geométricos que se obtienen al girar una figura plana alrededor de una recta (**eje de giro**).

Puedes girar cualquier figura plana alrededor de uno de sus lados y obtener un cuerpo de revolución, a continuación vamos a ver los más habituales.

5.1. Cilindro

Se obtiene al girar un rectángulo alrededor de uno de sus lados. Su desarrollo plano consta de un rectángulo y dos círculos (bases).

El área es la suma del área lateral más el área de las dos bases.

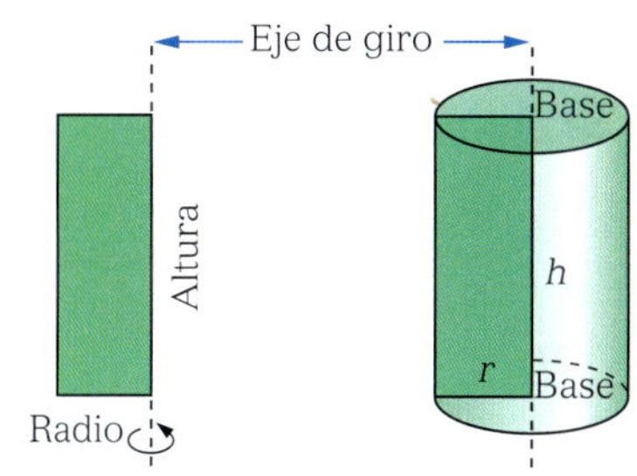

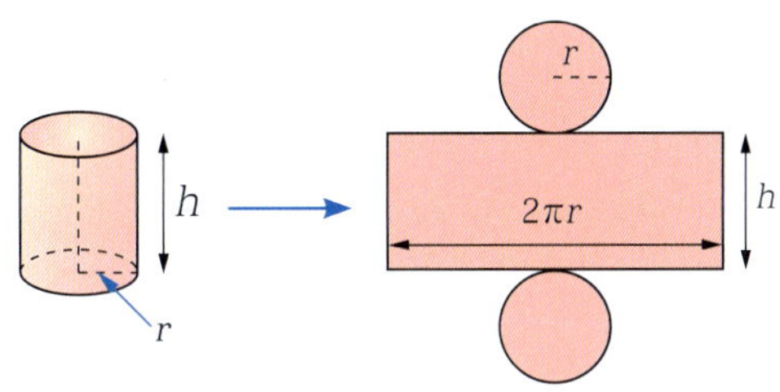

$$A = A_{\text{Lateral}} + 2A_{\text{Base}} = 2\pi rh + 2\pi r^2 = 2\pi r(h + r)$$

5.2. Cono

Se obtiene al girar un triángulo rectángulo alrededor de uno de sus catetos. Su desarrollo plano consta de un círculo (base) y un sector circular.

El área es la suma del área lateral más el área de la base.

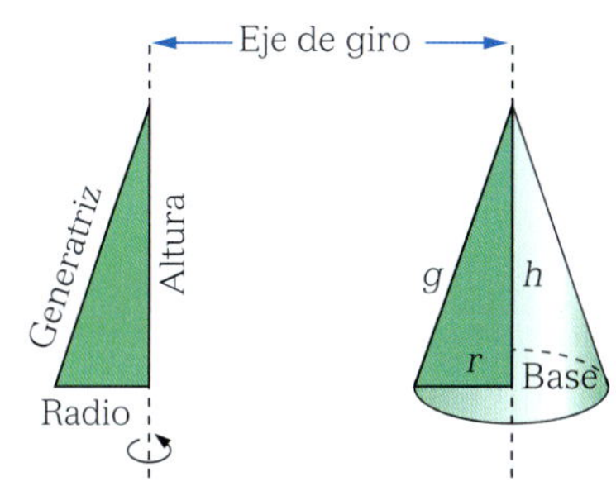

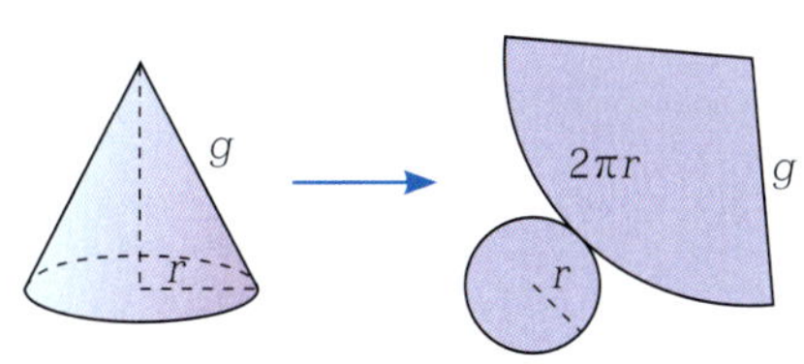

$$A = A_{\text{Lateral}} + A_{\text{Base}} = \pi g^2 \cdot \frac{\cancel{2\pi} r}{\cancel{2\pi} g} + \pi r^2 = \pi rg + \pi r^2 = \pi r(g + r)$$

ACTIVIDADES

20 PRACTICA. Calcula el área de estas figuras.

a)

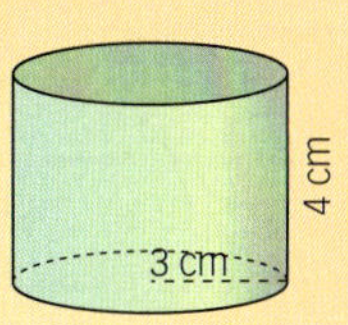

b)

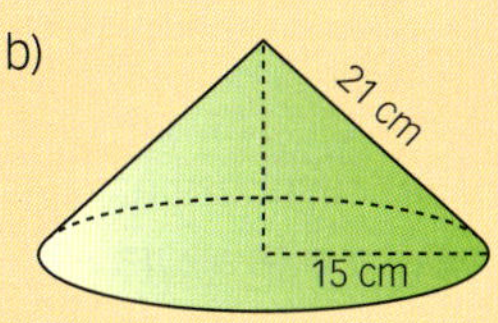

21 APLICA. Halla el área del cono obtenido al girar el triángulo rectángulo de catetos 24 cm y 32 cm alrededor del cateto menor.

22 REFLEXIONA. Un cono tiene la misma base que un cilindro y su área es la mitad. ¿Cuál tendrá mayor altura?

5.3. Esfera

Se obtiene al girar un semicírculo alrededor de su diámetro. La esfera no tiene desarrollo plano.

El área de la esfera se calcula con la fórmula:

$$A = 4\pi r^2$$

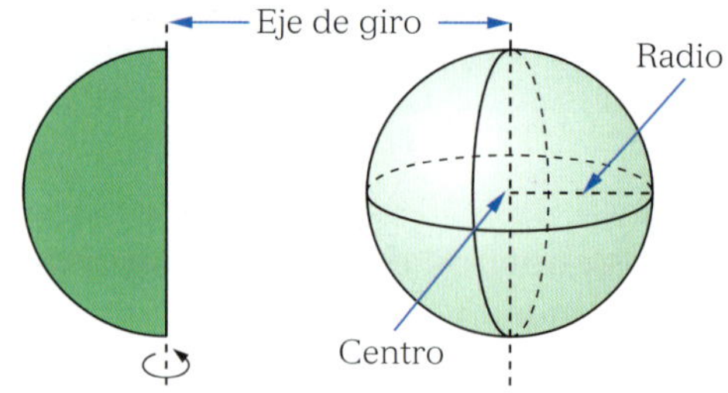

5.4. Figuras esféricas

Se obtienen al cortar la superficie esférica con uno o más planos.

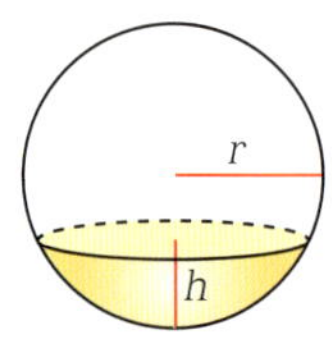

- **Casquete esférico:** cada una de las partes que se forman en la superficie esférica al cortarla por un plano. Su área es:

$$A_{Casquete} = 2\pi rh$$

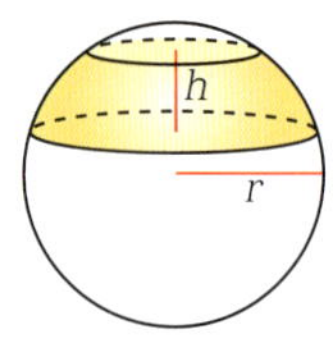

- **Zona esférica:** parte de la superficie esférica comprendida entre dos planos paralelos. Su área se calcula con la fórmula:

$$A_{Zona} = 2\pi rh$$

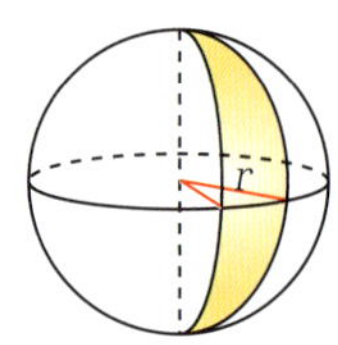

- **Huso esférico:** parte de la superficie esférica comprendida entre dos planos secantes que pasan por el centro de la esfera. Su área es:

$$A_{Huso} = \frac{4\pi r^2 \alpha}{360}$$

RESUELVE EL RETO

El radio de la Tierra es 6371 km. Si tuviéramos una cinta de longitud el Ecuador más un metro y la separáramos uniformemente de la superficie, ¿podría pasar un conejo por el hueco?

EJEMPLO

6. Queremos pintar 6 husos esféricos de 60° en un balón de baloncesto que tiene un diámetro de 24 cm. ¿Qué superficie quedará pintada en el balón?

$$r = \frac{24}{2} = 12 \text{ cm}$$

$$A_{Huso} = \frac{4\pi r^2 \alpha}{360} = \frac{4\pi \cdot 12^2 \cdot 60}{360} = 301{,}44 \text{ cm}^2$$

$$\text{Total} = 6 \cdot 301{,}44 = 1\,808{,}64 \text{ cm}^2$$

ACTIVIDADES

23 PRACTICA. Calcula el área de estas superficies esféricas.

a) b) c)

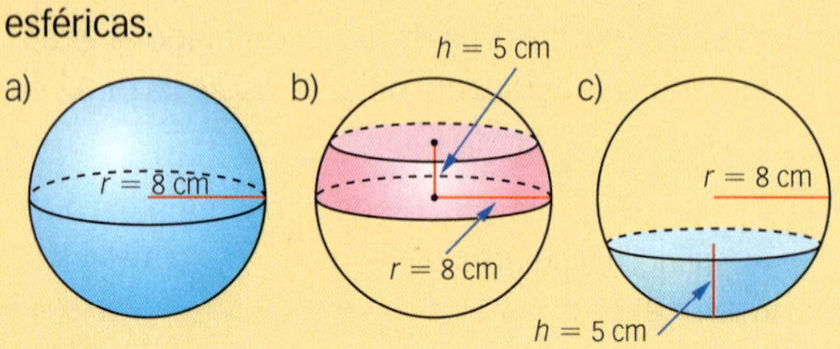

24 APLICA. Queremos recubrir una esfera de 12 cm de diámetro con una placa de metal. ¿Qué superficie de placa de metal necesitamos?

25 REFLEXIONA. ¿Cuál es el área del casquete esférico? ¿Qué pasa si la altura es igual al radio?

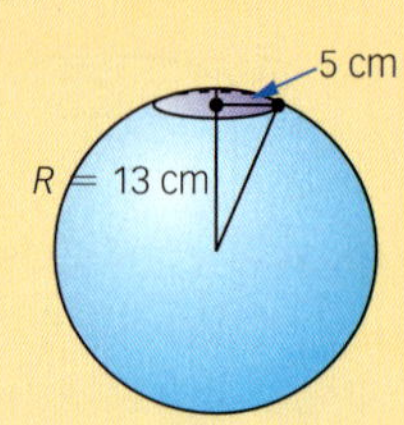

SABER HACER

En algunas ocasiones, para calcular los datos que se necesitan para hallar el área de una figura geométrica, hay que utilizar el teorema de Pitágoras.

Calcular el área de un cuerpo de revolución

Halla el área de estas figuras geométricas.

a)

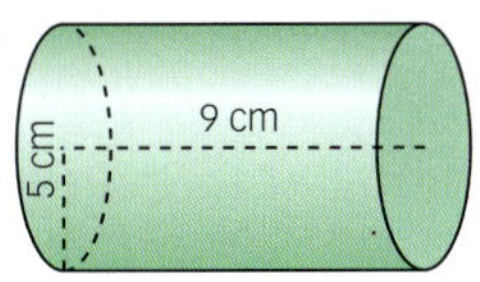

b)

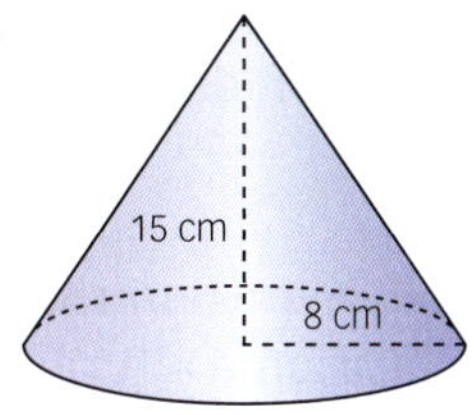

c)

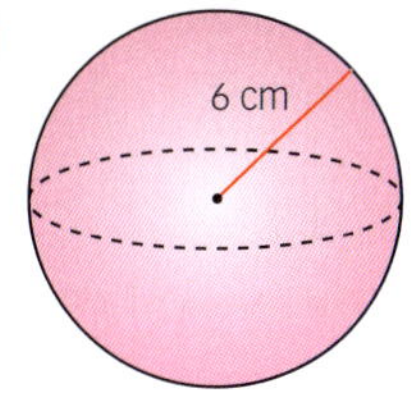

Pasos a seguir

1. Determinamos el tipo de cuerpo de revolución y los datos necesarios para calcular su área.

a) Cilindro

$A = 2\pi r(h + r)$

$r = 5$ cm

$h = 9$ cm

b) Cono

$A = \pi r(g + r)$

$r = 8$ cm

Calculamos la generatriz:

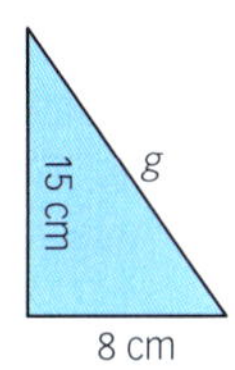

$g^2 = 8^2 + 15^2 = 289$

$g = \sqrt{289} = 17$ cm

c) Esfera

$A = 4\pi r^2$

$r = 6$ cm

2. Aplicamos la fórmula para calcular el área del cuerpo.

a) $A = 2\pi r(h + r)$

$A = 2\pi \cdot 5 \cdot (9 + 5) =$
$= 439{,}6\ \text{cm}^2$

b) $A = \pi r(g + r)$

$A = \pi \cdot 8 \cdot (17 + 8) =$
$= 628\ \text{cm}^2$

c) $A = 4\pi r^2$

$A = 4\pi \cdot 6^2 =$
$= 452{,}16\ \text{cm}^2$

ACTIVIDADES

26 Calcula el área de estos cuerpos de revolución.

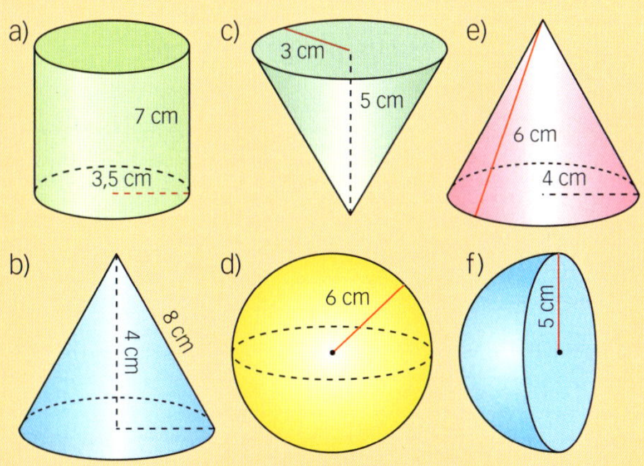

27 Calcula el radio de un cilindro de altura 10 cm sabiendo que su área total es 747,7 cm².

28 Determina la generatriz de un cono de 12 cm de altura y área de la base 19,63 cm².

29 Averigua la altura de un cono sabiendo que el área de la base es 18,1 cm² y el área lateral es 45,24 cm².

30 Considera un rectángulo de 4 cm de ancho y 12 cm de largo. Halla el área del cilindro que se genera al girar el rectángulo alrededor de estos elementos.

a) Su ancho

b) Su largo

31 Halla el área de los conos que se obtienen al girar estos triángulos rectángulos alrededor de *r*:

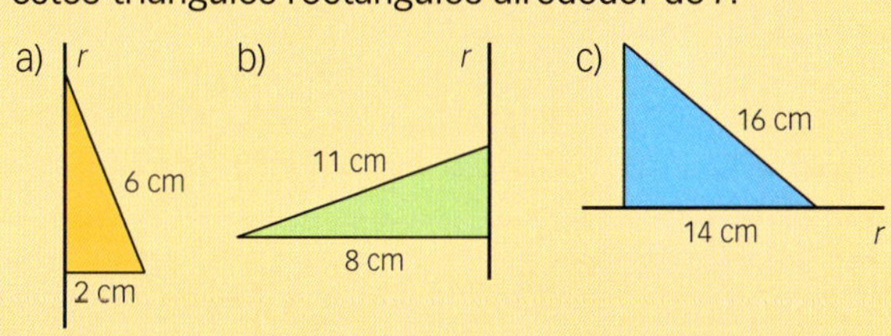

32 Halla el área de la esfera que se obtiene al hacer girar estos semicírculos.

a) 16 cm de diámetro

b) $\sqrt{7}$ cm de radio

c) 5,09 cm² de área

6 Volumen de cuerpos geométricos

El **volumen de un cuerpo** es la cantidad de espacio encerrada dentro de su superficie.

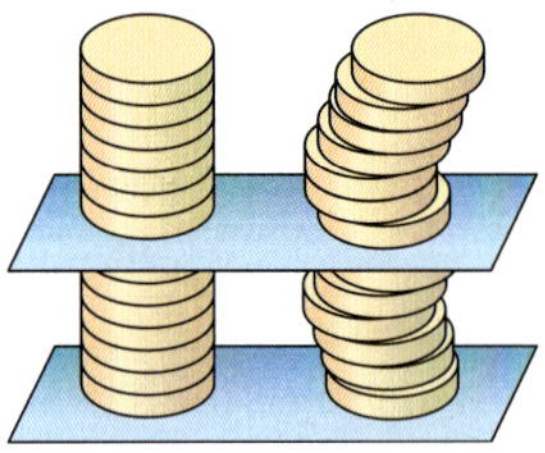

Para calcular volúmenes utilizamos el **principio de Cavalieri**: si dos cuerpos tienen la misma altura y las secciones producidas al cortarlos por planos paralelos a la base presentan igual área, entonces los dos cuerpos tienen el mismo volumen.

6.1. Volumen de prismas y cilindros

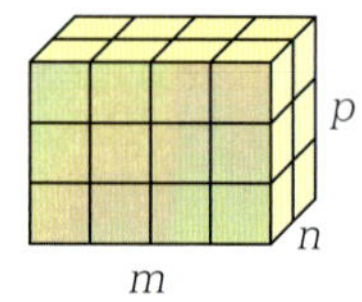

Sabemos que el volumen de un ortoedro es el producto de sus dimensiones.

$$V = m \cdot n \cdot p = (m \cdot n) \cdot p$$

Aplicando el principio de Cavalieri calculamos el volumen de cualquier prisma o cilindro. El volumen de estos cuerpos coincide con el de un ortoedro de la misma altura y una base con igual área a la del cuerpo.

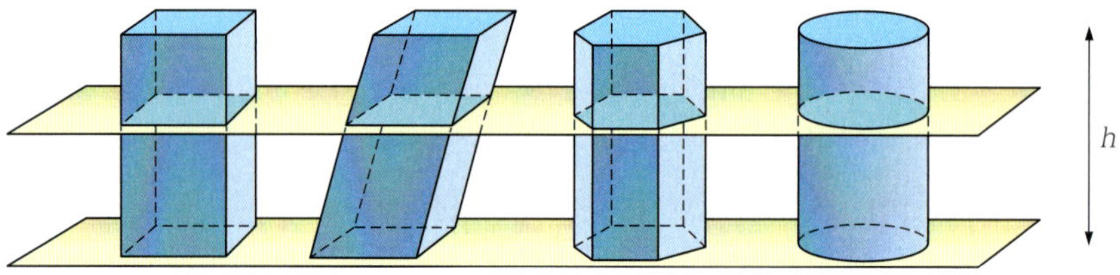

$$V_{\text{Prisma}} = A_{\text{Base}} \cdot \text{altura} = A_{\text{Base}} \cdot h \qquad V_{\text{Cilindro}} = A_{\text{Base}} \cdot \text{altura} = \pi r^2 h$$

Para calcular el volumen de un prisma tenemos que conocer el área de su base y la altura.

Para un cilindro, su radio y su altura.

EJEMPLO

7. Halla el volumen de los siguientes cuerpos geométricos.

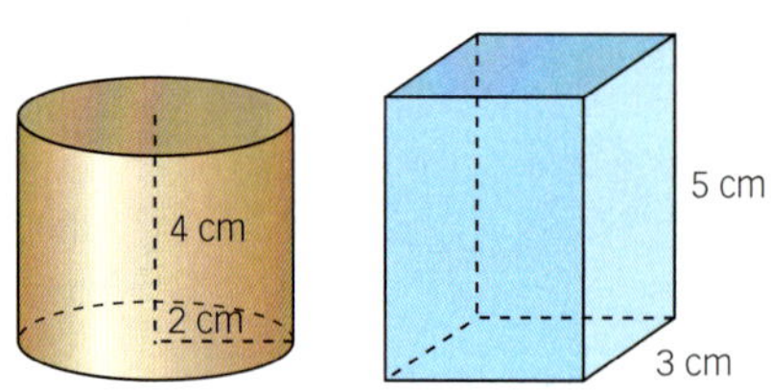

$V_{\text{Cilindro}} = \pi r^2 h$ ↓ $r = 2, h = 4$

$V_{\text{Cilindro}} = \pi \cdot 2^2 \cdot 4 = 50{,}24 \text{ cm}^3$

$V_{\text{Prisma}} = A_{\text{Base}} \cdot h$ ↓ $A_{\text{Base}} = 3^2, h = 5$

$V_{\text{Prisma}} = 3^2 \cdot 5 = 45 \text{ cm}^3$

ACTIVIDADES

33 **PRACTICA.** Determina el volumen.

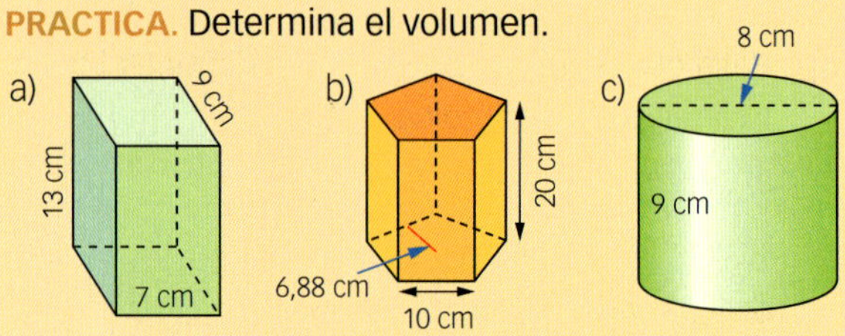

34 **APLICA.** Halla el volumen del cilindro que está dentro del prisma.

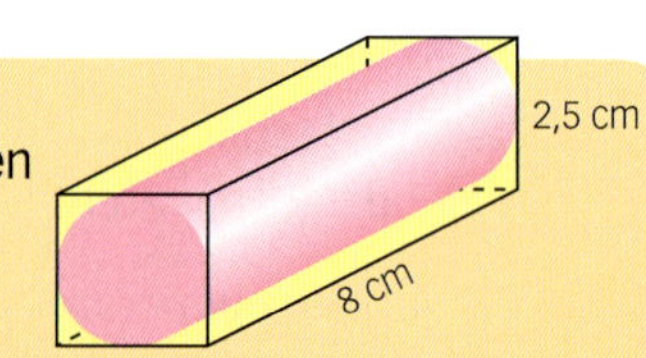

35 **REFLEXIONA.** Tenemos dos cilindros, uno tiene la mitad de altura que el otro y el doble de radio. ¿Qué relación hay entre sus volúmenes?

6.2. Volumen de pirámides y conos

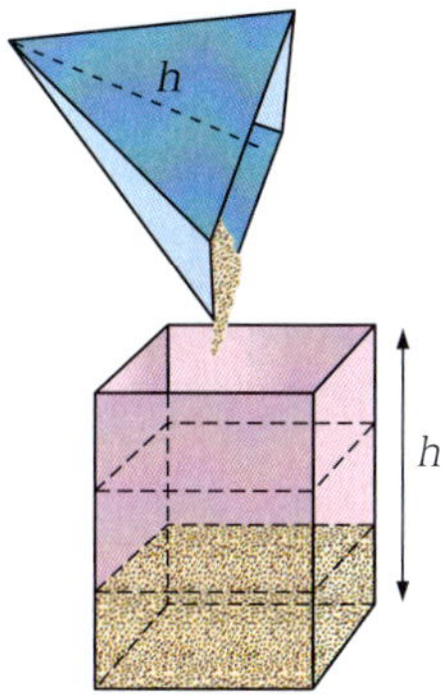

De manera experimental podemos comprobar que el volumen de una pirámide es la tercera parte del volumen de un prisma con la misma área de la base e idéntica altura.

$$V_{\text{Pirámide}} = \frac{1}{3} V_{\text{Prisma}}$$

$$\mathbf{V_{\text{Pirámide}} = \frac{1}{3}(A_{\text{Base}} \cdot h)}$$

Para calcular el volumen de una pirámide tenemos que conocer el área de su base y la altura.
Para un cono, su radio y su altura.

De forma análoga, podemos calcular el volumen de un cono relacionándolo con el volumen de un cilindro de igual base y altura.

$$V_{\text{Cono}} = \frac{1}{3} V_{\text{Cilindro}} \rightarrow \mathbf{V_{\text{Cono}} = \frac{1}{3}(\pi r^2 h)}$$

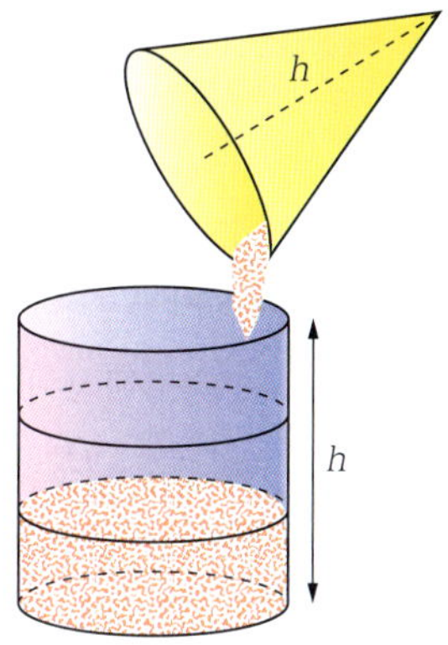

EJEMPLO

8. Calcula el volumen de los siguientes cuerpos geométricos.

a)

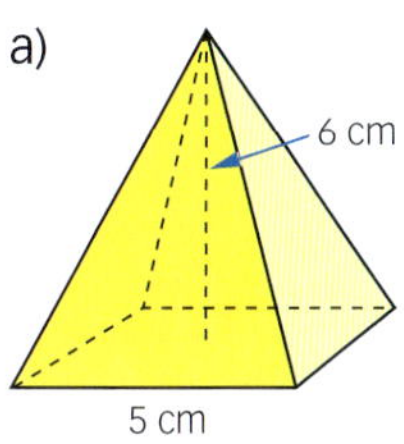

b)

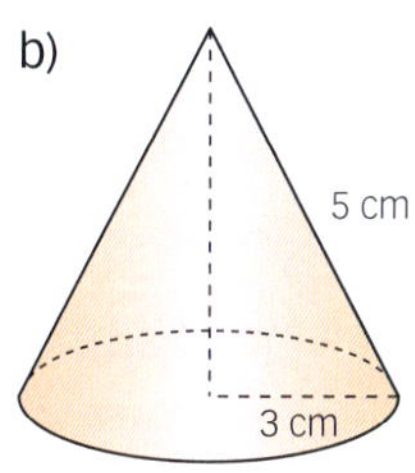

a) Es una pirámide de base cuadrada: $A_{\text{Base}} = 5 \cdot 5 = 5^2$

$$V_{\text{Pirámide}} = \frac{1}{3}(A_{\text{Base}} \cdot h) \xrightarrow{l = 5,\, h = 6} V_{\text{Pirámide}} = \frac{1}{3}(5^2 \cdot 6) = 50 \text{ cm}^3$$

b) Es un cono. Primero hallamos su altura, utilizando el teorema de Pitágoras.

$$5^2 = 3^2 + h^2 \rightarrow h^2 = 5^2 - 3^2 = 16 \rightarrow$$
$$\rightarrow h = \sqrt{16} = 4 \text{ cm}$$

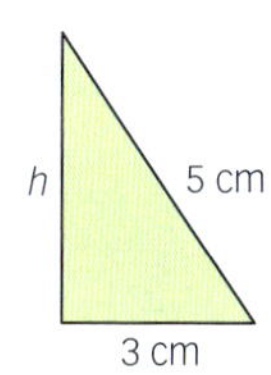

$$V_{\text{Cono}} = \frac{1}{3}(\pi r^2 h) \xrightarrow{r = 3,\, h = 4} V_{\text{Cono}} = \frac{1}{3}(\pi \cdot 3^2 \cdot 4) = 37{,}68 \text{ cm}^3$$

RESUELVE EL RETO

Un tonel de forma cilíndrica lleno pesa 35 kg. Si lo llenamos hasta la mitad del mismo líquido pesa 19 kg. ¿Cuánto pesa el tonel vacío?

ACTIVIDADES

36 **PRACTICA.** Determina el volumen.

a)

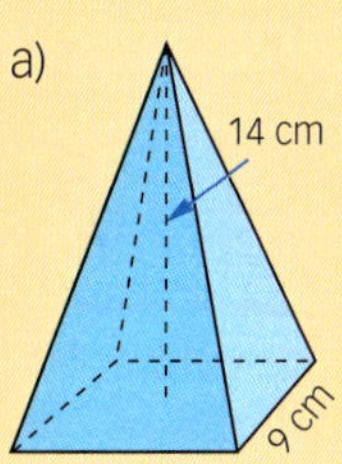

b)

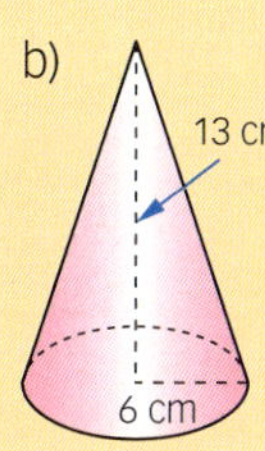

c)

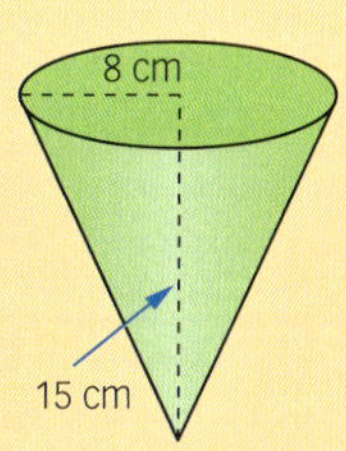

37 **APLICA.** Halla el volumen comprendido entre el cubo y el cono de la figura.

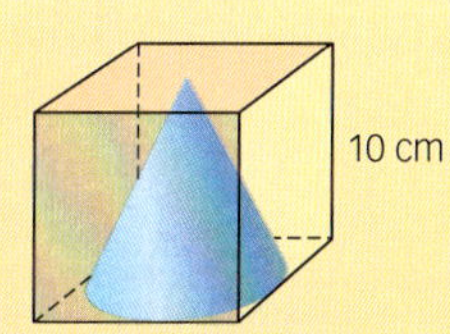

38 **REFLEXIONA.** Dado un cono de radio r y altura h, ¿cómo aumenta más su volumen: aumentando 1 cm el radio o al incrementar 1 cm la altura?

6.3. Volumen de la esfera

El principio de Cavalieri nos permite relacionar los volúmenes de la esfera, el cono y el cilindro.

Las áreas de cada sección verifican la siguiente relación:

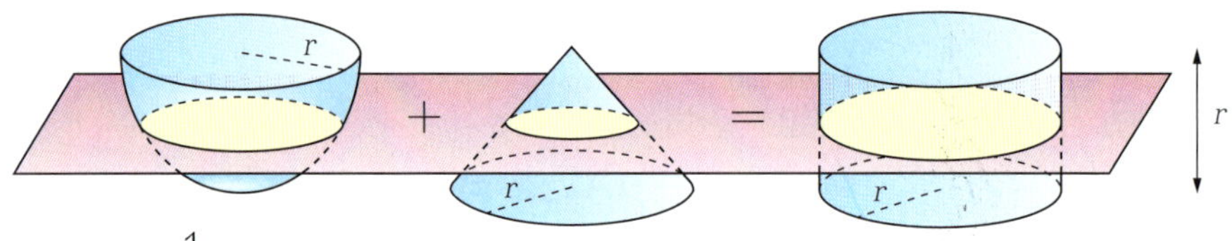

$$\frac{1}{2}V_{\text{Esfera}} + V_{\text{Cono}} = V_{\text{Cilindro}}$$

Ya sabemos que: $V_{\text{Cono}} = \frac{1}{3}V_{\text{Cilindro}}$, y despejando en la igualdad anterior, obtenemos el volumen de la esfera.

$$\frac{1}{2}V_{\text{Esfera}} + \frac{1}{3}V_{\text{Cilindro}} = V_{\text{Cilindro}} \rightarrow V_{\text{Esfera}} = \frac{4}{3}V_{\text{Cilindro}}$$

Para expresar el volumen de la esfera en función del radio, consideramos un cilindro de altura r y radio r, el volumen de este cilindro es:

$$V_{\text{Cilindro}} = \pi r^2 r = \pi r^3$$

Por tanto, el volumen de una esfera de radio r es:

$$\mathbf{V_{Esfera} = \frac{4}{3}\pi r^3}$$

Para calcular el volumen de una esfera tenemos que conocer su radio.

EJEMPLO

9. Halla el volumen de estas esferas.

a)

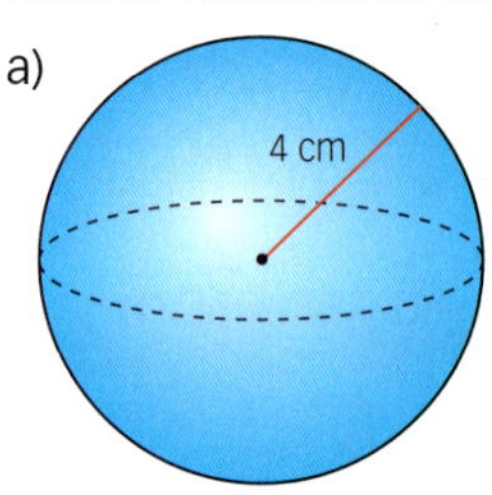

b)

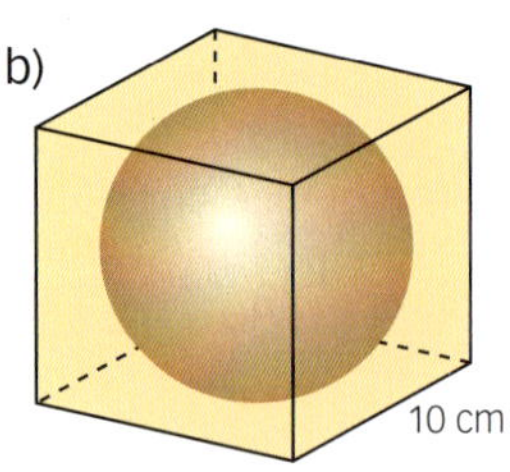

a) Es una esfera de radio $r = 4$ cm.

$$V_{\text{Esfera}} = \frac{4}{3}\pi r^3 \xrightarrow{r=4} \frac{4}{3}\cdot\pi\cdot 4^3 = 267{,}95 \text{ cm}^3$$

b) Es una esfera cuyo radio mide la mitad de la arista del cubo.

$$r = 5 \text{ cm} \rightarrow V_{\text{Esfera}} = \frac{4}{3}\pi r^3 \xrightarrow{r=5} \frac{4}{3}\cdot\pi\cdot 5^3 = 523{,}33 \text{ cm}^3$$

RESUELVE EL RETO

¿Cuántas bolas de 10 cm de diámetro podrás meter en una caja vacía con forma de cubo de 1 m de lado?

ACTIVIDADES

39 **PRACTICA.** Halla el volumen de estas esferas.

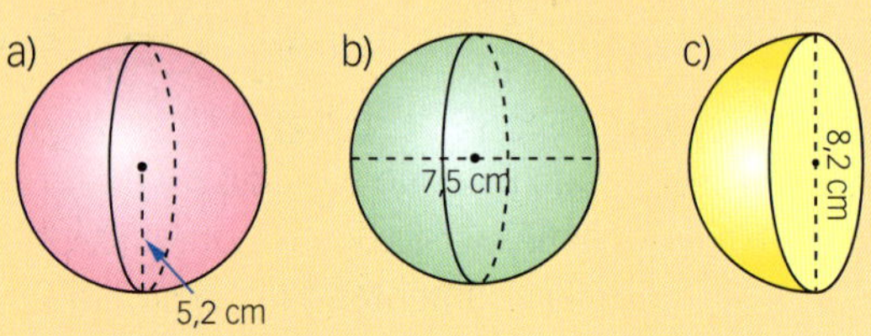

40 **APLICA.** Halla el radio de una esfera de 73,62 cm^3 de volumen.

41 **REFLEXIONA.** Si tenemos un cubo y una esfera y el área de cada uno de ellos es de 216 cm^2, averigua cuál de los dos (el cubo o la esfera) tiene mayor volumen.

SABER HACER

> La descomposición de una figura geométrica en otras figuras más simples no es única, hay muchas posibilidades.

Calcular el volumen de un cuerpo geométrico

Halla el volumen de este cuerpo geométrico.

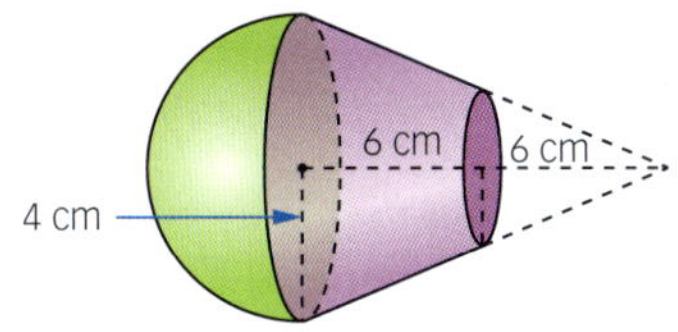

Pasos a seguir

1. Descomponemos la figura en otras más sencillas cuyos volúmenes sepamos calcular.

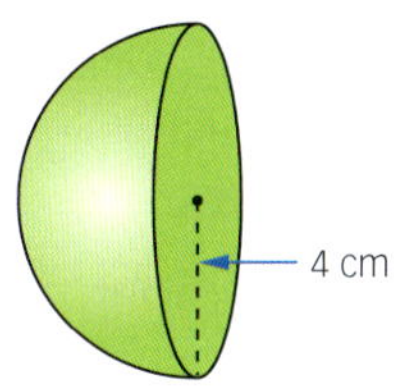

\+

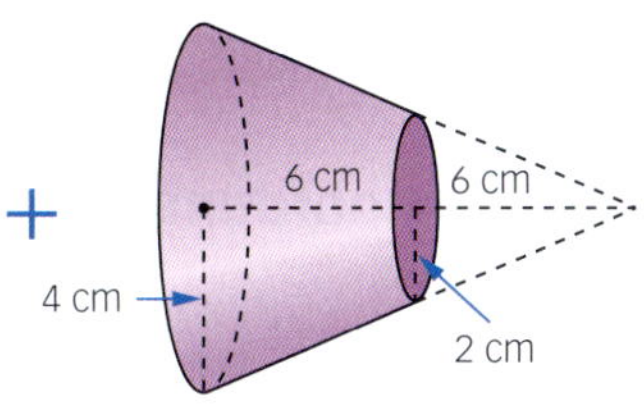

−

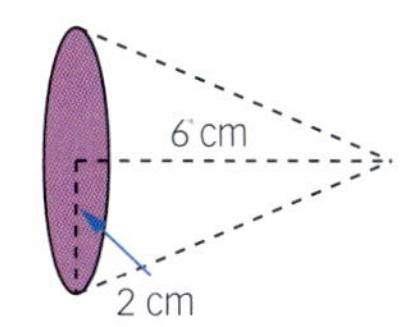

La mitad de una esfera de radio 4 cm + Cono de radio 4 cm y altura 12 cm − Cono de radio 2 cm y altura 6 cm

2. Hallamos cada uno de los volúmenes de las figuras que se han obtenido en la descomposición.

$$V_{\text{Esfera}} = \frac{4}{3}\pi r^3 = \frac{4}{3}\pi \cdot 4^3 = 267{,}95 \text{ cm}^3$$

$$V_{\text{Media esfera}} = \frac{1}{2} \cdot 267{,}95 = 133{,}98 \text{ cm}^3$$

$$V_{\text{Cono 1}} = \frac{1}{3}(\pi r^2 h) = \frac{1}{3}(\pi \cdot 4^2 \cdot 12) = 200{,}96 \text{ cm}^3$$

$$V_{\text{Cono 2}} = \frac{1}{3}(\pi r^2 h) = \frac{1}{3}(\pi \cdot 2^2 \cdot 6) = 25{,}12 \text{ cm}^3$$

3. Operamos para obtener el total.

$$V_{\text{Total}} = V_{\text{Media esfera}} + V_{\text{Cono 1}} - V_{\text{Cono 2}} = 133{,}98 + 200{,}96 - 25{,}12 = 309{,}82 \text{ cm}^3$$

ACTIVIDADES

42 Calcula el volumen de un prisma pentagonal regular de 17 cm de altura, 9 cm de arista básica y 6,2 cm de apotema básica.

43 Calcula el volumen de las siguientes figuras geométricas.

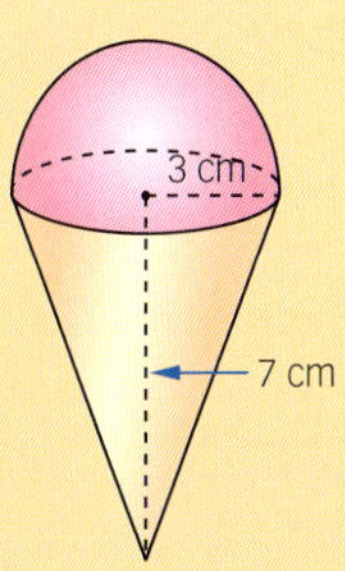

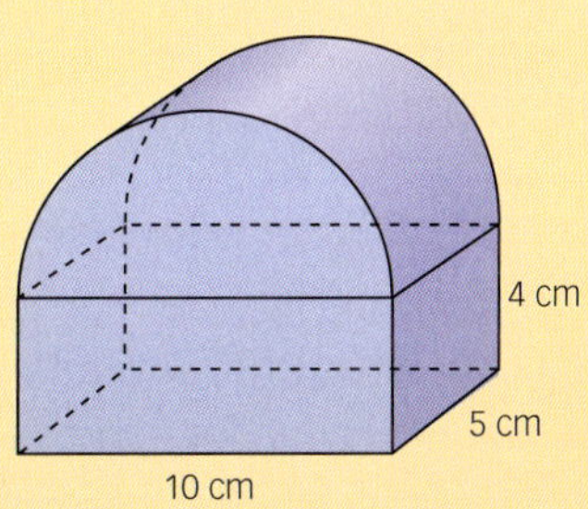

44 Calcula el volumen de un cilindro de 15 cm de altura y 433,54 cm² de área lateral.

45 Calcula el volumen de una pirámide hexagonal regular de altura 17 cm y arista básica de 10 cm.

46 Calcula el volumen de un cono de 37,7 cm de longitud de la circunferencia de la base y altura igual a dos tercios del radio de la base.

47 Calcula el volumen de una esfera que circunscribe a un cilindro de 1 dm de altura y 1 dm de diámetro de la base.

48 Calcula el coste de la arena que contiene este almacén si está completamente lleno y el metro cúbico de arena cuesta 18 €.

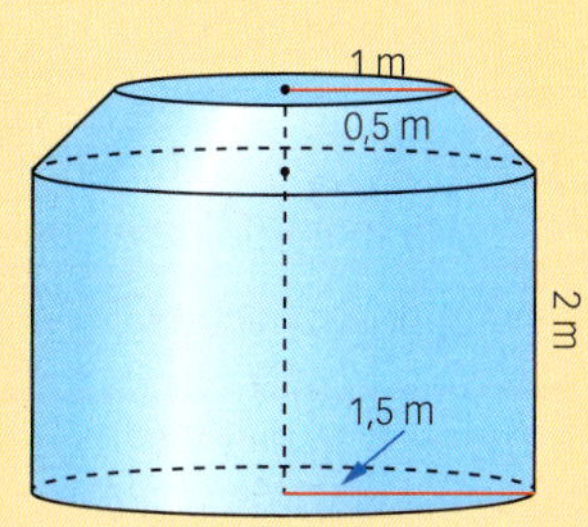

7 La esfera terrestre

Considera la Tierra como una esfera, estos son sus elementos:

Eje terrestre
Eje imaginario de la Tierra cuando gira sobre sí misma. Sus extremos son el **polo norte** y el **polo sur**.

Ecuador
Circunferencia perpendicular al eje terrestre que divide la esfera en dos partes iguales llamadas **hemisferios**.

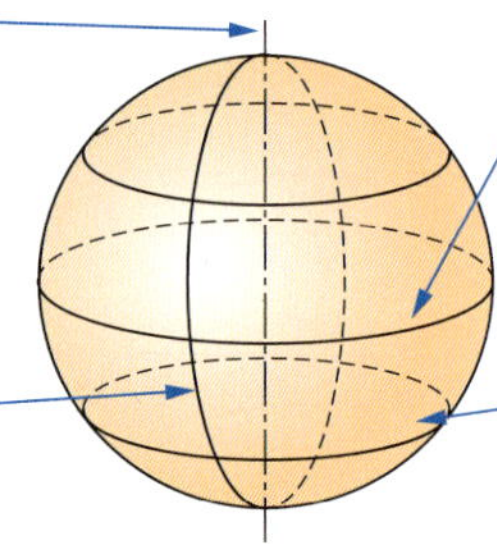

Meridianos
Circunferencias máximas que pasan por los polos.

Paralelos
Circunferencias paralelas al ecuador.

El meridiano más importante es el meridiano cero, que pasa por Greenwich (Inglaterra).

Coordenadas geográficas

La localización de los puntos sobre la esfera terrestre se hace refiriéndolos al meridiano cero y al ecuador. Así, tenemos que:

- La **latitud** es la medida en grados del arco de meridiano comprendido entre el ecuador y el punto. Puede medir de 0° a 90° y ser norte o sur, según la posición del punto respecto al ecuador.
- La **longitud** es la medida en grados del arco entre el meridiano cero y el meridiano que pasa por el punto. Puede medir de 0° a 180° y ser este u oeste, según la posición respecto al meridiano cero.

EJEMPLO

10. Di cuáles son las coordenadas geográficas, latitud y longitud, de los siguientes puntos representados en la esfera terrestre.

a)

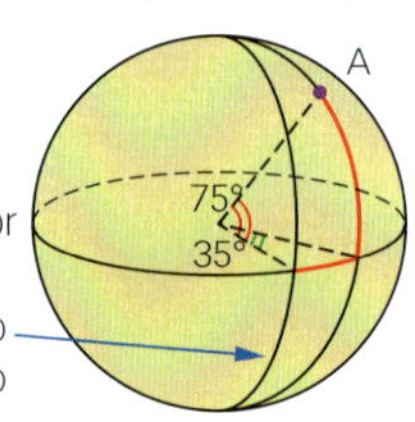

b)

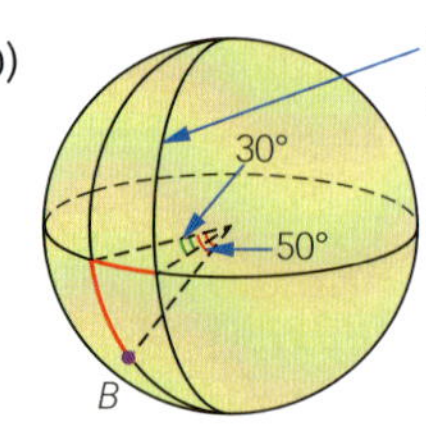

a) Latitud: 75° N
Longitud: 35° E

b) Latitud: 50° S
Longitud: 30° O

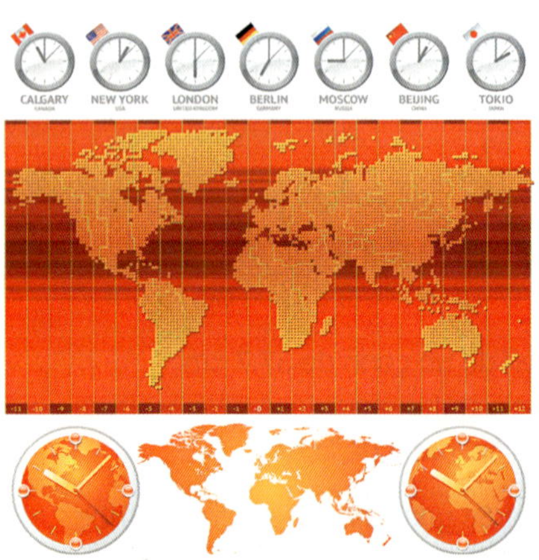

La Tierra da una vuelta sobre sí misma en 24 horas, es decir, gira 360° en 24 horas. Así, en una hora gira: $360° : 24 = 15°$. Partiendo del meridiano cero a cada franja de 15° en las que se divide la esfera terrestre se le denomina **huso horario**.

ACTIVIDADES

49 PRACTICA. Encuentra en Internet la latitud y la longitud de estas ciudades.

a) Johannesburgo
b) Tokio
c) Londres
d) Nueva York
e) Buenos Aires
f) Quito

50 APLICA. ¿Qué longitud y latitud separan estos puntos situados sobre la esfera terrestre?

A(34° E, 25° N) *B*(50° O, 46° S) *C*(167° E, 72° S)

51 REFLEXIONA. ¿Qué diferencia horaria hay entre dos puntos si la diferencia entre sus longitudes es 90°?

SABER HACER

Resolver problemas de diferencias horarias

¿Qué diferencia horaria hay entre Palma de Mallorca, con coordenadas geográficas 39° 34′ N, 2° 39′ E, y A Coruña, cuyas coordenadas son 43° 22′ N 8° 24′ O?

La diferencia horaria se calcula atendiendo solo a la longitud de los puntos, no a la latitud.

Pasos a seguir

1. Escribimos las medidas de longitud en grados (forma incompleja).

Palma de Mallorca: $\text{longitud} = 2°\ 39'\ \text{E} = 2 + \dfrac{39}{60} = 2{,}65°\ \text{E}$

A Coruña: $\text{longitud} = 8°\ 24'\ \text{O} = 8 + \dfrac{24}{60} = 8{,}4°\ \text{O}$

2. Calculamos la diferencia entre las longitudes, considerando como positivas las longitudes este, y como negativas las longitudes oeste.

Diferencia: $2{,}65° - (-8{,}4°) = 11{,}05°$

3. Establecemos una regla de tres considerando que 1 huso horario abarca 15°.

$$\left.\begin{array}{l}\text{Si cada } 15° \xrightarrow{\text{Equivalente a}} 1 \text{ hora} \\ 11{,}05° \xrightarrow{\text{Equivalente a}} x \text{ horas}\end{array}\right\} \rightarrow x = \frac{11{,}05 \cdot 1}{15} = 0{,}74 \text{ h}$$

4. Expresamos el resultado en forma compleja.

$0{,}74 \text{ h} = 0{,}74 \cdot 60 = 44{,}4 \text{ min}$ $\qquad$ $0{,}4 \text{ min} = 0{,}4 \cdot 60 = 24 \text{ s}$

La diferencia horaria entre Palma de Mallorca y A Coruña es de 44 min 24 s.

ACTIVIDADES

52 Calcula la diferencia horaria que corresponde a estas cantidades que indican la diferencia en grados entre las longitudes de dos puntos de la esfera terrestre.

a) 5,8° c) 38,52° e) 123,2°

b) 12,4° d) 55,752° f) 164°

53 Las coordenadas de la ciudad *A* son 40° E 30° N y las de la ciudad *B*, 60° O 25° S. ¿Cuál es la diferencia horaria entre estas dos ciudades?

54 ¿Qué diferencia horaria hay entre Tarragona, con coordenadas geográficas 1° 15′ E 41° 7′ N, y Cáceres, con coordenadas 6° 23′ O 39° 28′ N?

55 Sabiendo que Fornells (isla de Menorca) tiene una longitud de 4° 7′ E, ¿qué diferencia horaria tiene con Madrid, cuya longitud es 3° 41′ O?

56 Si la longitud de Madrid es de 3° 41′ O:

a) ¿Qué diferencia horaria tiene con Tarragona?

b) ¿Y con Almería, cuya longitud es 2° 26′ O?

c) ¿Con qué ciudades no tiene Madrid diferencia horaria?

57 Señala en un mapa un punto *P* de latitud 36° N.

a) Halla un punto *Q* de igual latitud y una diferencia horaria de 1 hora y 40 minutos con respecto a *P*.

b) Marca sobre el mapa un punto *R* con la misma latitud pero sur y con una diferencia horaria de 3 horas y cuarto con respecto a *P*.

c) Determina un punto *S* con distinta latitud pero sin diferencia horaria con respecto a *P*.

d) Señala otro punto *T* con distinta latitud y con diferencia horaria de 5 horas con respecto a *P*.

Poliedros

58 Contesta a estas cuestiones.

a) ¿Cuál es el número de aristas de un pentaedro que tiene 6 vértices?

b) ¿Cuál es el número de vértices de un pentaedro si tiene 8 aristas?

c) ¿Cuál es el número de aristas de un heptaedro que tiene 7 vértices?

d) ¿Cuál es el número de vértices de un heptaedro si tiene 15 aristas?

59 Calcula el número que falta en cada caso.

Caras	Aristas	Vértices
6		8
6		6
8		14
	18	10

60 Los siguientes poliedros, ¿son regulares? Razónalo.

a) b) c)

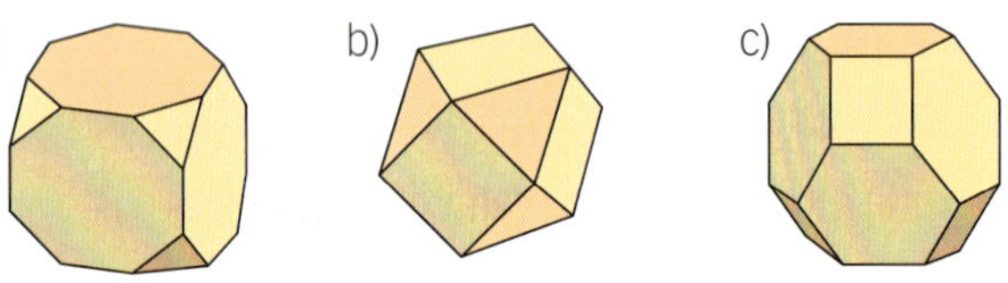

61 Comprueba si estos poliedros cumplen la fórmula de Euler.

a) b) c) d) e) f) g) h)

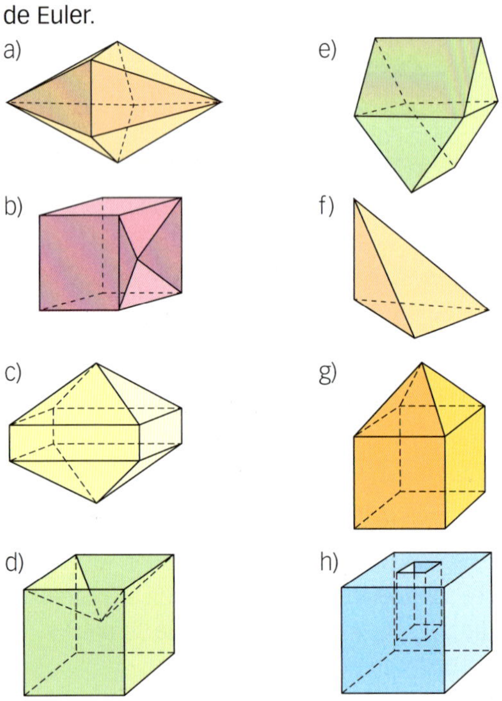

62 Di cuál es la base de estos prismas que tienen el número de elementos indicado.

a) 9 caras
b) 18 aristas
c) 20 vértices
d) 10 vértices
e) 21 aristas
f) 18 caras

63 ¿Qué polígono es la base de estas pirámides?

a) 7 vértices
b) 20 aristas
c) 8 caras
d) 9 vértices
e) 18 aristas
f) 10 caras

SABER HACER

Aplicar el teorema de Pitágoras en un cuerpo geométrico

64 Calcula el dato desconocido en estos cuerpos geométricos.

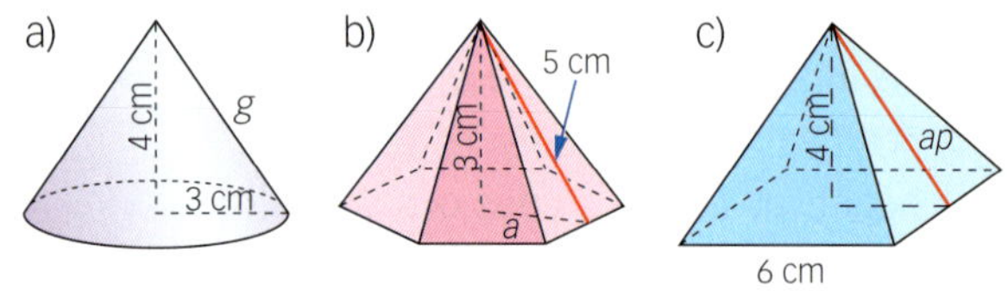

PRIMERO. Se determina el triángulo rectángulo que relaciona los datos conocidos y el dato desconocido, y se aplica el teorema de Pitágoras.

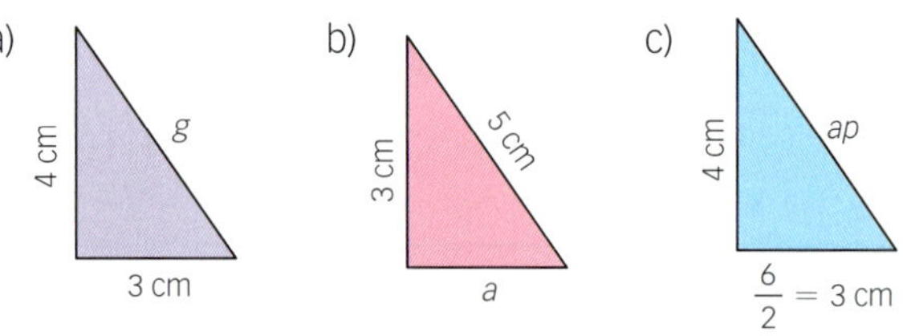

$g^2 = 3^2 + 4^2$ $\quad$ $5^2 = a^2 + 3^2$ $\quad$ $ap^2 = 3^2 + 4^2$

SEGUNDO. Se resuelve la ecuación resultante.

a) $g^2 = 3^2 + 4^2 \rightarrow g = \sqrt{3^2 + 4^2} = 5$ cm

b) $5^2 = a^2 + 3^2 \rightarrow a^2 = 5^2 - 3^2 \rightarrow$
$\rightarrow a = \sqrt{5^2 - 3^2} = 4$ cm

c) $ap^2 = 3^2 + 4^2 \rightarrow ap = \sqrt{3^2 + 4^2} = 5$ cm

65 Halla la apotema de una pirámide regular de base cuadrada de altura 7 cm y arista básica 9 cm.

66 Halla la altura de estas pirámides regulares.

a) Pirámide hexagonal de apotema 10 cm y arista básica 10 cm.

b) Pirámide pentagonal de apotema 9 cm y apotema básica 4,13 cm.

67 Calcula la diagonal de un ortoedro de dimensiones:

a) $8 \times 5 \times 4$ cm
b) $10 \times 7 \times 3$ cm

68 La diagonal de un cubo mide $\sqrt{27}$ cm. Obtén la medida de la arista y de la diagonal de una de sus caras.

69 Halla la diagonal de un prisma cuadrangular regular de 9 cm de arista básica y 12 cm de altura.

70 Halla la medida de los segmentos marcados.

a)
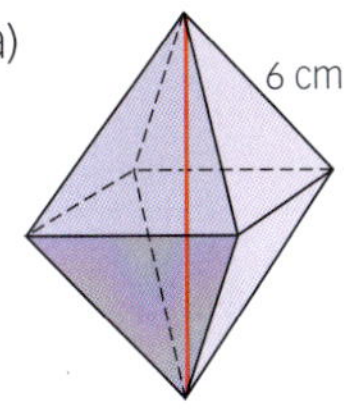

d)
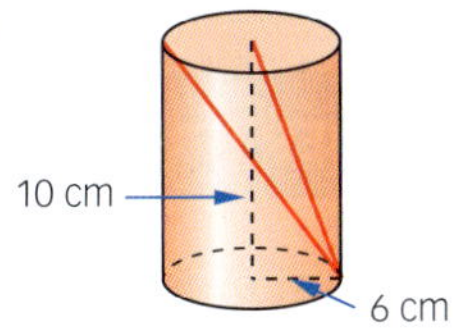

b)
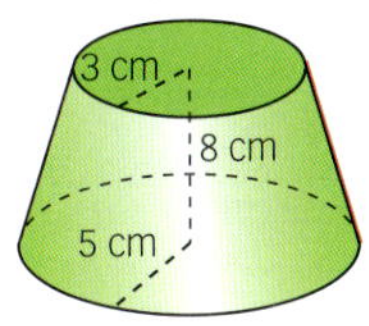

e)
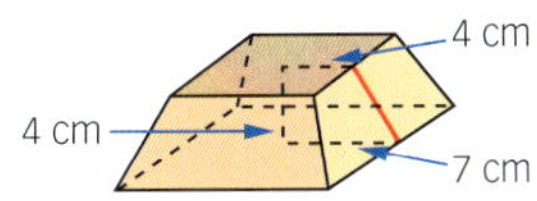

c)
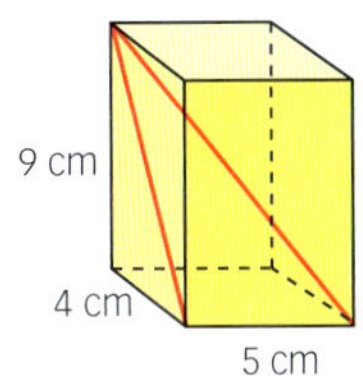

f)
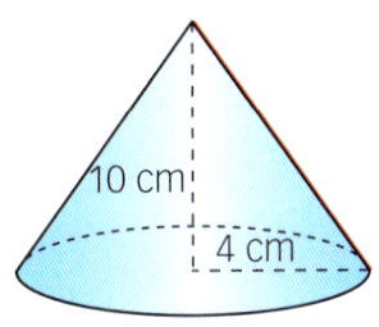

Áreas de cuerpos geométricos

71 Halla el área de estos poliedros regulares.

a) Tetraedro de arista 12 cm

b) Octaedro de arista 10 cm

c) Icosaedro de arista 8 cm

d) Cubo de arista 7 cm

e) Dodecaedro de arista 6 cm y apotema de cada pentágono 4,13 cm

72 Halla el área total de un prisma triangular regular de 4 cm de altura y 2 cm de arista básica.

73 Calcula el área total de un prisma recto cuya altura es de 12 cm y las bases son:

a) Trapecios isósceles de bases 6 y 10 cm, y lado oblicuo 3 cm.

b) Trapecios rectángulos de base mayor 21,38 cm, altura 9 cm y diagonal menor 15 cm.

74 Halla el área total de estos poliedros.

a) Un ortoedro cuyas aristas miden 3, 4 y 5 cm.

b) Un prisma hexagonal regular de 8 cm de altura y 5 cm de arista básica.

75 Calcula la arista de estos cuerpos.

a) Un tetraedro de área total $16\sqrt{3}$ cm^2.

b) Un icosaedro cuyas caras miden $\sqrt{3}$ cm^2.

c) Un octaedro de área total $18\sqrt{3}$ cm^2.

76 Calcula la medida de la arista de un cubo sabiendo que su área total es 486 cm^2.

77 Halla la arista de un tetraedro regular sabiendo que su área total es 80,09 cm^2.

78 Calcula el área total de estas pirámides regulares.

Base	Arista lateral	Apotema	Arista básica	Apotema básica
Pentágono	17 cm		10 cm	6,88 cm
Pentágono		23,32 cm	18 cm	12,39 cm
Hexágono	4,24 cm		3 cm	
Hexágono		15 cm	5 cm	
Triángulo	6 cm		4 cm	
Triángulo		6,54 cm	5 cm	

79 Si el área lateral de una pirámide recta de base cuadrada es 80 cm^2, y el perímetro de la base es 32 cm, ¿cuál es la medida de la apotema de la pirámide?

80 Halla el área total de los siguientes cilindros.

a) Radio de la base: 8 cm; altura: 14 cm

b) Longitud de la circunferencia que limita las bases: 37,7 cm; altura: 9 cm

c) Altura: 12 cm; área de una base: 78,54 cm^2

81 Calcula el área total de los siguientes conos.

a) Generatriz: 5 cm; radio de la base: 4 cm

b) Altura: 12 cm; radio de la base: 9 cm

c) Longitud de la circunferencia que limita la base: 44 cm; generatriz: 10 cm

82 Considera un cilindro de altura 20 cm y radio de la base 4 cm. ¿Qué altura tendrá un cono en cada uno de estos supuestos?

a) Cono con la misma base que el cilindro.

b) Cono con una base de 8 cm de radio.

c) Cono con una base de área doble que la base del cilindro.

83 Halla el área total de los cuerpos de revolución que se obtienen al girar las siguientes figuras planas alrededor del eje que se indica.

a)
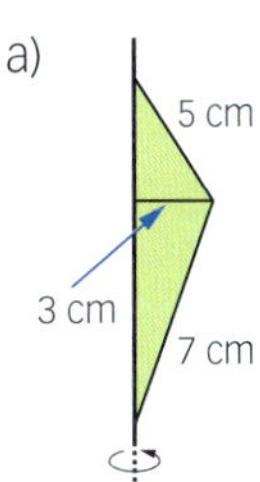

b)
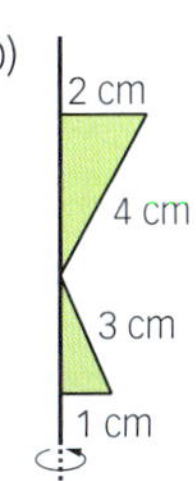

c)
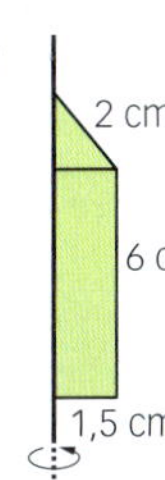

84 Halla el área de estos cuerpos geométricos.

a) Una esfera de 15 cm diámetro

b) Una esfera de 7,8 cm de radio

➔ SABER HACER

Calcular la altura de un tronco de cono

85 Al cortar un cono por un plano paralelo a la base, se obtienen otro cono y un nuevo cuerpo geométrico llamado tronco de cono. Calcula la altura del tronco de cono.

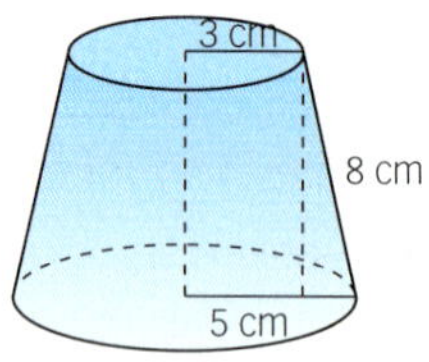

PRIMERO. Se define el triángulo rectángulo *ABC*.

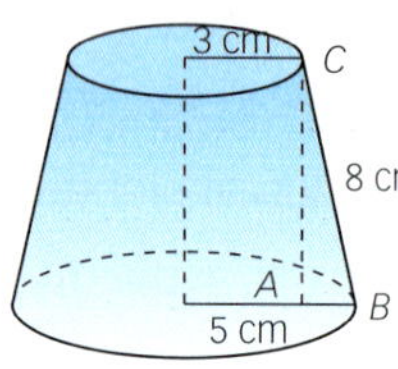

$\overline{AB} = 5 - 3 = 2$ cm

$\overline{BC} = 8$ cm

El lado desconocido $\overline{AC}$ es la altura del cono.

SEGUNDO. Se aplica el teorema de Pitágoras.

$$(\overline{BC})^2 = (\overline{AB})^2 + (\overline{AC})^2$$

$$8^2 = 2^2 + (\overline{AC})^2 \rightarrow \overline{AC} = \sqrt{64 - 4} = 7{,}75 \text{ cm}$$

86 Obtén la altura del tronco de cono que ves en la figura.

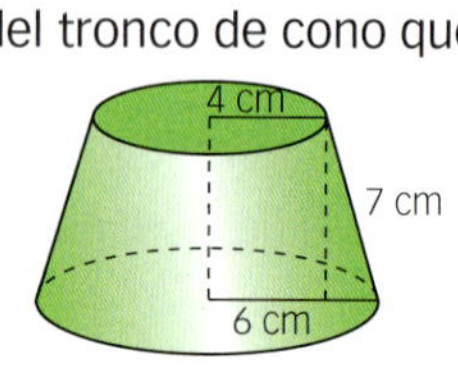

87 Calcula la altura del tronco de pirámide hexagonal regular que dibuja María en su cuaderno.

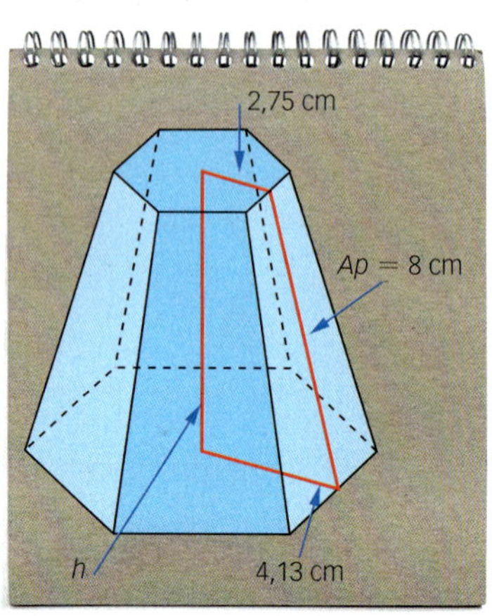

88 Calcula la altura de un tronco de pirámide cuadrangular de aristas básicas 5 y 3 cm, y apotema del tronco 2,9 cm y de un tronco de cono de radios 5 y 3 cm y generatriz 2,9 cm.

➔ SABER HACER

Calcular el área de un tronco de pirámide

89 Halla el área total de este tronco de pirámide pentagonal regular.

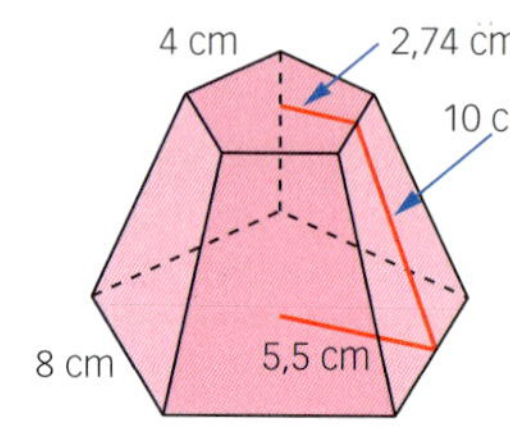

PRIMERO. Se estudia el desarrollo plano de la figura.

En este caso, por ser sus bases pentágonos regulares, las caras laterales son trapecios isósceles y su altura es la apotema del tronco de pirámide.

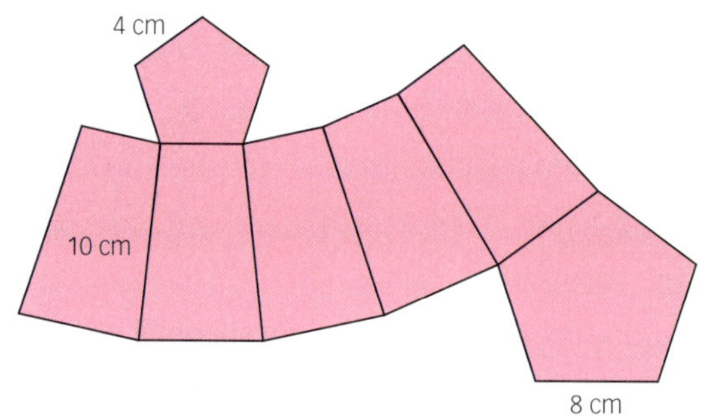

SEGUNDO. Se calcula el área lateral.

$$A_L = 5 \cdot A_{\text{Trapecio}} = 5 \cdot \left(\frac{8+4}{2} 10\right) = 5 \cdot 60 = 300 \text{ cm}^2$$

TERCERO. Se calcula el área de las bases.

$$A_{\text{Base mayor}} = \frac{P \cdot A_{\text{Base mayor}}}{2} = \frac{5 \cdot 8 \cdot 5{,}5}{2} = 110 \text{ cm}^2$$

$$A_{\text{Base menor}} = \frac{P \cdot A_{\text{Base menor}}}{2} = \frac{5 \cdot 4 \cdot 2{,}74}{2} = 27{,}4 \text{ cm}^2$$

CUARTO. Se calcula el área total.

$$A_T = A_L + A_{\text{Base mayor}} + A_{\text{Base menor}} =$$
$$= 300 + 110 + 27{,}4 = 437{,}4 \text{ cm}^2$$

90 Calcula el área total de estas figuras.

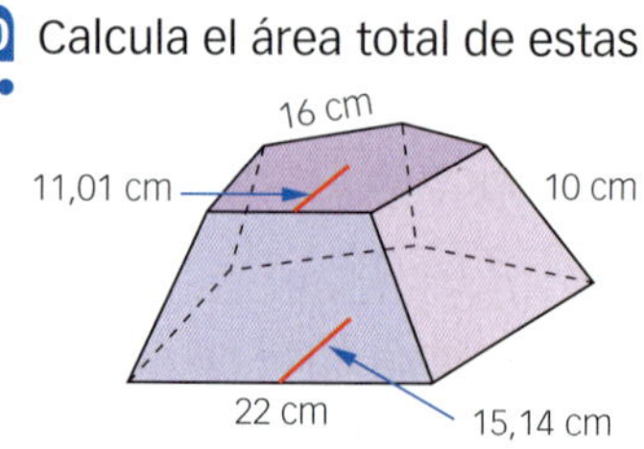

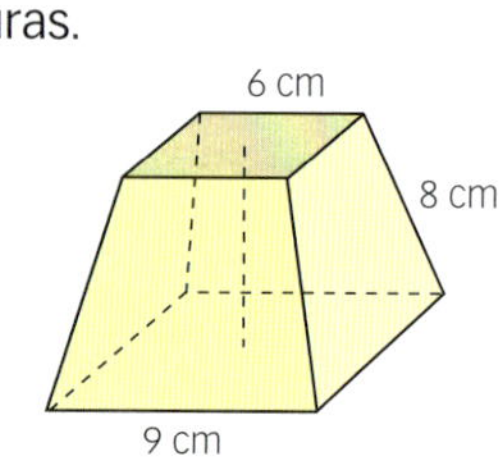

91 Calcula el área total de estas figuras.

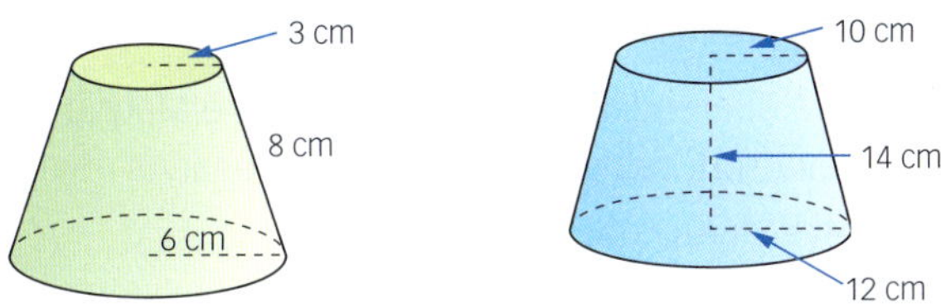

92 Sabiendo que el círculo máximo de una esfera tiene un área de 201,06 cm², calcula.

a) Su radio.

b) Su área total.

c) El área de un huso esférico de 40°.

d) El área de un casquete esférico de 3 cm de altura.

93 Obtén el área total de los siguientes cuerpos geométricos.

a)

b)

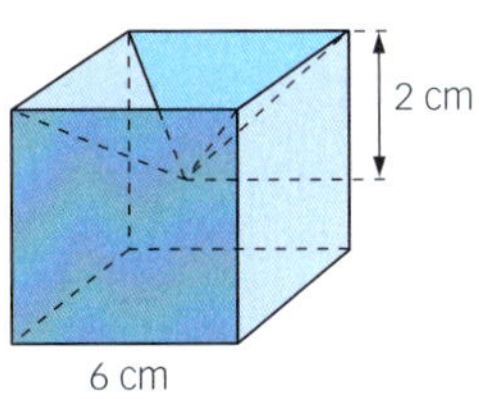

c)

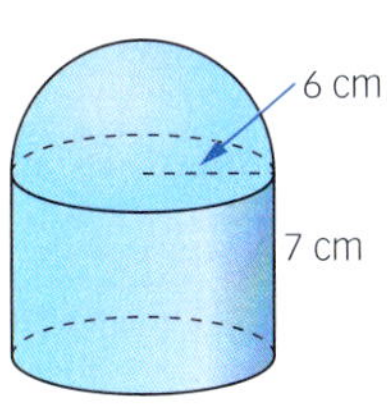

d)

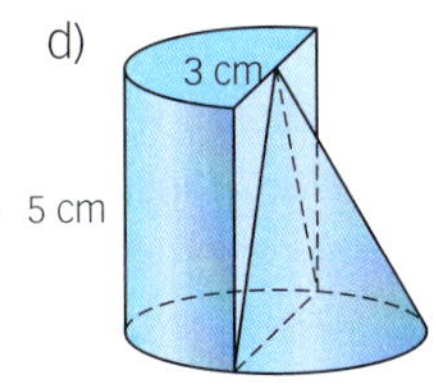

e)

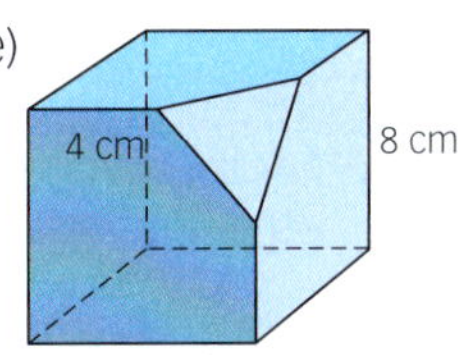

f)

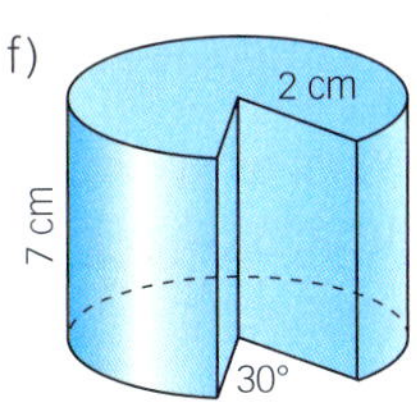

Volúmenes de cuerpos geométricos

94 Calcula el volumen de un prisma triangular regular de 7 cm de altura y 3 cm de arista básica.

95 Halla el volumen de un ortoedro cuyas aristas miden 4, 6 y 12 cm.

96 Calcula el volumen de un prisma hexagonal regular de 8 cm de altura y 4 cm de arista básica.

97 Calcula el volumen de estas pirámides regulares de base triangular:

a) Arista lateral: 8 cm; arista básica: 7 cm.

b) Apotema de la pirámide: 6,54 cm; arista básica: 5 cm.

98 Un tetraedro regular es una pirámide de base triangular donde todas sus caras son iguales. Calcula el volumen de esta pirámide si su superficie total es de 40 m³.

99 Obtén el volumen de estas pirámides hexagonales regulares.

a) Apotema: 8 cm; arista básica: 5 cm.

b) Arista lateral: 6 cm; arista básica: 3 cm.

100 Halla el volumen de los siguientes cilindros.

a) Radio de la base: 4 cm; altura: 10 cm.

b) Longitud de la circunferencia que limita las bases: 37,7 cm; altura: 12 cm.

101 Halla el volumen de los siguientes conos.

a) Generatriz: 8 cm; radio de la base: 5 cm.

b) Altura: 18 cm; radio de la base: 8 cm.

c) Longitud de la circunferencia que limita la base: 44 cm; generatriz: 11 cm.

102 Halla el volumen de un cubo sabiendo que:

a) La diagonal de una de sus caras mide 9,9 cm.

b) La diagonal del cubo mide 8,66 cm.

103 Halla el volumen de un tetraedro que tiene la característica indicada.

a) Su arista es 8 cm.

b) La apotema es 8 cm.

104 Calcula el volumen de las siguientes esferas.

a) Esfera de radio 6 cm.

b) Esfera de diámetro 20 cm.

c) Esfera cuyo círculo máximo contiene un área de 78,54 cm².

105 El área de una esfera es 452,39 cm². Halla el volumen de estos cuerpos y responde cuál es el mayor de ellos.

a) El cilindro en el que estaría contenida ajustándose completamente a él.

b) El cubo que la circunscribe.

106 Sabiendo que un cubo y una esfera tienen igual área, 96 cm², ¿cuál de los dos tiene mayor volumen?

107 En el interior de un cubo de 12 cm de arista construimos una pirámide cuya base es una cara del cubo y el vértice es el centro de la cara opuesta. Calcula el área y el volumen de esta pirámide.

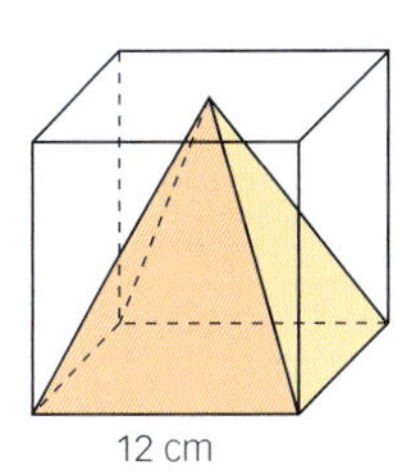

108 Obtén el volumen de los siguientes cuerpos geométricos.

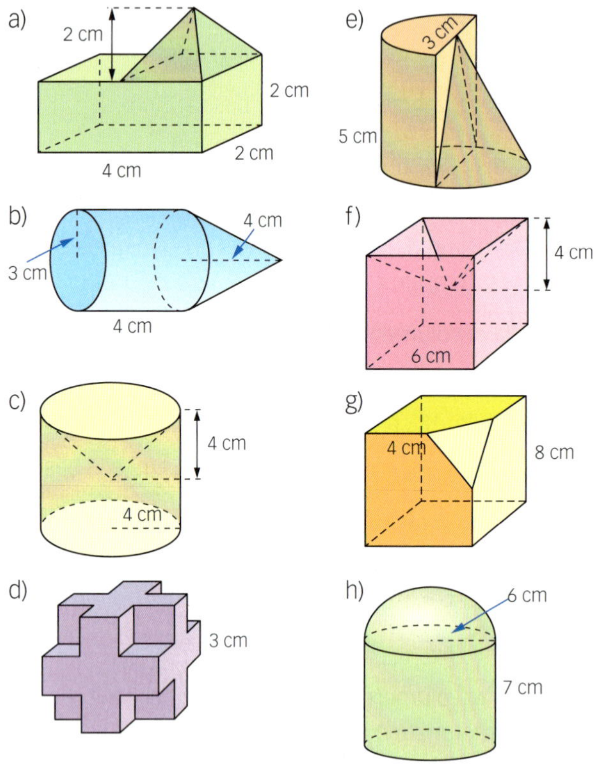

109 Calcula el volumen de estas figuras.

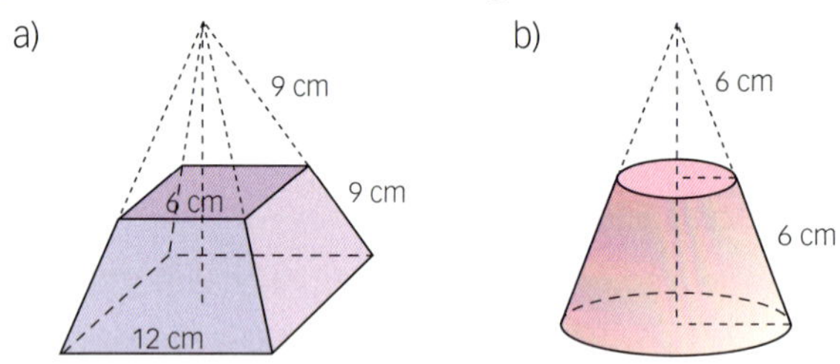

La esfera terrestre

110 Las coordenadas terrestres, longitud y latitud, se expresan en grados.

a) ¿Cuáles son los límites de estos valores?

b) ¿Dónde está situado el origen?

111 Observa un mapa y calcula los valores máximo y mínimo de la longitud y la latitud de tu provincia y tu Comunidad Autónoma.

112 El radio de la Tierra mide, aproximadamente, 6 371 kilómetros. Calcula el área de su superficie y el volumen de la Tierra.

113 Responde razonadamente.

a) ¿Cuánto mide aproximadamente un meridiano?

b) ¿Cuántos grados abarca cada huso horario?

c) ¿Cuál es el área de un huso horario?

d) ¿Hay un meridiano que pasa por cada punto de la Tierra?

114 Si Moscú está a 37° 36′ E, ¿qué diferencia horaria tiene con Venecia, que está a 12° 20′ E?

115 Halla la diferencia horaria que hay entre Madrid y Nueva York sabiendo que las coordenadas de ambas ciudades son:

Madrid: 40° 18′ N, 3° 43′ O

Nueva York: 40° 45′ N, 74°O

116 La longitud de Viena es de 16° 20′ E.

a) Cuando en Viena son las 3 de la tarde, ¿qué hora es en una ciudad 40° al oeste?

b) ¿Y en una ciudad 70° al este?

c) ¿Qué longitud tiene una ciudad en la que amanece 3 horas después que en Viena?

d) ¿Y si amanece 3 horas antes?

117 Considera tres ciudades, *A*, *B* y *C*: *A* y *B* se encuentran en el mismo meridiano pero distintos hemisferios y sus latitudes se diferencian en 80°; *C* se encuentra en el hemisferio norte en el mismo paralelo que *A* y distanciada de esta 50°. Dibuja una esfera y sitúa estas tres ciudades sabiendo que la latitud de *B* es 60° S.

a) ¿Puedes deducir las coordenadas de las tres ciudades?

b) Encuentra las posibles coordenadas de *A*, *B* y *C* sabiendo que *C* está en un meridiano que se distancia 65° del meridiano cero.

c) ¿Qué falta para determinar definitivamente las coordenadas de esas ciudades?

118 ¿Cuál es la longitud del paralelo situado a 45° N de latitud? ¿Y el situado a 45° S?

Problemas con cuerpos geométricos

119 En cierta fábrica de conservas alimenticias utilizan latas con forma cilíndrica. Su proveedor le ofrece estas posibilidades, siendo 0,02 €/cm^2 el precio del material con que se elaboran las latas.

Tipo de lata	Radio de la base	Altura
A	12	3
B	10	5
C	6	12

¿Qué tipo de lata se debe emplear para envasar la máxima cantidad posible con el menor precio?

120 Averigua si los siguientes listones de madera caben en una caja de 40 cm de largo, 25 cm de ancho y 18 cm de alto.

a) 46,5 cm b) 50,3 cm c) 50,6 cm d) 51 cm

¿Cuáles se pueden apoyar en el fondo de la caja?

121 La habitación de Ramón tiene forma de ortoedro de dimensiones 3,5 m de ancho, 4,2 m de largo y 2,5 m de altura. Decide pintar las paredes y el techo. Tiene una ventana cuadrada de 1,2 m de lado y la puerta mide 90 cm de ancho y 2,1 m de altura. Si con cada bote de pintura puede cubrir una superficie de 20 m^2, ¿cuántos botes necesitará?

122 Un arquitecto diseña dos torres: una cúbica de 6 m de arista con un tejado en forma piramidal y altura total 7,42 m, y otra cilíndrica de base 24,63 m^2 y altura total 7 cm con tejado cónico, siendo la generatriz del cono cuatro veces el radio de la base. Si el coste de cada metro cuadrado de fachada es 205,60 €, ¿qué torre saldrá más cara?

123 El rodillo de amasar de Laura tiene un radio de 1,8 cm y 24 cm de largo.

a) ¿Qué área cubre en cada vuelta?

b) ¿Cuántas vueltas tiene que dar el rodillo para amasar una pieza circular de radio 9,5 cm?

c) ¿Cuántas vueltas ha dado Laura al rodillo si la superficie cubierta ha sido 5428,6 cm^2?

124 David quiere meter en el ascensor un tubo metálico de 2,88 m. Las medidas del ascensor son $1 \times 1 \times 2,5$ cm. ¿Podrá hacerlo?

125 Halla el volumen de esta piscina.

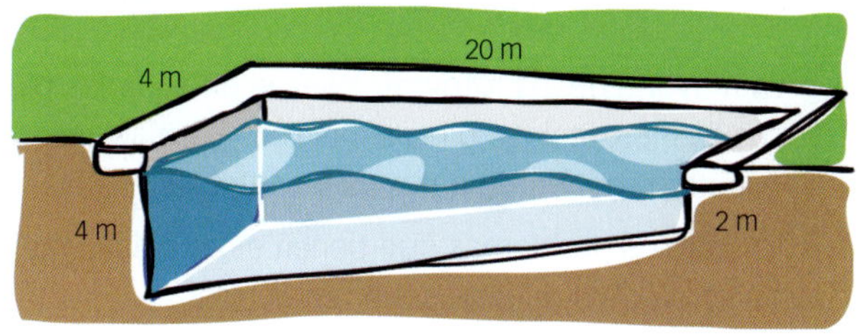

126 En un depósito cúbico lleno de agua y de arista 3 m, introducimos los siguientes cuerpos.

a) ¿Qué porcentaje de la cantidad inicial de agua hay en el cubo después de introducir una esfera de radio 1,5 m?

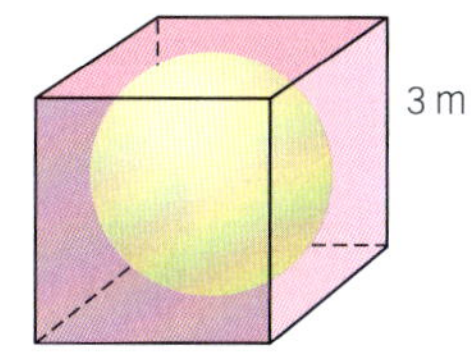

b) ¿Qué porcentaje queda de la cantidad inicial de agua si introducimos un cilindro de diámetro y altura 3 m?

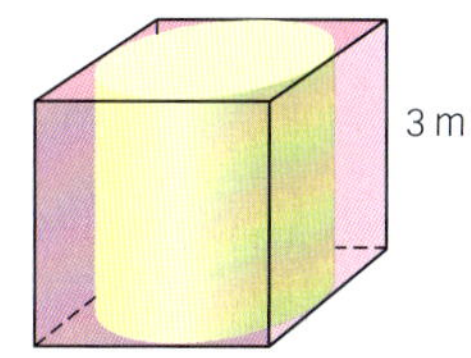

c) ¿Y cuál es el porcentaje si introducimos un cono de 3 m de diámetro e igual altura?

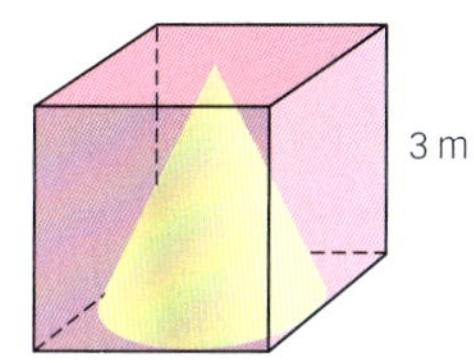

DEBES SABER HACER

Poliedros. Áreas

1 Calcula el número de caras de estos poliedros.

a) Tiene 16 vértices y 24 aristas.

b) Tiene 6 vértices y 12 aristas.

2 El largo de un ortoedro es el doble que el ancho, y el ancho es el doble que la altura. Si su diagonal vale $\sqrt{21}$ cm, halla el área total.

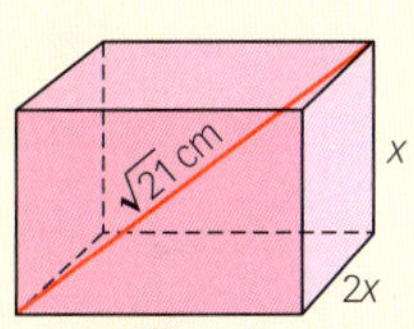

3 Halla el área total de un prisma hexagonal regular de 25 cm de altura y 12 cm de arista básica.

4 Calcula el área de una pirámide cuadrangular regular de arista básica 6 cm y apotema 8 cm.

Cuerpos de revolución. Áreas

5 ¿Qué altura tiene un cilindro de área lateral 75,36 cm^2 y radio de la base 4 cm?

6 Halla el área del cono que se obtiene al girar el triángulo rectángulo de catetos 6 cm y 13 cm.

Volumen de cuerpos geométricos

7 Calcula el volumen de un cubo sabiendo que una de sus caras tiene un área de 70,56 cm^2.

8 Calcula el volumen de un cilindro sabiendo que la base tiene un perímetro de 42,73 cm y la altura es el doble del radio de la base.

Esfera terrestre

9 ¿Qué longitud y latitud separan los puntos *A*, *B* y *C*? ¿Cuál es la diferencia horaria entre ellos?

A (14° E, 55° N) *B* (37° O, 46° S) *C* (118° E, 72° S)

En la vida cotidiana

127 ••• La mayoría de los fotógrafos llevan en su bolsa pilas para que funcionen sus *flashes*, incluso pilas especiales para alguna de sus cámaras antiguas que no disponen de baterías recargables.

Uno de los problemas que tienen es que dada su forma cilíndrica no son fáciles de almacenar en bolsas.

Con este fin han aparecido unos estuches en forma de pequeñas cajas de plástico donde poder llevarlas con comodidad.

- Una página web dedicada a la venta de material fotográfico anuncia este producto.

Estas son las dimensiones de una pila de tipo AAA. ¿Cuántos centímetros cúbicos quedan sin ocupar por las cuatro pilas en la caja que se publicita en el anuncio?

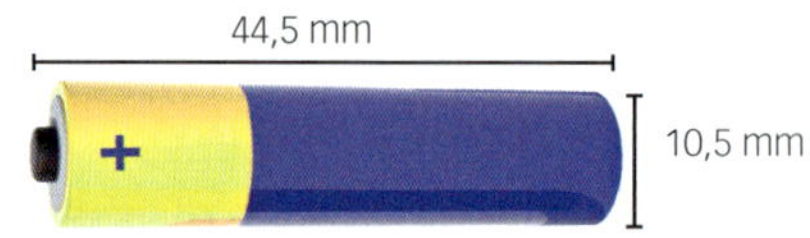

Formas de pensar. Razonamiento matemático

128 ••• Una hormiga se encuentra en un vértice de un octaedro y decide recorrer todas sus aristas sin pasar dos veces por la misma arista. Indica un camino posible.

Curiosamente, la hormiga no podría hacer lo mismo en un cubo. Compruébalo.

129 ••• Considera x la medida de la arista de un cubo. Demuestra que la diagonal del cubo se obtiene con la fórmula $d = \sqrt{3}x$.

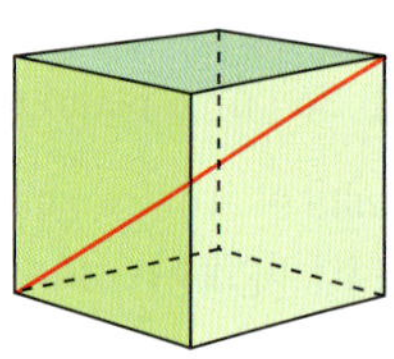

Calcula con ella la diagonal de los siguientes cubos.

a) Cubo de arista 6 cm

b) Cubo de arista 4,5 cm

130 ••• Encuentra la expresión que da la altura de un tetraedro en función de su arista.

131 ••• Halla las diagonales trazadas desde un vértice en un prisma hexagonal regular cuyas aristas básicas y aristas laterales miden 12 cm.

132 ••• Considera x, y, z las dimensiones de un ortoedro. Demuestra que su diagonal d se obtiene con la fórmula: $d^2 = x^2 + y^2 + z^2$.

133 ••• En el año 1638 el matemático Galileo propuso el siguiente problema: «Si se enrolla una hoja de papel en los dos sentidos posibles, se obtienen dos cilindros distintos».

¿Tienen estos cilindros el mismo volumen?

134 ••• En un libro de Matemáticas hemos encontrado el siguiente problema sobre volúmenes:

«Si el lado de un octaedro es l, su volumen es: $V = l^{23} \cdot 0{,}4714$».

Investiga cómo se obtiene esta fórmula.

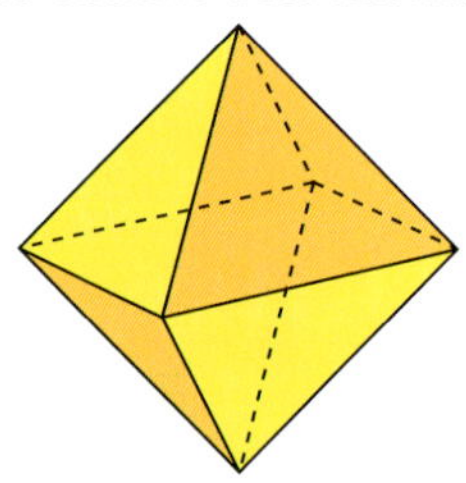

135 ••• El radio de la base de un cilindro y de un cono mide 10 cm. Si la altura del cilindro es de 10 cm, averigua cuál debe ser la generatriz del cono para que ambos tengan:

a) La misma área lateral.

b) La misma área total.

PROYECTO FINAL. **Trabajo cooperativo**

OBJETIVO: Elegir una impresora para el aula

Una vez formados los grupos, seguid este proceso:

1.ª Fase.

- Determinad las dimensiones (alto, ancho y profundidad) de la impresora.
- Discutid sobre las características mínimas que debe tener y determinad el presupuesto del que podríais disponer para su compra.

2.ª Fase.

- Elegid y clasificad las posibles impresoras que se adaptan a nuestras necesidades.
- Valorad la cuantía del gasto asociado a una impresora: papel, tinta, gasto de electricidad…

3.ª Fase.

- Poned en común la información recogida y acordad el tipo de impresora.
- Realizad un informe que recoja las conclusiones a las que habéis llegado.

Pruebas PISA

Dados

136 A la derecha, hay un dibujo de dos dados. Los dados son cubos con un sistema especial de numeración en los que se aplica la siguiente regla:

«El número total de puntos en dos caras opuestas es siempre siete».

Puedes construir un dado sencillo cortando, doblando y pegando cartón. Estos dados se pueden hacer de muchas maneras. En el dibujo siguiente puedes ver cuatro recortes que se pueden utilizar para hacer cubos, con puntos en las caras. ¿Cuál de las siguientes figuras se puede doblar para formar un cubo que cumpla la regla de que la suma de caras opuestas sea 7?

I

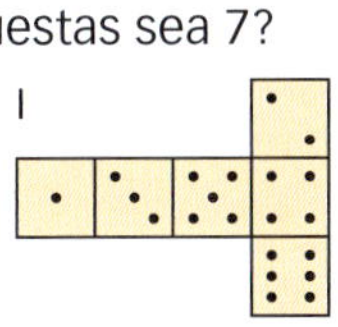

II

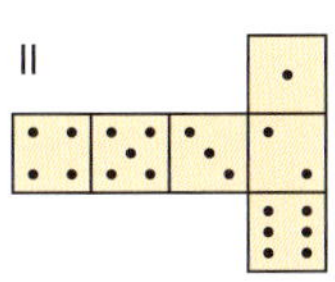

III

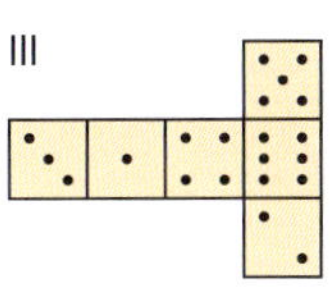

IV

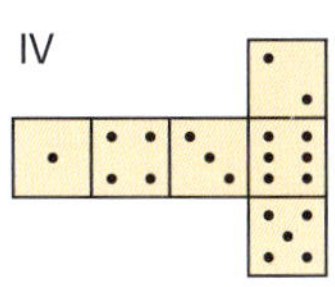

(Prueba PISA 2006)

Granjas

137 Aquí ves una fotografía de una casa de campo con el tejado en forma de pirámide.

Debajo hay un modelo matemático del tejado de la casa con las medidas correspondientes.

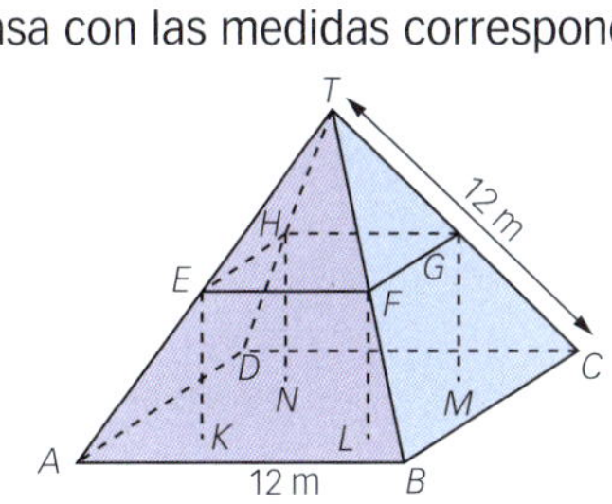

La planta del ático, *ABCD* en el modelo, es un cuadrado. Las vigas que sostienen el tejado son las aristas de un bloque (prisma rectangular) *EFGHKLMN*. *E* es el punto medio de $\overline{AT}$, *P* es el punto medio de $\overline{BT}$, *G* es el punto medio de $\overline{CT}$ y *H* es el punto medio de $\overline{DT}$. Todas las aristas de la pirámide tienen 12 m de longitud.

a) Calcula el área de la planta del ático *ABCD*.

b) Calcula la longitud de $\overline{EF}$, una de las aristas horizontales del bloque.

(Prueba PISA 2006)

CLAVES PARA EMPEZAR

Cómo se representan puntos en un sistema de coordenadas

Un punto del plano viene representado por un par ordenado de números reales (x, y) a los que llamamos **coordenadas**.

- El número x es la **abscisa** del punto.
- El número y es la **ordenada**.

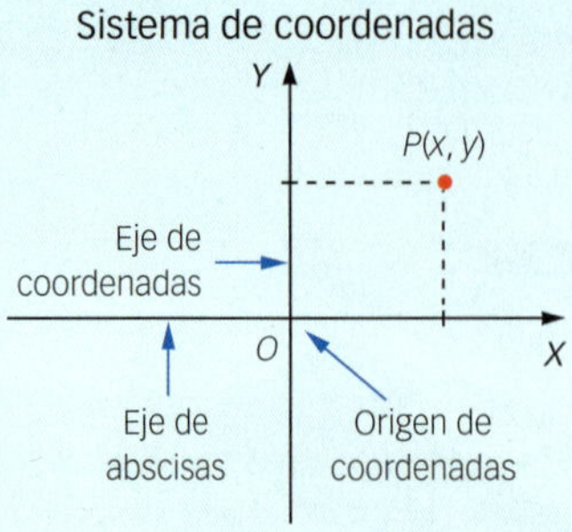

EJEMPLO

Observa estos puntos y sus coordenadas.

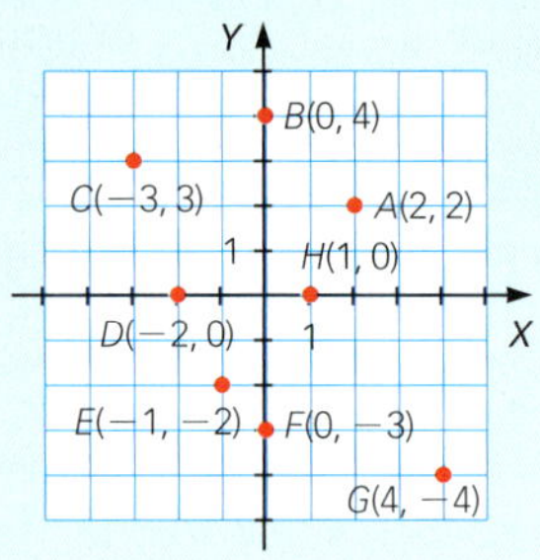

ACTIVIDADES

1 Representa los siguientes puntos.

$A(2, 5)$	$C(-4, -2)$	$E(5, -3)$	$G(0, 0)$
$B(0, -4)$	$D(4, 0)$	$F(-3, 4)$	$H(3, -4)$

Qué es un intervalo de números

Un intervalo de extremos a y b está formado por todos los números comprendidos entre a y b.

Un intervalo puede contener los dos extremos, uno o ninguno.

EJEMPLO

Fíjate en estos intervalos y en su representación en la recta.

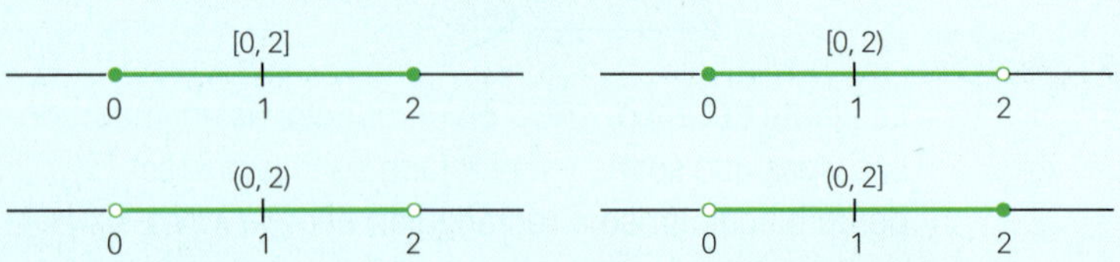

ACTIVIDADES

2 Representa los siguientes intervalos y decide si los extremos pertenecen o no a cada uno de ellos.

a) $(-1, 3)$

b) $[2, 4]$

c) $(4, 8]$

d) $[3, 5)$

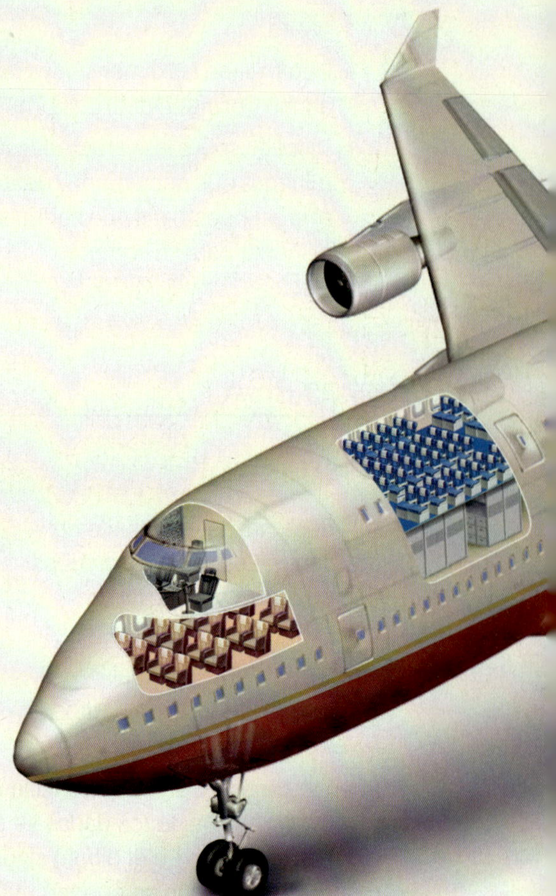

Siglo XV
Leonardo da Vinci elabora un boceto sobre el primer diseño de avión del que se tiene registro.

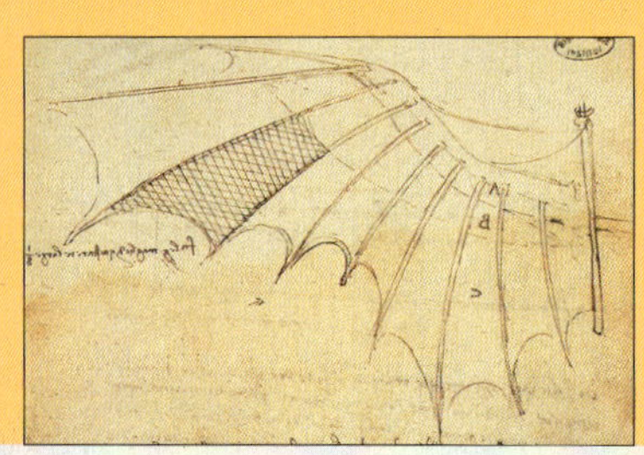

Funciones

11

SABER

- Concepto de función. Formas de expresar una función
- Características de una función. Estudio de una función

SABER HACER

- Representar gráficamente una función
- Calcular el dominio de una función
- Calcular los puntos de corte de una función
- Interpretar el crecimiento y decrecimiento de una función
- Estudiar una función

VIDA COTIDIANA

El avión

La aviación inició su andadura en el siglo XVIII, con los globos aerostáticos que se elevaban impulsados por aire caliente.

- Aquí tienes las gráficas de uno de los primeros vuelos de la historia.

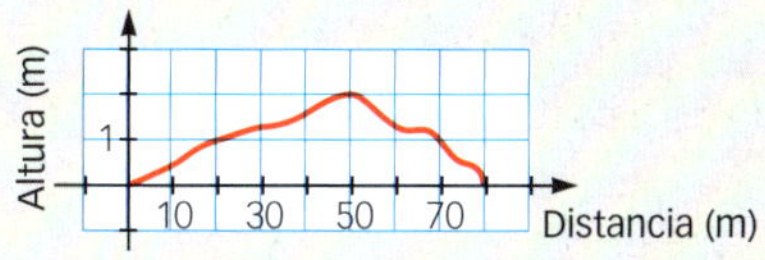

¿A qué distancia llegó el vuelo? ¿Cuál fue su altura máxima?

9 de octubre de 1890
En Europa, Clément Ader a bordo del *Éole*, una máquina con apariencia de murciélago, consigue alzar el vuelo durante una distancia de 50 m.

17 de diciembre de 1903
Los hermanos Wright, a bordo del *Flyer*, realizan un despegue tripulado que duró 12 segundos y recorrió casi 37 metros.

1919
Aparecen las primeras compañías comerciales de transporte de mercancías y viajeros: KLM en Europa y Avianca en América.

2005
Se presenta en Francia el A380 de la compañía Airbus. Se trata de un avión con una capacidad de casi 800 pasajeros.

1 Concepto de función

Una **función** es una relación entre dos magnitudes o variables numéricas, *x* e *y*, de forma que a cada valor de *x* le corresponde un único valor de *y*.

La variable *x* se denomina **variable independiente**, y la variable *y*, **variable dependiente**.

La relación en la que a cada número le hacemos corresponder su raíz cuadrada no es una función.

$$\sqrt{4} = \pm 2$$

Al número 4 le corresponderían +2 y −2, es decir, dos valores distintos.

EJEMPLOS

1. Un cuaderno cuesta 6 €. La relación entre el número de cuadernos que se compran y su precio, ¿es una función?

   A la magnitud *cantidad de cuadernos* la llamamos *x*, y toma los valores 1, 2, 3… Es la variable independiente.

   La magnitud *precio*, que llamamos *y*, toma valores en función de la cantidad de cuadernos que compramos:

   Si compramos 1 cuaderno $\xrightarrow{\text{Cuesta}}$ $6 \cdot 1 = 6$ €
   Si compramos 2 cuadernos $\xrightarrow{\text{Cuestan}}$ $6 \cdot 2 = 12$ €
   Si compramos 3 cuadernos $\xrightarrow{\text{Cuestan}}$ $6 \cdot 3 = 18$ €…

   El *precio* es la variable dependiente.

   A cada valor de *x* le corresponde un único valor de *y*. Por tanto, la relación es una función.

2. ¿Es una función la relación entre el peso y la altura de las personas?

   Tomamos como variable *x* el *peso* y como variable *y* su *altura*.

   Puede haber personas que tengan el mismo peso y sin embargo tengan distinta altura. Es decir, a un valor de la variable *x* (peso) le pueden corresponder varios valores de la variable *y* (altura).

   Esta relación no es una función.

ACTIVIDADES

1 PRACTICA. ¿Son estas relaciones funciones?

a) Número de jabones comprados y precio a pagar.

b) El número de DNI y la suma de sus dos últimos dígitos.

c) Medida del ancho de un rectángulo y perímetro del rectángulo.

d) Número de monedas de 2 € y cantidad de dinero que representan.

2 APLICA. Calcula, para los números 1, 2, 3, 4 y 5, el número o números que les corresponden con estas relaciones, e indica cuáles son funciones.

a) A cada número, su opuesto.

b) A cada número, su doble más 5.

c) A cada número, su cantidad de divisores.

3 REFLEXIONA. Encuentra una relación que sea función y otra que no lo sea.

2 Formas de expresar una función

2.1. Función definida por un enunciado

La relación entre las dos variables de una función la podemos expresar mediante un **enunciado**.

EJEMPLO

3. En un teatro cada entrada cuesta 18 €. La relación entre las entradas vendidas y la recaudación, ¿es una función?

   A la magnitud *número de entradas vendidas* la llamamos x, y toma los valores 1, 2, 3… Es la variable independiente.

   La magnitud *recaudación del teatro*, que llamamos y, toma valores en función de la cantidad de entradas vendidas. Es la variable dependiente.

   A cada número de entradas vendidas le corresponde una única recaudación. Es decir, a cada valor de x le corresponde un único valor de y.

   La relación es una función.

Cada valor de la variable independiente x, sustituido en la ecuación de la función, permite calcular el valor de la variable dependiente y.

2.2. Función definida por una ecuación

En ocasiones, las funciones vienen dadas por una expresión algebraica. La expresión $y = f(x)$ hace referencia a la **ecuación de una función**.

EJEMPLO

4. En un museo, cada minuto entran 24 personas. Decide si la relación entre el tiempo transcurrido y el número de personas que entran al museo a lo largo del día es una función y encuentra su ecuación.

   Variable independiente (x) → *Número de minutos transcurridos*

   Variable dependiente (y) → *Número de personas que han entrado*

   A cada número de minutos le corresponde un único número de personas; por tanto, la relación es una función.

   1 min → 24 personas   2 min → 48 personas   3 min → 72 personas…

   La expresión algebraica que relaciona el tiempo transcurrido y el número de personas que han entrado al museo es: $y = 24x$.

SE ESCRIBE ASÍ

La expresión algebraica de la función que asocia a cada número su triple menos 7 se puede escribir como:

$y = 3x - 7$ o $f(x) = 3x - 7$

Y el valor de esta función en $x = 4$ se representa como:

$f(4) = 3 \cdot 4 - 7$

O como:

$y = f(4) = 3 \cdot 4 - 7$

ACTIVIDADES

4 PRACTICA. Expresa, mediante un enunciado, las siguientes funciones.

a) $y = 2x - 1$ b) $y = -x + 3$

5 PRACTICA. Obtén la expresión algebraica de la función que asocia a cada número:

a) Su triple b) Su cuadrado c) Su doble más 5

6 APLICA. Determina la ecuación de la función que asocia a cada número su doble menos 3 unidades. Calcula $f(8)$, $f(-4)$ y $f(10)$.

7 REFLEXIONA. Halla la expresión algebraica de la función que pasa una medida expresada en metros a la misma medida expresada en centímetros.

2.3. Función definida por una tabla de valores

Las variables x e y de una función también se pueden escribir como pares de valores (x, y) que se obtienen de una **tabla de valores**.

RESUELVE EL RETO

Piensa y completa la tabla.

X	Y
1	1
2	2
3	2
4	3
5	2
6	4
7	2
8	4
9	¿

EJEMPLO

5. En esta tabla se muestra el número de personas que ha visitado una exposición durante los primeros siete días.

Día	1	2	3	4	5	6	7
N.° de visitantes	1234	985	1123	1087	965	1345	1276

La relación entre ambas magnitudes, ¿es una función?

Esta relación la escribimos como los pares de valores: (1, 1234), (2, 985), (3, 1123)..., donde el primer número es el valor que toma la variable x, y el segundo, el valor de la variable y.

Variable independiente (x) → *Días tras la inauguración*

Variable dependiente (y) → *Número de visitantes que ha habido ese día*

A cada día (x) le corresponde un único número de visitantes (y). La relación es una función.

2.4. Expresión de una función mediante una gráfica

Los pares de una función, (x, y), indican puntos del plano en un sistema de coordenadas cartesianas. La representación de esos puntos es su **gráfica**.

La variable independiente, x, se representa en el eje de abscisas y la variable dependiente, y, en el eje de ordenadas.

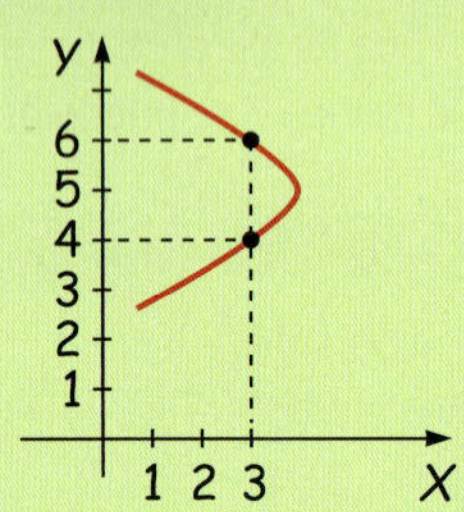

Cuando x vale 3, y puede valer 4 o 6. Esta gráfica no corresponde a una función.

EJEMPLO

6. Esta gráfica muestra el número de víctimas de accidentes de tráfico en los últimos años en España.

¿La relación entre el año y el número de víctimas es una función?

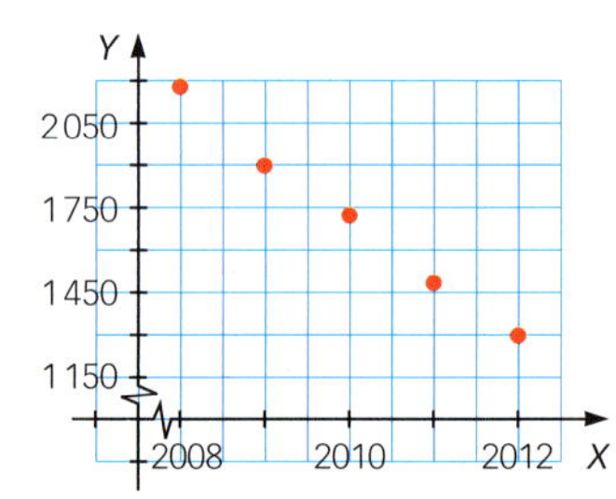

Esta relación se puede escribir como los pares: (2008, 2180), (2009, 1903), (2010, 1729)..., donde el primer número es el valor que toma la variable x (variable independiente), y el segundo, el valor de la variable y (variable dependiente).

Cada año (x) tiene un único número de víctimas (y). Es una función.

ACTIVIDADES

8 PRACTICA. Construye una tabla de valores para la función que a cada número lo relaciona con:

a) Su triple menos dos unidades.

b) La suma de su cuadrado y 2 unidades.

c) Su número opuesto más 3 unidades.

9 APLICA. Dibuja las gráficas que determinan las funciones de la actividad anterior.

10 REFLEXIONA. El precio de una entrada es 15,75 €. Expresa esta función mediante una ecuación, una tabla y una gráfica.

SABER HACER

Representar gráficamente una función

Un coche circula por una carretera a 90 km/h. Representa gráficamente la función que relaciona el tiempo que lleva circulando el coche con la distancia que recorre.

Pasos a seguir

1. Identificamos las dos variables que vamos a representar.

La distancia que recorre depende del tiempo circulando, así:

Variable independiente (x) → *Tiempo*

Variable dependiente (y) → *Distancia recorrida*

2. Calculamos, si es posible, la ecuación de la función.

$x = 1$ h → $y = 90 \cdot 1 = 90$ km recorridos

$x = 2$ h → $y = 90 \cdot 2 = 180$ km recorridos

$x = 3$ h → $y = 90 \cdot 3 = 270$ km recorridos…

Por tanto, podemos expresar la función como: $y = 90x$

3. Construimos una tabla de valores con los datos.

Tiempo (h)	1	2	3	4	…
Distancia (km)	$90 \cdot 1 = 90$	$90 \cdot 2 = 180$	$90 \cdot 3 = 270$	$90 \cdot 4 = 360$	…

4. Representamos los puntos obtenidos colocando la variable independiente en el eje X y la variable dependiente en el eje Y.

Y analizamos si tiene sentido unir los puntos.

Tenemos que representar los puntos: (1, 90), (2, 180), (3, 270), (4, 360)

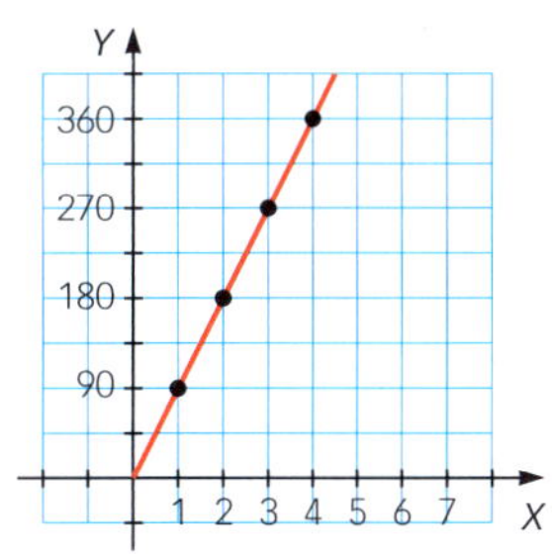

Tiene sentido hablar de 3,1 h, 4,09 h… al igual que 97,4 km; 192,32 km… Se unen los puntos mediante una línea porque ambas variables pueden tomar cualquier valor.

Antes de unir los puntos debemos reflexionar sobre si tiene sentido hacerlo o no.

Esto dependerá de los valores que puedan tomar las variables.

ACTIVIDADES

11 Representa la función que relaciona una medida en decámetros con su equivalente.

a) En metros b) En centímetros

12 Una familia consume semanalmente 10 barras de pan, 3 kg de carne, 16 ℓ de leche y 6 kg de frutas y verduras. Haz en unos ejes de coordenadas, utilizando diferentes colores, la representación gráfica del consumo a lo largo de seis semanas.

13 Un grifo, que arroja 4 ℓ de agua por minuto, se mantiene abierto hasta llenar un depósito de 200 ℓ. Representa la gráfica de la función que relaciona los minutos durante los que está abierto el grifo con:

a) La cantidad de agua arrojada

b) La cantidad de agua que falta para llenar el depósito

14 Representa gráficamente la función que relaciona la longitud x con el perímetro de la figura en cada caso.

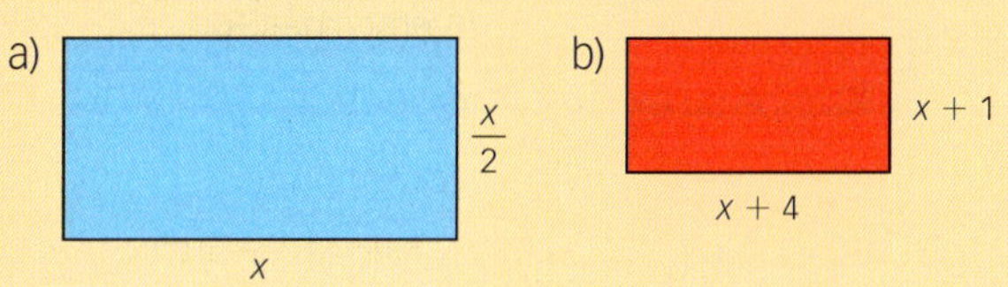

3 Características de una función

3.1. Dominio y recorrido

- El **dominio** de una función $f(x)$ es el conjunto de todos los valores que toma la variable independiente. Se representa por **Dom** ***f***.
- El **recorrido** de una función $f(x)$ es el conjunto de todos los valores que toma la variable dependiente. Se representa por **Im** ***f***.

RESUELVE EL RETO

Un caracol sube por un palo de 10 m de altura. Asciende 3 m durante el día y resbala 2 m por la noche. ¿Cuánto tiempo tardará en subir?

EJEMPLOS

7. Determina el dominio y el recorrido de la función que relaciona el número de entradas de cine vendidas y su precio, sabiendo que una entrada cuesta 6 €.

   El precio de las entradas que compramos depende del número de entradas que hemos comprado.

   La variable independiente, *número de entradas*, puede tomar valores: 1, 2, 3… Es decir, cualquier número natural. Esto lo escribimos así:

   $$\text{Dom } f = \{1, 2, 3\ldots\} = \mathbb{N}$$

   La variable dependiente, *precio de las entradas*, puede tomar valores: 6, 12, 18… Es decir, todos los múltiplos de 6. Esto lo escribimos así:

   $$\text{Im } f = \{6, 12, 18\ldots\} = \dot{6}$$

8. Determina el dominio de estas funciones.

   a) $y = 2x + 1$

   Esta función asocia a cada número su doble más uno. La variable independiente, x, puede tomar cualquier valor (se puede calcular el doble de cualquier número real). Esto lo escribimos así: $\text{Dom } f = \mathbb{R}$

   b) $y = \dfrac{1}{x}$

   Esta función asocia a cada número su inverso. La variable independiente, x, puede tomar cualquier valor excepto el 0 (un número no se puede dividir por 0). Esto lo escribimos así: $\text{Dom } f = \mathbb{R} - \{0\}$

ACTIVIDADES

15 PRACTICA. Dada la función que asocia a cada número real su triple menos 6, obtén su expresión algebraica, su dominio, recorrido y gráfica.

16 PRACTICA. Considerando la función que asocia a cada número real su inverso más 3.

a) Escribe su expresión algebraica.

b) Obtén su dominio y recorrido.

c) ¿Cuál es el valor de la función si $x = 2$?

17 APLICA. Indica el dominio y el recorrido de estas funciones.

a) $f(x) = x^2 - 7$

b) $f(x) = \dfrac{3}{4x}$

18 REFLEXIONA. Encuentra el dominio y el recorrido de estas funciones.

a) $f(x) = \dfrac{x-1}{2}$

b) $f(x) = |x|$

c) $f(x) = -2$

d) $f(x) = +\sqrt{x}$

SABER HACER

Calcular el dominio de una función

Calcula el dominio y el recorrido de esta función.

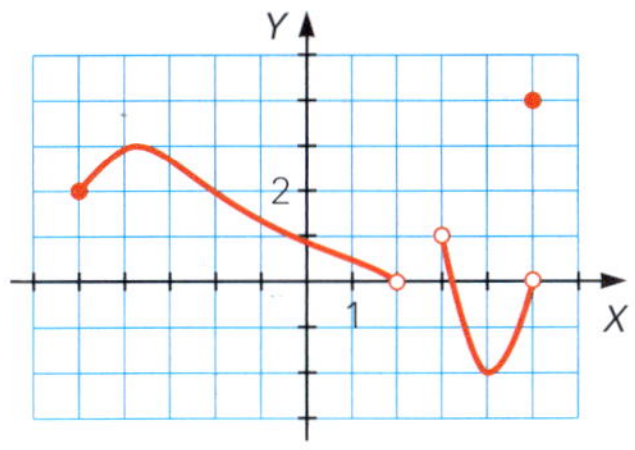

El dominio se define en el eje X y el recorrido en el eje Y.

Si el punto (a, b) pertenece a la gráfica de la función, entonces:

a pertenece a Dom f.

b pertenece a Im f.

Pasos a seguir

1. Determinamos los valores que puede tomar la variable x; para ello nos fijamos en el eje X.

   La función toma valores para x desde -5 hasta 2, sin incluir el 2, y desde 3 hasta 5, sin incluir el 3.

2. Escribimos el dominio.

   Para escribir el dominio de la función utilizamos intervalos.

   $\text{Dom } f = [-5, 2) \cup (3, 5]$

3. Determinamos los valores que puede tomar la variable y; para ello nos fijamos en el eje Y.

   La función toma valores para y desde -2 hasta 3, y además el punto 4.

4. Escribimos el recorrido utilizando intervalos.

   Para escribir el recorrido de la función utilizamos intervalos.

   $\text{Im } f = [-2, 3] \cup \{4\}$

ACTIVIDADES

19 Indica el dominio y el recorrido de estas funciones que aparecen de las notas de Sara.

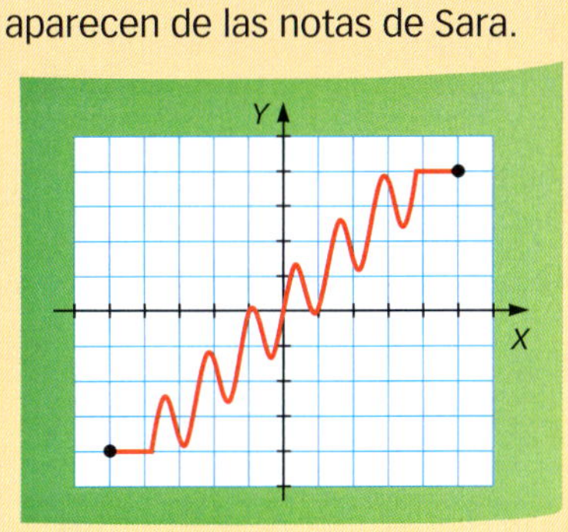

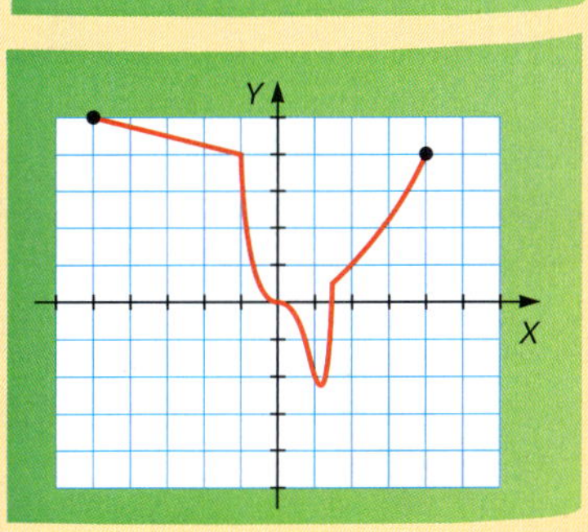

20 Indica el dominio y el recorrido de estas funciones.

a)

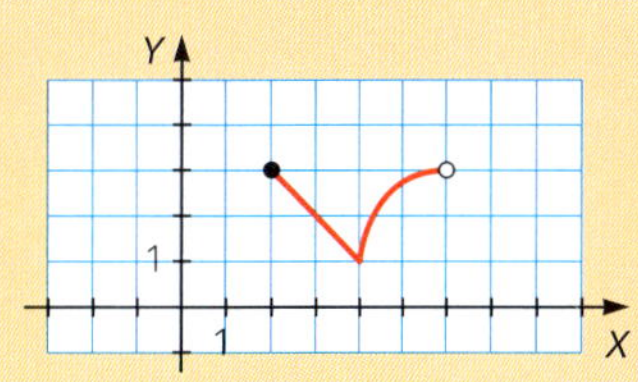

b)

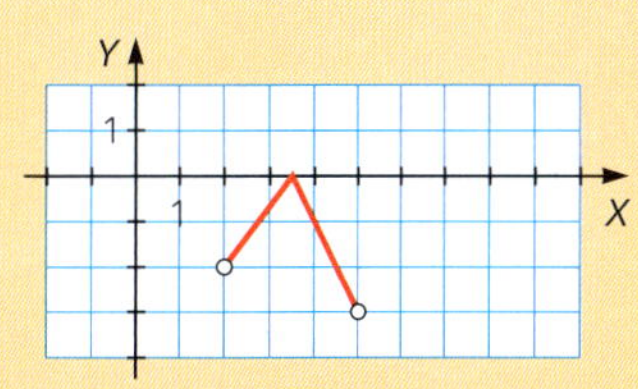

21 Esta es la gráfica de la temperatura de una ciudad durante todo el día. Indica el dominio y el recorrido.

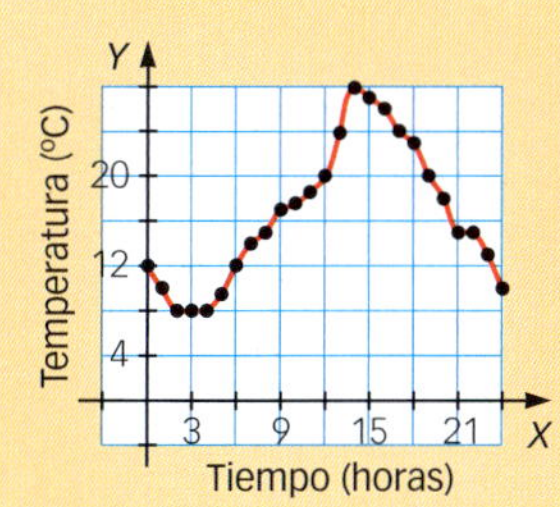

3.2. Continuidad

Una función es **continua** en los puntos de un intervalo si su gráfica puede dibujarse de un solo trazo.

Si al dibujar la gráfica de una función existe algún punto en el que se interrumpe, este es un **punto de discontinuidad** de la función.

Una función es continua cuando no tiene ningún punto de discontinuidad.

EJEMPLO

9. Decide si estas funciones son continuas. Si no lo son, indica los puntos de discontinuidad que presentan.

a) 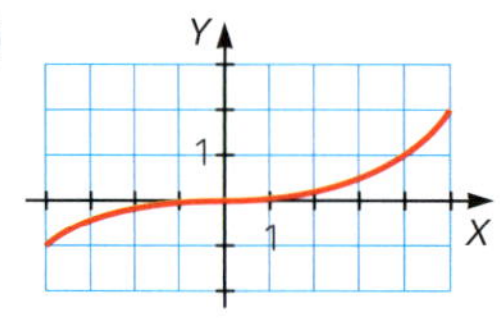

b) 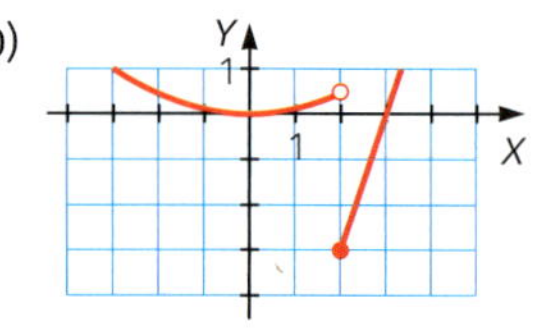

a) La gráfica se puede hacer de un solo trazo. Es una función continua.

b) La gráfica presenta un salto en $x = 2$; por tanto, la función no es continua. En el punto $x = 2$ presenta un punto de discontinuidad.

3.3. Puntos de corte

Los **puntos de corte** con los ejes de una función son los puntos de intersección de la gráfica con ambos ejes de coordenadas.

- Los puntos de corte con el eje X son de la forma $(a, 0)$ y el valor de a se calcula resolviendo la ecuación $f(x) = 0$.
- El punto de corte con el eje Y, si existe, es de la forma $(0, b)$ y el valor de b se calcula hallando $f(0)$, $f(0) = b$.

RESUELVE EL RETO

Si una función continua corta a Y en $y = 3$ y no corta al eje X. ¿Qué podemos decir de su recorrido?

EJEMPLO

10. Indica cuáles son los puntos de corte de esta función.

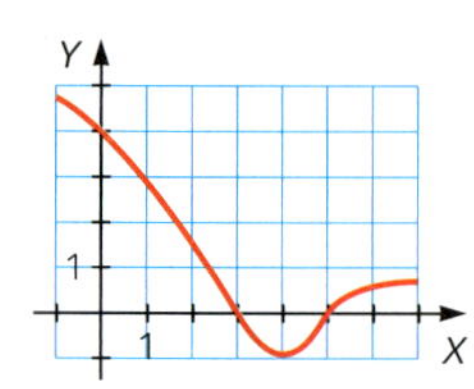

- Puntos de corte con el eje X: (3, 0) y (5, 0).
- Punto de corte con el eje Y: (0, 4).

ACTIVIDADES

22 PRACTICA. Observa la gráfica de esta función y determina los puntos de discontinuidad y los puntos de corte con los ejes.

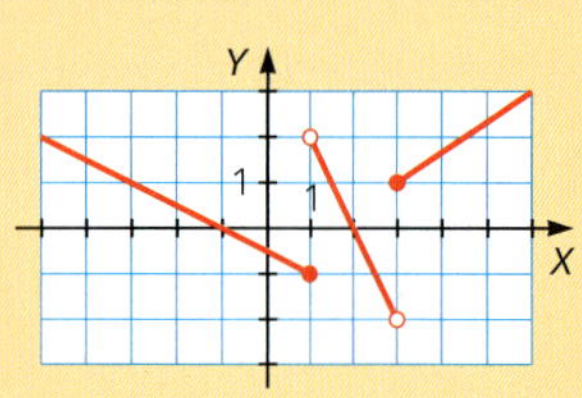

23 APLICA. Dibuja una función continua para todos los valores de x excepto en $x = -2$ y $x = 4$, y que corte a los ejes en (0, 4), (2, 0) y (6, 0).

24 REFLEXIONA. Halla los puntos de corte con los ejes de $f(x) = ax + b$, donde a y b son números, sabiendo que pasa por los puntos (1, 1) y (2, −1).

SABER HACER

Calcular los puntos de corte de una función

Halla los puntos de corte con los ejes de estas funciones.

a) $y = 3x + 1$ **b)** $y = x^2 - x - 6$

Una función puede tener más de un punto de corte con el eje X y solo uno con el eje Y.

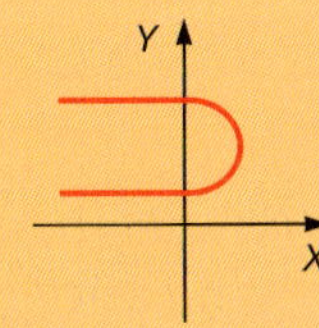

Si tiene más de un punto de corte con el eje Y, no es una función.

Pasos a seguir

1. Resolvemos la ecuación $f(x) = 0$ para hallar los puntos de corte con el eje X.

a) $f(x) = 3x + 1$

$3x + 1 = 0 \rightarrow x = -\frac{1}{3}$

b) $f(x) = x^2 - x - 6$

$x^2 - x - 6 = 0$

$x = \frac{1 \pm \sqrt{(-1)^2 - 4 \cdot 1 \cdot (-6)}}{2} \rightarrow \begin{cases} x_1 = 3 \\ x_2 = -2 \end{cases}$

2. Escribimos los puntos cuya primera coordenada es la x que hemos calculado, y con segunda coordenada 0.

a) Punto de corte con el eje X: $\left(-\frac{1}{3}, 0\right)$

b) Puntos de corte con el eje X: (3, 0) y (−2, 0)

3. Calculamos $f(0)$ para hallar el punto de corte con el eje Y.

a) $f(x) = 3x + 1$

$x = 0 \rightarrow f(0) = 3 \cdot 0 + 1 = 1$

b) $f(x) = x^2 - x - 6$

$x = 0 \rightarrow f(0) = 0^2 - 0 - 6 = -6$

4. Escribimos el punto cuya primera coordenada es 0, y con segunda coordenada el valor que hemos calculado.

a) Punto de corte con el eje Y: (0, 1)

b) Punto de corte con el eje Y: (0, −6)

ACTIVIDADES

25 Halla los puntos de corte con el eje de abscisas de estas funciones.

a) $y = 4x - 1$

b) $y = 2x^2 + 4$

c) $y = \frac{x^2 - 5}{2}$

d) $y = \frac{3x + 2}{5}$

e) $y = (x - 1)^2$

f) $y = 3(x + 1)$

26 Halla los puntos de corte con el eje de ordenadas de estas funciones.

a) $y = 3 - x$

b) $y = 2 + \frac{x}{3}$

c) $y = x^2 - x + 2$

d) $y = \frac{x - 3}{5} + 1$

e) $y = (x - 2)^2$

f) $y = \frac{x - 8}{3}$

g) $y = -4x - 4$

h) $y = \frac{x^2 - 9}{10}$

27 Relaciona cada función con sus puntos de corte.

a) $f(x) = \frac{x^2 - 1}{4}$

b) $g(x) = 3x^2$

c) $h(x) = 4(2 - x)$

d) $i(x) = \frac{x + 1}{2}$

I) (0, 0)

II) (0, 8), (2, 0)

III) (0; −0,25), (1, 0), (−1, 0)

IV) (0; 0,25), (−1, 0)

28 Algunas de estas funciones tienen el mismo punto de corte con el eje Y. ¿Cuáles son?

a) $f(x) = 2x + 3$

b) $g(x) = -x + 4$

c) $h(x) = 3(x + 1)$

d) $i(x) = \frac{x}{2} + 3$

e) $j(x) = 3$

29 ¿Pueden tener los mismos puntos de corte con los ejes dos funciones diferentes? Dibuja la gráfica de dos funciones que cumplan esta condición.

3.4. Crecimiento y decrecimiento

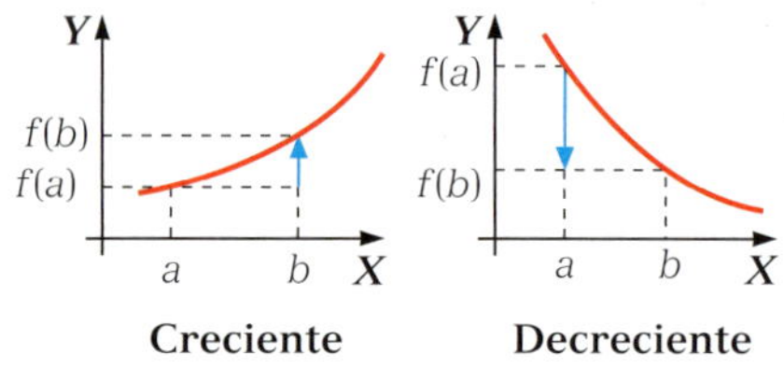

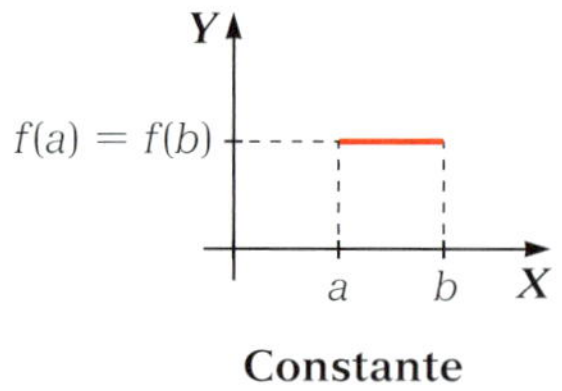

Dada una función $f(x)$ y los valores $x = a$ y $x = b$, tales que $a < b$:

- Si $f(b) > f(a)$, la **función** es **creciente** entre a y b.
- Si $f(b) < f(a)$, la **función** es **decreciente** entre a y b.
- Si $f(b) = f(a)$, la **función** es **constante** entre a y b.

Para estudiar estas propiedades de crecimiento y decrecimiento en el intervalo (a, b), los valores a y b no pueden ser números cualesquiera, sino que deben estar lo suficientemente próximos.

EJEMPLO

11. ¿Son estas funciones crecientes o decrecientes en el intervalo (3, 5)?

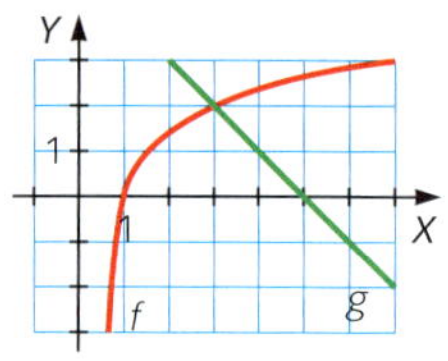

$f(5) > f(3) \rightarrow f(x)$ es creciente entre 3 y 5.

$g(5) < g(3) \rightarrow g(x)$ es decreciente entre 3 y 5.

3.5. Máximos y mínimos

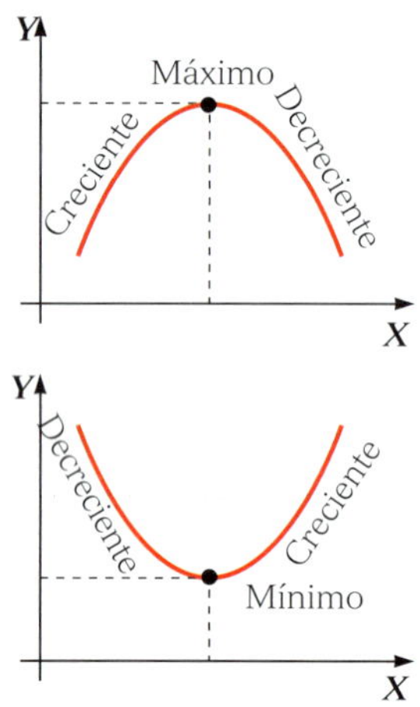

- Una función continua tiene un **máximo** en el punto $x = a$ cuando pasa de ser creciente a decreciente en ese punto.
- Una función continua tiene un **mínimo** en el punto $x = a$ cuando pasa de ser decreciente a creciente en ese punto.

EJEMPLO

12. Decide si estas funciones tienen un máximo o un mínimo en $x = 3$.

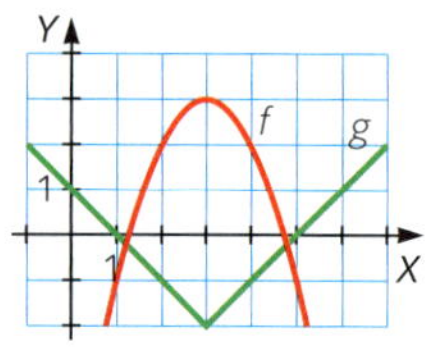

En $x = 3$, $f(x)$ pasa de ser creciente a ser decreciente $\rightarrow f(x)$ tiene un máximo.

En $x = 3$, $g(x)$ pasa de ser decreciente a ser creciente $\rightarrow g(x)$ tiene un mínimo.

ACTIVIDADES

30 PRACTICA. Determina el crecimiento, el decrecimiento, los máximos y los mínimos de esta función.

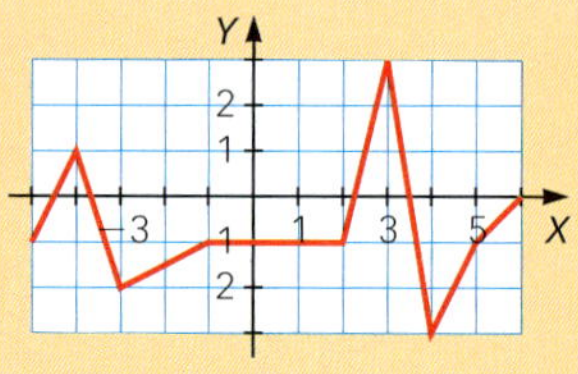

31 APLICA. Dibuja la gráfica de una función que sea creciente en los intervalos $(-4, 0)$ y $(6, 9)$ y decreciente en el resto.

32 REFLEXIONA. Analiza el crecimiento y el decrecimiento de la función $y = |x - 3|$.

SABER HACER

Interpretar el crecimiento y decrecimiento de una función

Esta gráfica representa la velocidad de descarga de datos en el móvil de Verónica a lo largo de un día.

Estudia cómo crece y decrece la velocidad para la descarga de datos. ¿A qué hora consigue Verónica mayor velocidad en su móvil? ¿Cuándo es más lento?

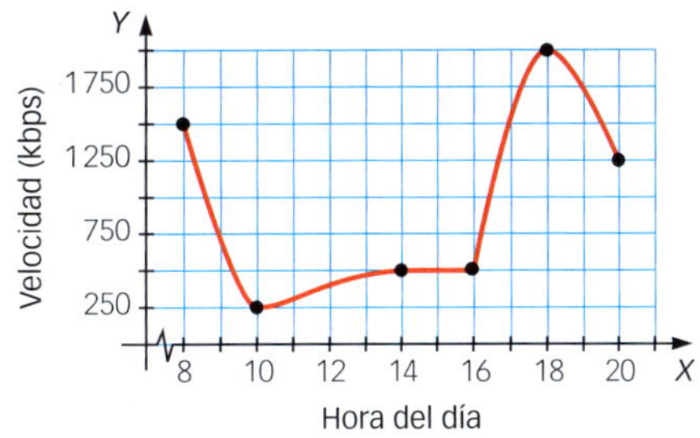

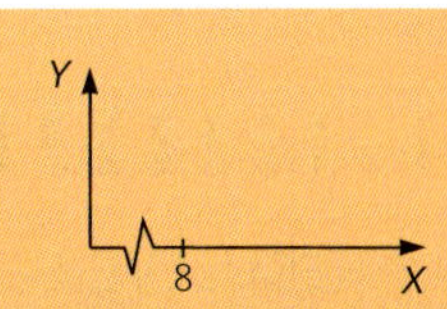

Este quebrado significa que en el eje X, a la izquierda del 8, hay un trozo de eje del que hemos prescindido porque no tiene gráfica.

Pasos a seguir

1. Determinamos los intervalos de crecimiento y decrecimiento, y si hay algún tramo constante.

- La función decrece en los intervalos: (8, 10) y (18, 20).
- La función crece en los intervalos: (10, 14) y (16, 18).
- La función es constante en el intervalo: (14, 16).

2. Interpretamos los resultados obtenidos.

Decrecimiento: La velocidad de descarga de datos disminuye por la mañana, desde las 8:00 h a las 10:00 h, pasa de 1500 kbps a 250 kbps; y por la tarde, de 18:00 h a 20:00 h, pasa de 2000 kbps a 1250 kbps.

Crecimiento: La velocidad aumenta por la mañana, entre 10:00 h y 14:00 h, pasa de 250 a 500 kbps; y por la tarde, de 16:00 h a 18:00 h, pasa de 500 a 2000 kbps.

Función constante: Al final de la mañana, de 14:00 h a 16:00 h, la velocidad es la misma.

3. Estudiamos si hay algún máximo o mínimo.

- Hay un máximo en $x = 18$.
- Hay un mínimo en $x = 10$.

4. Interpretamos los resultados obtenidos.

A las 18:00 h, la velocidad de descarga de datos es la mayor de todo el día, 2000 kbps; y a las 10:00 h de la mañana es cuando el móvil de Verónica va más lento, 250 kbps.

ACTIVIDADES

33 Esta gráfica representa el número de litros por metro cuadrado a lo largo de un día lluvioso.

a) ¿Cuáles son los intervalos de tiempo en que aumentó la cantidad de litros por metro cuadrado? ¿Y en los que disminuyó?

b) ¿A qué hora del día llovió más?

c) ¿Y la hora en que la cantidad de litros por metro cuadrado fue la menor?

34 La siguiente gráfica muestra la evolución de la temperatura de un paciente a lo largo de 10 horas.

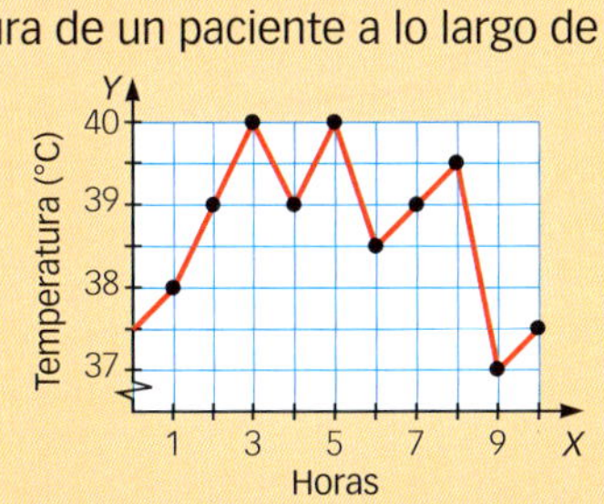

a) ¿Cuáles son los períodos de tiempo en los que le aumenta la temperatura? ¿Y en los que le disminuye?

b) ¿Cuál fue el momento en que su temperatura fue máxima?

c) ¿A qué hora registró la temperatura mínima?

RESUELVE EL RETO

La función que mide el ángulo que forman las manecillas del reloj a medida que pasa el tiempo es periódica. ¿Cuál es el valor del período?

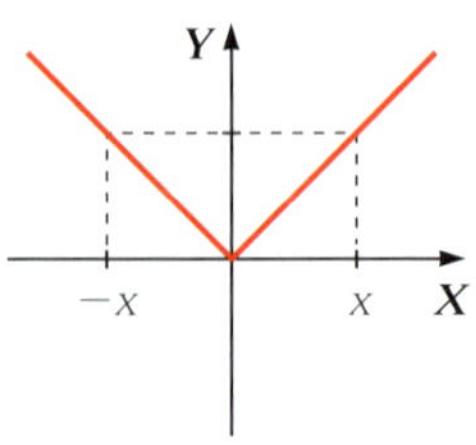

Función par o simétrica respecto al eje Y

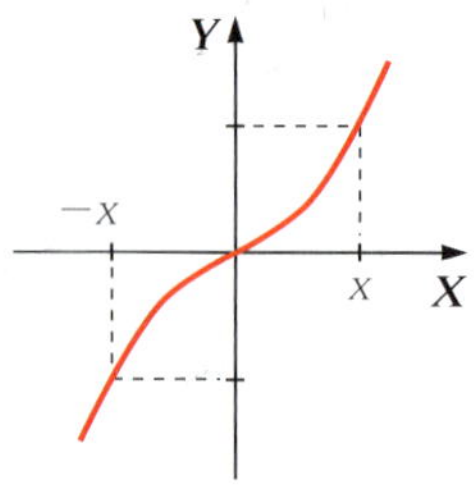

Función impar o simétrica respecto del origen

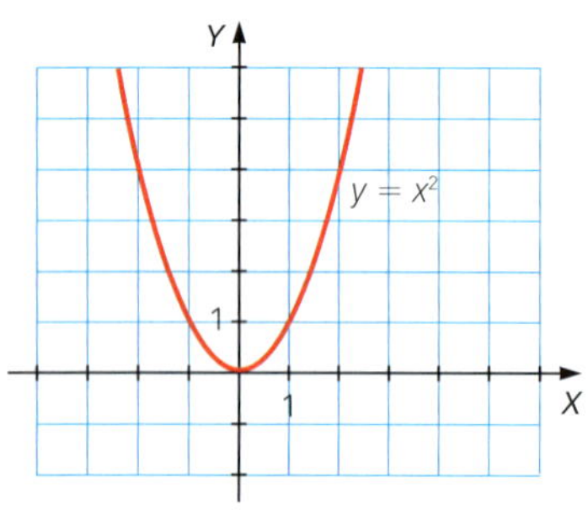

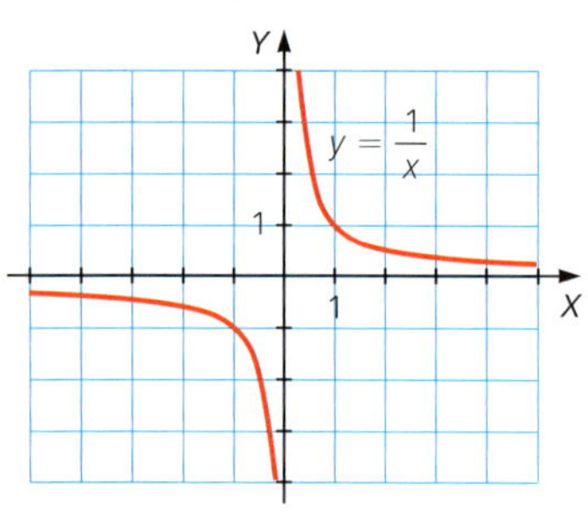

3.6. Periodicidad

Una función es **periódica** si su gráfica se repite cada cierto intervalo, llamado **período**. Es decir, se cumple que:

$f(x) = f(x + T) = f(x + 2T) = \ldots$, siendo T el valor del período.

EJEMPLO

13. Determina si esta función es periódica.

La gráfica se repite en intervalos de longitud 4.

$f(0) = f(4) = f(8) = \ldots$

$f(1) = f(5) = f(9) = \ldots$

Es decir: $f(x) = f(x + 4) = f(x + 2 \cdot 4) = \ldots$

Por tanto, su período es $T = 4$.

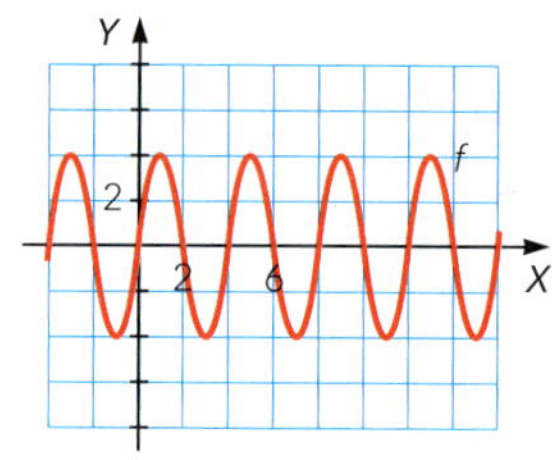

3.7. Simetría

Una función es simétrica respecto del eje de ordenadas, o **función par**, cuando $f(-x) = f(x)$.

Una función es simétrica respecto del origen de coordenadas, o **función impar**, cuando $f(-x) = -f(x)$.

EJEMPLO

14. Estudia las simetrías de estas funciones.

a) $y = x^2$ b) $y = \dfrac{1}{x}$

a) • Simetría respecto del eje Y: $f(-x) = (-x)^2 = x^2$ $\quad f(x) = x^2$

$f(-x) = f(x) \rightarrow$ Es simétrica respecto del eje Y.

• Simetría respecto del origen: $f(-x) = (-x)^2 = x^2$ $\quad -f(x) = -x^2$

$f(-x) \neq -f(x) \rightarrow$ No es simétrica respecto del origen.

b) • Simetría respecto del eje Y: $f(-x) = \dfrac{1}{-x} = -\dfrac{1}{x}$ $\quad f(x) = \dfrac{1}{x}$

$f(-x) \neq f(x) \rightarrow$ No es simétrica respecto del eje Y.

• Simetría respecto del origen: $f(-x) = \dfrac{1}{-x} = -\dfrac{1}{x}$ $\quad -f(x) = -\dfrac{1}{x}$

$f(-x) = -f(x) \rightarrow$ Es simétrica respecto del origen.

ACTIVIDADES

35 PRACTICA. Dibuja la gráfica de una función periódica de período 2.

36 PRACTICA. Estudia las simetrías de la función $y = x^3$.

37 APLICA. Dibuja la gráfica de una función par de la que se sabe que $f(-2) = -1$ y $f(3) = 0$.

38 REFLEXIONA. Una función simétrica respecto del origen, ¿puede ser periódica?

SABER HACER

Estudiar una función

Estudia la gráfica de esta función que muestra la evolución de la temperatura de un paciente durante 24 horas, tomada cada 2 horas.

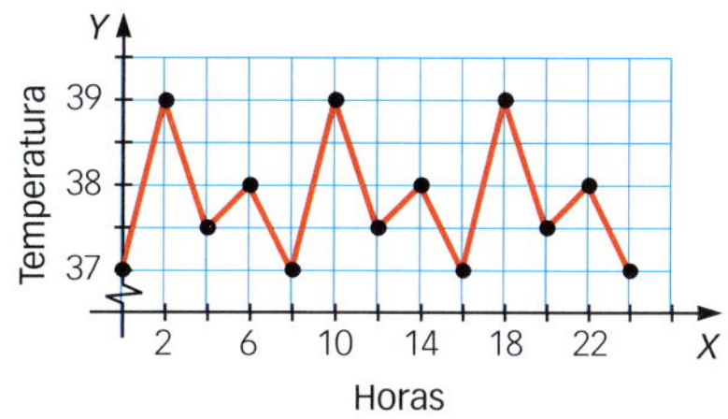

Pasos a seguir

1. Determinamos el dominio y el recorrido.
   - En el eje X, las horas toman valores entre 0 y 24 → Dom $f = [0, 24)$
   - En el eje Y, la temperatura toma valores entre 37 y 39 → Im $f = [37, 39]$

2. Calculamos los puntos de corte.
   - Cortes con el eje X: la gráfica no corta al eje X.
   - Cortes con el eje Y: corta al eje Y en 37 °C → Punto de corte (0, 37)

3. Analizamos el crecimiento y el decrecimiento.
   - Es creciente en los intervalos: (0, 2), (4, 6), (8, 10), (12, 14), (16, 18), (20, 22)
   - Es decreciente en los intervalos: (2, 4), (6, 8), (10, 12), (14, 16), (18, 20), (22, 24)

4. Identificamos los máximos y los mínimos.
   - Máximos → $x = 2$ $x = 6$ $x = 10$ $x = 14$ $x = 18$ $x = 22$
   - Mínimos → $x = 4$ $x = 8$ $x = 12$ $x = 16$ $x = 20$

5. Comprobamos si la función es periódica.

   La parte entre 0 y 8 se repite periódicamente: $f(0) = f(8) = f(16) = f(24)$

   La función es periódica, con período $T = 8$.

6. Decidimos si la función presenta simetrías.

   En este caso no hay simetrías, la gráfica solo existe en el primer cuadrante.

- **Simetría par:** la gráfica del 1.er cuadrante se repite en el 2.°, y la del 3.° en el 4.°.
- **Simetría impar:** la gráfica del 1.er cuadrante se repite en el 3.°, y la del 2.° en el 4.°.

ACTIVIDADES

39 En la gráfica se muestra la velocidad de Pablo (en kilómetros por hora) durante una carrera.

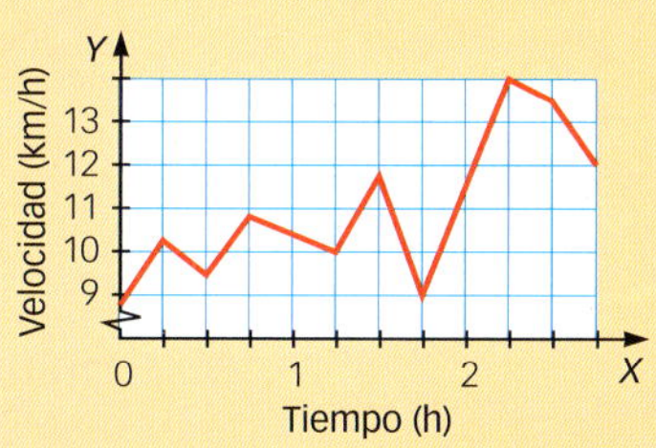

a) Analiza su continuidad.
b) ¿En qué puntos corta a los ejes?
c) Estudia su crecimiento.
d) Señala sus máximos y mínimos.
e) ¿A partir de qué minuto supera Pablo los 12 kilómetros por hora?

40 El gráfico indica la altura del sol sobre el horizonte (en metros) en una ciudad el día 1 de octubre.

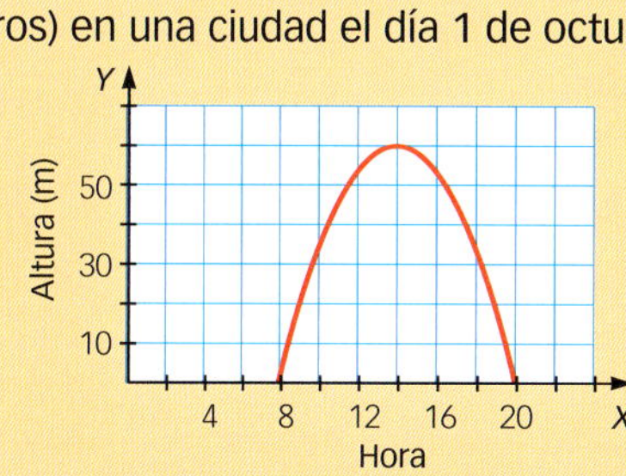

a) ¿A qué hora sale el sol y a qué hora se pone?
b) ¿Es una función continua?
c) Calcula sus intervalos de crecimiento y decrecimiento.
d) ¿Cuál es el máximo de la función?
e) ¿Cuántas horas de sol hay ese día?

Concepto de función

41 Señala qué relaciones son funciones.

a) Un número y su mitad

b) Un número y su valor absoluto

c) Un número y su raíz cuadrada

d) Un número y su raíz cúbica

42 Indica cuáles de estas relaciones geométricas son funciones.

a) Radio de un círculo y su área

b) Perímetro de un rectángulo y área del rectángulo

c) Base de un rectángulo y su perímetro

SABER HACER

Identificar la gráfica de una función

43 Indica si estas gráficas son de una función.

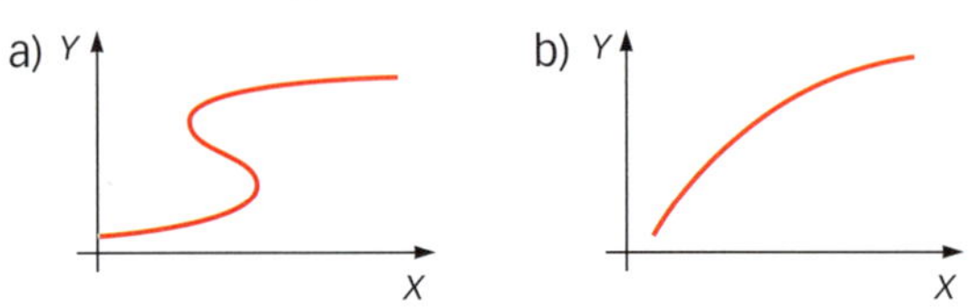

PRIMERO. Se determina si a algún valor de x le corresponde más de un valor de y.

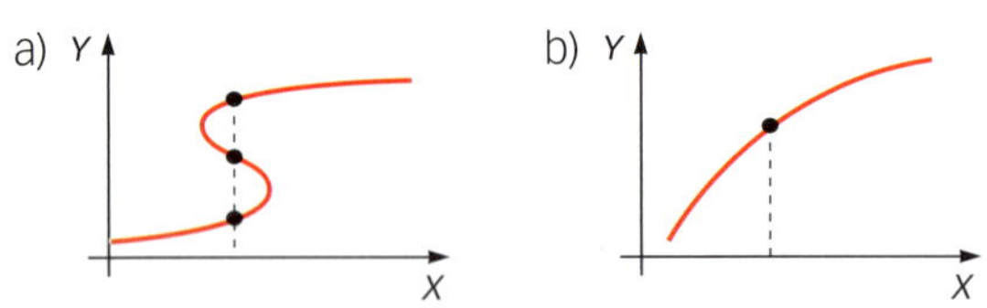

SEGUNDO. Si ocurre así, la gráfica no corresponde a una función; es el caso de la gráfica a). En caso contrario, sí es una función; es el caso de la gráfica b).

44 Indica cuáles son funciones y cuáles no.

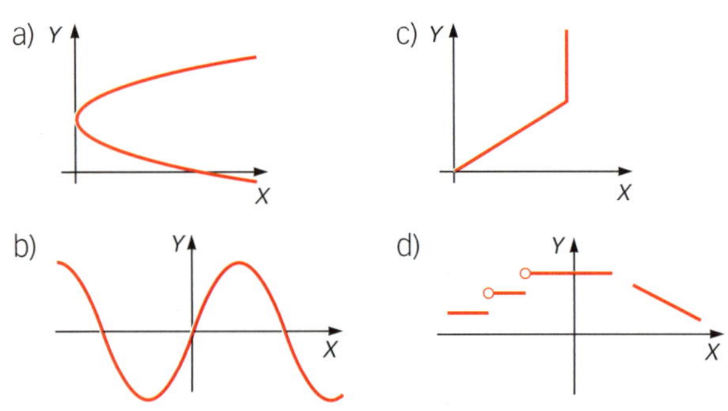

45 Realiza una representación gráfica que muestre la medida de la sombra de una farola a lo largo de un día soleado.

a) Razona si se trata de una función.

b) Si cada día se realizara esta gráfica, ¿sería la misma?

Expresión de una función

46 Encuentra la expresión algebraica de la relación que a cada número le hace corresponder:

a) Su tercera parte más dos

b) La mitad de su triple

c) La raíz cuadrada de su cubo

47 Escribe la relación entre las siguientes magnitudes con una expresión algebraica.

a) Área de un cuadrado y su lado

b) Apotema de un hexágono regular y lado del hexágono

c) Volumen de una esfera y radio de la esfera

48 Para la función $y = 4x - 3$, calcula el valor de la abscisa o la ordenada en cada caso.

a) $x = 3$ b) $y = -1$ c) $x = -2$ d) $y = 5$

49 Calcula el valor de las siguientes funciones para $x = -1$, $x = 2$ y $x = 3$.

a) $f(x) = x^2 - 4$

b) $f(x) = \dfrac{2x - 1}{3}$

c) $f(x) = 3x - 6$

d) $f(x) = (x + 2)^2$

50 Elabora una tabla de valores para cada una de las funciones y realiza su gráfica.

a) $f(x) = x - 3$

b) $f(x) = \dfrac{1 - x}{2}$

c) $f(x) = 5x - 1$

d) $f(x) = \dfrac{x}{2} + 4$

e) $f(x) = -x + 6$

f) $f(x) = -2 + \dfrac{3x}{4}$

SABER HACER

Construir una tabla de valores a partir de la gráfica de una función

51 Construye una tabla de valores para la función cuya representación ves.

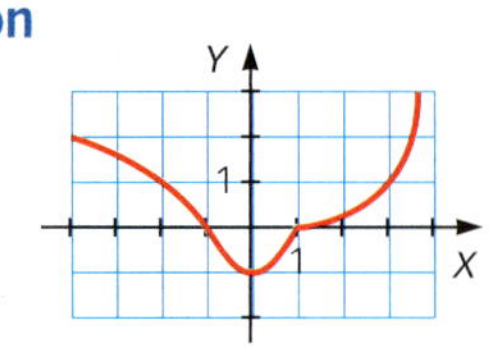

PRIMERO. Se escogen y se señalan los puntos de la gráfica que tienen coordenadas enteras, si estos existen.

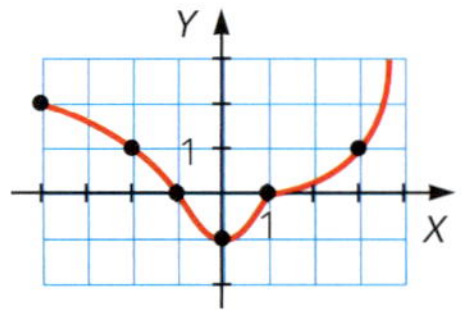

SEGUNDO. Se identifican la abscisa y la ordenada de cada uno de ellos y se construye la tabla de valores.

x	-4	-2	-1	0	1	3
y	2	1	0	-1	0	1

52 Haz una tabla de valores para cada gráfica.

a)

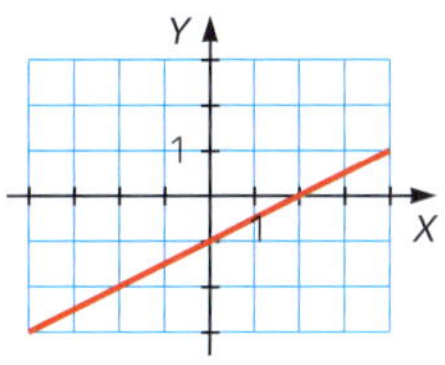

b)

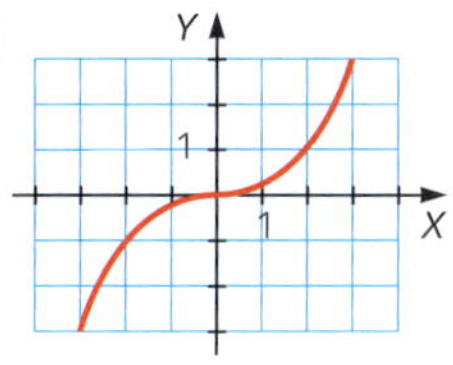

53 Realiza una tabla de valores que se ajuste a esta representación gráfica.

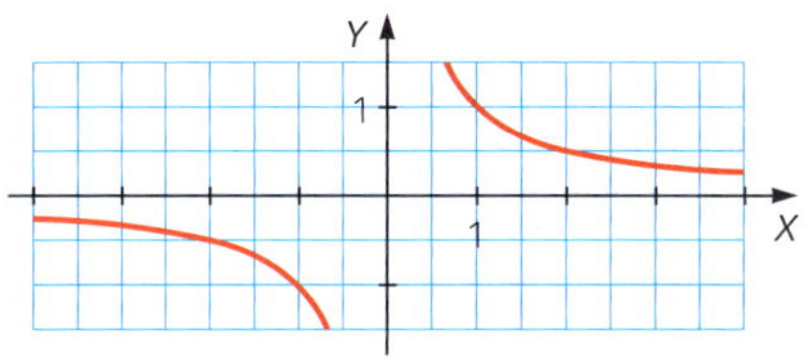

54 Encuentra la expresión algebraica que relaciona la base y la altura de los rectángulos de área 48 m^2. Elabora una tabla con algunos valores enteros.

55 Considera la función $f(x) = 2x^2 + 1$. Responde verdadero o falso razonadamente.

a) El valor que corresponde a $x = 2$ es $f(2) = 9$.

b) Para $x = 1$ y $x = -1$ tenemos $f(1) = f(-1)$.

c) La función nunca toma el valor 0.

d) La función toma valores negativos para las abscisas negativas.

Características de una función

56 Halla el dominio y el recorrido de estas funciones.

a) $y = 3x - 4$ c) $y = x^2 + 2$ e) $y = (x - 3)^2$

b) $y = \dfrac{4x}{3}$ d) $y = \dfrac{x}{2} + 6$ f) $y = \dfrac{2x + 4}{5}$

57 Calcula el dominio de las siguientes funciones.

a) $y = \sqrt{x + 2}$ b) $y = \dfrac{4}{x - 2}$ c) $y = \dfrac{4}{x} - 2$

58 Indica el dominio y el recorrido de las funciones representadas. ¿Son continuas?

a)

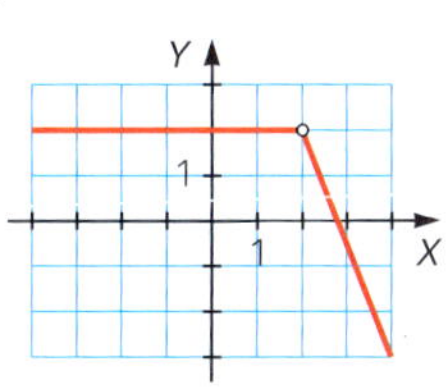

b)

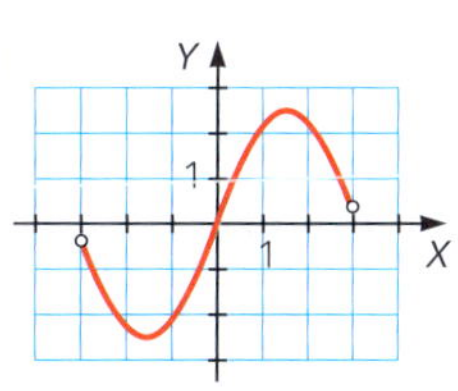

59 Halla los puntos de corte con los ejes de estas funciones.

a) $y = 3x - 2$ d) $y = x^2 - 2$

b) $y = -2$ e) $y = 5$

c) $y = 4x + 1$ f) $y = (x - 1)^2$

60 Elabora una tabla de valores para cada una de las funciones, haz la representación gráfica y analiza la continuidad.

a) $y = \dfrac{2}{x} - 1$ c) $y = \dfrac{3}{2x}$ e) $y = \dfrac{x - 4}{x}$

b) $y = \sqrt{x + 1}$ d) $y = \sqrt{3x}$ f) $y = \sqrt{4 - 2x}$

61 Observa los precios, en euros, del kilogramo de patatas en el período 2006-2010.

Representa los datos en una gráfica y analiza su crecimiento y decrecimiento.

Año	2006	2007	2008	2009	2010
Precio	0,51	0,65	0,57	0,49	0,64

62 Indica el dominio, el recorrido, la continuidad, el crecimiento y los máximos y mínimos, si existen.

a)

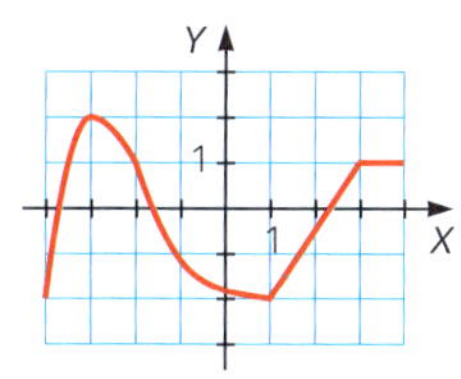

b)

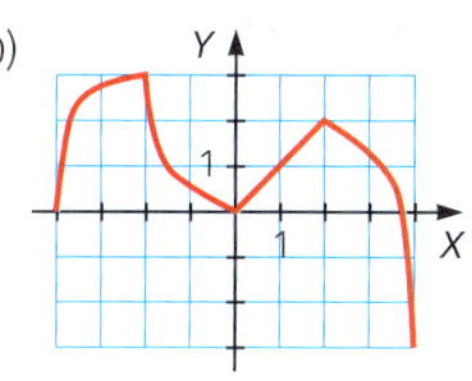

63 Señala las funciones periódicas y escribe su período.

a)

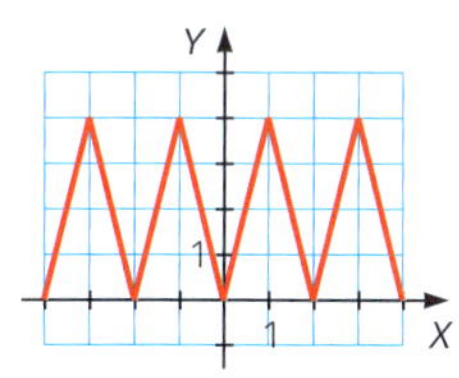

c)

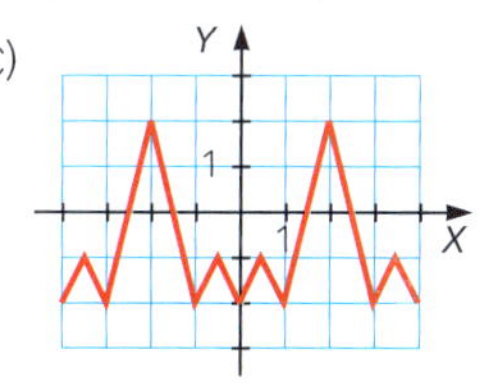

b)

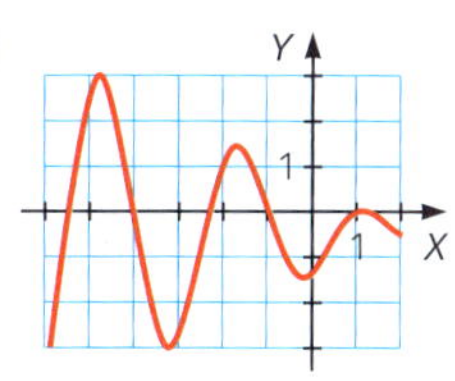

d)

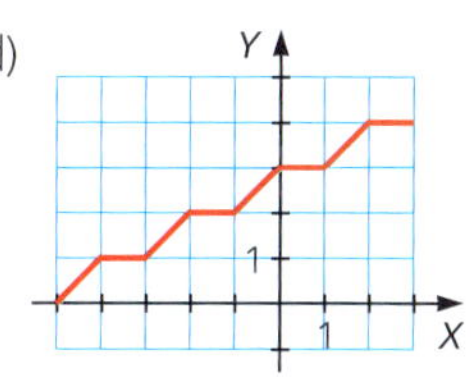

64 Completa en tu cuaderno las gráficas para que las funciones sean simétricas respecto del eje Y.

a)

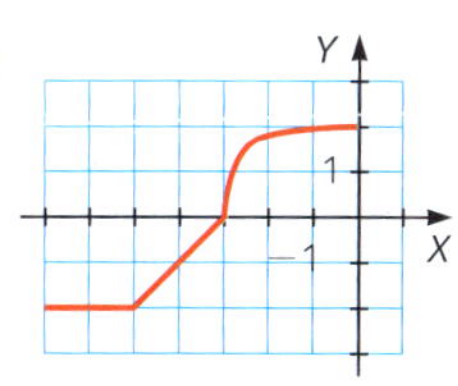

c)

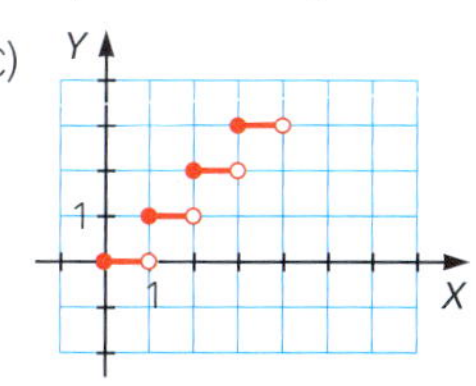

b)

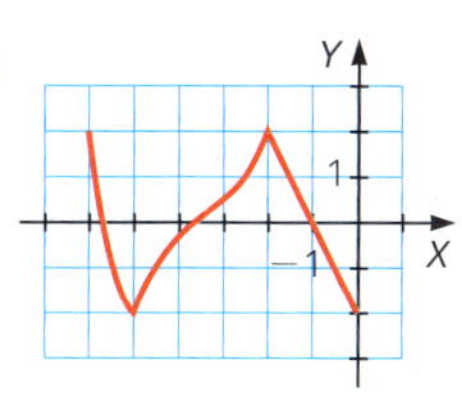

d)

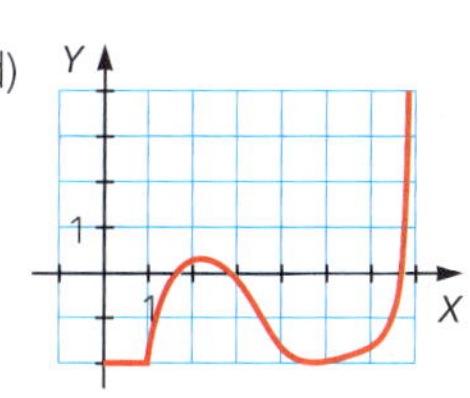

65 Completa en tu cuaderno las gráficas para que las funciones sean simétricas respecto del origen.

a) 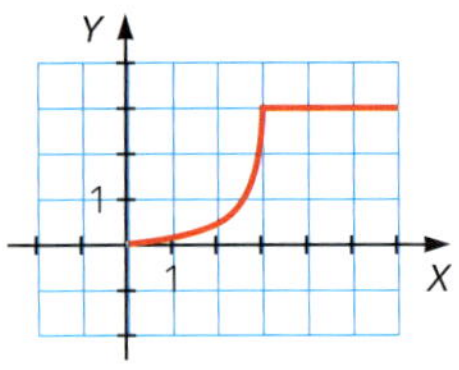

b) 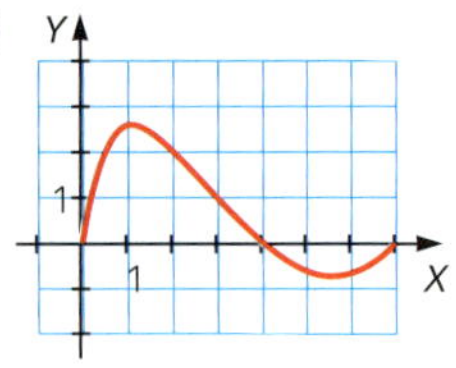

66 Comprueba si las siguientes funciones son simétricas y si lo son di de qué tipo.

a) $y = x^2 + x$ c) $y = (x - 2)^2$ e) $y = x^3$

b) $y = \dfrac{x}{2}$ d) $y = x^2 - 2x^3$ f) $y = \dfrac{3}{x}$

SABER HACER

Representar una función conociendo algunas de sus características

67 Representa una función que cumple:

- Dom $f = \mathbb{R}$
- $f(-1) = 2$
- Corta a los ejes en los puntos (0, 1) y (3, 0).
- Decrece en $(-\infty, 0) \cup (2, +\infty)$.
- Crece en (0, 2) y tiene un máximo en (2, 4).

PRIMERO. Se representan los puntos por los que pasa.

SEGUNDO. Se dibujan flechas en las curvas que describen el crecimiento y el decrecimiento.

TERCERO. Se representa la función siguiendo las flechas y pasando por los puntos señalados.

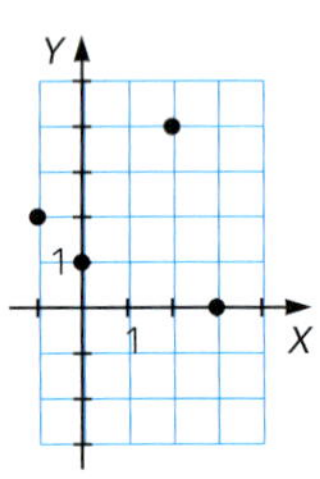

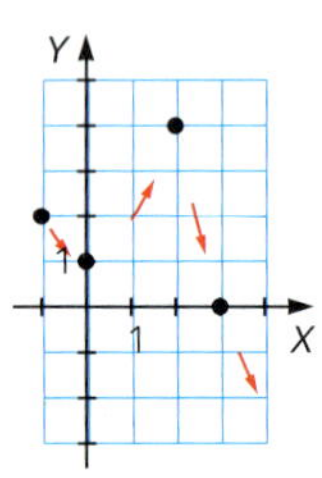

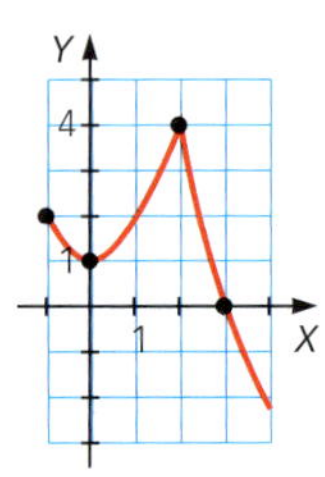

68 Dibuja una función con estas características.

- Dominio: $[-3, 9]$
- Recorrido: $[0, 6]$
- La ordenada en el origen es 5.
- $f(-3) = 1$, $f(-2) = 0$, $f(4) = 6$ y $f(9) = 2$

69 Dibuja una función cuyos dominio y recorrido son $\mathbb{R}$, creciente hasta $x = 3$ y decreciente en el resto, y con un máximo de ordenada 8.

70 Estudia las características de estas funciones.

a) $y = 5x - 3$ b) $y = \dfrac{x + 3}{2}$ c) $y = x^2 + 2x - 3$

71 Analiza si existen las siguientes funciones; en caso afirmativo ilustra tu respuesta.

a) Función siempre creciente y simétrica respecto del origen

b) Función periódica y siempre creciente

c) Función periódica simétrica respecto del eje X

SABER HACER

Relacionar gráfica con enunciado

72 ¿Qué gráfica corresponde al enunciado?

«El dominio es $(-5, 5)$; el recorrido es $(-6, 4)$; crece en (0, 5) y decrece en $(-5, 0)$; presenta un mínimo en $(0, -6)$ y dos puntos de corte con el eje X: $(-2, 0)$ y $(4, 0)$».

a) 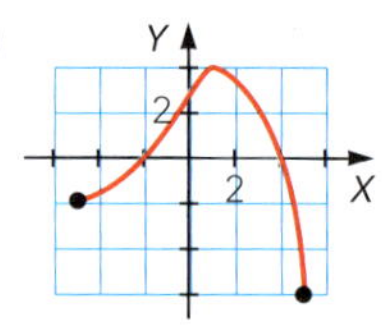

c) 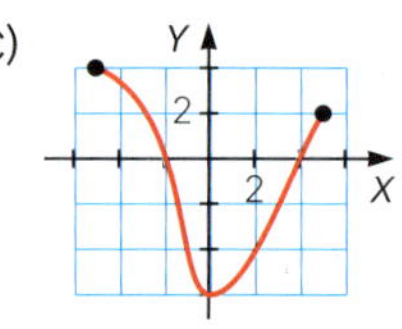

b) 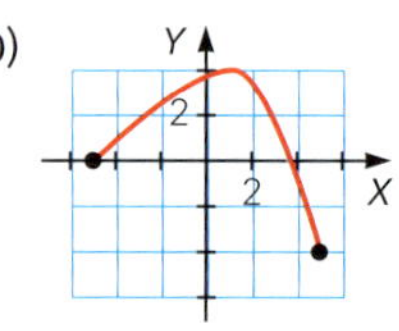

d) 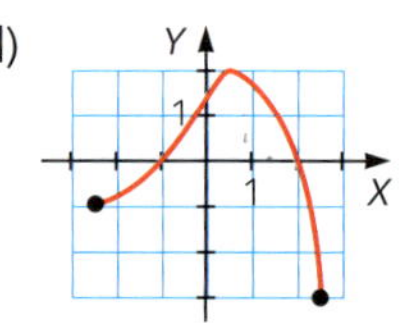

PRIMERO. Se comprueban el dominio y el recorrido.

La gráfica d) no cumple dominio ni recorrido y la gráfica b) no cumple recorrido, por tanto, se descarta.

SEGUNDO. Se comprueban los puntos de corte, el crecimiento y el máximo.

La gráfica a) no cumple las condiciones de crecimiento, se descarta. La gráfica c) cumple todos los requisitos.

73 Identifica la gráfica que cumple:

- Pasa por $(-1, -3)$ y $(2, 1)$.
- Crece hasta $x = -3$ y desde $x = 0$.
- Decrece entre $x = -3$ y $x = 0$.

a) 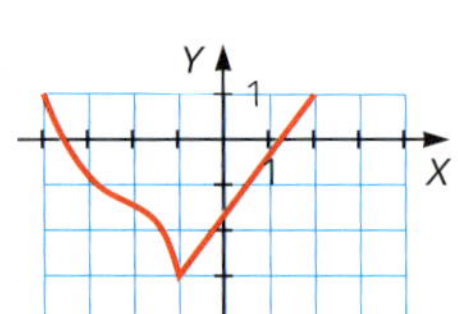

c) 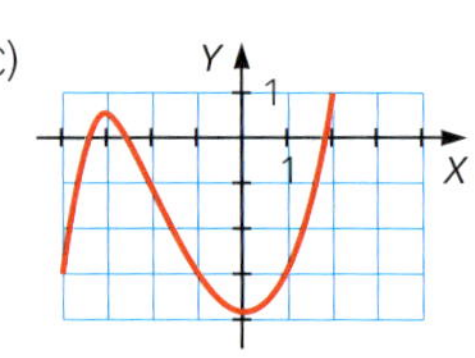

b) 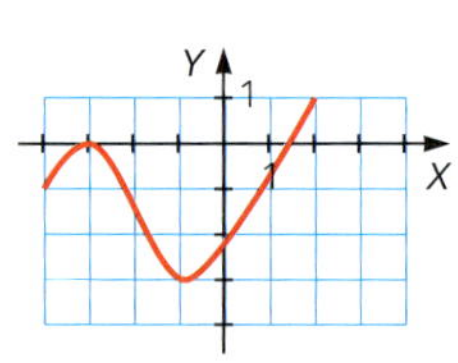

d) 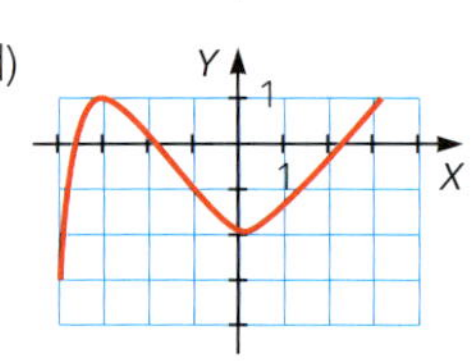

Problemas

74 La gráfica muestra el número de pasajeros de un autobús urbano a lo largo de sus paradas.

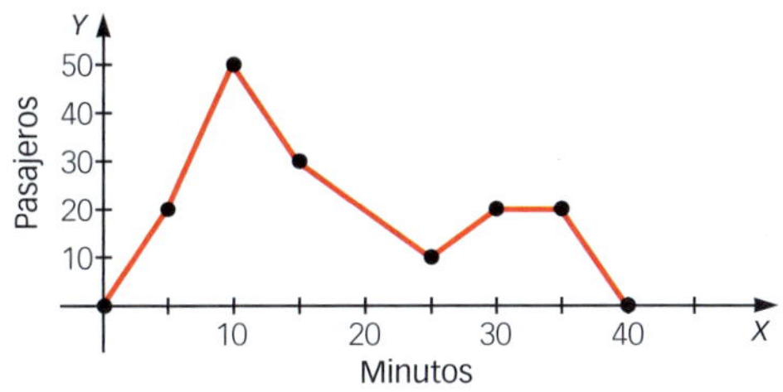

a) ¿Cuántos pasajeros van en el autobús después de diez minutos en circulación?

b) ¿En qué momento había menos pasajeros?

c) ¿Cuánto tarda en realizar un viaje completo?

75 Un artesano fabrica relojes que vende a 600 € cada uno. Si emplea una semana en fabricar cada reloj, representa la función *tiempo-ganancia* y determina sus puntos de discontinuidad.

76 El número de visitantes de un museo a lo largo de un día se muestra en la siguiente gráfica.

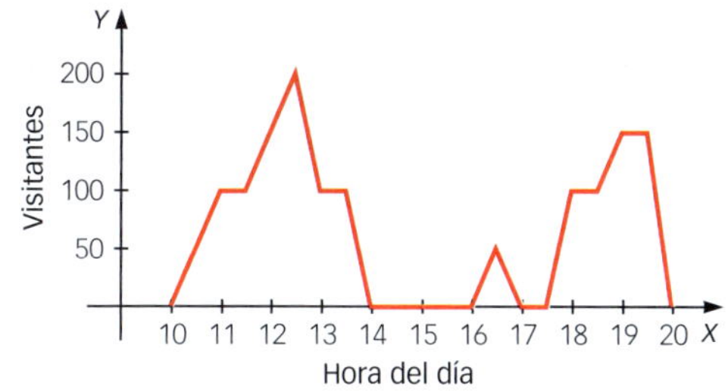

a) ¿Cuál es el horario del museo?

b) ¿En qué momento hay más visitantes?

c) ¿Cuál es el número máximo de visitantes?

d) Indica los períodos de crecimiento y decrecimiento del número de visitantes.

e) ¿En qué períodos había más de 100 personas en el museo?

f) ¿En algún momento, mientras permanecía abierto el museo, se ha quedado vacío?

DEBES SABER HACER

Funciones

1 Considera la relación que a cada número natural impar menor que 50 le asigna su doble más 2. Contesta razonadamente.

a) ¿Esta relación es una función?

b) Escribe su expresión algebraica.

c) Construye una tabla de 10 valores.

2 Completa en tu cuaderno las tablas de valores y realiza la representación gráfica.

x	1	2	3	4	5
$f(x) = (x-3)^2$					

x	−2	−1	0	1	2
$h(x) = 5x - 2$					

3 Un vendedor de muebles tiene un sueldo fijo de 480 € y, por cada mueble que vende, cobra 10 € de comisión. Dibuja la gráfica que expresa la ganancia en función del número de muebles vendidos.

Estudio de funciones

4 Halla los puntos de corte de estas funciones.

a) $f(x) = -x^2 + 6$

b) $g(x) = \dfrac{4-5x}{2}$

5 Observa la gráfica correspondiente a una función.

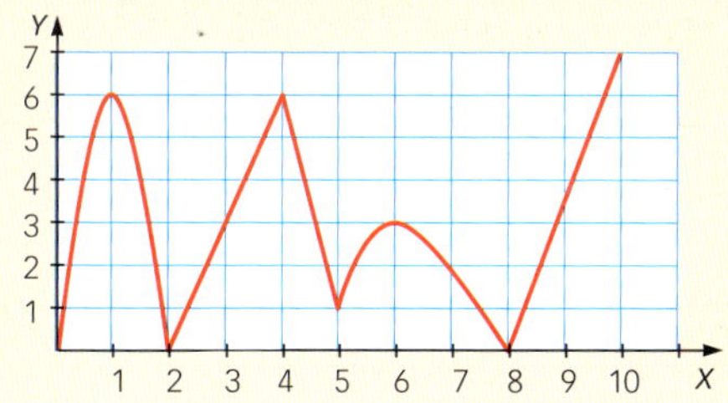

a) Señala su dominio y su recorrido.

b) ¿Es una función continua?

c) Estudia su crecimiento y su decrecimiento.

d) Señala sus máximos y mínimos, si los tiene.

6 Indica cuáles de las siguientes gráficas corresponden a funciones periódicas.

a)

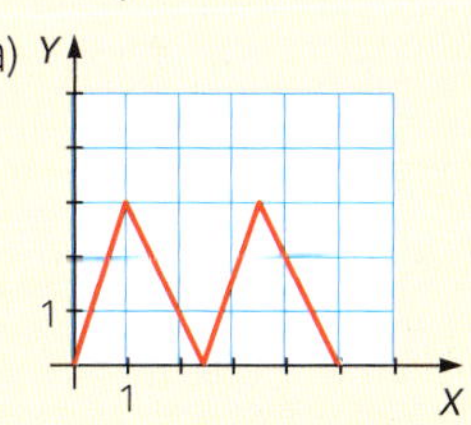

b)

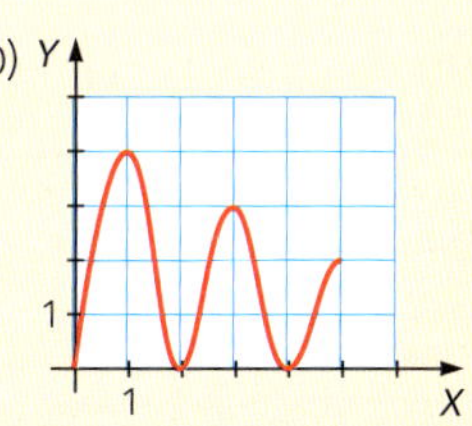

7 Representa una función con estas características.

- Dom $f = \mathbb{R}$
- Pasa por los puntos $(-3, 0)$ y $(0, 2)$.
- Es creciente hasta $x = -2$, constante en el intervalo $(-2, 4)$ y decreciente a partir de $x = 4$.

En la vida cotidiana

77 Un avión comercial suele volar a una altura que está entre los 30 000 y los 40 000 pies; teniendo en cuenta que un pie son aproximadamente 0,3 m, esto sería entre unos 9 000 y 12 000 m. La altura máxima que puede alcanzar se conoce como techo de vuelo.

De todas formas, la altura que llevan los aviones depende de muchos factores, como las limitaciones de la ruta por cuestiones del tráfico aéreo, el peso del avión, los vientos…

Un avión tarda de 15 a 20 minutos en alcanzar la altitud adecuada, y para el descenso necesita en torno a 20 minutos más.

- Dibuja una gráfica que relacione el tiempo del viaje, en minutos, y la altura del vuelo, en metros, de los siguientes vuelos.

  a) Puente aéreo Madrid/Barcelona. Altura máxima 30 000 pies, duración del vuelo 1 hora 15 minutos.

  b) Viaje de Milán/Madrid. Altura máxima 37 000 pies, duración del vuelo 2 horas 5 minutos.

  c) Viaje Barcelona/Ibiza. Vuelo de 50 minutos, altura máxima 20 000 pies.

Formas de pensar. Razonamiento matemático

78 Considera el rectángulo cuyo ancho es x y cuyo largo es $x + 4$.

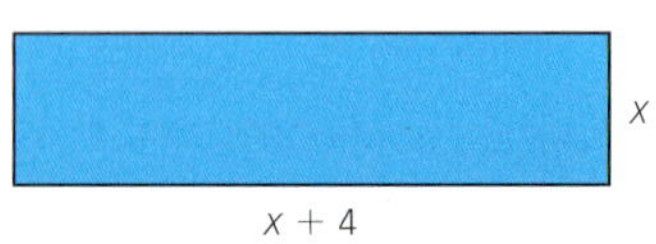

Averigua cuál de las gráficas es la que corresponde a la función que asigna a cada valor de x el área del rectángulo.

a)

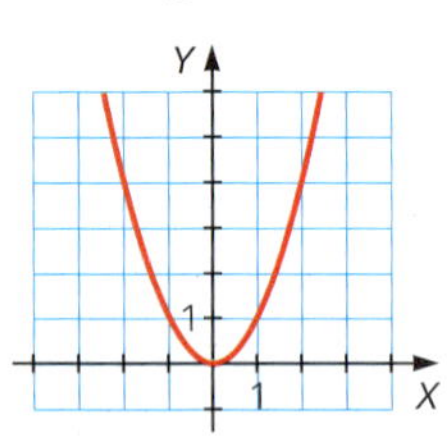

c)

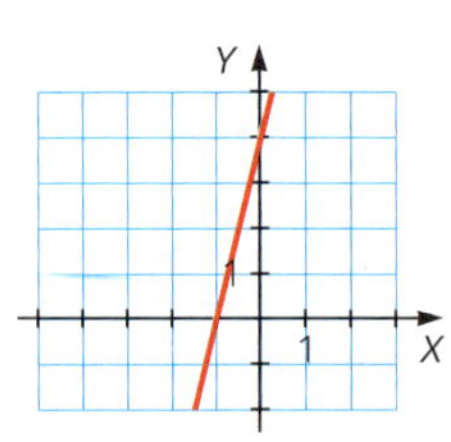

b)

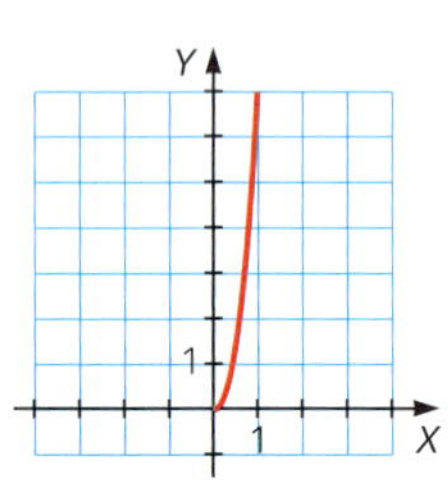

d)

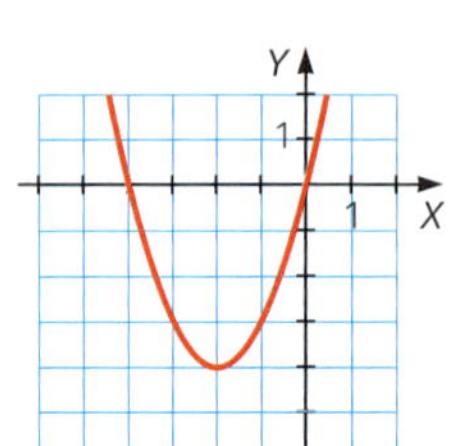

79 Dibuja la gráfica de la función que mide el ángulo formado por las manecillas del reloj desde las 0:00 horas hasta las 2:00 horas. ¿Cuáles son los máximos y los mínimos?

80 ¿Cuántos puntos de corte puede tener una función con el eje Y? ¿Y con el eje X?

81 Una función, ¿puede ser simétrica respecto del eje X? Razona tu respuesta.

82 ¿Qué gráfica corresponde al llenado de cada frasco?

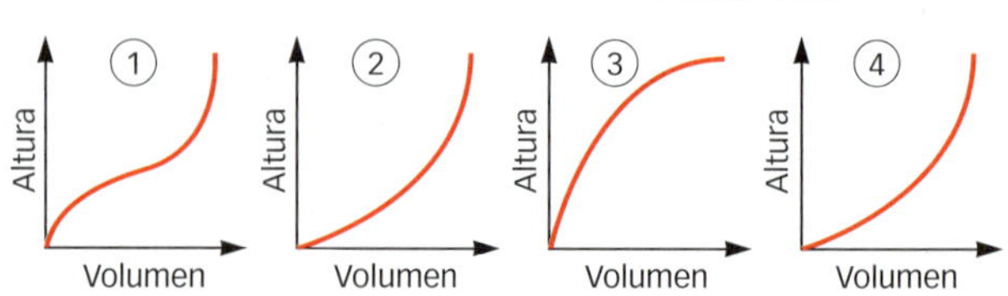

PROYECTO FINAL. **Trabajo cooperativo**

OBJETIVO: Diseñar una campaña de reciclaje para el instituto

Una vez formados los grupos, seguid este proceso:

1.ª Fase.

- Buscad información sobre qué clase de productos se pueden reciclar.
- Preguntad, por ejemplo en el ayuntamiento de vuestra localidad, qué tipo de empresas e instalaciones tenéis cerca donde podáis llevar los productos que pretendéis reciclar.
- Estudiad qué infraestructura necesitáis en vuestro centro para realizar el reciclaje: contenedores, medios de transporte, permisos, etc.

2.ª Fase.

- Evaluad la localización en el centro de la zona de reciclaje.
- Diseñad una campaña de información (carteles, gráficas de aprovechamientos de residuos, exposiciones en clase…) para pedir la participación de todos los estudiantes.

3.ª Fase.

- Poned en común toda la información recogida y diseñad la campaña que mejor se adapta a vuestras posibilidades.
- Realizad un informe con todas las conclusiones a las que hayáis llegado.

Pruebas PISA

El faro

83 ••• Los faros son torres con un foco luminoso en la parte superior. Los faros ayudan a seguir su rumbo durante la noche cuando navegan cerca de la costa. Un faro emite destellos de luz según una secuencia regular fija. Cada faro tiene su propia secuencia.

En el diagrama de abajo se puede ver la secuencia de un faro concreto. Los destellos de luz alternan con períodos de oscuridad.

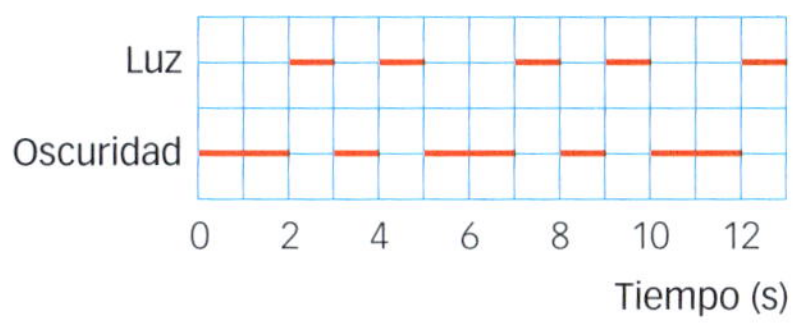

Se trata de una secuencia regular. Después de algún tiempo, la secuencia se repite.

Se llama período de la secuencia al tiempo que dura un ciclo completo, antes de que comience a repetirse. Cuando se averigua el período de la secuencia, es fácil ampliar el diagrama para los siguientes segundos, minutos o incluso horas.

- ¿Cuánto dura el período de la secuencia de este faro?
- ¿Durante cuántos segundos emite este faro destellos de luz a lo largo de 1 minuto?
- Copia en tu cuaderno la cuadrícula de abajo, y traza el gráfico de una posible secuencia de destellos de luz de un faro que emita 30 segundos de destellos de luz cada minuto. El período de esta secuencia debe ser de 6 segundos.

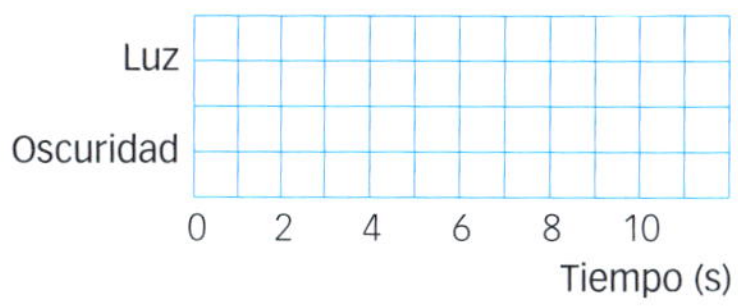

(Prueba PISA 2003)

CLAVES PARA EMPEZAR

Cómo se resuelve una ecuación de primer grado

Una **ecuación de primer grado con una incógnita** se puede expresar de la forma $ax + b = 0$, con a y b números reales y $a \neq 0$.

Esta ecuación tiene una única solución: $x = -\frac{b}{a}$.

EJEMPLO

Resuelve la ecuación: $7x - 4 = 10$.

$$7x - 4 = 10 \rightarrow 7x - 14 = 0 \rightarrow 7x = 14 \rightarrow x = \frac{14}{7} = 2$$

ACTIVIDADES

1 Halla la solución de estas ecuaciones.

a) $-2x + 8 = 2$ c) $4x - 16 = -5x + 2$

b) $6x - 8 = -20$ d) $-13 = 8 + 7x$

Cómo se resuelve una ecuación de segundo grado

Una **ecuación de segundo grado con una incógnita** se puede expresar de la forma $ax^2 + bx + c = 0$, con a, b y c números reales y $a \neq 0$.

Para hallar la solución utilizamos esta fórmula:

$$x = \frac{-b \pm \sqrt{b^2 - 4ac}}{2a}$$

Este tipo de ecuación puede tener dos, una o ninguna solución.

EJEMPLO

Resuelve estas ecuaciones.

a) $x^2 - x - 6 = 0$

$$x = \frac{-(-1) \pm \sqrt{(-1)^2 - 4 \cdot 1 \cdot (-6)}}{2 \cdot 1} = \frac{1 \pm \sqrt{25}}{2} \rightarrow \begin{cases} x_1 = 3 \\ x_2 = -2 \end{cases}$$

$\rightarrow$ Dos soluciones

b) $x^2 - 4x + 4 = 0$

$$x = \frac{-(-4) \pm \sqrt{(-4)^2 - 4 \cdot 1 \cdot 4}}{2 \cdot 1} = \frac{4 \pm 0}{2} = 2 \rightarrow \text{Solución única}$$

c) $x^2 + x + 1 = 0$

$$x = \frac{-1 \pm \sqrt{1^2 - 4 \cdot 1 \cdot 1}}{2 \cdot 1} = \frac{-1 \pm \sqrt{-3}}{2} \rightarrow \text{No tiene solución}$$

ACTIVIDADES

2 Resuelve estas ecuaciones.

a) $x^2 - 10x + 25 = 0$ c) $x^2 + 4x + 3 = 0$

b) $x^2 + x - 12 = 0$ d) $x^2 - 8x - 10 = 0$

1983
MOTOROLA DYNATAC 8000X

1996
MOTOROLA STARTC

Primera generación de telefonía móvil

Al principio de la década de 1980 aparecen los móviles 1G, que eran analógicos y solo servían para transmitir voz. A estos teléfonos se los conocía como *ladrillos*, dado su gran tamaño y peso.

Funciones lineales y cuadráticas

12

SABER

- Funciones lineales
- Ecuaciones de la recta
- Funciones cuadráticas
- Aplicaciones

SABER HACER

- Representar gráficamente una función lineal
- Determinar la ecuación de una recta representada gráficamente
- Representar gráficamente una función cuadrática

1998
BLACKBERRY 5000

2000
SHARP JSH04
KYOCERA QCP6045

2007
IPHONE

? VIDA COTIDIANA

El móvil

En las tarifas de móviles, por regla general, el precio suele incluir una cuota fija más un coste por minuto de llamada. Una de las reivindicaciones habituales de las asociaciones de consumidores es que el coste se establezca por segundos.

- Los datos de un estudio reflejan que si se tarifara por segundos, el coste medio del segundo sería de 0,2 céntimos. ¿Cuánto costaría una llamada de 25 segundos? ¿Y una de 1 minuto y 14 segundos?

  Representa mediante una gráfica el tiempo de la llamada y su coste.

Segunda generación de telefonía móvil

Posteriormente aparecen los móviles 2G, que poseen tecnología digital y con los que también se pueden enviar mensajes (SMS). Su batería tiene una mayor duración y se reduce su tamaño.

Tercera generación de telefonía móvil

A principios del siglo XXI nace la tecnología 3G. Estos móviles ofrecen la posibilidad de conexión a Internet, videoconferencias, televisión y descarga de archivos.

Cuarta generación de telefonía móvil

La generación 4, o 4G, es la siguiente evolución tecnológica del teléfono móvil. Ofrece al usuario un mayor ancho de banda que le permite, entre otras cosas, la recepción de televisión en alta definición (HD).

1 Funciones lineales

Afín

Una **función lineal** es una función con una ecuación de la forma $y = mx + n$, siendo m y n números. Estas funciones cumplen:

- Su gráfica es una línea recta.
- La recta corta al eje Y en el punto $(0, n)$.

El número m se llama **pendiente**, y n, **ordenada en el origen**.

La recta está más inclinada cuanto mayor es el valor absoluto de la pendiente.

Estas funciones están definidas para cualquier valor y son continuas en todo $\mathbb{R}$. Además:

- Si $m > 0$, son siempre crecientes.
- Si $m < 0$, son siempre decrecientes.

EJEMPLO

1. Construye una tabla de valores y representa estas funciones. ¿Son crecientes o decrecientes? ¿Cuál es el punto de corte con el eje Y?

a) $y = 3x - 1$

x	y
0	−1
1	2
2	5

Pendiente $m = 3$

$m > 0 \rightarrow$ Es creciente.

Ordenada en el origen $n = -1$

La gráfica corta al eje Y en $(0, -1)$.

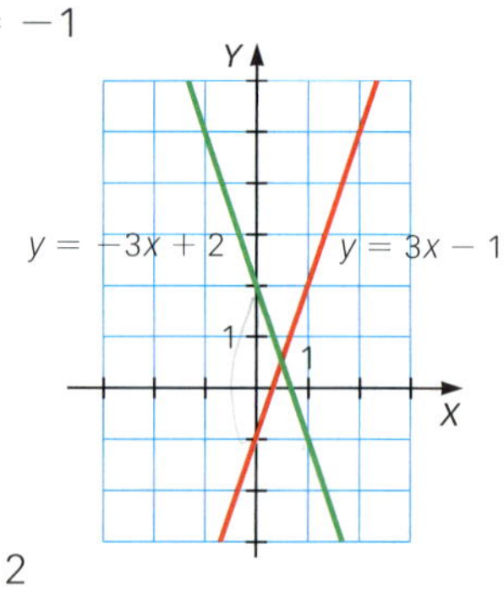

b) $y = -3x + 2$

x	y
−1	5
0	2
1	−1
2	−4

Pendiente $m = -3$

$m < 0 \rightarrow$ Es decreciente.

Ordenada en el origen $n = 2$

La gráfica corta al eje Y en $(0, 2)$.

ACTIVIDADES

1 PRACTICA. Identifica las funciones lineales y calcula su pendiente y su ordenada en el origen.

a) $y = x - 2$

b) $y = \dfrac{-x + 7}{x}$

c) $y = -2x + 5$

d) $y = 4x - 1$

e) $y = \dfrac{6}{x}$

f) $y = 4 - x$

2 APLICA. ¿Es creciente o decreciente una función lineal que pasa por $(1, -2)$ y su ordenada en el origen es -4?

3 APLICA. Representa la función lineal $y = 2x + n$ para $n = 1$, $n = 2$, $n = -1$ y $n = 0$. ¿Cómo son las rectas que has dibujado?

4 REFLEXIONA. Contesta a las siguientes preguntas.

a) ¿Cuántas funciones lineales tienen pendiente 2?

b) ¿Cuántas funciones lineales de pendiente 2 cortan al eje Y en el punto $(0, 5)$?

c) ¿Alguna función lineal de pendiente 2 corta al eje X en el punto $(1, 0)$?

1.1. Funciones de proporcionalidad directa

Una **función de proporcionalidad directa** es una función cuya ecuación es de la forma $y = mx$, siendo m un número. Cumple que:

- Su gráfica es una recta.
- Pasa por el origen (0, 0).

El número m es la **pendiente**.

Estas funciones son continuas en todo $\mathbb{R}$, y además:

- Si $m > 0$, son siempre crecientes.
- Si $m < 0$, son siempre decrecientes.

EJEMPLO

2. Construye una tabla de valores y representa estas funciones. ¿Son crecientes o decrecientes?

a) $y = 3x$

x	−1	0	1	2
y	−3	0	3	6

Pendiente $m = 3$

Como $m > 0$ → La función es creciente.

La recta pasa por el punto (0, 0).

b) $y = -3x$

x	−1	0	1	2
y	3	0	−3	−6

Pendiente $m = -3$

Como $m < 0$ → La función es decreciente.

La recta pasa por el punto (0, 0).

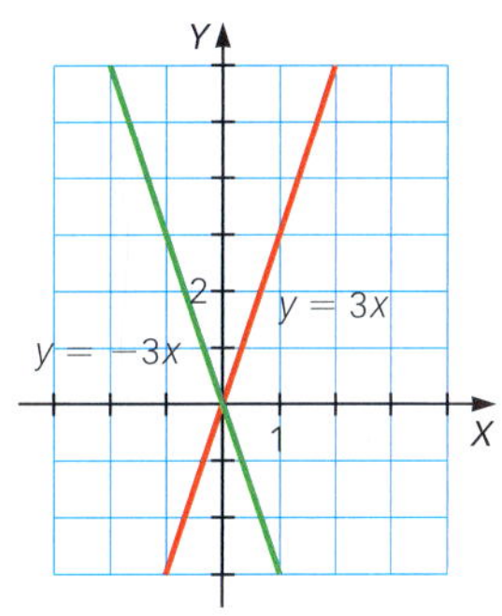

RESUELVE EL RETO

Comienzo a escalar una montaña a las 9:00 h y llego a la cima a las 17:00 h. Duermo en la cima y a la mañana siguiente comienzo el descenso a las 9:00 h y llego a la base a las 17:00 h. Estoy seguro de que ha habido algún punto del camino por donde he pasado a la misma hora los dos días.

ACTIVIDADES

5 PRACTICA. Representa gráficamente estas funciones de proporcionalidad directa e indica la pendiente de cada una de ellas.

a) $y = 2x$

b) $y = \frac{x}{3}$

c) $y = -x$

d) $y = \frac{4x}{5}$

e) $y = -\frac{1}{7}x$

f) $y = 10x$

6 PRACTICA. Pon dos ejemplos de función de proporcionalidad directa creciente y otros dos de decreciente.

7 APLICA. ¿Cuáles de los siguientes puntos pertenecen a la función de proporcionalidad directa cuya pendiente es $\frac{5}{2}$?

a) (0, 5) b) (2, 0) c) (2, 5)

8 APLICA. Da la expresión algebraica de una función de proporcionalidad directa que pase por (2, −4).

9 REFLEXIONA. Si la representación gráfica de una función es una línea recta que pasa por tres de los cuatro cuadrantes del sistema de coordenadas, ¿es una función lineal o de proporcionalidad directa?

1.2. Funciones constantes

Una **función constante** es una función que tiene una ecuación de la forma $y = n$, siendo n un número. Cumple que:

- El valor de la variable y es el mismo para cualquier valor de la variable x. Este valor de y es n.
- Su gráfica es una recta paralela al eje X.
- Su pendiente es $m = 0$.
- La recta corta al eje Y en el punto $(0, n)$.

El número n es la **ordenada en el origen**.

Una función constante es una función lineal con $m = 0$.

Estas funciones son continuas en $\mathbb{R}$ y no son crecientes ni decrecientes.

EJEMPLO

3. Construye una tabla de valores y representa estas funciones.

a) $y = 3$

x	−1	0	1	2
y	3	3	3	3

Pendiente $m = 0$ → Función constante

Ordenada en el origen $n = 3$

La gráfica corta al eje Y en (0, 3).

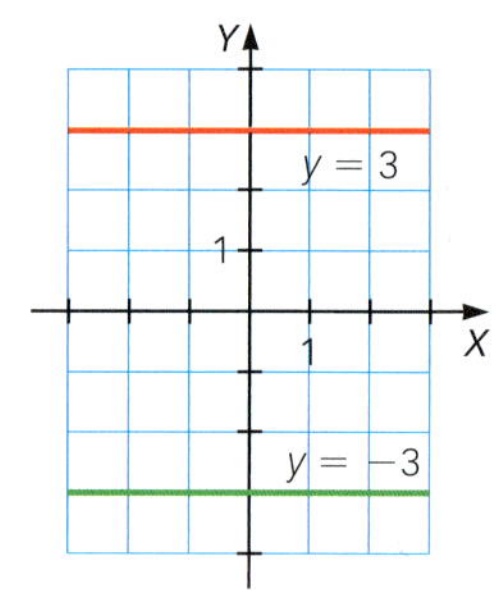

b) $y = -3$

x	−1	0	1	2
y	−3	−3	−3	−3

Pendiente $m = 0$ → Función constante

Ordenada en el origen $n = -3$

La gráfica corta al eje Y en (0, −3).

Existen rectas que, aunque se pueden expresar con una ecuación, no son funciones. Las rectas paralelas al eje Y tienen como ecuación $x = k$, siendo k un número. No son funciones, ya que asocian a un valor de x múltiples valores de y.

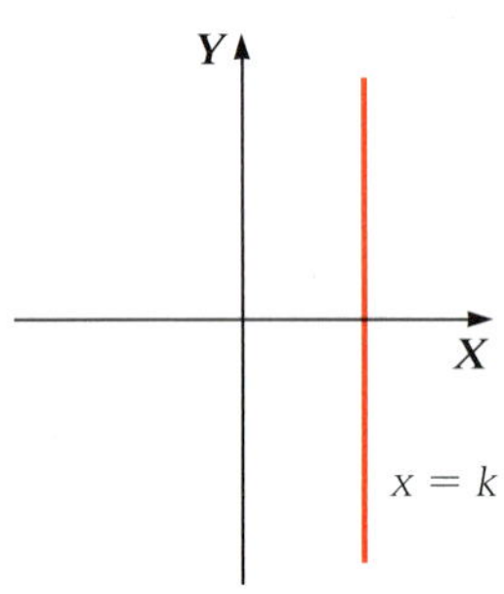

La gráfica representa la recta de ecuación $x = k$, que no es una función.

ACTIVIDADES

10 PRACTICA. Representa las siguientes rectas.

a) $y = -7$
b) $y = 0$
c) $y = 1$
d) $y = 2$
e) $y = -2$
f) $y = -3$

11 PRACTICA. Escribe la ecuación de la función constante que pasa por cada uno de estos puntos.

a) (0, 6) b) (1, −3) c) (−2, 5) d) (4, 0)

12 APLICA. Determina la ecuación de las rectas de la gráfica y calcula las coordenadas de los puntos de corte entre ellas.

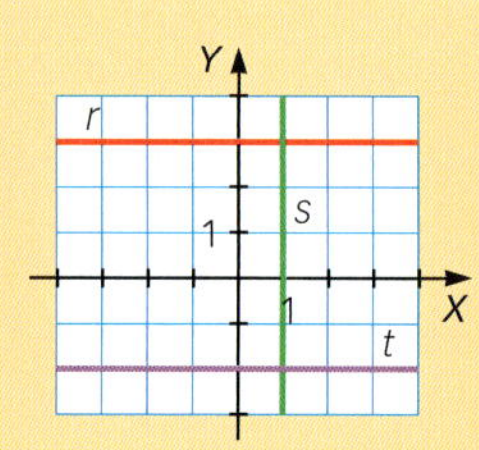

13 REFLEXIONA. Halla la ecuación de la recta paralela al eje Y que pasa por el punto (2, −9).

SABER HACER

> Para representar una recta basta con conocer dos de los puntos por los que pasa.

Representar gráficamente una función lineal

Representa gráficamente estas funciones.

a) $y = 3x - 1$ **b)** $y = 3x$ **c)** $y = 3$

Pasos a seguir

1. Determinamos el tipo de función que es y sus características.

a) $y = 3x - 1$ → Función lineal →
- Pendiente $m = 3$
- $m > 0$ → Función creciente
- Ordenada en el origen $n = -1$
- Corta al eje Y en $(0, -1)$.

b) $y = 3x$ → Función de proporcionalidad directa →
- Pendiente $m = 3$
- $m > 0$ → Función creciente
- Ordenada en el origen $n = 0$
- Corta al eje Y en $(0, 0)$.

c) $y = 3$ → Función constante →
- Pendiente $m = 0$
- $m = 0$ → Función constante
- Ordenada en el origen $n = 3$
- Corta al eje Y en $(0, 3)$.

2. Determinamos dos puntos por los que pasa la función.

a) Punto de corte con el eje Y en $(0, -1)$
Para $x = 1 \rightarrow y = 3 \cdot 1 - 1 = 2$
La recta pasa por $(1, 2)$.

b) Punto de corte con el eje Y en $(0, 0)$
Para $x = 1 \rightarrow y = 3 \cdot 1 = 3$
La recta pasa por $(1, 3)$.

3. Dibujamos los puntos y trazamos la recta que pasa por ellos.

c) Punto de corte con el eje Y en $(0, 3)$
Para $x = 1 \rightarrow y = 3 \xrightarrow{x=1} y = 3$
La recta pasa por $(1, 3)$.

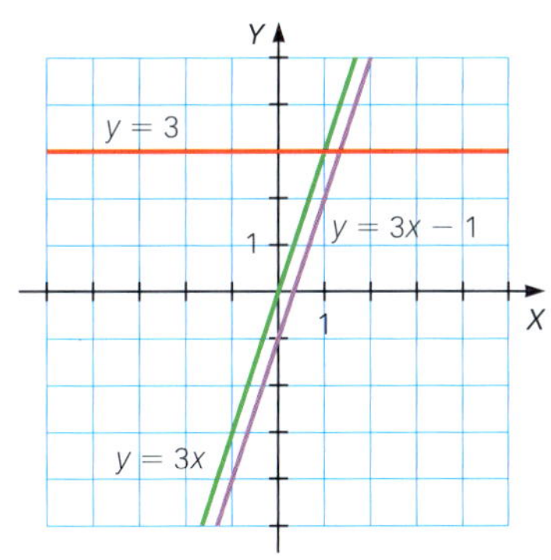

ACTIVIDADES

14 Completa en tu cuaderno estas tablas y representa gráficamente la función.

x	1			−1
$y = x + 3$		3	−1	

x		0	2	
$y = -2x + 1$	3			−1

15 Representa gráficamente estas funciones.

a) $y = -3x + 7$
b) $y = 0{,}5x$
c) $y = -3$
d) $y = 2x$
e) $y = -x + 7$
f) $y = -x + 1$

16 Calcula, para la función $y = -2x + 3$, la ordenada que corresponde a cada uno de estos valores de la abscisa.

a) $x = 0$
b) $x = 2$
c) $x = \frac{-5}{4}$
d) $x = -1$
e) $x = \frac{3}{2}$
f) $x = -3$

17 Para la función $y = 4x - 1$, calcula la abscisa que corresponde a estos valores de la ordenada.

a) $y = 0$
b) $y = 3$
c) $y = -2$
d) $y = 7$
e) $y = -5$
f) $y = -6$

18 ¿Pertenecen estos puntos a la función $y = \frac{x - 2}{3}$?

a) $(0, -2)$ b) $(-1, 1)$ c) $(5, 1)$ d) $(-1, -1)$

SABER HACER

Determinar la ecuación de una recta representada gráficamente

Halla la ecuación de las rectas representadas por estas gráficas.

a)

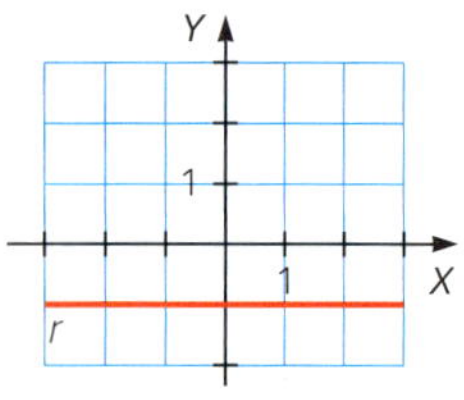

b)

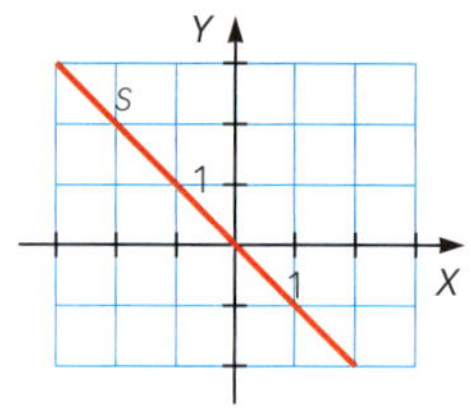

c)

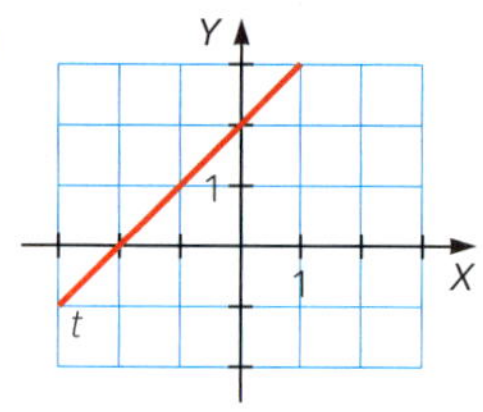

La ecuación de una recta es la ecuación de la función lineal que la representa.

Pasos a seguir

1. Si la gráfica es una recta horizontal, la función es de la forma $y = n$, siendo n la ordenada en el origen.

a) La recta es horizontal.
Punto de corte con el eje Y: $(0, -1) \rightarrow n = -1$
La ecuación de la recta es: $y = n \xrightarrow{n=-1} y = -1$

2. Si no es una recta horizontal, comprobamos si pasa por el origen.

- Si pasa, es de la forma $y = mx$.
- Si no pasa, es de la forma $y = mx + n$.

b) Pasa por el origen.
Es de la forma $y = mx$.

c) No pasa por el origen.
Es de la forma $y = mx + n$.

3. Vemos cuál es la ordenada para $x = 1$.

b) La recta pasa por $(1, -1)$.
Se cumple entonces que:
$-1 = m \cdot 1 \rightarrow m = -1$
La ecuación es $y = -x$.

c) La recta pasa por $(1, 3)$.
Se cumple entonces que:
$3 = m \cdot 1 + n \rightarrow m + n = 3$

4. Si es de la forma $y = mx + n$, vemos cuál es la ordenada para $x = 0$.

c) La recta pasa por $(0, 2)$.
Entonces: $2 = m \cdot 0 + n \rightarrow n = 2$
$m + n = 3 \xrightarrow{n=2} m + 2 = 3 \rightarrow m = 1$
La ecuación es $y = 1 \cdot x + 2 = x + 2$.

ACTIVIDADES

19 Halla la ecuación de estas funciones lineales.

a)

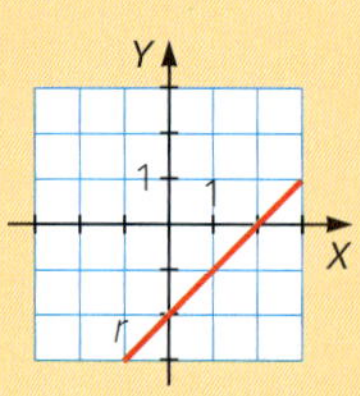

c)

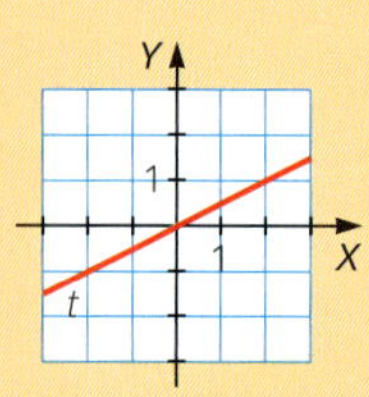

b)

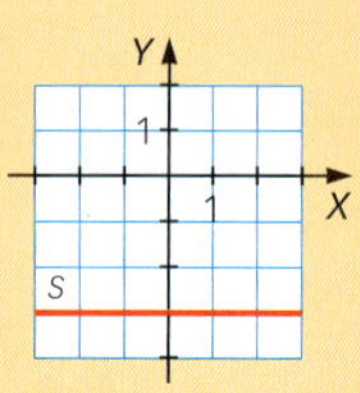

d)

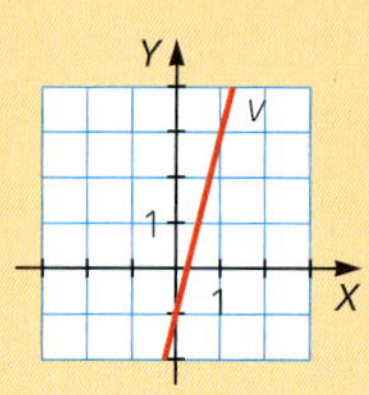

20 Dados los puntos $A(3, 1)$ y $B(-1, -2)$, traza en un sistema de coordenadas las rectas r, s y t y responde.

$r \rightarrow$ Recta que pasa por A y el origen de coordenadas.

$s \rightarrow$ Recta que pasa por B y el origen de coordenadas.

$t \rightarrow$ Recta que pasa por A y B.

a) Determina la ecuación de las rectas r, s y t.

b) Determina la ecuación de la línea recta que es paralela al eje X pasando por A y de la línea recta que es paralela al eje Y pasando por B.

21 Determina la ecuación de la función lineal cuya pendiente es 5 y cuya ordenada en el origen es -3.